Bewertung und
Verstärkung von
Stahlbetontragwerken

Bewertung und Verstärkung von Stahlbetontragwerken

Werner Seim

2., aktualisierte und erweiterte Auflage

Autor

Prof. Dr.-Ing. Werner Seim
Fachgebiet Bauwerkserhaltung und Holzbau
Institut für Konstruktiven Ingenieurbau
Universität Kassel
Kurt-Wolters-Straße 3
34125 Kassel

Titelbild
Detail Linachtalsperre, Vöhrenbach im
Schwarzwald (Foto: Werner Seim)

2. Auflage 2018

■ Alle Bücher von Ernst & Sohn werden sorgfältig erarbeitet. Dennoch übernehmen Autoren, Herausgeber und Verlag in keinem Fall, einschließlich des vorliegenden Werkes, für die Richtigkeit von Angaben, Hinweisen und Ratschlägen sowie für eventuelle Druckfehler irgendeine Haftung.

**Bibliografische Information der
Deutschen Nationalbibliothek**
Die Deutsche Nationalbibliothek verzeichnet diese Publikation in der Deutschen Nationalbibliografie; detaillierte bibliografische Daten sind im Internet über http://dnb.d-nb.de abrufbar.

© 2018 Wilhelm Ernst & Sohn, Verlag für Architektur und technische Wissenschaften GmbH & Co. KG, Rotherstraße 21, 10245 Berlin, Germany

Alle Rechte, insbesondere die der Übersetzung in andere Sprachen, vorbehalten. Kein Teil dieses Buches darf ohne schriftliche Genehmigung des Verlages in irgendeiner Form – durch Photokopie, Mikroverfilmung oder irgendein anderes Verfahren – reproduziert oder in eine von Maschinen, insbesondere von Datenverarbeitungsmaschinen, verwendbare Sprache übertragen oder übersetzt werden. Die Wiedergabe von Warenbezeichnungen, Handelsnamen oder sonstigen Kennzeichen in diesem Buch berechtigt nicht zu der Annahme, dass diese von jedermann frei benutzt werden dürfen. Vielmehr kann es sich auch dann um eingetragene Warenzeichen oder sonstige gesetzlich geschützte Kennzeichen handeln, wenn sie nicht eigens als solche markiert sind.

Print ISBN 978-3-433-03194-0
ePDF ISBN 978-3-433-60840-1
ePub ISBN 978-3-433-60839-5
oBook ISBN 978-3-433-60837-1

Umschlaggestaltung Stefanie Eckert-Kimmig, stilvoll
Satz le-tex publishing services GmbH, Leipzig
Druck und Bindung Strauss GmbH, Mörlenbach

Praktische Anwendung des Eurocode 2 in 2 Bänden

Band 1: Hochbau

Hrsg.: Deutscher Beton- und Bautechnik Verein e.V.
Beispiele zur Bemessung nach Eurocode 2
Band 1: Hochbau
2011. 335 S.
€ 59,–*
ISBN 978-3-433-01877-4
Auch als ebook erhältlich

Dieser Band enthält für die typischen Bauteile zwölf vollständig durchgerechnete Beispiele nach Eurocode 2 Teil 1-1 "Allgemeine Bemessungsregeln und Regeln für den Hochbau". Diese Beispiele entsprechen den aus der DBV-Beispielsammlung zu DIN 1045-1 bekannten Beispielen und gestatten somit einen direkten Vergleich der Bemessungsregeln und der Ergebnisse nach beiden Normen. Alle Beispiele sind sehr ausführlich behandelt, um viele Nachweismöglichkeiten vorzuführen. Neu aufgenommen wurden in dieser Beispielsammlung die brandschutztechnischen Nachweise nach Eurocode 2 Teil 1-2 "Allgemeine Regeln - Tragwerksbemessung für den Brandfall".

Band 2: Ingenieurbau

Hrsg.: Deutscher Beton- und Bautechnik Verein e.V.
Beispiele zur Bemessung nach Eurocode 2
Band 2: Ingenieurbau
2015. 344 S.
€ 99,–*
ISBN 978-3-433-01876-7
Auch als ebook erhältlich

Dieser Band enthält acht durchgerechnete Beispiele für typische Bauteile des Brücken-, Ingenieur- und Hochbaus. Auch diese entsprechen den aus der DBV-Beispielsammlung zu DIN 1045-1 bekannten Beispielen und gestatten somit einen direkten Vergleich der Bemessungsregeln und der Ergebnisse nach beiden Normen.

Online Bestellung:
www.ernst-und-sohn.de

Ernst & Sohn
Verlag für Architektur und technische
Wissenschaften GmbH & Co. KG

Kundenservice: Wiley-VCH
Boschstraße 12
D-69469 Weinheim

Tel. +49 (0)6201 606-400
Fax +49 (0)6201 606-184
service@wiley-vch.de

* Der €-Preis gilt ausschließlich für Deutschland. Inkl. MwSt. zzgl. Versandkosten. Irrtum und Änderungen vorbehalten. 1080116_dp

Ein starkes Stück Bautechnik.

 BAUWERKSVERSTÄRKUNG & -SANIERUNG

- Mitglied des Markenverbandes TUDALIT e.V.
- über 30 Jahre Erfahrung mit Klebearmierungen

NACHTRÄGLICHES VERSTÄRKEN VON STAHLBETON DURCH LAMELLEN:
- zur deutlichen Nutzlasterhöhung
- als Auswechselarmierung
- zur zusätzlichen Horizontalaussteifung
- bei Änderung des statischen Systems

NACHTRÄGLICHES VERSTÄRKEN VON STAHLBETON DURCH TEXTILIEN:
- ausschließlich mit nichtkorrosiven und Alkali-resistenten Materialien (CFK, Glasfaser)
- zur rissfreien Reprofilierung
- besonders zeiteffizientes Verfahren

Laumer Bautechnik
Bahnhofstraße 8
84323 Massing
Tel.: 08724/88-0

Laumer Leipzig Bausanierung
Fritz-Zalisz-Straße 38a
04288 Leipzig
Tel.: 034297/48 400

 SPEZIALTIEFBAU

- keine Grundwasserabsenkung
- kein anfallendes Bohrgut
- Sauberkeitsschicht kann sofort aufgebracht werden
- Qualitätsnachweis: Probebelastung durch unabhängiges Institut

CSV-BODENSTABILISIERUNG:
- zur deutlichen Erhöhung der Steifigkeit und des Bettungsmoduls
- Besonders geeignet für den großflächigen Einsatz

MIKROPFÄHLE:
- als Auftriebssicherung und als Rückverankerung
- besonders geeignet bei beengten Platzverhältnissen

Laumer GmbH & Co.CSV Bodenstabilisierung KG
Bahnhofstraße 8
84323 Massing
Tel.: 08724/88-900

www.laumer.de

Inhaltsverzeichnis

Vorwort zur 2. Auflage IX

Vorwort zur 1. Auflage XI

Abkürzungsverzeichnis XIII

1	**Konstruktionsgeschichte** *1*	
1.1	Römischer Beton *1*	
1.2	Portlandzement und Stampfbeton *5*	
1.3	Die Eisenbetonbauweise *8*	
1.4	Die Spannbetonbauweise *17*	
1.5	Fertigteile *19*	
1.6	Dauerhaftigkeit und neue Werkstoffe *21*	
1.7	Zeittafel *22*	
2	**Zuverlässigkeit von Tragwerken** *25*	
2.1	Angewandte Statistik *26*	
2.2	Auswertung von Stichproben *28*	
2.3	Sicherheitskonzepte für Tragwerke *30*	
2.4	Sicherheitsbeiwerte für bestehende Tragwerke *35*	
2.4.1	Modifizierte Teilsicherheitsbeiwerte für Stahlbetonbauteile nach Nachrechnungsrichtlinie [38] *36*	
2.4.2	Modifizierte Teilsicherheitsbeiwerte für Stahlbetonbauteile nach DBV *37*	
2.5	Rechenbeispiele *39*	
2.5.1	Auswertung von Versuchen zur Bestimmung der Betondruckfestigkeit *39*	
2.5.2	Auswertung von Versuchen zur Bestimmung der Oberflächenzugfestigkeit *39*	
3	**Beton und Stahl** *41*	
3.1	Beton *41*	
3.1.1	Spezifisches Gewicht *41*	
3.1.2	Einachsige Druckbeanspruchung *42*	
3.1.3	Zugbeanspruchung *46*	

3.1.4	Mehrachsige Beanspruchung 48
3.1.5	Temperatur, Schwinden, Kriechen 50
3.2	Betonstahl 52
3.2.1	Herstellung 52
3.2.2	Festigkeit und Verformungseigenschaften 53
3.2.3	Oberflächenformen 57
3.2.4	Stahl-Beton-Verbund 57
3.2.5	Schweißeignung 64
3.3	Dauerhaftigkeit von Stahlbetonbauteilen 65
3.3.1	Feuchteeinwirkung 65
3.3.2	Karbonatisierung und Korrosion 66
3.3.3	Widerstandsfähigkeit 69
3.4	Rechenbeispiele 70
3.4.1	Ermittlung der Druckfestigkeit für umschnürten Beton 70
3.4.2	Prognose des Karbonatisierungsfortschritts 70

4 Baustatik und Bemessung 71

4.1	Elastizität und Plastizität 73
4.2	Schnittgrößen und Beanspruchungen 76
4.2.1	Stabwerke 76
4.2.2	Platten und Scheiben 77
4.3	Bauteilwiderstände und Tragfähigkeiten 78
4.3.1	Definition der Tragsicherheit 79
4.3.2	Biegebemessung 82
4.3.3	Schubtragfähigkeit 84
4.3.4	Druckbeanspruchung und Knicken 89
4.4	Rechenbeispiele 92
4.4.1	Iterative Ermittlung der Schnittgrößen eines Durchlaufträgers 92
4.4.2	Ermittlung der Schnittgrößen eines Durchlaufträgers mit Tabellenwerten 94
4.4.3	Schnittgrößen eines Rahmens nach Kleinlogel 97
4.4.4	Biegebemessung einer Stahlbetonplatte nach alten Vorschriften 99
4.4.5	Schubbemessung eines Stahlbetonunterzugs nach alten Vorschriften 100
4.4.6	Bemessung einer Stütze nach alten Vorschriften 103

5 Zustandserfassung 105

5.1	Bauteilgeometrie und Oberflächen 106
5.1.1	Raumkanten im Grund- und Aufriss 106
5.1.2	Oberflächen 109
5.1.3	Inneres Gefüge 111
5.2	Materialkennwerte 115
5.2.1	Druckfestigkeit von Beton – direktes Verfahren 115
5.2.2	Druckfestigkeit von Beton – indirekte, kombinierte Verfahren 117
5.2.3	Oberflächenzugfestigkeit 118
5.2.4	Alkalität und Chloridgehalte 119
5.2.5	Porosität und Diffusionswiderstand 120

5.2.6 Zugfestigkeit und Schweißeignung des Bewehrungsstahles *120*
5.3 Dokumentation *122*

6 Bewertung der Tragfähigkeit *125*
6.1 Rechnerische Bewertung der Tragfähigkeit *126*
6.1.1 Altes Tragwerk – neue Norm *127*
6.1.2 Verwendung „individueller" Materialkennwerte *129*
6.1.3 Plastische Berechnungsverfahren *130*
6.1.4 Räumliche Tragwirkung *135*
6.2 Experimentelle Verfahren *138*
6.2.1 Belastungsversuche an Bauwerken *140*
6.2.2 Experimentelle Ermittlung der Tragfähigkeit *144*
6.3 Bauwerksüberwachung *145*
6.3.1 Inspektion *148*
6.3.2 Überwachung von Verformungen und Kräften *150*
6.3.3 Überwachung der Dauerhaftigkeit *153*
6.4 Brandschutz und Feuerwiderstand *154*
6.4.1 Anforderungen an Bauteile *154*
6.4.2 Beton und Stahl unter hohen Temperaturen *154*
6.4.3 Bewertung der Feuerwiderstandsdauer *156*
6.5 Rechenbeispiele *157*
6.5.1 Tragfähigkeit einer Stütze *157*
6.5.2 Biege- und Schubtragfähigkeit eines Unterzugs *159*

7 Instandsetzung und Reparatur von Betonbauteilen *163*
7.1 Vorbereitung der Instandsetzung *164*
7.2 Vorbereitung des Betonuntergrundes *165*
7.3 Vorbereiten der Bewehrung *168*
7.4 Instandsetzungs- und Reparaturmörtel *168*
7.5 Füllen von Rissen und Hohlräumen *170*
7.6 Oberflächenschutzsysteme *175*

8 Nachträgliche Verstärkung mit Beton und Spritzbeton *179*
8.1 Technologische Grundlagen *180*
8.1.1 Verfahrenstechnik *180*
8.1.2 Materialtechnologie *180*
8.1.3 Vorbereitung, Auftrag und Nachbehandlung *182*
8.2 Nachträgliche Verstärkung von Platten und Balken *183*
8.2.1 Grundlagen der Bemessung *183*
8.2.2 Ergänzungen von oben *187*
8.2.3 Ergänzung von unten *188*
8.3 Verstärkung von Stützen *191*
8.3.1 Grundlagen der Bemessung *192*
8.3.2 Stützenverstärkung mit Spritzbeton *195*
8.4 Beispiele *196*
8.4.1 Nachträgliche Verstärkung eines Biegeträgers – monolithischer Querschnitt *196*

8.4.2   Nachträgliche Verstärkung einer Stahlbetonstütze
         mit Spritzbeton   *198*

**9   Nachträgliche Verstärkung mit geklebten
         Faserverbundwerkstoffen** *201*
9.1   Klebetechnologie und Faserverbundwerkstoffe   *202*
9.1.1   Klebstoffe   *202*
9.1.2   Faserverbundwerkstoffe   *207*
9.1.3   Kleben im Bauwesen   *212*
9.2   Verstärkung von Stahlbetonplatten und -balken   *215*
9.2.1   Grundlagen der Bemessung – Biegetragfähigkeit   *219*
9.2.2   Grundlagen der Bemessung – Zugkraftdeckung, Verankerung   *228*
9.2.3   Schubtragfähigkeit   *235*
9.3   Umschnürung von Druckgliedern und Rahmenecken   *238*
9.4   Ausführung und Qualitätssicherung von Klebearbeiten   *239*
9.4.1   Vorbereitung   *239*
9.4.2   Durchführung von Klebearbeiten   *241*
9.4.3   Abschluss und Dokumentation   *243*
9.5   Rechenbeispiele   *244*
9.5.1   Zugfestigkeit und Elastizitätsmodul von
         Faserverbundwerkstoffen   *244*
9.5.2   Nachträgliche Verstärkung einer Stahlbetonplatte –
         Bemessung mit Teilsicherheitsbeiwerten   *244*

Literatur *249*

Stichwortverzeichnis *259*

Vorwort zur 2. Auflage

Die 1. Auflage dieses Buches entstand vor über zehn Jahren, in einer Zeit als Baumaßnahmen in Bestand längst zu den täglichen Aufgaben für Bauingenieure gehörten, die Methoden für die „Bewertung und Verstärkung von Stahlbetontragwerken" aber noch sehr unvollständig und lückenhaft dokumentiert und erläutert waren.

Es ist sehr erfreulich, dass sich die Situation zwischenzeitlich völlig verändert hat. Beispielhaft seien hier die Aktivitäten des Deutschen Beton- und Bautechnik-Vereins genannt, der allein seit 2007 sechs Merkblätter und zehn Hefte herausgebracht hat, zu Themen in Zusammenhang mit dem Bauen im Bestand.

Lag vor zehn Jahren die Herausforderung darin, die verfügbaren Informationen in eine sinnvolle Ordnung zu bringen und die vorhandenen Lücken durch praxistaugliche Ansätze zu schließen, so konnte ich bei der Vorbereitung der zweiten Auflage auf eine Vielzahl nützlicher und aktueller Veröffentlichungen zurückgreifen.

Für die zweite Auflage wurden die Inhalte vollständig aktualisiert mit Bezug zu den gültigen technischen Regelwerken. Darüber hinaus wurden einige Teile zum besseren Verständnis vollständig überarbeitet. Dazu zählen die Abschnitte zur Statistik, zu den Sicherheitsbeiwerten sowie zu den Materialkennwerten für Stahl und Beton.

Neu hinzugekommen sind die Abschnitte zum Bestandsschutz, zur Feuerwiderstandsdauer und zum Stahl-Beton-Verbund.

Ein besonderer Dank gilt *Karsten Schilde* für seine sorgfältige Durchsicht und seine Korrekturvorschläge zu den aktualisierten Teilen dieser 2. Auflage.

Kassel, im Juni 2018 *Werner Seim*

Vorwort zur 1. Auflage

Bezogen auf das gesamte Bauvolumen ist der Anteil reiner Neubauten rückläufig. Unterschiedliche Schätzungen gehen davon aus, dass der Anteil der Baumaßnahmen im Bestand am gesamten Bauvolumen derzeit etwa 60 % beträgt. Es wird als realistisch angesehen, dass sich dieser Anteil in den kommenden Jahren auf bis zu 70 % erhöhen wird.

Baustoffindustrie, Baufirmen und Handwerker haben sich auf den veränderten Markt längst eingestellt; das gilt auch für viele Universitäten und Hochschulen, die spezielle Kurse und Vertiefungsrichtungen anbieten. Die Fachliteratur zum Thema „Bauwerkserhaltung" ist so umfangreich, dass es schwer wird, die Übersicht zu bewahren.

Dennoch scheint es, dass das Thema „Bewertung und nachträgliche Verstärkung von Stahlbetontragwerken" bisher etwas zu kurz gekommen ist. Das mag zum einen daran liegen, dass in den vergangenen Jahren die Einführung neuer Normkonzepte die Aufmerksamkeit auf sich zog. Zum anderen gab es bei der Verstärkungstechnologie mit der Anwendung der Klebetechnik eine geradezu sprunghafte Entwicklung.

Das vorliegende Buch soll helfen, diese Lücke zu schließen. Mein Ziel war es, Erfahrungen aus der Praxis, aus der Lehre und aus der Bearbeitung von Forschungsprojekten einzubringen und zusammenzufassen. Dabei war es mir wichtig, die Themen der neun Kapitel in die Grundsystematik einzubinden, die von *Klaus Pieper* vor über 40 Jahren mit „*Anamnese – Diagnose – Therapie*" zeitlos treffend aus der Medizin für den Umgang mit bestehenden Bauwerken übernommen wurde.

Das erste Kapitel gibt einen gestrafften Überblick zur *Konstruktionsgeschichte*, um ein Gefühl dafür zu vermitteln, was den Planer im Bestand erwarten kann. Die Grundlagen zur *Zuverlässigkeit von Tragwerken* werden im zweiten Kapitel so weit dargestellt, wie sie für die Definition und das Verständnis von Teilsicherheitsbeiwerten und für die Bewertung von am Bauwerk gewonnenen Stichproben erforderlich sind. Neben den wichtigsten Grundlagen zur Werkstoffmechanik und zur Dauerhaftigkeit von *Beton und Stahl* enthält das dritte Kapitel einige Hinweise auf die historischen Wurzeln dieser Erkenntnisse. Das vierte Kapitel dokumentiert die wichtigsten Entwicklungsschritte im Zusammenhang mit der *Baustatik und Bemessung* von Stahlbetontragwerken. Ein grundlegendes Verständnis dieser ingenieurgeschichtlichen Meilensteine ist unerlässlich, wenn man Bestandsunterlagen verstehen und interpretieren muss.

Die wichtigsten Hilfsmittel für eine *Zustandserfassung* und die Systematik dazu werden im fünften Kapitel vorgestellt und erläutert. Das sechste Kapitel enthält zahlreiche Hinweise zur *Bewertung der Tragfähigkeit* von Stahlbetontragwerken und zur Quantifizierung von Tragreserven. In diesem Zusammenhang werden auch experimentelle Verfahren beschrieben und es werden einige Grundlagen zur Bauwerksüberwachung eingeführt. Das siebte Kapitel *Instandsetzung und Reparatur von Betonbauteilen* ist sehr kurz gefasst. Zu diesem Thema kann auf das umfangreiche Fachschrifttum verwiesen werden. Die beiden abschließenden Kapitel *Nachträgliche Verstärkung mit Beton und Spritzbeton* und *Nachträgliche Verstärkung mit geklebten Faserverbundwerkstoffen* sind ähnlich aufgebaut. Es werden zuerst einige technologische Grundlagen zur Spritzbetonbauweise bzw. zum Kleben von Faserverbundwerkstoffen eingeführt. Darauf aufbauend werden die Grundlagen der Bemessung von Verstärkungsmaßnahmen erläutert und es werden Hinweise für die Ausführung und Überwachung entsprechender Maßnahmen gegeben.

Bei meiner Arbeit haben mich zahlreiche Kollegen und Mitarbeiter unterstützt:

Gerhard Mehlhorn hat das Manuskript vollständig durchgesehen und es durch Korrekturen und kollegiale Hinweise an vielen Stellen verbessert.

Dirk Matzdorff, *Jan Rassek* und *Karsten Schilde* haben ihre vertieften Kenntnisse zu den Themen Spritzbeton, Zustandserfassung und geklebte Verstärkungen in die entsprechenden Kapitel eingebracht.

Peter Machner und *Wolfgang Römer* haben mich in zahlreichen Gesprächen an ihrer Erfahrung mit altem Beton und altem Stahl teilhaben lassen.

Von meinen Mitarbeitern *Heiko Koch*, *Uwe Pfeiffer* und *Martin Schäfers* wurden die Rechenbeispiele durchgesehen und die didaktischen Konzepte kritisch hinterfragt.

Vanessa Thurau und *Silvia Bruch* haben aus meinen Skizzen anschauliche Abbildungen entwickelt.

Marianne Aschenbrenner hat mit großer Sorgfalt handschriftliche Texte, Tabellen und Formeln für meine Vorlesungsmanuskripte getippt.

Claudia Ozimek hat als Lektorin die Entstehung des Buches mit großer Geduld und seine Fertigstellung mit dem nötigen Nachdruck begleitet.

Ihnen allen danke ich sehr herzlich.

Wenn es mir insgesamt gelungen ist, die Inhalte klar nachvollziehbar, theoretisch fundiert und so darzustellen, dass sie für die Praxis zu gebrauchen sind, so verdanke ich das nicht zuletzt meinen Lehrern *Bruno Thürlimann* und *Fritz Wenzel*.

Kassel, im Juni 2007 *Werner Seim*

Abkürzungsverzeichnis

Indizes

0	Kräfte, Spannungen, Dehnungen vor einer Verstärkung
C	Beton
d	Bemessungswert
E	Einwirkung
f	Faserverbundwerkstoff
G	Eigengewicht
is	in situ, am Bauwerk oder aus am Bauwerk entnommenen Proben ermittelt
k	charakteristischer Wert
L	Kohlefaserlamelle
m	Mittelwert
Q	veränderliche Einwirkung
R	Bauteilwiderstand
S	Stahl
u	im rechnerischen Bruchzustand

Statistik und Sicherheitsbeiwerte

α	Wichtungsfaktor
β	Sicherheitsindex
γ	Teilsicherheitsbeiwert
μ	Mittelwert der Grundgesamtheit
ν	Sicherheitsfaktor
v	Variationskoeffizient, Varianz einer Grundgesamtheit
n	Umfang einer Stichprobe
p_f	Versagenswahrscheinlichkeit
σ	Standardabweichung einer Grundgesamtheit
S	Standardabweichung einer Stichprobe
V	Variationskoeffizient, Varianz einer Stichprobe
$x_{f,p}$	Fraktilwert mit der Wahrscheinlichkeit p
$x_{q,p}$	Quantilwert mit der Wahrscheinlichkeit p

x_i Einzelwert einer Stichprobe
$\overline{x}_n$ Mittelwert einer Stichprobe

Geometrie

A_b Querschnittsfläche des Betons
A_{eff} effektiv umschnürte Fläche einer Stütze
A_k Kernfläche einer Stütze
a_L Achsabstand einzelner Streifen des Faserverbundwerkstoffs
A_L Querschnittsfläche des Faserverbundwerkstoffs
a_s Querschnittsfläche der Stahlbewehrung je Längeneinheit
A_s Querschnittsfläche der Stahlbewehrung
b Querschnittsbreite
b_0 minimale Querschnittsbreite
b_{eff} mitwirkende Plattenbreite für einen Plattenbalken
b_L Breite des Faserverbundwerkstoffs
c Betondeckung
d Durchmesser eines Probekörpers
d statisch wirksame Höhe bezogen auf die Stahlbewehrung
d_L statisch wirksame Höhe bezogen auf den Faserverbundwerkstoff
d_s Durchmesser eines Bewehrungsstahls
e Exzentrizität
f Ausmitte
h Gesamthöhe des Bauteils, Höhe eines Probekörpers
l Spannweite
l_0 Abstand der Momentennullpunkte
s_r mittlerer Rissabstand
s_{rm} mittlerer Rissabstand
t_L Dicke des Faserverbundwerkstoffs
x Höhe der Betondruckzone
x_u Höhe der Betondruckzone nach Umlagerung der Schnittgrößen
z innerer Hebelarm

Werkstoffe

α_{cc} Abminderungsfaktor zur Berücksichtigung der Lasteinwirkungsdauer
ε_c Dehnung des Betons
$\varepsilon_{Ld,max}$ Dehnung einer Kohlefaserlamelle im Grenzzustand der Tragfähigkeit
ε_{Lk} charakteristischer Wert der Bruchdehnung der Kohlefaserlamelle
ε_s Dehnung des Stahls
ε_{uk} charakteristischer Wert der Dehnung bei Höchstlast
β_c Rauigkeitsbeiwert, Haftbeiwert

β_P	Druckfestigkeit eines Betonprismas
β_R	Rechenwert der Betondruckfestigkeit
$\beta_{W,a}$	Druckfestigkeit eines Betonwürfels mit der Seitenlänge a
β_{WS}	Serienfestigkeit, entspricht dem Mittelwert der Würfeldruckfestigkeit
E_b	Elastizitätsmodul des Betons
E_{Lk}	charakteristischer Wert des Elastizitätsmoduls einer Kohlefaserlamelle
E_{Lm}	Mittelwert des Elastizitätsmoduls einer Kohlefaserlamelle
E_s	Elastizitätsmodul des Stahls
f_{bd}	Bemessungswert der Verbundspannung
$f_{c,is,Bk,a}$	Druckfestigkeit eines Bohrkerns mit der Seitenlänge a und der Höhe a
f_{cc}	Druckfestigkeit des Betons bei behinderter Querdehnung
$f_{c,cube,a}$	Druckfestigkeit eines Betonwürfels mit der Seitenlänge a
$f_{c,cube,a,dry}$	Druckfestigkeit eines Betonwürfels mit der Seitenlänge a, trocken gelagert
f_{cd}	Bemessungswert der einaxialen Druckfestigkeit des Betons
f_{ck}	charakteristischer Wert der Betondruckfestigkeit
$f_{ck,is}$	charakteristische Druckfestigkeit des Bauwerksbetons
f_{cm}	Mittelwert der Betondruckfestigkeit
f_{ct}	zentrische Zugfestigkeit des Betons
$f_{ctm,surf}$	Erwartungswert für den Mittelwert der Oberflächenzugfestigkeit
f_{cto}	Oberflächenzugfestigkeit des Betons
$f_{is,niedrigst}$	Kleinstwert der Stichprobe
f_{Luk}	charakteristischer Wert der Zugfestigkeit einer Kohlefaserlamelle
$f_{m(n),is}$	Mittelwert der Stichprobe
f_{yd}	Bemessungswert der Streckgrenze des Betonstahls
f_{yk}	charakteristischer Wert der Streckgrenze des Betonstahls
k_b	Druckfestigkeit eines Betonprismas
μ	Reibungsbeiwert oder bezogenes Biegemoment
w	Wasseraufnahmekoeffizient
zul σ_b	zulässige Betondruckspannung
zul σ_e	zulässige Stahlspannung

Baustatik und Bemessung

α	Winkel der Querkraftbewehrung zur Bauteilachse
δ	Faktor zur Momentenumlagerung
D_b	Betondruckkraft
F_{cd}	Bemessungswert der Druckkraft in der Betondruckzone
F_{cd}	Bemessungswert der Gurtlängskraft infolge Biegung
F_{cdj}	Bemessungswert des über die Fuge zu übertragenden Längskraftanteils
F_{Ld}	Bemessungswert der Zugkraft eines Faserverbundwerkstoffs

F_{sd}	Bemessungswert der Zugkraft des Betonstahls
k_λ	Korrekturfaktor zur Berücksichtigung der Schubschlankheit
λ	Schlankheit einer Stütze oder Schubschlankheit
λ_l	Beiwert zur Ermittlung der effektiv umschnürten Fläche
λ_q	Beiwert zur Ermittlung der effektiv umschnürten Fläche
M_{cr}	Rissmoment
M_F	Feldmoment
M_{St}	Stützmoment
M_u	Bruchmoment
M_y	Fließmoment
N	Normalkraft
Q	Querkraft
σ_k	Knickspannung
σ_n	Normalkraft senkrecht zur Fuge infolge äußerer Last
τ_0	Grundwert der Schubspannung
Θ	Neigung der Druckstrebe
v	Querkraft, auf eine Strecke bezogen
V	Querkraft
Z_L	Zugkraft im Faserverbundwerkstoff
Z_s	Zugkraft im Bewehrungsstahl
ω	Knickzahl

1
Konstruktionsgeschichte

> Alles an diesem Teil Italiens ist seltsam, dachte er. Sogar die rostrote Erde in der Umgebung von Puteoli hatte etwas Magisches; wenn man sie mit Kalk vermischte und ins Meer warf, verwandelte sie sich in Stein. Dieses Puteolanum, wie es zu Ehren seines Herkunftsortes genannt wurde, war die Entdeckung, die Rom verwandelt hatte. Außerdem hatte es seiner Familie ihren Beruf ermöglicht, denn was früher mühsam aus Ziegeln und Stein konstruiert werden musste, konnte jetzt über Nacht gebaut werden.
>
> *(Aus: Robert Harris, Pompeji)*

1.1 Römischer Beton

Ob die betontechnologischen Kenntnisse der Römer Ergebnis systematischen Experimentierens waren oder ob die Entdeckung der hydraulischen Wirksamkeit der am Golf von Neapel vorgefundenen Puzzolane eher zufälliger Natur war, bleibt heute weitestgehend der Spekulation überlassen. Tatsache ist, dass die Verwendung von Beton den Aufbau der Infrastruktur des römischen Weltreiches ganz entscheidend vorangebracht hat. Dabei konnten die römischen Baumeister auf Naturbeobachtungen und auf Erfahrungen anderer Völker des Altertums zurückgreifen: Breccien oder Nagelfluh sind verfestigte Sedimentgesteine, deren natürliche Erscheinungsformen einem Beton sehr nahekommen. Die „Zuschläge" – das sind in diesem Fall rollige Kiese oder kantige Gesteins- und Mineralstücke – werden durch tonige, kalkige oder kieselige Bindemittel verkittet und verfestigt.

Auf der anderen Seite reichen die Erfahrungen mit hydraulischen Mörteln bis zu den Phöniziern zurück, die schon um 1000 v. Chr. fein gemahlenes Ziegelmehl mit Luftkalk mischten. Später verwendeten die Griechen als Bindemittel für ihr Gussmauerwerk (Emplekton) gemahlenes vulkanisches Gestein der Insel Santorin. Noch ältere Zeugnisse der Verwendung hydraulischer Bindemittel sollen in den Karpaten bei Lepenski Vir als Estrichplatten erhalten sein [1].

Sicher kam den Römern zugute, dass die Lagerstätten der als natürliche hydraulische Bindemittel verwendeten vulkanischen Tuffe in Puzzolaneum (heute: Pozzuoli) am Golf von Neapel vergleichsweise verkehrsgünstig lagen. So konnten

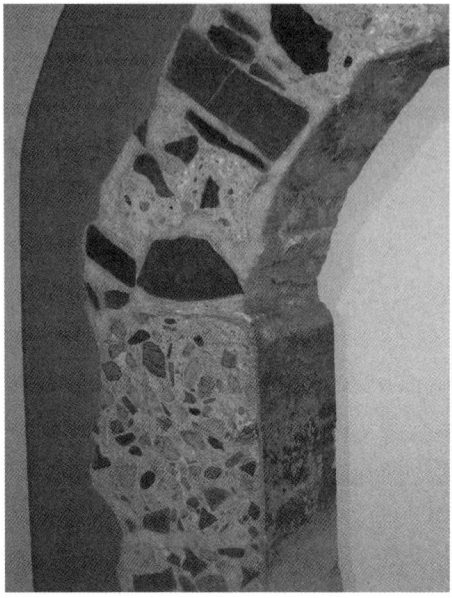

Abb. 1.1 Römische Wasserleitung, Detail.

die Puzzolane auf dem Seeweg einfach verschifft werden. Es wurden aber auch alternative Lagerstätten erkundet. In Rom verwendete man Puzzolane aus den Albaner Bergen und in Germanien wurde man in der Eifel fündig. Und so wurde für den Beton der römischen Bauten in Trier und Köln vorwiegend Trass als Bindemittel verwendet. Dass hydraulische Bindemittel unter Wasser erhärten, widerstandsfähig gegen Feuchteeinwirkung bleiben und im Vergleich zum Luftkalk auch höhere Druckfestigkeiten entwickeln, waren Vorteile, die das neue Material, vor allem im Hafenbau sowie bei der Errichtung von Wasserleitungen (Abb. 1.1) und Zisternen, zum Einsatz kommen ließ. Aber auch beim Bau massiver Wand- und Gewölbekonstruktionen war es jetzt erst möglich, eine mehr oder weniger gleichmäßige Festigkeit über den gesamten Querschnitt und gleichzeitig eine hohe Dauerhaftigkeit zu erreichen. Der im frühen Altertum verwendete Luftkalkmörtel benötigt CO_2 – das im Allgemeinen aus der Umgebungsluft kommt – zum Erhärten. Der eingeschränkte Luftzutritt zum Innern massiver Bauteile hat zur Folge, dass dort die Erhärtung nur außerordentlich langsam voranschreiten kann oder ganz zum Erliegen kommt.

Zu den materialtechnologischen Vorteilen des Betons treten auch arbeitstechnologische und damit ökonomische Aspekte. Nach wie vor war der Mauerwerksbau eine Konstruktionsform, die von Römern vor allem im Brückenbau beherrscht und weiterentwickelt wurde. Allerdings erfordert diese Bauweise gutes Material und ausgebildete Fachleute auf der Baustelle. Es ist gut nachvollziehbar, dass sich der Beton auch für Wände und gewölbte Konstruktionen durchsetzte, wenn ein geeignetes Bindemittel in ausreichendem Umfang zur Verfügung stand und wenn man sich einen schnelleren und kostengünstigeren Bauablauf versprach. Das wird insbesondere bei den römischen mehrschaligen Wandbauweisen deutlich. Hier werden die steinsichtigen Oberflächen im wahrsten Sinne des Wortes mehr und mehr ausgedünnt. Tragende Funktion

Abb. 1.2 Römische Wandkonstruktionen. (a) Nach Piranesi 1756 aus [3]; (b) *opus incertum* aus [2]; (c) *opus reticulatum* (Außenschale verwittert) aus [2].

übernimmt ausschließlich der Kern aus Beton. Wandkonstruktionen, bei denen ganz auf Außenschalen aus Natur- oder Ziegelsteinen verzichtet wurde, nannte man *opus caementitium*. Mit diesem Begriff wird heute häufig römischer Beton ganz allgemein bezeichnet. Andere mehrschalige Mauerwerkskonstruktionen mit sichtbaren Außenschalen aus behauenem Naturstein und Ziegeln werden nach ihren Fugenmustern unterschieden: Beispiele sind *opus reticulatum* und *opus spicatum*, bei dem die Steine in der Diagonalen bzw. in einem Fischgrätmuster verlegt wurden. Beim *opus incertum* bestehen die Außenschalen aus unbehauenen Bruchsteinen (Abb. 1.2).

Charakteristisch für römischen Beton ist die Einbettung größerer Zuschläge (Ausfallkörnung) sowie die Verwendung von Ziegelsplitt. Bei systematischen Untersuchungen an Materialproben aus gut erhaltenen Bauwerken ergaben sich Rohdichten zwischen 1,7 und $2,0\,\text{kg/dm}^3$. Die Druckfestigkeiten lagen in der Größenordnung zwischen etwa 6 und $20\,\text{N/mm}^2$ [2].

Gelegentlich finden sich in römischem Beton auch Eiseneinlagen in Form von Klammern oder geschmiedeten Bändern. Meist war hierbei wohl beabsichtigt, im Bereich von Fugen einen Verbund herzustellen. Oder man kann – so z. B. bei einer Heizungsanlage – die vorhandenen Eisenbänder auch als Versuch deuten, bei erhöhter thermischer Beanspruchung eine bessere Verteilung der Risse zu erzielen. Systematisch bewehrt wurde der Beton der Römer nicht. Das ist mit ein Grund dafür, dass zahlreiche Zeugnisse dieser Konstruktionsform bis heute sehr gut erhalten sind: Da keine Bewehrung eingelegt wurde, gibt es auch keine Bewehrungskorrosion.

Im deutschsprachigen Raum finden wir die wichtigsten Zeugnisse dieser Zeit in Köln (Stadtmauer, Hafenspeicher, Eifel-Wasserleitung) und Trier (Basilika, Dom, Kaisertherme).

Von den römischen Bauten in Italien sollen hier nur zwei wichtige Beispiele genannt werden: Eines der ältesten Zeugnisse für den Einsatz von Beton im konstruktiven Ingenieurbau sind die Hafenanlagen von Cosa aus dem 1. Jh. v. Chr., etwa 120 km nördlich von Rom gelegen. Das eindruckvollste Bauwerk aus Beton, das uns die Antike hinterlassen hat, ist wohl das Pantheon (2. Jh. n. Chr.). Die Kuppel überspannt 43 m mit einer Gesamtdicke, die von etwa 3,70 m am Auflager auf etwa 1,30 m im Scheitel abnimmt (Abb. 1.3). Der Beton wurde mit Zuschlägen aus Tuff und Bims hergestellt, um das Eigengewicht der Konstruktion zu reduzieren. Die räumliche Wirkung des Bauwerks wird davon geprägt, dass für die Wandhöhe des Rundbaus und für den Radius der Kuppel identische Abmessungen gewählt wurden. Mit anderen Worten: Eine Kugel mit einem Durchmesser, der der Spannweite der Kuppel entspricht, ließe sich in den Raum einschreiben.

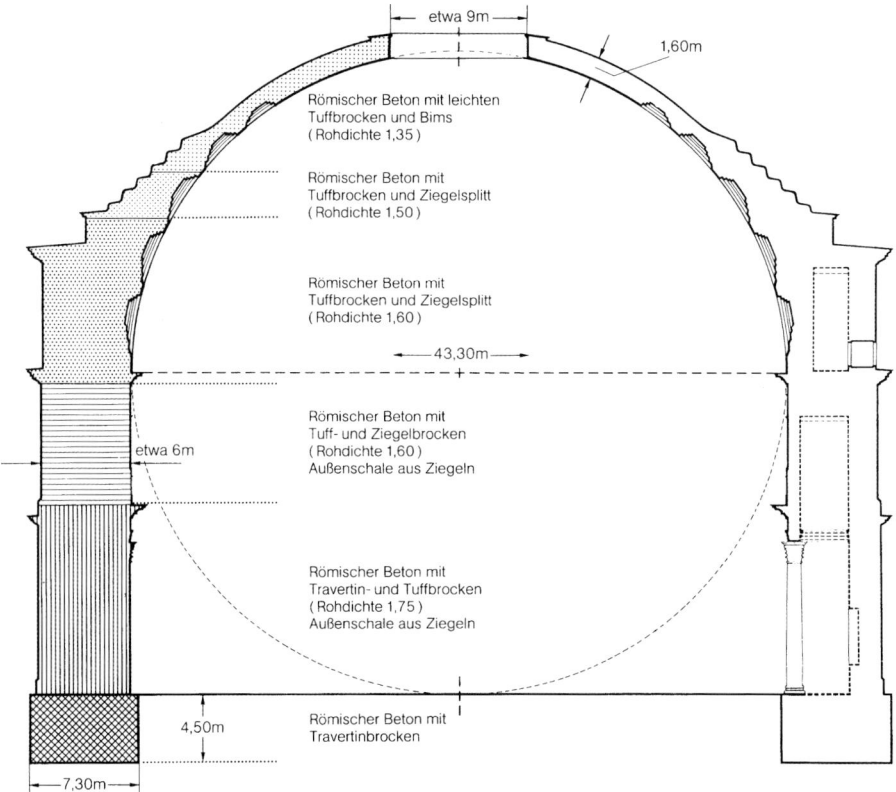

Abb. 1.3 Querschnitt durch das Pantheon (erbaut 2. Jh. n. Chr.) aus [4].

Diese Meisterleistung der Ingenieurbaukunst blieb bis zur Renaissance unübertroffen.

Einen vergleichbaren Umgang mit Kräften und Baumassen findet man erst wieder bei Brunelleschi, der 1420 das Bauprogramm für die Kuppel des Domes in Florenz vorlegt. Als Konstruktionsmaterial werden nun Ziegelmauerwerk und Natursteinmauerwerk verwendet. Beton steht als Werkstoff nicht mehr zur Verfügung, da die Kenntnisse der Römer in Vergessenheit geraten sind. Brunelleschi muss also mit dem Mauerwerk auf eine Konstruktionsform zurückgreifen, die die Römer für Kuppeln und Gewölbe schon überwunden hatten.

Besonders deutlich wird dieser Wissensverlust auch bei der mehrschaligen Wandbauweise. Diese Konstruktionsform wird im Mittelalter beibehalten. Allerdings werden die sichtbaren Außenschalen wieder dicker und übernehmen die tragende Funktion. Was man im Inneren dieser Konstruktionen vorfindet, ist eine schlechte Imitation des Betons: Abfallstücke der Steinmetzen und Maurer werden mehr oder weniger gut mit Kalkmörtel gemischt und in den Zwischenraum zwischen innerer und äußerer Schale eingebracht. Dieser Kern übernimmt nur eine untergeordnete bis gar keine Tragfunktion.

Nachdem man in der Renaissance begonnen hatte, Bauten und Bauformen der Antike zu studieren, erwacht auch das Interesse an der Bautechnik der Römer. Zeitgenössische Mörtelrezepturen mit Eiern, Käse, Quark, Essig und ähnlichen organischen Beigaben tragen eher den Charakter alchimistischer Experimente. Aber auch Puzzolane und Trass als hydraulische Bindemittel waren nicht völlig in Vergessenheit geraten; ihre Verwendung blieb allerdings regional beschränkt. Beispielhaft ist in diesem Zusammenhang der Export des Eilfeltrasses nach Holland zu nennen, wo er vor allem für Wasserbauten verwendet wurde. Es blieb dem Organisationstalent und den Kenntnissen des örtlichen Baumeisters überlassen, den Trass zu besorgen und ihn im richtigen Mischungsverhältnis dem Mörtel beizugeben. Erst im 18. und 19. Jahrhundert begann man, die Wirkungsweise der Bestandteile hydraulischer Bindemittel systematisch zu erforschen, und legte damit die Grundlage für eine breite Anwendung.

1.2 Portlandzement und Stampfbeton

Wie auf allen Gebieten der Technik setzt die industrielle Revolution auch im Bauwesen ein bis dahin nicht gekanntes Tempo bei den technischen Innovationen in Gang. Und wie bei nahezu allen bedeutenden technischen Entwicklungen sind in dieser Zeit auch die Entwicklungen im Bauwesen direkt mit dem Einfallsreichtum und der Schaffenskraft einzelner Personen verknüpft.

So war es *John Smeaton* (1724–1792), der 1756 mit dem Neubau des Edystone-Leuchtturms bei Plymouth begann (Abb. 1.4a). Zuvor hatte er systematische Versuche zu den hydraulischen Eigenschaften des Plymouthkalkes durchgeführt und dabei die Bedeutung des Tonanteiles festgestellt. Beim Bau des Leuchtturms wählte er dann als Bindemittel für den Mörtel eine Mischung, die zu gleichen Teilen aus tonhaltigem Alberthaw-Kalk und aus Italien importierter Puzzolanerde bestand. Seine Ergebnisse wurden später sowohl in Frankreich als auch in England aufgegriffen mit der Konsequenz, dass man nun als Grundstoff

Abb. 1.4 (a) Zeitgenössische Darstellung des Edystone-Leuchtturms, aus [5]; (b) Schalungstechnik des Pisébaus nach Rondelet, aus [5].

für das Brennen ganz gezielt natürliche Kalkvorkommen mit hohen Tonanteilen verwendete. Die entsprechenden Produkte – genau genommen immer noch hydraulische Kalke – wurden gelegentlich schon als Romancement bezeichnet. Smeatons Leuchtturm wurde 1882 abgebrochen, Stein für Stein nach Plymouth gebracht und dort als Denkmal wiederaufgebaut. Aufgrund von Rissen in den Klippen war die Standsicherheit der Gründung infrage gestellt. Einziges Relikt vor Ort blieb der Stumpf des Turmschafts, der heute noch zu sehen ist.

Ein entscheidender Fortschritt war erreicht, als der englische Bauunternehmer *Joseph Aspdin* (1779–1855) erstmals eine Mischung von Ton und Kalksteinen brannte. Mit dem Begriff Portlandzement, den er einführte, wollte er deutlich machen, dass es das Endprodukt, das unter Verwendung seines Bindemittels hergestellt wird, durchaus mit dem sprichwörtlich widerstandsfähigen natürlichen Portlandstein aufnehmen kann. Dieser Kalkstein, der auf der Halbinsel Portland abgebaut wird, galt in England als besonders hochwertiges Baumaterial. Aspdin lässt sich sein Verfahren 1824 patentieren. In den folgenden Jahren leitet *Isaak Charles Johnson* (1811–1911) durch umfangreiche Versuchsreihen ein optimales Mischungsverhältnis von Ton und Kalk her. Er fordert darüber hinaus höhere Brenntemperaturen bis zur Sinterung der Klinker, wodurch die Qualität des Portlandzements nochmals entscheidend verbessert wurde. Weitere Untersuchungen, auch im deutschsprachigen Raum, befassen sich vor allem mit der chemischen Analyse der Komponenten und der Qualitätssicherung des Endproduktes. Man kann davon ausgehen, dass auf der Grundlage dieses Wissens seit 1844 Zement zur Verfügung stand, der unseren heutigen Qualitätsanforderungen standhält. Das gilt auch für die Produkte des ersten Zementwerkes in Deutschland – 1855 in Züllchow bei Stettin gebaut.

Heftige Diskussionen brachen aus, als 1879 einem Portlandzement erstmals Hüttensand beigemischt wurde. Die industrielle Verwertung der bis dahin wertlosen Hochofenschlacke brachte erhebliche Kostenvorteile. Der Streit entzündete sich daran, ob die latent hydraulischen Schlacken in der Mischung mit Portlandzement wirksam werden oder nicht. Oder anders ausgedrückt, ob das Beimischen als Verbesserung oder als Strecken des Ausgangsproduktes anzusehen ist. Der Streit führte zur Aufspaltung des Verbandes der Zementindustrie und zur heute noch gültigen Definition der drei Produktgruppen: neben dem „reinen" Portlandzement (Anteil der Beimischung < 2 %), der Eisenportlandzement (Anteil der Hochofenschlacke < 30 %) sowie der Hochofenzement (Anteil der Hochofenschlacke < 50 %).

Wofür wurde nun der neue Werkstoff genutzt? Man versuchte in erster Linie bekannte Techniken und Konstruktionsprinzipien zu verbessern. Schon zuvor hatte man, vor allem im Brückenbau und bei Gründungen, durch das Beifügen von Ziegelmehl beim Kalkmörtel gewisse hydraulische Eigenschaften erzielt. Mit der Beigabe von Zement hatte man nun einen Mörtel zur Verfügung, der zuverlässig unter Wasser erhärtete. Aufgrund der besseren Festigkeitsentwicklung erhöhte sich auch die Tragfähigkeit der Fugen, was zu einem wirtschaftlichen Vorteil hinsichtlich höherer zulässiger Toleranzen bei der Bearbeitung der Steinflächen führte. Schnelleres Abbinden des Zementanteils verkürzte die Bauzeit.

Die sogenannte Pisétechnik – eine Konstruktionsform, die zuvor vor allem in Südfrankreich verbreitet war – wurde von *Françoise Coignet* (1814–1888) Mitte des 19. Jahrhunderts für den Beton adaptiert. Bei der Pisétechnik werden Wände aus Lehm in einer Schalung hergestellt. Der Lehm wird lagenweise eingebaut, durch Stampfen verdichtet und ist dann, allerdings nach monatelanger Trocknungsphase, ausreichend witterungsbeständig. Coignet erkannte früh, dass die von ihm erstmals angewandte Stampfbetonbauweise nur dann zu einem befriedigenden, dauerhaften Ergebnis führt, wenn es in der Mischung keinen Wasserüberschuss gibt. Damit war die Frage nach dem Wasser-Zement-Wert

Abb. 1.5 Coignets Aquädukt im Wald von Fontainbleau (1867), aus [5].

(W/Z-Wert) formuliert. Er ließ sich die Stampfbetonbauweise 1855 als *Béton agglomeré* patentieren. Seine Firma führte zahlreiche Hochbauten, Brücken und Ingenieurbauwerke aus (siehe Abb. 1.5). Schon 1856 ordnet Coignet ganz gezielt auf der Zugseite eines biegebeanspruchten Trägers eine Zugstange an. Sein erstes Patent lässt er sich 1861 für bewehrten Beton erteilen. Doch dazu mehr im folgenden Abschnitt.

1.3 Die Eisenbetonbauweise

Dass man die Eisenbetonbauweise teilweise bis heute über die Begriffe „Monierbauweise" und „Moniereisen" mit *Joseph Monier* (1823–1906) verbindet, ist vor allem darauf zurückzuführen, dass dieser seine Konstruktionen seit dem Jahre 1867 durch mehrere zum Teil sehr allgemein abgefasste Patente umfassend schützen ließ.

So konnte über viele Jahre in Frankreich, Deutschland, Österreich und der Schweiz bewehrten Beton nur derjenige herstellen, der zuvor bei Monier eine Lizenz erworben hatte. Für Monier selbst waren die sprichwörtlichen Blumenkübel, deren Frostsicherheit er durch das Einlegen eines Drahtgeflechts in den Zementmörtel erreichte, nur der Anfang. Wasserbehälter, Gewölbe, sogar erste Eisenbetonbrücken folgten (Abb. 1.6a).

(a) (b)

Abb. 1.6 Bauwerke Moniers. (a) Eisenbetonbrücke in Chazelet (1875), aus [6]; (b) Wasserbehälter in Pontorson (1880), aus [6].

Heute geht man davon aus, dass Monier das Eisen vor allem als Hilfe zur Formgebung, d. h. als Unterkonstruktion für die eigentlich tragende Mörtelschicht ansah. Mechanische Zusammenhänge, hinsichtlich des Zusammenwirkens der beiden Komponenten, interessierten ihn nicht. Es wird sogar berichtet, dass er Bauteilversuche, die Ende des 19. Jahrhunderts zur wissenschaftlichen Absicherung erster Bemessungsregeln durchgeführt wurden, mit einem gewissen Desinteresse verfolgte.

Die 1854 entstandenen Zeichnungen aus den Patentschriften von Coignet belegen darüber hinaus, dass Monier nicht der Erste mit seiner Idee war (Abb. 1.7). Ebenfalls schon 1855 erhielt *Joseph Louis Lambot* (1814–1887) ein Patent zur Herstellung von „Feuchtigkeitsgefährdeten Gegenständen" aus Beton unter Verwendung eines Drahtnetzes zur Formung. Zu diesen „Gegenständen" zählten vor allem Boote und Behälter. Der Jurist und Gutsbesitzer Lambot nannte den neuen Baustoff „Ferciment".

William Boutland Wilkinson (1819–1902) erkennt als einer der Ersten die Vorteile von bewehrtem Beton im Zusammenhang mit dem feuersicheren Bauen. 1854 lässt sich der Gipsermeister eine Deckenkonstruktion patentieren, bei der eine Bewehrung der Zugzone vorgesehen ist. Wilkinson, der in Newcastle eine Fabrik für künstliche Steine betrieb, setzte für seine Deckenkonstruktionen auch erstmals vorgefertigte Hohlkastenträger ein. Wilkinson war Unternehmer und es lag ihm wenig an einer wissenschaftlichen Aufbereitung seiner Erfindung. Ganz im Gegensatz dazu *Taddeus Hyatt* (1816–1901): Der Rechtsanwalt, der in New York und London lebte, war ebenfalls über die Frage des Brandschutzes bei

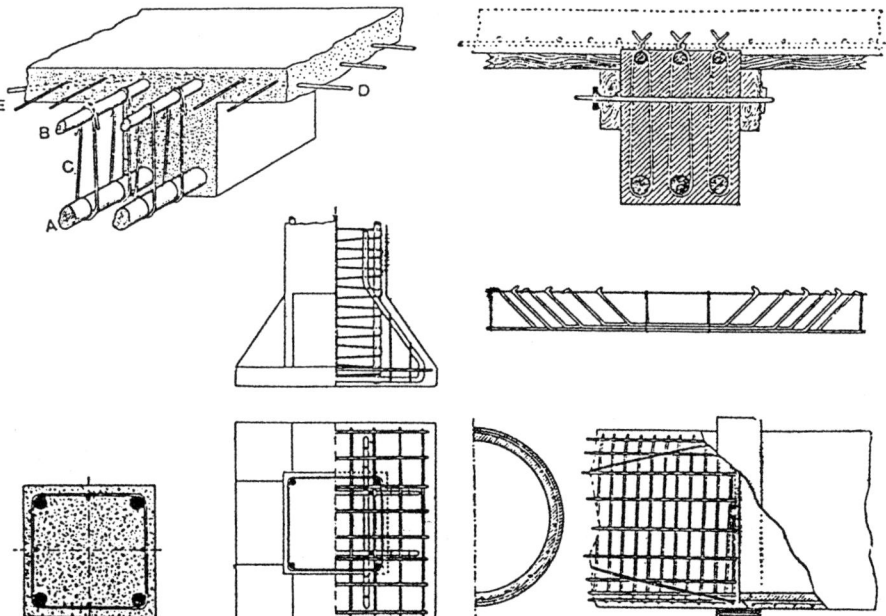

Abb. 1.7 Françoise Coignet, Zeichnung aus seinem Patent zur Bewehrung von Betondecken (1854), aus [4].

Geschossbauten auf die neue Bauweise gestoßen. 1877 veröffentlicht er auf eigene Kosten einen Bericht über seine wissenschaftlichen Untersuchungen der letzten 15 Jahre. Feuerbeständigkeit und Wirtschaftlichkeit sind Themen seiner Broschüre; aber auch mechanische Fragestellungen wie das Verhältnis des Elastizitätsmoduls von Eisen und Beton werden behandelt. Darüber hinaus gibt Hyatt eine klare Stellungnahme ab, dass die Bewehrung auf der Zugseite anzuordnen ist.

Diese lückenhafte Aufzählung zeigt, dass Monier sicher ein wichtiger Wegbereiter des Eisenbetons war, dass seine Bedeutung aber doch häufig überschätzt wird. Dieses Phänomen ist vor allem auf die gute Vermarktung der „Monier-Patente" zurückzuführen. In der Folge wurde vor allem auch im deutschsprachigen Raum bewehrter Beton lange Zeit als „Monierbauweise" bezeichnet und der Begriff „Monier-Eisen" hielt sich bis in das 20. Jahrhundert. Die Überbewertung von Moniers Beitrag zur technologischen Entwicklung des Stahlbetons hat sicherlich mehrere Gründe: zum einen eine gewisse Nachlässigkeit französischer, aber auch deutscher, schweizerischer und österreichischer Patentämter bei der Zuerkennung von „Monier-Patenten", zum anderen ein offensichtliches Desinteresse der technischen Hochschulen, die Innovation durch firmenunabhängige Forschung zu fördern. Zur Popularität des Namens trug sicherlich auch bei, dass der deutsche Bauunternehmer Gustav Wayss, der das „Monier-Patent" im Jahre 1885 erworben hatte, den aktuellen Wissensstand zusammenfasste und im Eigenverlag 1887 in der sogenannten Monier-Broschüre („Das System Monier") veröffentlichte.

Die Konstruktionsformen der ersten Stahlbetondecken wurden direkt aus den bis dahin üblichen Deckenkonstruktionen abgeleitet. Abbildung 1.8 zeigt einige frühe Beispiele: Wie bei einer Holzbalkendecke oder bei gemauerten Kappendecken spannt die Betonplatte bzw. das Betongewölbe einachsig von Träger zu Träger. Zwischen Stahlträgern und Beton gibt es keinen planmäßigen Verbund. Das gilt auch für die Weiterleitung in Wände und Stützen. Die Bewehrung des Betons mutet aus unserer Sicht vergleichsweise intuitiv an. Querschnittsform (Rundstähle und Flachstähle) und die geometrische Anordnung der Bewehrung unterscheiden sich bei den einzelnen – meist patentierten – Konstruktionen und sind untereinander nicht kompatibel. Materialersparnis und Vergrößerung der bis dahin möglichen Spannweiten waren die wichtigsten Vorteile der neuen Bauweise. Diese setzte sich allerdings nur zögerlich durch, vor allem dort, wo man wegen hohen Lasten oder wegen auftretender Feuchtigkeit Holzkonstruktionen ersetzen wollte. Der Wohnungsbau der Gründerzeit dagegen blieb eine Domäne für klassische Holzbalkendecken. Und auch bei Verwaltungsgebäuden nutzte man Ende des 19. Jahrhunderts noch überwiegend das System gemauerter Kappendecken, das bei den Baubehörden gut eingeführt war.

Die Grundlagen für den modernen Stahlbeton wurden von einem gleichermaßen innovativen und geschäftstüchtigen Bauunternehmer geschaffen. *Françoise Hennebique* (1843–1921) erhielt 1879 als Ingenieur in Brüssel den Auftrag ein „feuersicheres" Landhaus zu erbauen. In der „Monierbauweise", die er kurz zuvor kennengelernt hatte, sah er die beste Möglichkeit, dieses Ziel umzusetzen. Er erkannte aber, dass es dafür erforderlich war, auch alle Stahlträger und Stützen der unmittelbaren Brandeinwirkung zu entziehen. Er tat dies, indem er diese Bau-

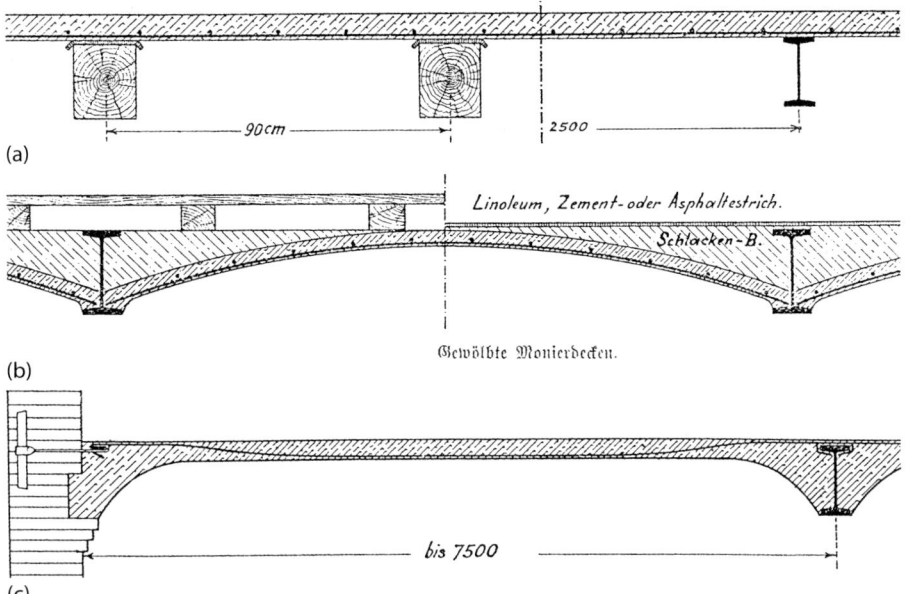

Abb. 1.8 Deckenkonstruktionen, aus [7]. (a) Monierplatte; (b) Moniergewölbe, aus [7]; (c) Voutendecke von Koenen, aus [8].

teile ebenfalls aus Eisenbeton herstellte. Damit war der Plattenbalken erfunden. Die Formgebung der einzelnen Bauteile, insbesondere die Vouten der Unterzüge im Auflagerbereich sowie die Bewehrungsführung, die vieles vorwegnimmt, was erst Jahre später wissenschaftlich erforscht wurde, zeugen vom hervorragenden intuitiven Verständnis, auf dessen Grundlage Hennebique die Entwicklung seiner Konstruktionsweise betrieb (Abb. 1.9 und 1.10). Wie bereits Jahre zuvor Monier, so vereinte auch Hennebique technisches Verständnis mit Geschäftstüchtigkeit. Er übersiedelte 1892 nach Paris und ließ sich seine Deckenkonstruktionen im gleichen Jahr umfassend patentieren. In Frankreich gründete er Niederlassungen in allen größeren Städten. Im europäischen Ausland und in den USA vergab er Lizenzen an Ingenieure und Bauunternehmen. Lizenznehmer waren unter anderen die Firmen Wayss & Freytag sowie Dyckerhoff & Widmann.

Die Vorteile der neuen Bauweise lagen klar auf der Hand: Mit monolithischen Plattenbalken und Durchlaufträgern wurden hohe Tragfähigkeiten bei vergleichsweise geringer Bauhöhe erreicht. Bei ausreichender Betondeckung und gutem Oberflächengefüge waren Brandschutz und Dauerhaftigkeit der Konstruktion gewährleistet. Größere Spannweiten, bei vergleichsweise schlanken Stützen, erhöhten die Flexibilität der Nutzung. Die Typisierung von Spannweiten und Bauteilabmessungen ermöglichte gleichzeitig eine wirtschaftliche Herstellung der Konstruktionen. Aber es gab auch Rückschläge: 1901 stürzte in Basel der fünfstöckige Neubau des „Hotels zum Bären" noch vor der Fertigstellung ein. Bei der anschließenden Untersuchung stellte man gravierende Mängel beim Tragwerksentwurf, in der statischen Berechnung sowie bei den Ausführungsdetails fest. Die Zuständigkeiten der Qualitätsüberwachung waren alles andere

12 | *1 Konstruktionsgeschichte*

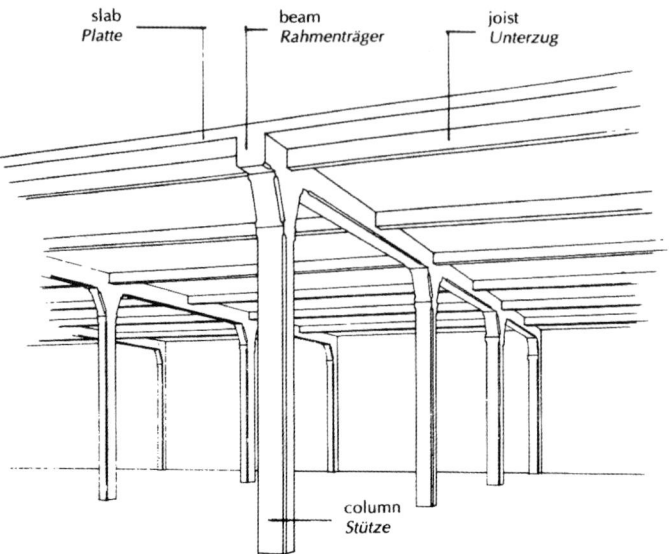

Abb. 1.9 Monolithisches Beton-Rahmentragwerk 1904, aus [4].

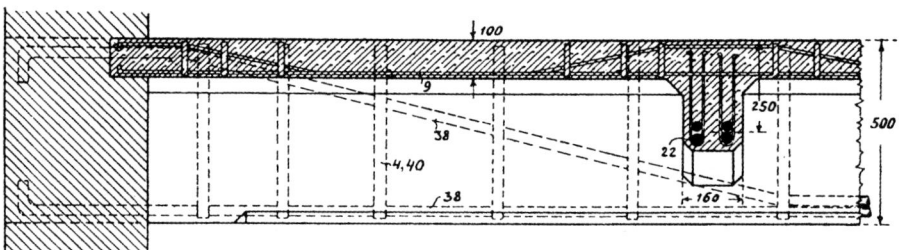

Abb. 1.10 Bewehrungsführung einer Hennebique'schen Decke, aus [8].

als eindeutig geregelt. Hier rächte es sich, dass Hennebique die Lizenz für seine Bauweise als Ganzes vermarktete. Damit war für die Reproduktion beim Lizenznehmer vordergründig kein Verständnis für die Bedeutung und Wirkungsweise einzelner Details erforderlich. Dieses Defizit wurde erkannt und es begann, mit ausgelöst durch das Basler Unglück, aber auch angesichts des für das Jahr 1907 zu erwartenden Auslaufens der Patente Hennebiques, die systematische wissenschaftliche Untersuchung der materialtechnologischen und der mechanischen Grundlagen der Stahlbetonbauweise.

Dass es an grundlegendem Wissen fehlte, obwohl sich die neue Bauweise in allen Gebieten des Bauwesens durchzusetzen begann, zeigt auch ein Missgeschick, das Eugéne Freyssinet – über ihn wird im folgenden Abschnitt noch zu berichten sein – im Jahre 1912 unterlief. Freyssinet hatte eine Bogenbrücke bei Boutiron/Vichy als schlanke Stahlbetonkonstruktion errichtet. Aufgrund einer Fehleinschätzung des Kriechens des Betons senkten sich die Scheitel der drei etwa 72 m weit gespannten Bögen um bis zu 12 cm. Freyssinet kompensierte diese für

Abb. 1.11 Protagonisten der Eisenbetonbauweise. (a) Françoise Coignet; (b) Joseph Monier; (c) Françoise Hennebique; (d) Emil Mörsch.

die Stabilität der Bögen bedenkliche Verformung über ein hydraulisches Auseinanderpressen der Scheitel.

Zu großen Teilen erarbeitet und zwischen 1905 und 1926 im Standardwerk *Der Eisenbetonbau* zusammengetragen wurden die grundlegenden betontechnologischen und mechanischen Kenntnisse von *Emil Mörsch* (1872–1950) (Abb. 1.11d). Mörsch hatte 1901 die Leitung des technischen Büros der Wayss & Freytag AG übernommen. In den folgenden Jahren verknüpfte er auf einzigartige Weise seine Tätigkeit als Hochschullehrer, Forscher und zeitweiliges Vorstandsmitglied der Wayss & Freytag AG. Nachdem die Patente Hennebiques 1907 ausgelaufen waren und im gleichen Jahr das „Preußische Ministerium der öffentlichen Arbeiten" die „Bestimmungen für die Ausführung von Konstruktionen aus Eisenbeton bei Hochbauten" erließ, stand der allgemeinen Anwendung des Eisenbetons nichts mehr im Wege.

Nicht zu vergessen sind in diesem Zusammenhang die Entwicklungen auf dem Gebiet der Herstellungstechnologie. Für das Mischen, Transportieren und Verdichten des Betons waren nach und nach Geräte und Maschinen entwickelt worden, mit denen, auch unter Baustellenverhältnissen, hochwertiger und homogener Beton hergestellt werden konnte. Insbesondere die Einführung des Innenrüttlers – in Deutschland 1934 durch die Firma Wacker – bedeutete einen grundsätzlichen Fortschritt. Zuvor hatte man Beton durch Stampfen, Stochern und Klopfen an der Schalung mit sehr unterschiedlichem Erfolg verdichtet. Das Stampfen – für unbewehrten Beton gut geeignet – wurde durch die eingelegte Bewehrung behindert und durch das Klopfen an der Schalung entmischte sich der Beton.

Mit den „Bestimmungen für die Ausführung von Bauteilen aus Eisenbeton" aus dem Jahre 1916, die schon 1926 durch die erste Fassung der DIN 1045 ersetzt wurden, lag den Bauingenieuren eine verlässliche Grundlage für den Entwurf und die Bemessung von Stahlbetonbauteilen vor. Dies förderte die breite Anwendung, führte in der Folge aber auch zu einer Vereinheitlichung der Konstruktionsformen. Nur wenige Ingenieure versuchten außerhalb oder am Rande der Regelwerke neue, kreative Wege zu gehen. Einer von Ihnen war *Robert Maillart* (1872–1942), der die flächige und räumliche Tragwirkung monolithischer Stahlbetontragwerke erkannte und bei seinen Bauten auf eine Art und Weise perfektionierte, die auch heute noch Bewunderung hervorruft. 1902 gründete er sein eigenes Ingenieurbüro und Baugeschäft. Zuvor hatte er einige Jahre Berufserfahrung gesammelt, nachdem er 1894 das Studium an der ETH in Zürich abgeschlossen hatte. 1908 entwickelte er ein unterzugsloses Deckensystem mit Pilzkopfstützen, das er sich patentieren ließ und u. a. 1910 beim Lagerhaus Giesshübel (Abb. 1.12) in Zürich ausführte. Das von ihm vorgeschlagene orthogonale Bewehrungskonzept für unterzugslose Deckenplatten wird auch heute noch angewandt.

Abb. 1.12 Lagerhaus Giesshübelstraße in Zürich, Deckentragwerk von Robert Maillart (1910), aus [9].

Maillart ist Ingenieur und Bauunternehmer zugleich und er bekommt seine Aufträge im Wettbewerb. Um preiswert bauen zu können, optimiert er seine Konstruktionen. Im Brückenbau führt ihn diese Optimierung zum Konzept des versteiften Stabbogens. Bei diesem Konstruktionsprinzip ist der Fahrbahnträger über die Aufständerung mit dem Bogen monolithisch verbunden. Dadurch entsteht ein räumliches Tragwerk, bei dem die Stabilität des Bogens nicht mehr von der Steifigkeit des Bogens alleine, sondern vom räumlichen Zusammenwirken von Fahrbahn, Aufständerung und Bogen abhängt. Aufgrund dieser „Versteifung" des Bogens durch den Fahrbahnträger kann das Tragwerk sehr schlank ausgeführt werden. Das spart nicht nur Beton. Auch der Aufwand bei der Herstellung des Lehrgerüstes verringert sich aufgrund des geringen Eigengewichtes des Bogens erheblich. Zwischen 1920 und 1933 hat Maillart das Konstruktionsprinzip des versteiften Stabbogens mehrfach angewandt. Zuletzt bei der Schwandbachbrücke (Abb. 1.13) unter schwierigen geometrischen Bedingungen: Die Fahrbahn wird in einer Kurve über den geradlinigen Bogen geführt, der mit einer Dicke von 20 cm 37,4 m überspannt. Der Standort der Brücke im Zuge einer Nebenstraße bei Hinterfultigen (Kt. Bern) ist typisch für die kühnen Konstruktionen Maillarts, die fast alle abseits der großen städtischen Zentren entstanden und somit heute häufig schwer aufzufinden sind. Die schlichten, schnörkellosen Formen entsprachen – noch – nicht dem Zeitgeschmack. Erst nach und nach und sehr zögerlich wurde der Stahlbeton im 20. Jahrhundert zum bevorzugten Werkstoff der modernen Architektur. So schreibt 1899 Henry van der Velde, dass „es eine Klasse von Menschen gibt, denen man den Titel Künstler nicht mehr länger vor enthalten kann. Diese Künstler, die Schöpfer der neuen Architektur, sind die Ingenieure" (zitiert nach [10]).

Weitgehend unabhängig von stilistischen und formalen Fragen der Architektur wird von den Ingenieuren die Optimierung von Tragwerken aus Stahlbeton vorangetrieben. 1913 wird die Kuppel der Jahrhunderthalle in Breslau (Abb. 1.14) fertiggestellt und in der Folge werden Berechnungs- und Herstellungsverfahren

Abb. 1.13 Schwandbachbrücke von Robert Maillart (1933), aus [9].

Abb. 1.14 Jahrhunderthalle Breslau von Max Berg (1913).

entwickelt, um die freie Formbarkeit des Betons für optimierte Schalentragwerke zu nutzen. Zwei unterschiedliche Ansätze sind hier zu unterscheiden: Mathematisch beschreibbare räumliche Flächen wie zum Beispiel Hyparschalen oder Kugelschalen lassen sich berechnen. Schnittgrößen, Beanspruchungen und Auflagerkräfte sind über Differenzialgleichungen eindeutig zu bestimmen. Allerdings unterliegen diese Formen auch streng einzuhaltenden Randbedingungen und lassen sich deswegen nur eingeschränkt an unterschiedliche nutzungsbedingte Grundrissformen und Bauwerksgeometrien anpassen. Anders die sogenannten freien Formen. Freiformflächen folgen keiner mathematischen Formulierung und können deshalb einer Nutzung besser angepasst werden.

Ein herausragender Vertreter für die Entwicklung und Konstruktion freigeformter Schalentragwerke ist *Heinz Isler* (1926–2009). Isler entwickelte modellstatische Verfahren, die es ihm ermöglichten, Schalenformen, die er auch aus Naturbeobachtungen herleitete, in ihren Abmessungen zu optimieren und sicher zu bemessen. Durch die Wiederverwendung von Schalungen und Schalungssegmenten verhalf er der Schalenbauweise auch zu einer gewissen Wirtschaftlichkeit. So gelingt es ihm rund 1400 Schalen in etwa 40 unterschiedlichen Grundformen zu realisieren. Abbildung 1.15 zeigt das Gartencenter Bürgi in Camorino (Kt. Tessin, Schweiz), dessen vierpunktgelagerte Schale eine Fläche von $27{,}2 \times 27{,}2 \, m^2$ überspannt. Die Dicke der Schale im Scheitel beträgt 8 cm.

Nicht ganz so umfangreich ist das Werk von *Ulrich Müther* (1934–2007), der zwischen 1963 und 1996 über 50 Hypar- und Kugelschalen entwarf und in der Anfangszeit auch mit dem familieneigenen Bauunternehmen errichtete (Abb. 1.16). Auch hier spielten Überlegungen zur wirtschaftlichen Herstellung eine wichtige Rolle und so ist es kein Zufall, dass es vor allem Hyparschalen sind, mit denen sich Müther intensiv befasst. Da eine doppelt gekrümmte Hy-

Abb. 1.15 Gartencenter in Camorino von Heinz Isler (1971).

Abb. 1.16 Seerose in Potsdam von Ulrich Müther (1980), aus [11].

parschale aus sich im Raum verwindenden Geraden gebildet wird, lässt sie sich auch auf entsprechend angeordneten geraden Schalbrettern betonieren. Bei Kugelschalen, wie sie Müther mehrfach für Planetarien konzipiert, entwickelt er ein Herstellungsverfahren, bei dem Spritzbeton auf ein zuvor ausgerichtetes Bewehrungsgeripppe aufgebracht wird.

Es sind vor allem zwei Gründe, weshalb in der Gegenwart kaum noch Schalen gebaut werden, obwohl eine Berechnung freier Formen heute mit modernen numerischen Methoden ohne Weiteres möglich ist. Zum einen ist der Herstellungsaufwand nach wie vor vergleichsweise groß, zum anderen bereitet es häufig Probleme, einen in seiner Wirkung solitären Schalenbau in ein städtebauliches Umfeld einzugliedern.

1.4 Die Spannbetonbauweise

Durch das Einlegen der Bewehrung wird die fehlende Zugfestigkeit des Betons ausgeglichen. Dass der Beton in der Zugzone reißt, lässt sich durch die Bewehrung erst einmal und ohne weitere Maßnahmen nicht verhindern. Das bedeutet,

1 Konstruktionsgeschichte

Abb. 1.17 Belastungsprobe an „Wettstein-Brettern", aus [5].

der Beton in der Zugzone ist, zumindest was die Biegetragfähigkeit eines Balkens anbelangt, nutzlos – sieht man einmal vom Korrosionsschutz der Bewehrung ab. Dazu kommt, dass das Verformungsverhalten von gerissenem Beton rechnerisch nur schwierig zu erfassen und mit erheblichen Unsicherheiten behaftet ist. Schon Ende des 19. Jahrhunderts versucht man deshalb, durch das Vorspannen der Bewehrung, zumindest im Gebrauchszustand, ein quasi linear-elastisches Verhalten des Betons unter Biegebeanspruchung zu erzielen. Man erwartet zurecht eine höhere Tragfähigkeit und geringere Verformungen, wenn es gelingt, den Beton so „vorzudrücken", dass eine Biegebeanspruchung keine Risse hervorruft, sondern in der Zugzone nur einen Abbau von Druckspannungen bewirkt.

Peter. H. Jackson (1829–1908) aus San Francisco lässt sich 1886 ein Patent auf ein Konstruktionsprinzip erteilen, das den Grundgedanken der Vorspannung ohne Verbund erkennbar beschreibt. *Mathias Koenen* (1849–1924) stellt 1906 erste Überlegungen an, Bewehrung in gespanntem Zustand einzubetonieren. Damit war das Spannbettverfahren erstmalig beschrieben. Aufgrund der vergleichsweise geringen Streckgrenze der damals üblichen Bewehrungsstähle sieht sich Koenen gezwungen, die maximale Vorspannung des Stahles auf $60\,\text{N/mm}^2$ zu begrenzen. Daraus folgert er selbst, dass der eigentlich angestrebte Effekt der Vorspannung durch Kriechen und Schwinden schnell verloren geht.

Im Jahr 1919 entwickelt *Karl Wettstein* in Böhmen ein Verfahren, Betondielen mit Klaviersaiten vorzuspannen. Er lässt sich dieses Verfahren 1921 patentieren und hat damit die Entwicklung des modernen Spannbetons um zwei wesentliche Schritte vorangebracht. Zum einen verwendet er erstmalig hochfesten Stahl, zum anderen sichert er den Haftverbund durch das günstige Verhältnis von Umfang zu Querschnittsfläche der dünnen Drähte (Abb. 1.17).

Eugéne Freyssinet (1879–1962) war schon mit zahlreichen Stahlbetonbauten als herausragender Ingenieur bekannt geworden. Eines der wichtigsten Beispiele sind sicherlich die Luftschiffhallen von Paris-Orly von 1923. Das Spannbettverfahren, das er sich 1928 patentieren lässt, nutzt die zwischenzeitlich zur Verfügung gestellten materialtechnologischen Entwicklungen: Hochwertiger Beton und vor allem hochfeste Stähle lassen eine Vorspannung der Bewehrung auf bis zu $400\,\text{N/mm}^2$ zu. Damit werden die Einflüsse von Kriechen und Schwinden so weit kompensiert, dass eine dauerhafte Wirkung der Vorspannung sichergestellt ist. In Deutschland ist es wiederum die Firma Wayss & Freytag, die als erstes Un-

Abb. 1.18 Autobahnbrücke bei Oelde/Westf. von Wayss & Freytag (1939), aus [54].

ternehmen das Potenzial einer neuen Entwicklung erkennt und sich durch die Übernahme des Patentes für Deutschland die Verwertungsrechte sichert. Allerdings – wie schon zuvor beim Stahlbeton – nicht ohne durch umfangreiche eigene Untersuchungen das Verfahren theoretisch und experimentell abzusichern und weiterzuentwickeln. Dass 1938 die erste Spannbetonbrücke in Deutschland von der Firma Wayss & Freytag errichtet werden konnte, war durch die umfangreichen Versuche, die zwischen 1935 und 1938 in Stuttgart und Dresden von Emil Mörsch durchgeführt worden waren, möglich geworden. Die 33 m langen im Spannbett vorgespannten Träger überspannen bei Oelde in Westfalen die Autobahn stützenfrei (Abb. 1.18).

Freyssinet lässt sich 1939 und 1940 ein neues System patentieren, bei dem die Bewehrung nach dem Erhärten des Betons vorgespannt wird. Damit standen auch das Spanngliedverfahren bzw. die Vorspannung mit nachträglichem Verbund zur Verfügung. Dieses System wurde in der Schweiz von den Ingenieuren N. Birkenmeier, A. Brandestini, N.R. Ros und K. Vogt (BBRV-Verfahren), in Deutschland von Fritz Leonhardt und Walter Bauer (LEOBA-Verfahren) sowie durch U. Finsterwalder für die Firma Dyckerhoff & Widmann (DYWIDAG-Verfahren) auf den auch heute noch weitgehend aktuellen Stand der Technik entwickelt.

1.5 Fertigteile

Schon Lambots Boot und die Blumenkübel von Monier waren Fertigteile im Sinne von vorgefertigten Bauelementen. Aufgrund der Vorteile bei der Herstellung von Bauteilen in einer – vielleicht nur provisorisch errichteten – Halle und in einer mehrfach verwendbaren Schalungsform entwickelte sich die Fertigteilbauweise (Abb. 1.19). Der erstmalige Einsatz vorgefertigter Betonbalken durch Coignet beim Bau des Casinos in Biarritz ist für das Jahr 1891 belegt. In den USA werden im Jahre 1900 erstmals flächige Dachelemente in Brooklyn verwendet. 1912 lässt sich John F. Conzelmann erstmals ein System patentieren, mit dem Geschossbauten komplett aus vorfabrizierten Fertigteilen errichtet werden können.

Höhere Betonqualitäten und die ersten Vorspannsysteme ermöglichen die Herstellung von schlanken Bauteilen, die sich transportieren und auf der Baustelle

Abb. 1.19 Versetzen eines Fertigteilbrückenträgers 1958, aus [5].

versetzen und montieren lassen. Die Firma Wayss & Freytag führt das Spannbettverfahren 1939 ein.

Der Bauingenieur und Architekt *Pier Luigi Nervi* (1891–1979) nutzt die Möglichkeiten, die sich durch die Addition gleicher oder ähnlicher Bauelemente ergeben, auf neue und einzigartige Weise. Das bekannteste Beispiel ist wohl der Palazzetto dello Sport in Rom (Abb. 1.20) aus dem Jahre 1957. Die Halle wird von einer flachen Kalotte mit einem inneren Durchmesser von knapp 60 m überspannt. Die auf der Innenfläche sichtbaren Rippen und die dazwischen liegenden Flächen wurden als Fertigteile vorgefertigt und mit Ortbeton zu einer monolithischen Struktur ergänzt.

Auch wenn die „Platte" heute mit einem eher negativen Image belegt ist, so muss man doch anerkennen, dass die Plattenbauweise – aus der Wohnungsnot nach 1945 heraus entwickelt – in ganz Europa neben weniger gelungenen auch zahlreiche gute Beispiele hervorgebracht hat. Komplett vorgefertigte Decken- und Wandplatten werden heute im Wohnungsbau kaum noch eingesetzt. Allerdings haben sich Halbfertigteile mit Ortbetonergänzung für Decken bis zu mittleren Spannweiten, aber auch für Kellerwände ohne größere statische Anforderungen, als Standard-Konstruktion durchgesetzt.

Abb. 1.20 Palazetto dello Sport von Pier Luigi Nervi (1957), aus [13].

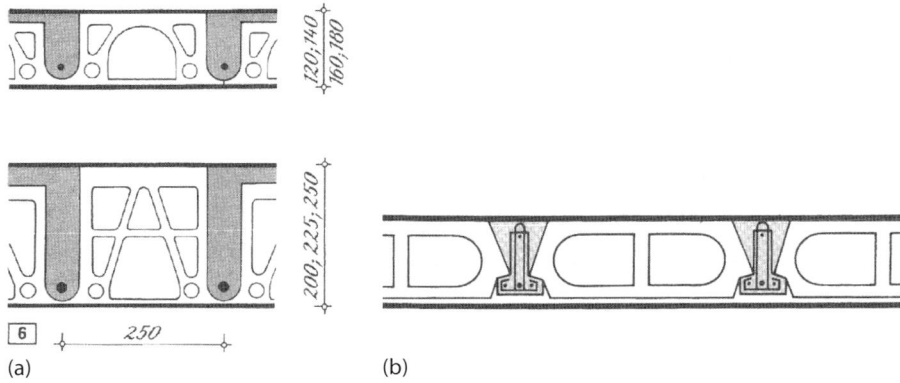

Abb. 1.21 Deckensysteme. (a) Kaiser-Decke; (b) Decke mit nichttragenden Füllkörpern und Fertigteilbalken, aus [14].

Bis in die frühen 1980er-Jahre waren für Ein- und Zweifamilienhäuser Balkendecken mit Hohlkörpern sehr beliebt (Abb. 1.21). Sowohl die tragenden Balkenelemente als auch die dazwischen angeordneten Betonhohlkörper konnten ohne aufwendige Hebezeuge transportiert und versetzt werden. Zur Herstellung einer planen Oberfläche war vergleichsweise wenig Ortbeton erforderlich. Mangelhafter Schallschutz auf der einen und Rissanfälligkeit wegen fehlender Querbewehrung auf der anderen Seite sind die Gründe, weshalb dieses Konstruktionsprinzip heute nicht mehr angewandt wird. Zurückzuführen ist es auf das System der sogenannten Stahlsteindecken, das zu Beginn des 20. Jahrhunderts, vor allem im mehrgeschossigen Wohnungsbau, sehr beliebt war. Bei diesem Konstruktionsprinzip tragen schmale, etwa 5 cm breite, bewehrte Ortbetonrippen im Verbund mit Hohlkörpern, die meist aus Ton gebrannt wurden. In der Druckzone wurden die Fugen der Hohlkörper vermörtelt oder mit fließfähigem Mörtel vergossen. Eine Druckplatte aus Ortbeton kann, muss aber nicht vorhanden sein. Ein solches Deckensystem wurde 1894 als Kleine'sche-Decke erstmalig zugelassen. 1904 ermöglichte es ein Runderlass der preußischen Bauverwaltung, dass auf der Grundlage klar definierter Randbedingungen jeder Unternehmer sein eigenes Stahlsteindeckensystem entwickeln konnte. Davon wurde rege Gebrauch gemacht. Die einschlägige Literatur [14] listet knapp 400 unterschiedliche Systeme auf.

1.6 Dauerhaftigkeit und neue Werkstoffe

Die Begeisterung für den Stahlbeton erfuhr seit den 1970er-Jahren eine gewisse Dämpfung, weil immer häufiger bei einzelnen Bauwerken die Karbonatisierungsfront, den bekannten Gesetzmäßigkeiten folgend (siehe Abschn. 3.3.2), die Ebene des Bewehrungsstahls erreicht hatte und der Stahl somit nicht mehr vor Korrosion geschützt war. In der Konsequenz wird seit 1988 in DIN 1045 ein über das Mindestmaß der Betondeckung hinausgehendes Vorhaltemaß von 1 cm definiert. Diese Forderung hatte G. Franz schon fünf Jahre zuvor formuliert [15].

Vonseiten der Betontechnologie wurden in dieser Zeit Betonverflüssiger und Erstarrungsverzögerer als Betonzusatzmittel entwickelt, mit dem Ziel, die Verarbeitung des Frischbetons auf der Baustelle ohne negative Beeinflussung des W/Z-Wertes zu vereinfachen. Weitere Bestrebungen zur Verbesserung des Betongefüges im Sinne einer möglichst hohen Packungsdichte gipfelten Ende des 20. Jahrhunderts in der Entwicklung von ultrahochfestem Beton (UHPC – ultra high performance concrete) mit Druckfestigkeiten über $150\,\text{N}/\text{mm}^2$.

Die weltweit erste Fußgängerbrücke, bei der 1997 die wesentlichen Tragelemente aus UHPC hergestellt worden waren, überbrückt mit einer Spannweite von 60 m den Rivière Magog in Sherbrooke (Quebec, Kanada) [16]. In Deutschland hat die Gärtnerplatzbrücke in Kassel einige Berühmtheit erlangt. Bei dieser Konstruktion wurde ein Stahlfachwerk mit UHPC-Fertigteilen kombiniert. Diese bilden gleichzeitig den Obergurt des Fachwerks und die Gehwegplatte [17]. Ein imposantes Beispiel, bei dem 15 trogförmige Fertigteile durch Vorspannung zu einem 69 m weit spannenden Träger verbunden wurden, ist die 2005 fertiggestellte Fußgängerbrücke über den Herault Canyon bei Montpellier (Frankreich) [16, 18].

Da UHPC eine sehr gute Oberflächenhaftung aufweist, eignet er sich auch für nachträgliche Verstärkungen. Bei der Instandsetzung der 1969 fertiggestellten Hangbrücke bei Chillon (Schweiz) wurden durch den flächigen Auftrag einer 40 mm dicken schlaff bewehrten UHPC-Schicht die Tragfähigkeit und die Ermüdungssicherheit des Brückenträgers erhöht [19].

Die Bewehrungskorrosion kann auch dadurch verhindert werden, wenn anstelle Stahls Bewehrungselemente aus Kunststofffasern verwendet werden. Die erste ausschließlich textilbewehrte Brücke hat 15 m Spannweite und wurde 2010 in Albstadt-Ebingen fertiggestellt [20].

1.7 Zeittafel

ca. 1000 v. Chr.	Wasserfester Mörtel durch das Mischen von Luftkalk und gebranntem Ton, vermutlich durch die Phönizier erfunden
3. Jh. v. Chr.	Hydraulisches Bindemittel gewonnen aus der Puzzolanerde
2. Jh. v. Chr.	Römisches Gussmauerwerk, *opus caementitium*
2. Jh. n. Chr.	Bau des Pantheons
1756	Edystone-Leuchtturm mit hydraulischem Mörtel gemauert, *John Smeaton*
1824	Patent für Portlandzement, *Joseph Aspdin*
1854	Patent für eine bewehrte Deckenkonstruktion, *William Boutland Wilkinson*
1855	Erstes deutsches Zementwerk in Züllchow bei Stettin
1855	Patent für die Stampfbetonbauweise, *Françoise Coignet*
1855	Patent zur Herstellung von „feuchtigkeitsgefährdeten Gegenständen" aus Beton unter Verwendung eines Drahtnetzes, *Joseph Louis Lambot*
1861	Patent zur Bewehrung von Betondecken, *Françoise Coignet*
1867	Erstes Patent für die Eisenbetonbauweise, *Joseph Monier*

1877	Technischer Bericht zu Deckenkonstruktionen aus Stahlbeton, *Taddeus Hyatt*
1885	*Gustav Wayss* erwirbt die Monier-Patente für Deutschland
1887	*Gustav Wayss* gibt die von *Mathias Koenen* in den wesentlichen Teilen verfasste *Monier-Broschüre* heraus
1892	Patent für das monolithische Verbundbalkensystem, *Françoise Hennebique*
1901	Einsturz des nach den Patenten Hennebiques errichteten Hotels „Zum Bären" in Basel
1904	Erste preußische „Bestimmungen für die Ausführung von Konstruktionen aus Eisenbeton"
1905	Erste Auflage „Der Eisenbetonbau" von *Emil Mörsch*
1908	Deckensystem mit Pilzkopfstützen, *Robert Maillart*
1913	Jahrhunderthalle in Breslau
1920	Brücken mit versteiftem Stabbogen, *Robert Maillart*
1928	Patent für das Spannbettverfahren, *Eugéne Freyssinet*
1938	Erste Spannbetonbrücke in Deutschland, *Wayss und Freitag*
1939	Patent für das Spannverfahren mit nachträglichem Verbund, *Eugéne Freyssinet*
1988	Einführung des Vorhaltemaßes für die Betondeckung in DIN 1045

Einen anschaulichen Überblick über die spannenden Entwicklungen der Ingenieurbaukunst im 19. und 20. Jh. geben Peters [12] und Straub [13].

2
Zuverlässigkeit von Tragwerken

> Structural Engineering is the art and science of molding materials we do not fully understand, into shapes we cannot precisely analyse, to resist forces we cannot rately predict in all such a way, that society at large is given no reason to suspect the extent of our ignorance.
>
> *(James E. Amrhein, Masonry Institute of America, zitiert nach [21])*

Über Jahrhunderte hinweg wurden Bauwerke auf der Grundlage von Erfahrungen und Traditionen errichtet. Auch wenn es gelegentlich Rückschläge gab, so wussten die erfolgreichen Baumeister, was sie dem Material, dem Baugrund und nicht zuletzt sich selbst zutrauen konnten. Es bestand eine enge Verbundenheit derjenigen, die Verantwortung trugen mit ihrem Werk und zumeist auch mit dem Ort, wo es errichtet wurde, und es gab in der Regel keine Trennung der Verantwortlichkeiten zwischen Entwurf und Ausführung. Die Zuverlässigkeit des Baumeisters bot Gewähr für die Zuverlässigkeit und die Dauerhaftigkeit des Bauwerks. Mit der im 19. Jahrhundert einsetzenden Trennung der Berufsbilder des Architekten und des Ingenieurs und der später fortschreitenden Trennung von Planung und Ausführung lag die Verantwortung für ein Bauwerk nicht mehr in einer Hand.

Hinzu kam, dass die neuen, industriell erzeugten Werkstoffe Stahl und Zement vergleichsweise teuer waren. Mit den traditionellen Mauerwerks- und Holzkonstruktionen konnte der Eisenbeton in wirtschaftlicher Hinsicht nur dann konkurrieren, wenn die Abmessungen möglichst schlank gewählt wurden, um den Materialverbrauch zu minimieren. Dazu waren möglichst objektive Verfahren zur Festlegung der Abmessungen von Tragwerken zu entwickeln.

Eine solche „objektivierte" Dimensionierung kann auf der Grundlage mechanischer Prinzipien erfolgen oder durch eine ausreichende Zahl von Bauteilversuchen abgesichert werden. Von der zweiten Möglichkeit wurde in den Anfangsjahren der Stahlbetonbauweise im Zusammenhang mit Patentverfahren sehr häufig Gebrauch gemacht. In beiden Fällen sind Zuverlässigkeitsanforderungen zu definieren, die eine rechnerische Tragfähigkeit oder eine im Versuch aufgebrachte Maximallast mit zulässigen Werten verknüpfen. Dazu sind Sicherheitsbeiwerte geeignet.

Allerdings dürfen wissenschaftlich abgesicherte Berechnungsverfahren nicht darüber hinwegtäuschen, dass auch heute noch die Erfahrung des Ingenieurs und eine gewisse Vertrautheit mit dem Bauwerk wichtige Grundlagen bei der Bewertung der Zuverlässigkeit eines Tragwerks sind, auch wenn sich diese Kriterien einer exakten Zertifizierung entziehen.

In den folgenden vier Abschnitten wird insbesondere auf die Zusammenhänge zwischen den an Stichproben ermittelten Ergebnissen und den daraus abzuleitenden charakteristischen Werten sowie auf die Festlegung von Sicherheits- und Teilsicherheitsbeiwerten für bestehende Tragwerke eingegangen. Die Anwendung der vorgestellten statistischen Berechnungsverfahren wird anhand von zwei Beispielen in Abschn. 2.5 veranschaulicht.

2.1 Angewandte Statistik

Vereinfacht ausgedrückt dienen statistische Verfahren u. a. dazu, aus der Auswertung einer Stichprobe von Ereignissen oder Daten Aussagen zur Verteilung der Gesamtheit dieser Ereignisse oder Daten abzuleiten. Einführungen zu den unterschiedlichen statistischen Verfahren wurden z. B. von Krickhahn und Poß [22] und von Lehn und Wegmann [23] zusammengestellt. Anschauliche Erläuterungen der Zusammenhänge zwischen der statistischen Zuverlässigkeitstheorie und den im Bauwesen angewandten Sicherheitskonzepten finden sich bei Zilch und Zehetmaier [24] sowie bei Rackwitz und Zilch [25]. Die Standardwerke von Plate [26] und Schneider [27] sind sehr empfehlenswert, aber nur noch antiquarisch verfügbar.

Einwirkungen auf Tragwerke kann man als umfassende Dokumentation von Beobachtungen über einen gewissen Zeitraum der Gruppe der Ereignisse zuordnen. Die Auswahl und die Dauer des Zeitraums beeinflussen die Stichprobe. Baustoffeigenschaften, die aus Materialproben ermittelt werden, zählen zur Gruppe der Daten. Bei der Untersuchung bestehender Tragwerke ist es üblich, dass die Materialproben in etwa zur gleichen Zeit in unterschiedlichen Bereichen eines Bauwerks entnommen werden. Gemeinsam ist beiden Gruppen, dass die Ergebnisse der Stichproben streuen und die Häufigkeitsverteilung eine unstetige Funktion darstellt.

Abbildung 2.1a zeigt die Häufigkeitsverteilung der Einzelwerte der Betondruckfestigkeit, die an Bohrkernen bestimmt wurde. Für diese Darstellung in Form eines Histogramms werden den einzelnen Ergebnissen Festigkeitsklassen zugeordnet. Über die jeweilige Festigkeitsklasse wird dann die entsprechende Anzahl der Einzelwerte aufgetragen.

Für die Stichprobe lässt sich der Mittelwert $\bar{x}_n$ mit

$$\bar{x}_n = \frac{1}{n} \sum_{i=1}^{n} x_i \tag{2.1}$$

aus n Einzelwerten x_i ermitteln. Vom Mittelwert zu unterscheiden ist der Medianwert, der so definiert ist, dass er von der Hälfte aller Einzelwerte erreicht bzw. überschritten wird.

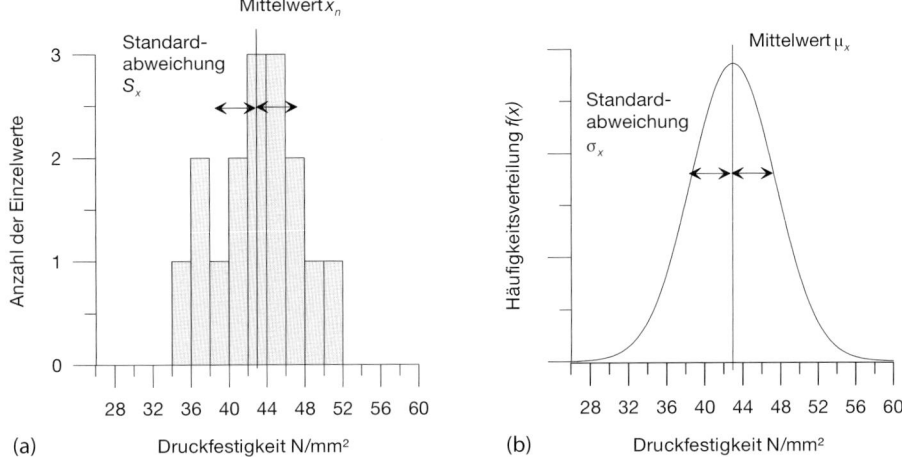

Abb. 2.1 (a) Häufigkeitsverteilung einer Stichprobe als Histogramm; (b) stetige Normalverteilung der Grundgesamtheit.

Die einfachste Formulierung einer stetigen Funktion zur Beschreibung der Gesamtheit aller Daten ist die Gauss-Normalverteilung

$$f(x) = \frac{1}{\sigma_x \cdot \sqrt{2\pi}} \cdot e^{\frac{-(x-\mu_x)^2}{2\cdot\sigma_x}} \tag{2.2}$$

wie sie in Abb. 2.1b dargestellt ist.

Der Abstand des Maximums der Verteilungsfunktion von der Abszisse wird durch den Mittelwert μ definiert. Die Standardabweichung σ_x ist als Skalierungsparameter bestimmend für die Form der Fläche unter $f(x)$.

Die Standardabweichung S_x einer Stichprobe mit n Einzelwerten ist definiert zu

$$S_x = \sqrt{\frac{1}{n-1} \cdot \sum_{i=1}^{n}(x_i - \overline{x}_n)^2} \tag{2.3}$$

und der zugehörige Variationskoeffizient mit

$$V_x = \frac{S_x}{\overline{x}_n} \tag{2.4}$$

Im Zusammenhang mit der Zuverlässigkeit statistisch ermittelter Größen sind nun vor allem Teilflächen unterhalb der Normalverteilungskurve von Interesse. Werte, die mit einer gewissen Wahrscheinlichkeit p unterschritten werden, bezeichnet man als Fraktil- oder Quantilwerte.

Fraktilwerte lassen sich unter Verwendung der für alle Normalverteilungen gültigen Faktoren k (siehe Tab. 2.1) ermitteln:

$$x_q = \mu_x - k(q) \cdot \sigma_x \tag{2.5}$$

Tab. 2.1 Faktoren k für ausgewählte Fraktilen q.

q [%]	0,1	1	2	5	10
k [-]	3,09	2,32	2,06	1,64	1,28

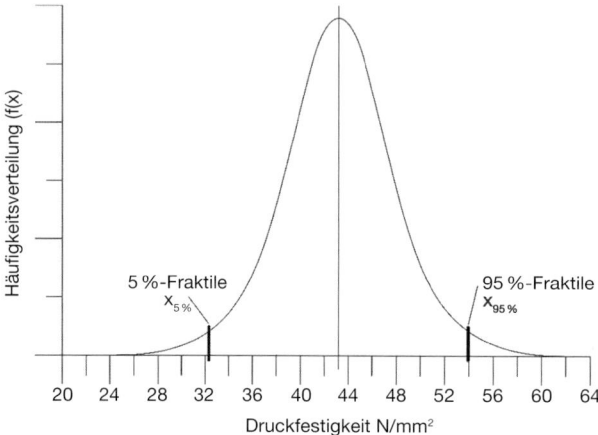

Abb. 2.2 Fraktilwerte für eine Gauß-Normalverteilung.

Für die Definition charakteristischer Festigkeitswerte werden gewöhnlich 5 %-Fraktilwerte gewählt (siehe Abb. 2.2).

Durchaus typisch für manche Baustoffeigenschaften ist die asymmetrische Verteilung der Einzelwerte um den Mittelwert. Die Asymmetrie ist bei Einwirkungsereignissen noch stärker ausgeprägt und kann besser mit einer Lognormalverteilung beschrieben werden. Darüber hinaus wird mit einer Lognormalverteilung ausgeschlossen, dass die Grundgesamtheit negative Werte enthält, die bei einer Festigkeitseigenschaft nicht auftreten können. Vom Joint Commitee on Structural Safety (JCSS) werden im Probabilistic Model Code statistische Grunddaten für unterschiedliche Baustoffe zur Verfügung gestellt [28].

2.2 Auswertung von Stichproben

Im Zuge von Bauteiluntersuchungen und Materialprüfungen werden einzelne Ergebniswerte gewonnen, die in der Regel zu einer oder mehreren Stichproben zusammengefasst werden. Mithilfe statistischer Verfahren können aus den Ergebnissen einer Stichprobe Werte der zugehörigen Grundgesamtheit abgeschätzt werden. Die Größe des Schätzwertes hängt dabei zum einen vom Umfang n und von der Standardabweichung S der Stichprobe ab, zum anderen von der angestrebten Aussagewahrscheinlichkeit, dem sogenannten Vertrauensintervall. Anwendung finden Schätzverfahren bei der Abschätzung von Mittel- und Fraktilwerten.

Tab. 2.2 Faktoren $t_{n,p}$ für unterschiedlich große Stichproben und Wahrscheinlichkeiten.

Umfang der Stichprobe n	Wahrscheinlichkeit $(1 - \alpha)$			
	0,80	0,90	0,95	0,99
2	3,08	6,31	12,71	63,66
3	1,89	2,92	4,30	9,93
5	1,53	2,13	2,78	4,60
7	1,44	1,94	2,45	3,71
10	1,38	1,83	2,26	3,25
15	1,35	1,76	2,14	2,98
20	1,33	1,73	2,09	2,86
30	1,31	1,70	2,04	2,74
100	1,29	1,66	1,98	2,63

Die zweiseitige Eingrenzung des Mittelwertes für den häufigen Fall, dass nur die Standardabweichung der Stichprobe bekannt ist, erfolgt unter Verwendung des tabellierten Faktors $t_{n,p}$. Die beiden Grenzwerte

$$\mu_{\min} = \overline{x}_n - t_{n,p} \cdot \frac{S_x}{\sqrt{n}} \tag{2.6}$$

$$\mu_{\max} = \overline{x}_n + t_{n,p} \cdot \frac{S_x}{\sqrt{n}} \tag{2.7}$$

definieren den Vertrauensbereich.

Der Faktor $t_{n,p}$ hängt vom Umfang der Stichprobe und von der angestrebten Aussagewahrscheinlichkeit ab. Dazu wird das Konfidenzniveau $(1 - \alpha)$ definiert (siehe Tab. 2.2).

Bei der Abschätzung von Fraktilwerten wird auf die gleiche Art und Weise vorgegangen. Allerdings wird hier ein einseitiger Vertrauensbereich definiert, d. h. die Aussage zielt direkt darauf ab, mit welcher Aussagewahrscheinlichkeit ein bestimmter Anteil der Werte der Grundgesamtheit unterhalb des berechneten Schätzwertes liegt. Wenn der Variationskoeffizient v_x der normalverteilten Grundgesamtheit bekannt ist, dann lässt sich die 5 %-Fraktile aus dem Mittelwert der Stichprobe ermitteln mit

$$x_{5\%,p} = \overline{x}_n \cdot (1 - k_n \cdot v_x) \tag{2.8}$$

Die Faktoren k_n hängen vom Umfang der Stichprobe und von der gewünschten Aussagewahrscheinlichkeit ab und können für ausgewählte Randbedingungen Tab. 2.3 entnommen werden. Wenn der Variationskoeffizient der Grundgesamtheit dagegen nicht bekannt ist und an dessen Stelle der Variationskoeffizient der Stichprobe eingesetzt wird, dann gilt

$$x_{5\%,p} = \overline{x}_n \cdot (1 - k_n \cdot V_x) \tag{2.9}$$

Tab. 2.3 Faktoren k_n für unterschiedlich große Stichproben n und Wahrscheinlichkeiten p nach EC 0 [29] und ISO 16269-6 [30].

Umfang der Stichprobe	v bekannt	v unbekannt			
	EC 0	EC 0	ISO 16269-6		
n	$p = 0{,}75$	$p = 0{,}75$	$p = 0{,}75$	$p = 0{,}99$	$p = 0{,}95$
3	1,89	3,37	3,15	5,31	7,66
4	1,83	2,63	2,68	3,96	5,14
5	1,80	2,33	2,46	3,40	4,20
6	1,77	2,18	2,34	3,09	3,71
8	1,74	2,00	2,19	2,75	3,19
10	1,72	1,92	2,10	2,57	2,91
20	1,68	1,76	1,93	2,21	2,40
30	1,67	1,73	1,87	2,08	2,22
∞	1,64	1,64	1,64	1,64	1,64

Wenn für die Grundgesamtheit eine Log-Normalverteilung angenommen wird, dann gilt bei bekanntem Variationskoeffizienten der Grundgesamtheit

$$x_{5\%,p} = e^{(\mu_y - k_n \cdot \sigma_y)} \tag{2.10}$$

und wenn der Variationskoeffizient der Grundgesamtheit nicht bekannt ist

$$x_{5\%,p} = e^{(m_y - k_n \cdot S_y)} \tag{2.11}$$

Mit

$$m_y = \frac{1}{n} \sum \ln x_i \tag{2.12}$$

$$S_y = \sqrt{\frac{1}{n-1} \sum (\ln x_i - m_y)^2} \tag{2.13}$$

$$V_y = \sqrt{e^{\sigma_y^2} - 1} \tag{2.14}$$

2.3 Sicherheitskonzepte für Tragwerke

Reale Tragwerke lassen sich nur dann mit einem für praktische Anwendungen vertretbaren Aufwand rechnerisch erfassen, wenn man für streuende Eingangswerte exakte Annahmen trifft. Das heißt, die Aussage zur Sicherheit basiert auf Unsicherheiten

a) bei der Festlegung repräsentativer Werte der Einwirkungen (Eigengewichts-, Verkehrs-, Schnee- und Windlasten, Temperatur etc.),
b) bei den Ergebnissen einer statischen Berechnung, die das räumliche Tragverhalten und meist auch die Auflagerbedingungen nur vereinfacht abbildet und deren Gleichungen in der Regel auf der Grundlage hypothetischer linear-elastischer Materialgesetze gelöst werden,

c) bei der Interpretation und der Überprüfung der Rechenergebnisse durch den Ingenieur,
d) bei der Festlegung von Materialfestigkeiten und Verformungskenngrößen, die auch dann einer Streuung unterliegen, wenn die Herstellung und die Bauausführung sorgfältig überwacht werden,
e) hinsichtlich der Tatsache, dass auch bei sorgfältiger Überwachung Fehler auf der Baustelle passieren, die nicht erkannt werden. (Verdichtung und Nachbehandlung des Betons, Lage der Bewehrung in der Schalung etc.),
f) bei der Definition eines mechanischen Modells für die Ermittlung eines Bauteilwiderstandes.

Im Stahlbetonbau wurde über 100 Jahre lang ein deterministisches Sicherheitskonzept angewandt, bei dem alle Unsicherheiten mit einem einzigen „globalen" Sicherheitsbeiwert erfasst werden. Abbildung 2.3 zeigt, wie sich der Sicherheitsbeiwert – wenn man ihn vereinfacht als Quotient von nomineller Festigkeit und zulässiger Spannung definiert – zwischen 1904 und 2004 entwickelt hat. Für diese Grafik wurden die Werte aus Tab. 4.1 verwendet. Dass der Sicherheitsbeiwert in den Anfangsjahren vergleichsweise hoch angesetzt wurde, hängt mit der geringen Erfahrung im Umgang mit dem neuen Werkstoff Eisenbeton zusammen und damit, dass man sich erst einmal an den in ihren Eigenschaften stärker streuenden Werkstoffen Holz und Mauerwerk orientierte.

Es überrascht vielleicht, dass bereits 1932 ein Sicherheitsniveau definiert war, das sich bis heute nur geringfügig verändert hat. Bei der Darstellung wurden unterschiedliche Definitionen der nominellen Festigkeit bestmöglich berücksichtigt. Die stufenweise Erhöhung des oberen Grenzwerts des Sicherheitsniveaus ist vor allem auf die Einbeziehung von Betonen höherer Festigkeit zurückzuführen.

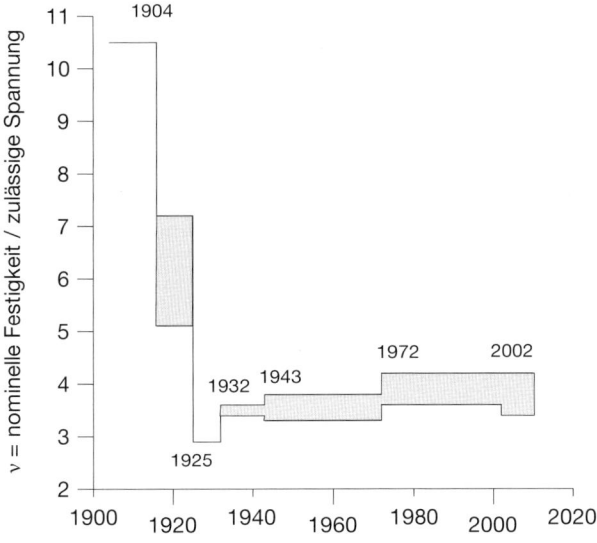

Abb. 2.3 Würfeldruckfestigkeit und zulässige Spannung von 1904 bis 2002 (vgl. Tab. 4.1).

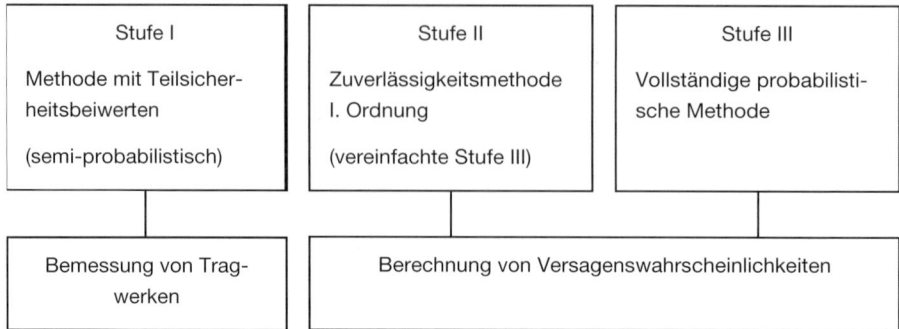

Abb. 2.4 Die drei Stufen der probabilistischen Methoden (nach EC 0 [29]).

Tab. 2.4 Zusammenhang zwischen Sicherheitsindex β und Versagenswahrscheinlichkeit P_f.

P_f	10^{-2}	10^{-3}	10^{-4}	10^{-5}	10^{-6}	10^{-7}	10^{-8}
β	2,33	3,09	3,72	4,27	4,75	5,20	5,61

Aufgrund der guten Erfahrung mit der Zuverlässigkeit der mit einem globalen Sicherheitsbeiwert dimensionierten Tragwerke wurde dieser empirisch abgesicherte Sicherheitsabstand herangezogen, um die heute allgemein übliche „Methode der Teilsicherheitsbeiwerte" zu kalibrieren. Bei dieser Methode handelt es sich um die einfachste Stufe (Stufe I) der probabilistischen Methoden, deren Gliederung in Abb. 2.4 zusammenfassend dargestellt ist.

Die Methode der Teilsicherheitsbeiwerte wird auch als semi-probabilistische Methode bezeichnet, da sie nur indirekt Bezug auf Versagenswahrscheinlichkeiten nimmt.

Sie beruht auf folgenden Annahmen:

- Streuende Einflüsse und Unsicherheiten bei den inEinwirkungen und bei der Ermittlung von Beanspruchungen – a) bis c) siehe oben – lassen sich zu einer Funktion f_E zusammenfassen.
- Streuende Baustoffeigenschaften und Unsicherheiten bei der Ermittlung von Bauteilwiderständen – d) bis f) siehe oben – lassen sich mit einer Funktion f_R beschreiben.
- Beide Funktionen f_R und f_E sind normal verteilt.

Unter diesen Voraussetzungen lassen sich Teilsicherheitsbeiwerte einfach herleiten, wenn man einige Koeffizienten und Beiwerte einführt.

Der Sicherheitsindex

$$\beta = \frac{\mu_R - \mu_E}{\sqrt{\sigma_R^2 - \sigma_E^2}} = \frac{\mu_Z}{\sigma_Z} \tag{2.15}$$

lässt sich für zwei normalverteilte Funktionen f_E und f_R über eine Grenzzustandsfunktion f_G, die das Versagen definiert, mathematisch herleiten und direkt mit Versagenswahrscheinlichkeiten verknüpfen (siehe Tab. 2.4 und Abb. 2.5).

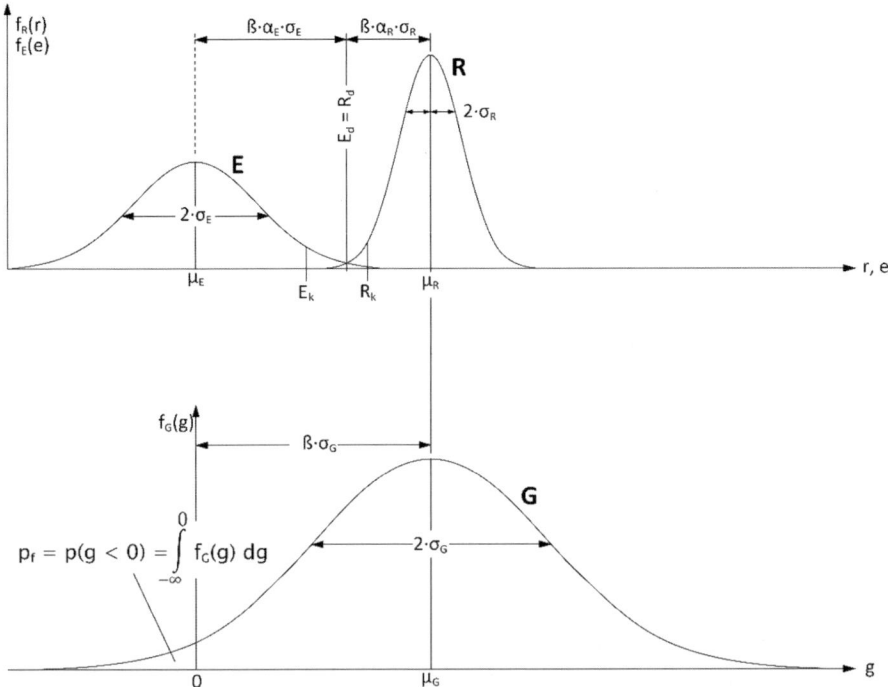

Abb. 2.5 Grenzzustandsfunktion f_Z, Versagenswahrscheinlichkeit p_f und Sicherheitsindex β (nach [31]).

Bei der Bemessung von Tragwerken mit der Methode der Teilsicherheitsbeiwerte wird ein ausreichender Sicherheitsabstand zwischen Einwirkung und Widerstand nachgewiesen.

Dazu sind weitere Parameter zu definieren.

Die Variationskoeffizienten für den Bauteilwiderstand R und die Einwirkung E

$$V_R = \frac{\sigma_R}{\mu_R} \quad \text{und} \tag{2.16}$$

$$V_E = \frac{\sigma_E}{\mu_E} \tag{2.17}$$

die Wichtungsfaktoren

$$\alpha_R = \frac{\sigma_R}{\sqrt{\sigma_R^2 + \sigma_E^2}} \quad \text{und} \tag{2.18}$$

$$\alpha_E = \frac{\sigma_E}{\sqrt{\sigma_R^2 + \sigma_E^2}} \tag{2.19}$$

der zentrale Sicherheitsfaktor als Quotient der Mittelwerte

$$\nu_0 = \frac{\mu_R}{\mu_E} \tag{2.20}$$

und der Sicherheitsfaktor als Quotient der 5 %-Fraktile des Widerstands R_k und der 95 %-Fraktile der Beanspruchung E_k

$$\nu = \frac{R_k}{E_k} \tag{2.21}$$

Mit Gl. (2.5) erhält man

$$\nu = \frac{\mu_R - k_R(p) \cdot \sigma_R}{\mu_E + k_E(p) \cdot \sigma_E} = \frac{\mu_R}{\mu_E} \cdot \frac{(1 - k_R(p) \cdot V_R)}{(1 + k_E(p) \cdot V_E)} \tag{2.22}$$

Gleichung (2.15) lässt sich umformen zu

$$\frac{\mu_R}{\mu_E} = \frac{(1 + \beta \cdot \alpha_E \cdot V_E)}{(1 - \beta \cdot \alpha_R \cdot V_R)} \tag{2.23}$$

Damit wird Gl. (2.22) zu

$$\nu = \frac{(1 + \beta \cdot \alpha_E \cdot V_E)}{(1 + k_E(p) \cdot V_E)} \cdot \frac{(1 - k_R(p) \cdot V_R)}{(1 - \beta \cdot \alpha_R \cdot V_R)} \tag{2.24}$$

und der Sicherheitsfaktor ν lässt sich als Produkt zweier Teilsicherheitsbeiwerte

$$\gamma_E = \frac{(1 + \beta \cdot \alpha_E \cdot V_E)}{(1 + k_E(p) \cdot V_E)} \quad \text{und} \tag{2.25}$$

$$\gamma_R = \frac{(1 - k_R(p) \cdot V_R)}{(1 - \beta \cdot \alpha_R \cdot V_R)} \tag{2.26}$$

formulieren.

In den aktuellen Bemessungskonzepten beziehen sich Sicherheitsaussagen auf die 5 %-Fraktile der Bauteilwiderstände und auf die 95 %-Fraktile der Einwirkung. Die Wichtungsfaktoren werden vereinfachend linearisiert und mit $\alpha_R = 0{,}8$ und $\alpha_E = -0{,}7$ definiert.

Zuverlässigkeitsindex und Versagenswahrscheinlichkeit sind direkt gekoppelt. Dabei spielt der Bezugszeitraum eine wichtige Rolle, wie Tab. 2.5 zeigt.

Der maßgebende Bezugszeitraum entspricht der gesamten Nutzungsdauer für ein Bauwerk. Diese Definition setzt voraus, dass sich an der Qualität des Tragwerks während der Nutzungsdauer nichts ändert. Mit der Nutzungsdauer

Tab. 2.5 Zielwert des Zuverlässigkeitsindexes β und der zugehörigen Versagenswahrscheinlichkeit pro Jahr p_f für den Grenzzustand der Tragfähigkeit für eine mittlere Zuverlässigkeitsklasse RC2.

	Bezugszeitraum	
	1 Jahr	50 Jahre
Zuverlässigkeitsindex β	4,7	3,8
Versagenswahrscheinlichkeit P_f	$\sim 1{,}3 \cdot 10^{-6}$	$7 \cdot 10^{-5}$
Versagenswahrscheinlichkeit pro Jahr p_f	$\sim 1{,}3 \cdot 10^{-6}$	$\sim 1{,}3 \cdot 10^{-6}$

verknüpft sind die konkreten Werte für die Einwirkungen. So müsste bei einem temporären Bau, der während der einjährigen Nutzungsdauer nicht versagen soll, streng genommen der Sicherheitsindex erhöht werden. Gleichzeitig sinkt die Wahrscheinlichkeit, dass die charakteristischen Werte der Einwirkungen innerhalb der vergleichsweise kurzen Nutzungsperiode eintreten.

Die Gln. (2.25) und (2.26) zeigen, wie Teilsicherheitsbeiwerte für einen vorgegebenen Zuverlässigkeitsindex berechnet werden, wenn die statistische Verteilung von Einwirkung und Widerstand eindeutig beschrieben ist. Die in den Eurocodes festgelegten Teilsicherheitsbeiwerte basieren allerdings nicht auf dieser direkten Herleitung, sondern auf einer iterativen Kalibrierung durch Vergleichsberechnungen. Dies ist insbesondere dadurch zu begründen, dass eine konsequente Anwendung von Gl. (2.20) zu einer unübersichtlichen und impraktikablen Vielfalt von Teilsicherheitsbeiwerten auf der Einwirkungsseite führen würde.

Vor diesem Hintergrund ist es nicht ohne Weiteres möglich, Teilsicherheitsbeiwerte auf der Einwirkungsseite oder auf der Widerstandsseite direkt über veränderte Zuverlässigkeitsindizes an besondere Situationen, wie sie im Bestand auftreten können, anzupassen.

Weiterführende Ansätze wurden u. a. vorgeschlagen von Stauder [32] und Kunz [33], die den Zuverlässigkeitsindex in Abhängigkeit von der Restnutzungsdauer definieren, und von Müller und Vogel [34] mit der quantitativen Berücksichtigung von Schädigungsprozessen. Von Fischer [37] und Fischer und Schnell [35] wurden auf der Grundlage probabilistischer Berechnungen Teilsicherheitsbeiwerte auf der Widerstandsseite berechnet in Abhängigkeit von der am Bauwerk ermittelten Streuung der Materialkennwerte. Dieses Verfahren wurde als Merkblatt des Deutschen Beton- und Bautechnik-Vereins (DBV) [36] veröffentlicht und wird in Abschn. 2.4.2 erläutert. Bergmeister und Santa [113] schlagen vor, bei Bauwerken mit einer kontinuierlichen Überwachung den Sicherheitsindex β zu modifizieren.

2.4 Sicherheitsbeiwerte für bestehende Tragwerke

Die Streuung der Materialkennwerte von Stahl und Beton in bestehenden Tragwerken entspricht in der Regel einer Wahrscheinlichkeitsverteilung, wie sie den aktuellen Sicherheitskonzepten zugrunde liegt. Beim Stahl bedarf dies – wenn man ihn vor Ort als industrielles Erzeugnis identifizieren kann – keiner weiteren Überprüfung. Und auch beim Beton wird man sich in der Regel auf eine Absicherung durch eine qualitative Überprüfung der Homogenität des Betons und eine begrenzte Anzahl von Stichproben zur Festigkeit beschränken.

Da auch auf der Einwirkungsseite mit Ausnahme des vorhandenen Eigengewichtes kein grundsätzlicher Unterschied zwischen einem neuen und einem bestehenden Tragwerk besteht, sind die Teilsicherheitsbeiwerte aktueller Normkonzepte erst einmal ohne Einschränkung auf bestehende Tragwerke anzuwenden.

Nur dann, wenn für das Tragwerk eine umfassende Zustandsuntersuchung (siehe Kapitel 5) durchgeführt wurde, können die Teilsicherheitsbeiwerte möglicherweise angepasst werden.

Dabei kann auf die Definitionen des EC 0 [29] zurückgegriffen werden, nach der sich die Teilsicherheitsbeiwerte sowohl auf der Einwirkungs- als auch auf der Widerstandsseite aus jeweils zwei Anteilen zusammensetzen:

$$\gamma_E = \gamma_{sd} \cdot \gamma_f \tag{2.27}$$

mit

γ_{sd} Modellunsicherheit bei den Einwirkungen und Beanspruchungen
γ_f Unsicherheit der repräsentativen Werte der Einwirkungen

und

$$\gamma_R = \gamma_{Rd} \cdot \gamma_m \tag{2.28}$$

mit

γ_{Rd} Modellunsicherheit bei Bauteilwiderständen
γ_m Unsicherheit der Baustoffeigenschaften

Auf der Einwirkungsseite kann der Teilsicherheitsbeiwert für den Eigengewichtsanteil des Bestands reduziert werden, wenn die Abmessungen des Bauteils vor Ort sorgfältig überprüft werden. Die genaue Kenntnis der Bauteilgeometrie (äußerer Abmessungen, Lage der Bewehrung etc.) ermöglicht auch auf der Widerstandsseite eine Reduktion des Teilsicherheitsbeiwertes. Tabelle 2.6 enthält entsprechend reduzierte Teilsicherheitsbeiwerte für bestehende Tragwerke.

Bei den Überlegungen zur Festlegung von Teilsicherheitsbeiwerten sollte neben einer statistischen Auswertung von Materialkennwerten auch das Tragverhalten des Gesamttragwerks in den Blick genommen werden. In diesem Zusammenhang sind insbesondere die Duktilität einzelner Bauteile und die Möglichkeiten einer Lastumlagerung zu bewerten.

2.4.1 Modifizierte Teilsicherheitsbeiwerte für Stahlbetonbauteile nach Nachrechnungsrichtlinie [38]

Einen einfach handhabbaren Vorschlag zur Anpassung von Teilsicherheitsbeiwerten enthält die Richtlinie zur Nachrechnung von Straßenbrücken im Bestand [38] – gemeinhin verkürzt als „Nachrechnungslinie" bezeichnet. Danach kann der Teilsicherheitsbeiwert auf der Einwirkungsseite für die ständigen Einwirkungen aus dem Eigengewicht des Bestandes pauschal abgemindert werden. Voraussetzung ist, dass für das konkrete Objekt an einer ausreichenden Zahl repräsentativer Stellen Bauteildicken und Wichten des bewehrten Betons bestimmt werden.

Auf der Widerstandsseite ist eine Abminderung des Teilsicherheitsbeiwertes für den Betonstahl möglich, wenn für den inneren Hebelarm ein ungünstig wirkendes Differenzmaß angesetzt wird. Eine Abminderung des Teilsicherheitsbeiwertes für den Beton erfolgt nicht. Auch dann nicht, wenn die Betondruckfestigkeit am Bauwerk ermittelt wurde. Der Zugewinn an konkreten Information wird bei einem Vorgehen nach DIN EN 13791 [39, 40] (vgl. Abschn. 5.2.1) dadurch

Tab. 2.6 Teilsicherheitsbeiwerte nach EC und Nachrechnungsrichtline [38] im Vergleich.

		EC 0, EC 2	Nachrechnungs-richtlinie
Ständige Einwirkung – allgemein	γ_G	1,35	1,35
Ständige Einwirkung – Eigengewicht des Bestands	γ_G	1,35	1,20
Veränderliche Einwirkung	γ_Q	1,50	1,50
Beton	γ_c	1,50	1,50
Betonstahl	γ_s	1,15	1,05[a)]

a) Wenn für den inneren Hebelarm ein ungünstig wirkendes Differenzmaß $\Delta d_s = 2$ cm angesetzt wird. Bei Betonstählen, die vor 1943 produziert wurden, ist γ_s zusätzlich mit 1,1 zu multiplizieren. Bei hochwertigen Betonstählen (St52) und Betonformstählen mit allgemeiner bauaufsichtlicher Zulassung, die in den zuvor genannten Zeitraum fallen, ist diese Erhöhung nicht notwendig.

berücksichtigt, dass als charakteristischer Wert der Druckfestigkeit

$$f_{ck} = \frac{1}{0{,}85} \cdot f_{ck,is} \tag{2.29}$$

angesetzt werden darf, d. h. der etwa 1,18-fache Wert der am Bauwerk bestimmten Festigkeit $f_{ck,is}$.

2.4.2 Modifizierte Teilsicherheitsbeiwerte für Stahlbetonbauteile nach DBV

Ein genaueres Verfahren, das die Streuung der an Proben ermittelten Festigkeiten berücksichtigt, wurde vom DBV eingeführt [36]. Danach gilt:

$$f_{cd} = \frac{\alpha_{cc} \cdot f_{ck,is}}{\gamma_{c,mod}} \tag{2.30}$$

Zur Berücksichtigung der Lasteinwirkungsdauer wird in Übereinstimmung mit EC 2 angesetzt:

- für Stahlbetonbauteile $\alpha_{cc} = 0{,}85$
- für unbewehrte Betonbauteile $\alpha_{cc} = 0{,}70$

Für die Ermittlung des charakteristischen Wertes der Betondruckfestigkeit wird eine Log-Normalverteilung vorausgesetzt. Somit gilt

$$f_{ck,is} = e^{(m_y - k_n \cdot s_y)} \tag{2.31}$$

Der Mittelwert der Logarithmen der Einzelwerte m_y und die zugehörige Standardabweichung S_y werden mit Gln. (2.12) und (2.13) berechnet. Der Beiwert k_n wird Tab. 2.3 entnommen. Es gelten die Werte nach EC 0 und es wird davon ausgegangen, dass die Standardabweichung der Grundgesamtheit nicht bekannt ist.

Tab. 2.7 Teilsicherheitsbeiwerte nach Merkblatt DBV [36].

Beton	$V_{R,C}$	$\gamma_{C,mod}$	Betonstahl	$V_{R,S}$	$\gamma_{S,mod}$
Ständige und vorübergehende Bemessungssituation	≤ 0,20	1,20	Ständige und vorübergehende Bemessungssituation	0,06	1,05
	0,25	1,25		0,08	1,10
	0,30	1,30		0,10	1,10
	0,35	1,40[a]			
	0,40	1,50[a]			

a) Erhöhung von $\gamma_{C,mod}$ um
20 % bei bewehrten Bauteilen für den Nachweis von $V_{Rd,max}$,
20 % bei unbewehrten Bauteilen für den Nachweis Biegung mit Längskraft,
40 % bei unbewehrten Bauteilen für den Nachweis zentrischer Druck und für Querkraft.

Bei der Festlegung der Teilsicherheitsbeiwerte für Beton und Betonstahl spielt die Streuung der Festigkeitseigenschaften im Bauwerk eine wichtige Rolle. In diesem Sinne werden in Tab. 2.7 die Teilsicherheitswerte in Abhängigkeit von den Variationskoeffizienten für Beton und Stahl $V_{R,C}$ und $V_{R,S}$ angegeben.

$$V_{R,C} = \sqrt{0{,}05^2 + 0{,}05^2 + V_{y,C}^2} \quad \text{mit} \quad V_{y,C} \geq 0{,}15 \tag{2.32}$$

$$V_{R,S} = \sqrt{0{,}025^2 + 0{,}05^2 + V_{y,S}^2} \quad \text{mit} \quad V_{y,S} \geq 0{,}06 \tag{2.33}$$

In diesen Werten sind auch Modellunsicherheiten und Unsicherheiten bei den geometrischen Größen enthalten.

Die Variationskoeffizienten $V_{y,C}$ und $V_{y,S}$ für die aus Versuchen ermittelten Materialfestigkeiten werden mit Gl. (2.14) berechnet.

Die modifizierten Teilsicherheitsbeiwerte können nicht für vertikale Bauteile der Gebäudeaussteifung angesetzt werden, ansonsten gelten die folgenden Voraussetzungen:

- Das Bauwerk ist für eine dem üblichen Hochbau zugeordnete Nutzungsdauer von 50 Jahren ausgelegt.
- Das Tragwerk wird seit Inbetriebnahme bereits mindestens fünf Jahre lang bestimmungsgemäß genutzt.
- Das Tragwerk ist in einem schadensfreien Zustand (keine Hinweise auf unplanmäßige Rissbildung oder Verformung, Versagensankündigung oder Überlastung, Brand, Explosion, Anprall).
- Es sind ausschließlich Eigenlasten G_k, vorwiegend ruhend wirkende Nutzlasten bis G_k 5,0 kN/m² und Einzellasten bis $(G_k + Q_k) \leq 7{,}0$ kN sowie ggf. Wind- und Schneelasten (üblicher Hochbau) anzusetzen.
- Die Lastverhältnisse liegen in einem Bereich von $1{,}0 \geq G_k/(G_k + Q_k) \geq 0{,}5$.
- Die Bestandsbauteile aus bewehrtem und unbewehrtem Normalbeton lassen sich den Festigkeitsklassen C12/15 bis C50/60 zuordnen.
- Die zulässigen Grenzabmaße von Querschnitten im Neubau nach DIN EN 13670/DIN 1045-3 werden am Bestandstragwerk eingehalten oder in den Nachweisen werden aufgemessene Größen in jedem maßgebenden Bemessungsquerschnitt zugrunde gelegt.

Zum Nachweis vertikaler Bauteile der Gebäudeaussteifung dürfen modifizierte Teilsicherheitsbeiwerte nicht herangezogen werden, da ständige Einwirkungen auch günstige Auswirkungen nach sich ziehen können.

2.5 Rechenbeispiele

2.5.1 Auswertung von Versuchen zur Bestimmung der Betondruckfestigkeit

Tabelle 2.8 zeigt die an 18 Bohrkernen ermittelten Einzelwerte der Betondruckfestigkeit. Die Bohrkerne wurden aus den Stützen eines in den 1950er-Jahren errichteten Gebäudes entnommen und hatten einen Durchmesser von 100 mm. Zur Bestimmung der Druckfestigkeit wurden die Bohrkerne in einer entsprechenden Prüfmaschine bis zum Bruch belastet. Abbildung 2.1a zeigt die grafische Auswertung der Ergebnisse als Histogramm.

Mit Gln. (2.1) und (2.3) lassen sich der Mittelwert und die Standardabweichung der Stichprobe ermitteln:

$$\overline{x}_{18} = \frac{1}{18} \cdot 772{,}8 = 42{,}9 \, \frac{\text{N}}{\text{mm}^2}$$

$$S_x = \sqrt{\frac{1}{18-1} \cdot 317{,}1} = 4{,}3 \, \frac{\text{N}}{\text{mm}^2}$$

Die 5 %-Fraktile erhält man mit Gl. (2.9) bei einer Standardnormalverteilung und einer Aussagewahrscheinlichkeit von 75 % mit

$$x_{5\%} = 42{,}9 - 1{,}79 \cdot 4{,}3 = 35{,}2 \, \frac{\text{N}}{\text{mm}^2}$$

Der Medianwert, der von der Hälfte aller Einzelwerte erreicht wird, beträgt

$$x_\text{M} = 43{,}3 \, \frac{\text{N}}{\text{mm}^2}$$

2.5.2 Auswertung von Versuchen zur Bestimmung der Oberflächenzugfestigkeit

Die Prüfung der Oberflächenzugfestigkeit an 10 Stellen an der Unterseite einer Stahlbetondecke ergab die Einzelwerte, die in Tab. 2.9 dokumentiert sind.

Tab. 2.8 Beispiel 1 – Einzelwerte der Betondruckfestigkeit von 18 Proben (geprüft am Zylinder mit $D = 100$ mm).

Probe	A1	A2	A3	B1	B2	B3	C1	C2	C3
Druckfestigkeit [N/mm²]	47,0	41,7	43,3	43,5	36,7	34,2	44,2	45,0	37,1

Probe	D1	D2	D3	E1	E2	E3	F1	F2	F3
Druckfestigkeit [N/mm²]	38,9	50,4	49,1	43,2	45,0	45,7	46,3	40,2	41,3

Tab. 2.9 Beispiel 2 – Einzelwerte der Oberflächenzugfestigkeit.

Probe	1	2	3	4	5	6	7	8	9	10
Haftzugfestigkeit [N/mm²]	2,95	2,14	2,56	2,30	2,01	2,91	2,56	2,12	2,00	2,47

Mit Gln. (2.1) und (2.3) lassen sich wiederum der Mittelwert und die Standardabweichung der Stichprobe ermitteln:

$$\overline{x}_{10} = 2{,}40 \, \frac{\text{N}}{\text{mm}^2}$$
$$S_x = 0{,}348 \, \frac{\text{N}}{\text{mm}^2}$$

Da die Standardverteilung der Grundgesamtheit nicht bekannt ist, muss der Vertrauensbereich mithilfe der Quantilwerte $t_{n,p}$ der Hilfsfunktion t ermittelt werden. Für $n = 10$ Einzelwerte und eine Wahrscheinlichkeit von 90 % entnimmt man Tab. 2.2

$$t_{10,90\%} = 1{,}83$$

Mit Gln. (2.7) und (2.8) lassen sich die beiden Grenzwerte für den Mittelwert der Grundgesamtheit

$$\mu_{\min} = 2{,}40 - 1{,}83 \cdot \frac{0{,}348}{\sqrt{10}} = 2{,}20 \, \frac{\text{N}}{\text{mm}^2} \quad \text{und}$$
$$\mu_{\max} = 2{,}40 + 1{,}83 \cdot \frac{0{,}348}{\sqrt{10}} = 2{,}60 \, \frac{\text{N}}{\text{mm}^2}$$

berechnen.

3
Beton und Stahl

> Stahlbeton ist der beste Baustoff, den der Mensch bisher erfunden hat. Die Tatsache, dass man aus ihm praktisch jede Form herstellen kann und dass er jeder Beanspruchung standhält, grenzt ans Wunderbare. Durch ihn sind der schöpferischen Phantasie auf dem Gebiet des Bauwesens alle Grenzen genommen.
>
> *(Pier Luigi Nervi nach [13])*

Zu den physikalischen und chemischen Grundlagen im Zusammenhang mit der Herstellung, dem Tragverhalten und der Dauerhaftigkeit von Stahlbetontragwerken existiert eine Fülle umfassender Darstellungen. Deshalb sollen in den folgenden Abschnitten die Grundlagen zu den mechanischen und physikalischen Eigenschaften des Betons nur insoweit neu zusammengestellt werden, wie es zum Verständnis der folgenden Kapitel unbedingt erforderlich ist. Dabei wird – in sehr groben Zügen – die geschichtliche Entwicklung der Materialforschung berücksichtigt und es werden die wichtigsten heute nicht mehr gebräuchlichen Bezeichnungen eingeführt. Damit soll die Interpretation historischer Materialangaben und Bezeichnungen erleichtert werden.

3.1 Beton

3.1.1 Spezifisches Gewicht

Das spezifische Gewicht liegt für Normalbeton zwischen 23 und 25 kN/m^3. Diese Definition findet sich bereits in den ersten Regelwerken des frühen 20. Jahrhunderts. Maßgebend für das spezifische Gewicht ist neben der Güte der Verdichtung und dem Bewehrungsgehalt vor allem die Rohdichte des Zuschlags.

Für römischen Beton wurden von Lamprecht [2] an Proben, die aus Wand- und Gewölbekonstruktionen entnommen worden waren, Werte ermittelt, die zwischen 17 kN/m^3 (Zuschlag vorwiegend Ziegelsplitt) und 22,5 kN/m^3 (Zuschlag vorwiegend Quarz-Schiefer) lagen.

3.1.2 Einachsige Druckbeanspruchung

Die Druckfestigkeit des Betons wird an Prüfkörpern ermittelt. Dabei sind folgende Einflüsse zu berücksichtigen:

- Form des Prüfkörpers: Würfel oder zylindrisches Prisma
- Größe des Prüfkörpers, auch im Verhältnis zum Größtkorn des Zuschlags
- Lagerung des Prüfkörpers: nass oder trocken
- Belastungsgeschwindigkeit
- Belastungsdauer
- Form der Belastung: monoton oder schwingend
- Temperatur des Prüfkörpers

Dass bei der Druckprüfung an Würfeln die Festigkeit aufgrund der Querdehnungsbehinderung im Lasteinleitungsbereich über der einachsigen Druckfestigkeit liegt, die im Bauwerk erreicht wird, wurde frühzeitig erkannt. Umrechnungsfaktoren, die – bei gleicher Kantenlänge – eine Umrechnung von Würfel- und Prismenfestigkeiten erlauben, wurden bereits 1914 von Bach [43] vorgeschlagen und 1959 von Bonzel [44] modifiziert (siehe Tab. 3.1).

Maßstabseffekte lassen sich mit den Beiwerten nach Tab. 3.1 berücksichtigen. Die nominelle Festigkeit β_W unterschiedlicher Betonsorten wird im 20. Jahrhundert überwiegend an Würfeln mit einer Kantenlänge von 200 mm ermittelt. Für jede Festigkeitsklasse wurde die Prismenfestigkeit k_b bzw. β_P als eigenständiger Wert definiert (siehe Tab. 3.2). Heute beziehen sich die Festigkeitsklassen auf Werte, die an Zylindern mit einem Durchmesser von 150 mm und einer Höhe von 300 mm oder an Würfeln mit einer Kantenlänge von 150 mm bestimmt werden.

Es gilt folgende Definition:

$$\beta_W = f_{c,cube,200,dry} \tag{3.1}$$

Tab. 3.1 Verhältnis der Druckfestigkeit von Würfeln und Prismen und Verhältnis der Druckfestigkeiten bei unterschiedlichen Probengrößen nach unterschiedlichen Quellen.

	h/d	β_P/β_W	a	$f_{c,cube,200}/f_{c,cube,a}$
Bach 1914 [43]	0,5	1,41	100 mm	0,85 [45]; 0,90 [46]
	1,0	1,00	150 mm	0,95 [47]
	2,0	0,95	200 mm	1,0
	3,7	0,87	300 mm	1,05 [45]; 1,10 [46]
	8,0	0,86		
	12,0	0,84		
Bonzel 1959 [44]	0,5	1,44		
	1,0	1,00		
	2,0	0,88		
	4,0	0,82		

Tab. 3.2 Verhältnis von Würfeldruckfestigkeit und Prismenfestigkeit nach DIN 1045 (1943) [48].

Festigkeitsklasse	Würfeldruckfestigkeit $\beta_W = f_{c,cube,200,\,dry}$ [N/mm²]	Prismenfestigkeit $\beta_P = k_b$ [N/mm²]
Bn 120	12,0	10,8
Bn 160	16,0	14,4
Bn 225	22,5	19,5
Bn 300	30,0	24,0
Bn 450	45,0	30,0
Bn 600	60,0	36,0

Bei einem Vergleich älterer Festigkeitsangaben ist zusätzlich die unterschiedliche Lagerung der Betonproben zu berücksichtigen. Probewürfel werden in Deutschland üblicherweise einen Tag nach der Herstellung aus der Form genommen, dann 6 Tage wassergelagert und anschließend bis zur Prüfung trockengelagert. Dies entspricht in etwa der Situation am Bauwerk bei guter Nachbehandlung. Dagegen beziehen sich die Festigkeitsangaben europäischer Normen auf Prüfkörper, die bis zum Zeitpunkt der Prüfung wassergelagert werden. Dadurch verzögert sich die Festigkeitsentwicklung und es ist eine Umrechnung erforderlich, wenn Proben am Bauwerk entnommen wurden oder wenn die Probewürfel nur 6 Tage wassergelagert wurden.

Für Normalbeton (bis C50/60) gilt

$$f_{c,cube} = 0{,}92 \cdot f_{c,dry,cube} \tag{3.2}$$

Neuere Untersuchungen legen den Schluss nahe, dass der Einfluss der Größe der Prüfkörper auf die Druckfestigkeit weniger eindeutig ist als bisher angenommen. Für Festigkeiten, die an Bohrkernen mit Durchmessern von 50, 100 oder 150 mm ermittelt wurden, wird in DIN EN 13791 [39, 40] festgelegt:

$$f_{c,is,cube,150} = 1{,}0 \cdot f_{c,Bk,dry} \tag{3.3}$$

Diese Festlegung berücksichtigt die unterschiedliche Form und Gestalt sowie den Unterschied zwischen Nass- und Trockenlagerung des Prüfkörpers und gilt für Prüfkörper, deren Höhe dem Durchmesser des Bohrkerns entspricht. Die Formulierung ist unabhängig vom Größtkorn des Betons. Für Bohrkerndurchmesser < 100 mm wird allerdings ein größerer Stichprobenumfang gefordert (siehe Abschn. 5.2.1).

Festigkeitswerte, die direkt am Bauwerk oder an Proben, die aus dem Bauwerk entnommen wurden, ermittelt wurden, werden mit f_{is} bezeichnet – der Index „is" steht für „in situ". Der Index „Bk" steht für Bohrkern.

Mit den Angaben in Tab. 3.1 und Gl. (3.5) lassen sich Festigkeiten, die an Würfeln unterschiedlicher Kantenlänge ermittelt wurden, in Zylinder- und Würfeldruckfestigkeiten umrechnen, auf die sich heutige Normen beziehen. Einfacher ist die direkte Anwendung der Tab. 3.3. Dort sind den Nennwerten der Betondruckfestigkeit charakteristische Werte zugeordnet.

Tab. 3.3 Zuordnung früher üblicher Festigkeitsklassen (nach [38, 49]).

Zeit-raum	W[a]	Nennwert und charakteristische Werte der Betondruckfestigkeit[b]									
1904–1916	300 M	W_{28} 100	W_{28} 150	W_{28} 180	W_{28} 200						
	f_{ck}	5	6	8	9						
1916–1925	200 M		W_{28} 150	W_{28} 180	W_{28} 210						
	f_{ck}		8	9,5	11						
1925–1932	200 M	W_{b28} 100	W_{b28} 130	W_{b28} 180							
	f_{ck}	5	7	10							
1932–1943	200 M	W_{b28} 120	W_{b28} 160	W_{b28} 210							
	f_{ck}	6,5	8,5	12							
1943–1972[d]	200 M	B 120	B 160		B 225	B 300		B[c] 450		B[c] 600	
	f_{ck}	6,5	11		15	20		30		40	
1972–1978	200 5%	Bn 50	Bn 100	Bn 150		Bn 250		Bn 350	Bn 450		Bn 550
	f_{ck}	4	8	12		20		27,5	35,5		43,5
1981–1990 (DDR)	150 5%	Bk 7,5	Bk 10	Bk 15	Bk 20	Bk 25	Bk 30	Bk 35	Bk 45	Bk 50	Bk 55
	f_{ck}	5,5	7,5	11,5	15	19	22,5	26,5	34	38	41,5
1978–2001	200 5%		B 10	B 15		B 25		B 35	B 45		B 55
	f_{ck}		8	12		20		27,5	35,5		43,5
ab 2001	150 5%		C 8/10	C 12/15	C 16/20	C 20/25	C 25/30	C 30/37	C 35/45	C 40/50	C 45/55
	f_{ck}		8	12	16	20	25	30	35	40	45

a) W = Würfel: Kantenlänge in mm; M = Mittelwert aus 3 Proben oder 5%-Quantilwert; charakteristischer Wert der Zylinderdruckfestigkeit f_{ck} in N/mm².
b) Einheiten ca. 100 kg/cm² (bis 1972) = 100 kp/cm² (bis 1978) = 10 N/mm² (ab 1978).
c) Ab 1953 in DIN 4225: Fertigbauteile aus Stahlbeton.
d) DDR bis 1981.

Bei der Auswertung von Versuchen zur Bestimmung der Druckfestigkeit kann es sinnvoll sein, die zu erwartende Standardabweichung der Ergebnisse vorab abzuschätzen. Dazu wurde von Rüsch *et al.* [42] eine Formulierung vorgeschlagen, bei der unterschiedliche Einflüsse durch Beiwerte berücksichtigt werden:

$$\sigma_x = 5 \frac{\text{N}}{\text{mm}^2} \cdot \alpha_1 \cdot \alpha_2 \cdot \alpha_3 \cdot \alpha_4 \cdot \alpha_5 \tag{3.4}$$

Beeinflusst wird die Streuung der Eigenschaften von der

- Beschaffenheit des Zuschlagmaterials $\alpha_1 = 0{,}6\ldots 1{,}4$
- Zementgüte und dem W/Z-Wert $\alpha_2 = 0{,}8\ldots 1{,}3$
- Mischanlage $\alpha_3 = 0{,}85\ldots 1{,}15$
- Sorgfalt der Belegschaft $\alpha_4 = 0{,}95\ldots 1{,}20$
- Güteüberwachung $\alpha_5 = 0{,}9\ldots 1{,}2$

Als obere und untere Grenzwerte für die Standardabweichung werden 10 und 1,5 N/mm² angegeben.

Die Dauer der Belastung und die Geschwindigkeit, mit der eine Belastung auftritt, beeinflussen die Betonfestigkeit. Zur Berechnung der geringeren Dauerstandsfestigkeit wird für Normalbeton der Abminderungsbeiwert

$$\alpha_{cc} = 0{,}85 \tag{3.5}$$

eingeführt. Dieser Wert bezieht sich auf die 28-Tage-Festigkeit und berücksichtigt die günstig wirkende Festigkeitsentwicklung. Wenn die Festigkeit an Proben bestimmt wird, die aus einem Bauwerk entnommen sind, bei dem die Festigkeitsentwicklung des Betons abgeschlossen ist, dann ist dies bei der Festlegung des Abminderungsbeiwerts zu berücksichtigen. Ein unterer Grenzwert kann mit $\min\alpha_{CC} \cong 0{,}73$ angegeben werden. Gegebenenfalls ist eine genaue Unterscheidung der Einwirkungsdauer einzelner Lasten angezeigt. Im Zusammenhang mit der Festlegung von Teilsicherheitsbeiwerten für die Nachrechnung von Bestandsbauten werden in Abschn. 2.4.2 Dauerstandsfaktoren für bewehrten und unbewehrten Beton angegeben.

Bei stoßartiger Belastung tritt ein festigkeitssteigernder Effekt ein. Die relative Zunahme der Festigkeit ist bei hoher Belastungsgeschwindigkeit und bei geringen Betonfestigkeiten am größten. Sie kann nach Reinhardt [51] folgendermaßen eingegrenzt werden:

$$f_{c,dyn} = 1{,}0\ldots 2{,}5 \cdot f_{c,stat} \tag{3.6}$$

In Sonderfällen ist das Ermüdungsverhalten unter schwingender Beanspruchung zu untersuchen. Anhaltswerte für reduzierte Festigkeiten gibt Weigler [51]. Bei einer Unterspannung $f_{c,dyn,min} = 0$ beträgt der Maximalwert, d. h. die Dauerschwingfestigkeit in Abhängigkeit von der Lastspielzahl n

$$\text{für} \quad n = 2 \cdot 10^6: \quad f_{c,dyn,max} = 0{,}6 \cdot f_{c,stat} \tag{3.7}$$

$$\text{für} \quad n \Rightarrow \infty: \quad f_{c,dyn,max} = 0{,}4 \cdot f_{c,stat} \tag{3.8}$$

Die Reduktion der Betonfestigkeit bei hohen Temperaturen ist in den einschlägigen Brandschutzvorschriften berücksichtigt. Die vom Wassergehalt abhängige Festigkeitssteigerung bei niedrigen Temperaturen wird für die üblichen baupraktischen Anwendungen nicht genutzt.

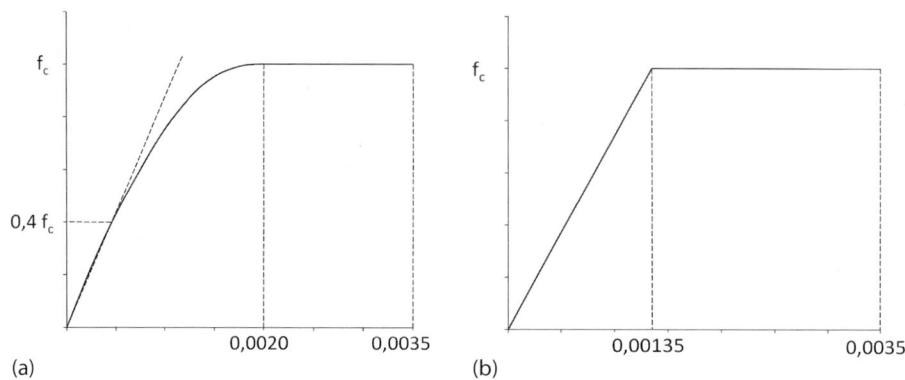

Abb. 3.1 Idealisierung der Spannungs-Dehnungslinie für die Querschnittsbemessung mit einem Parabel-Rechteckdiagramm (a) und in einer bilinearen Form (b).

Dass der Elastizitätsmodul des Betons mit zunehmender Festigkeit ansteigt, wurde bereits von Bach, Schüle, Graf und Rôs nachgewiesen [52].

Die von ihnen verwendete Beziehung

$$E_0 = \frac{58\,800}{1 + \frac{17{,}7}{\beta_W}} \tag{3.9}$$

wurde später durch die Formulierungen von Saliger [52]

$$E_0 = 7270 \cdot \sqrt{\beta_W} \tag{3.10}$$

und Leonhardt [45]

$$E_b = 5600 \cdot \sqrt{\beta_P} \tag{3.11}$$

ersetzt.

Beim Vergleich unterschiedlicher Angaben ist zu beachten, ob es sich um einen Tangentenmodul E_b oder Sekantenmodul E_0 handelt.

Abbildung 3.1 zeigt die Definition des Elastizitätsmoduls E_{cm} nach EC 2 als Sekantenmodul. Seit den 1950er-Jahren wird dieses Parabel-Rechteck-Diagramm zur Beschreibung des Spannungs-Dehnungsverhaltens von Beton unter Druckbeanspruchung genutzt. Für Festigkeitsklassen bis C50/60 hängt der Verlauf ausschließlich vom Maximalwert der Betondruckspannung ab:

$$\sigma_c = 1000 \cdot \frac{\varepsilon_c - 250 \cdot \varepsilon_c^2}{f_c} \tag{3.12}$$

3.1.3 Zugbeanspruchung

„Die Zugfestigkeit wird gewöhnlich nur für wissenschaftliche Untersuchungen und durch axiale Zugbeanspruchung von Betonprismen ermittelt. Irgendwelche Vorschriften hierüber gibt es nicht", schreibt Emil Mörsch 1923 [53]. Und obwohl ein Verbund zwischen Stahl und Beton ohne die Zugfestigkeit des Betons nicht möglich ist, gilt diese Feststellung von Emil Mörsch, zumindest was die Nachweise der Tragsicherheit betrifft, weitestgehend auch heute noch. Das hängt vor allem damit zusammen, dass sich die Zugfestigkeit des Betons recht zuverlässig aus der Druckfestigkeit ableiten lässt. Dadurch ist es möglich, die Zugfestigkeit bei der Bemessung über Verbund- oder Druckfestigkeiten indirekt zu berücksichtigen.

Leonhardt schlägt 1955 [54] und 1972 [45] als Anhaltswerte für die Zugfestigkeit

$$f_{ct} = 0{,}08 \text{ bis } 0{,}12 \cdot \beta_W \tag{3.13}$$

und

$$f_{ct} = 0{,}23 \cdot (\beta_W)^{2/3} \tag{3.14}$$

vor.

Die zweite Formulierung wurde in ihrer Grundform mit einem veränderten Kalibrierungsfaktor in EC 2 übernommen:

$$f_{ctm} = 0{,}30 \cdot f_{ck}^{2/3} \tag{3.15}$$

Diese Formulierung gilt bis Festigkeitsklasse C50/60. Zusätzlich werden in EC 2 die Fraktilwerte explizit angegeben:

$$f_{ctk;0{,}05} = 0{,}70 \cdot f_{ctm} \tag{3.16}$$

$$f_{ctk;0{,}95} = 1{,}30 \cdot f_{ctm} \tag{3.17}$$

Diese Werte werden bei der Bemessung neuer Konstruktionen für Gebrauchstauglichkeitsnachweise und hier insbesondere für die Ermittlung der erforderlichen Mindestbewehrung herangezogen.

Beim „Bauen im Bestand" ist weniger die zentrische Zugfestigkeit, sondern vor allem die Oberflächenzugfestigkeit des Betons von Bedeutung. Dies insbesondere im Zusammenhang mit der Haftwirkung zwischen Untergrund und Reparaturmörtel oder einer Beschichtung und beim Verbund zwischen einer nachträglich aufgeklebten Bewehrung und dem zu verstärkenden Tragwerk.

Die Oberflächenzugfestigkeit kann nicht direkt aus der Druckfestigkeit des Betons abgeleitet werden, da sie auch dann, wenn die Oberfläche sorgfältig vorbereitet wurde, von der im Einzelfall sehr unterschiedlichen Beschaffenheit dieser Oberfläche abhängt.

Die Bestimmung der Oberflächenzugfestigkeit ist in DIN EN 1542 [55] geregelt. Die wichtigsten Arbeitsschritte sind

- Vorbehandeln (Reinigen, Bürsten, Sandstrahlen) des Betons
- Bohren der Ringnut (in der Regel 10 mm tief)
- Aufkleben des Prüfstempels (in der Regel $d = 50$ mm) mit Reaktionsharz
- Abziehen des Prüfstempels (siehe Abb. 3.2)

Abb. 3.2 Durchführung einer Haftzugprüfung.

Für die Durchführung der Versuche werden erprobte handbetriebene oder elektrische Geräte angeboten. Erforderliche Vorbehandlung der Betonoberfläche, Anzahl der Versuche etc. richten sich nach dem Prüfziel, d. h. danach, ob zum Beispiel die Tragfähigkeit des Untergrundes ausreichen muss, um eine nachträgliche statisch wirksame Verstärkung aufzubringen, oder ob die ausreichende Haftung eines Oberflächenschutzes sicherzustellen ist.

3.1.4 Mehrachsige Beanspruchung

In jedem Stahlbetonbauteil wird der Beton aufgrund der monolithischen Tragwirkung mehrachsig beansprucht (siehe Abb. 3.3). Für den ebenen Spannungszustand, wie er bei Scheiben und – bei Vernachlässigung der Querkräfte – auch in der Druckzone von Platten gilt, wurden die entsprechenden Festigkeitseigenschaften von Kupfer, Hilsdorf und Rüsch [56] systematisch untersucht. Dabei konnte für zweiachsige Druckbeanspruchung im günstigsten Fall eine etwa 25 %ige Erhöhung der Druckfestigkeit – im Vergleich zur Prismenfestigkeit – nachgewiesen werden (siehe Abb. 3.4). Gleichzeitig zeigen die Ergebnisse, dass die Druckfestigkeit bei gleichzeitig wirkendem Querzug kontinuierlich abnimmt. Dieses zweiachsige Versagenskriterium wird in der ursprünglichen oder in leicht modifizierten Formen für Finite-Elemente-Berechnungen mit nichtlinearen Materialgesetzen herangezogen. Ansonsten bleiben zweiachsige Spannungszustände – sieht man von der Teilflächenpressung ab – unberücksichtigt. Das lässt sich vereinfacht dadurch begründen, dass es schwierig ist, das dauerhafte Vorhandensein eines festigkeitssteigernden Querdrucks nachzuweisen. Andererseits geht man davon aus, dass sich Zugspannungen durch Rissbildung abbauen und deswegen keine Reduktion der einachsigen Druckfestigkeit erforderlich ist.

Im Gegensatz dazu wurde die Wirkung eines dreiachsigen Druckspannungszustandes bereits 1923 von Mörsch begründet und mit einem anschaulichen Bemessungsverfahren für umschnürte Stützen mit kreisförmigen Querschnitt in die Praxis eingeführt. Umschnürte Stahlbetonstützen wurden in der ersten Hälfte des 20. Jahrhunderts vor allem deswegen bevorzugt, weil sich die Tragfähigkeit einer Stütze durch Wendel effektiver erhöhen lässt als durch zusätzliche Längs-

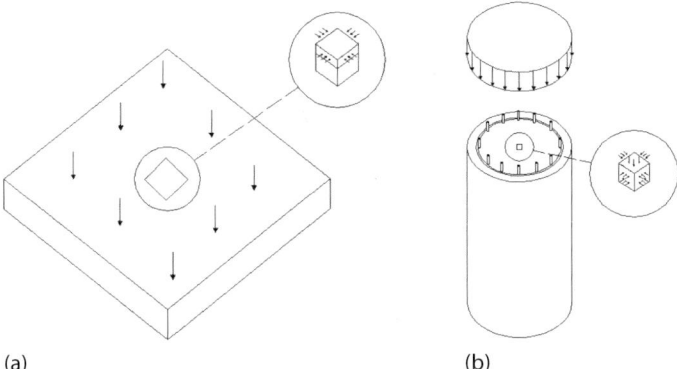

Abb. 3.3 Mehrachsiger Spannungszustand. (a) Druckzone einer vierseitig gelagerten Platte; (b) umschnürte Stütze.

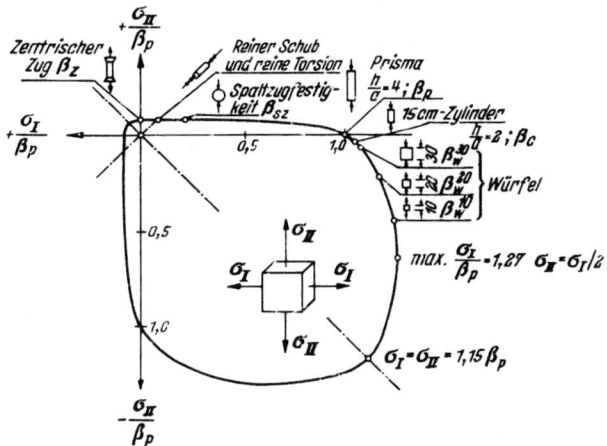

Abb. 3.4 Versagenskriterium für Beton unter zweiachsiger Beanspruchung nach Kupfer, Hilsdorf und Rüsch, aus [56].

bewehrung. Das heißt, dass bei gleichem Stahlverbrauch (BSt I) die Tragfähigkeit einer Stütze höher ist, wenn anstatt zusätzlicher Längsbewehrung die gleiche Stahlmenge in Form von Wendeln eingebaut wird.

Die ursprünglichen Bemessungsverfahren basieren auf der Kesselformel und auf der Annahme, dass die dreiachsige Festigkeit des Betons durch das Fließen der Wendel begrenzt wird. Für die heute üblichen Stahl- und Betongüten lässt sich nach Mander *et al.* [57] für umschnürte runde Stützen aber auch für quadratische und rechteckige Querschnitte mit einer entsprechend engen Verbügelung die Druckfestigkeit f_{cc} des umschnürten Betons explizit bestimmen:

$$f_{cc} = -1{,}254 \cdot f_c + 2{,}254 \cdot \sqrt{f_c^2 + 7{,}94 \cdot f_l' \cdot f_c} - 2 \cdot f_l' \tag{3.18}$$

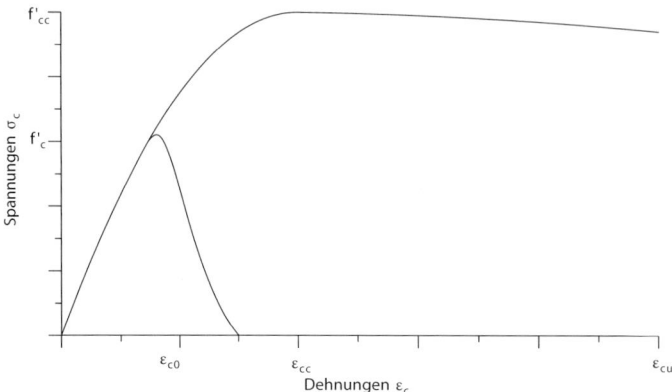

Abb. 3.5 Lastverformungskurve für Beton bei behinderter Querdehnung nach Mander *et al.* [57].

Der Umschnürungsdruck lässt sich für runde Stützenquerschnitte direkt aus der Kesselformel ableiten:

$$f_l = \frac{2 \cdot f_{y,S} \cdot A_s}{d_K \cdot s_h} \tag{3.19}$$

mit

$f_{y,S}$ Streckgrenze des Stahls
A_S Einzelquerschnittsfläche der Umschnürungsbewehrung
d_K Durchmesser des umschnürten Kerns
s_h Längsabstand (Ganghöhe) der Umschnürungsbewehrung

und ist aufgrund der räumlichen Wirkung der Umschnürung zwischen den einzelnen Bügeln der Querbewehrung zu einem effektiven Umschnürungsdruck abzumindern, der für runde Querschnitte mit

$$f_l' \cong 0{,}95 \cdot f_l \tag{3.20}$$

angesetzt werden kann. Die maximale Spannung f_{cc} (vgl. Abb. 3.5) ist mit der Dehnung

$$\varepsilon_{cc} = 0{,}002 \cdot \left[1 + 5 \cdot \left(\frac{f_{cc}}{f_c} - 1\right)\right] \tag{3.21}$$

verknüpft.

Die Festigkeit des dreiachsig druckbeanspruchten Betons kann einen mehrfachen Wert der einachsigen Druckfestigkeit f_c erreichen. Die maximale Dehnung ε_{cu} reicht von etwa 0,012 bis 0,05.

3.1.5 Temperatur, Schwinden, Kriechen

Die gute Übereinstimmung der Wärmedehnzahlen von Beton und Stahl wurde bereits 1877 von Taddeus Hyatt nachgewiesen. Mörsch gibt 1923 eine Bandbreite für α_T von 10,0 bis $14{,}8 \cdot 10^{-6}\,\mathrm{K}^{-1}$ an.

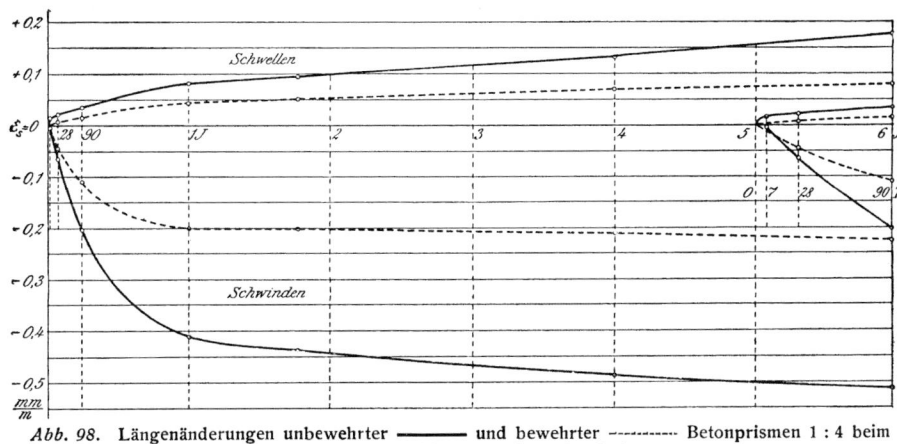

Abb. 98. Längenänderungen unbewehrter ——— und bewehrter ---------- Betonprismen 1 : 4 beim Erhärten unter Wasser und an der Luft.

Abb. 3.6 Zeitlicher Verlauf der Schwindverformung nach Otto Graf (1912), aus [53].

Nach EC 2 wird für Normalbeton

$$\alpha_T = 10 \cdot 10^{-6}\,\text{K}^{-1} \tag{3.22}$$

angesetzt.

Auch das Schwindverhalten des Betons wurde bereits Ende des 19. Jahrhunderts experimentell untersucht. Zum einen, um die Zusammenhänge beim Entstehen der unerwünschten „Schwindrisse" zu ergründen, zum anderen, um den Einfluss des Schwindens auf die Haftung zwischen Beton und glattem Bewehrungsstahl zu quantifizieren. Dabei wurden die maßgebenden Parameter – relative Luftfeuchte, Alter des Betons bei Beginn der Austrocknung, Zement- und Wassergehalt – identifiziert und es wurde ein zeitlicher Verlauf der Schwindverformung dokumentiert, der – wie Abb. 3.6 zeigt – den heute gültigen Ansätzen, die für Innenbauteile etwa 0,7 mm/m angeben, recht nahe kommt.

Da das Schwinden je nach Bauteildicke nach etwa 6 bis 12 Jahren abgeklungen ist, hat es in der Regel bei bestehenden Tragwerken an und für sich keine Bedeutung. Wenn allerdings bei einer Instandsetzung oder einer nachträglichen Verstärkung alter Beton durch neuen Beton ergänzt wird, wird der neue Beton schwinden, was zu unerwünschten Rissen und Kraftumlagerungen führen kann.

Dies muss durch die Verwendung von „schwindarmen" Betonen oder Mörteln weitgehend verhindert werden. Dazu kann auf drei betontechnologische Prinzipien zurückgegriffen werden – niedriger W/Z-Wert, ggf. Zusatz eines Fließmittels, gezielte Treibreaktionen durch Gipszusätze zur Kompensation des Schwindens, Verwendung von Kunstharzen als Bindemittel, d. h. Verzicht auf Zement und Wasser.

Im Gegensatz zu Temperatur- und Schwindverformungen beginnt die systematische Erforschung des Kriechens vergleichsweise spät. Das hängt vor allem damit zusammen, dass bis in die 1920er-Jahre die Druckfestigkeit des Betons bei niedrigen zulässigen Spannungen nur gering ausgenutzt wird.

Höhere zulässige Spannungen ermöglichen Ende der 1920er-Jahre schlankere Bauteile, für die dann genauere Verfahren zur Ermittlung der Knicklasten –

Tab. 3.4 Kriechzahlen ermittelt nach EC 2 für Bauteile mit unterschiedlichem Alter bei Belastungsbeginn.

Betonalter t_0 bei Belastung [Jahre]	Wirksame Bauteildicke h_0 [mm]	Trockene Umgebung – innen (rel. Luftfeuchte 50 %)			Feuchte Umgebung – außen (rel. Luftfeuchte 80 %)		
		C20/25	C30/37	C40/50	C20/25	C30/37	C40/50
10	100	1,25	1,02	0,80	0,86	0,71	0,58
	300	1,04	0,86	0,68	0,77	0,64	0,53
	500	0,97	0,80	0,64	0,74	0,62	0,51
25	100	1,04	0,85	0,67	0,72	0,59	0,48
	300	0,87	0,72	0,57	0,65	0,54	0,44
	500	0,81	0,67	0,54	0,62	0,52	0,43
50	100	0,91	0,74	0,58	0,62	0,52	0,42
	300	0,76	0,63	0,50	0,56	0,47	0,39
	500	0,71	0,58	0,47	0,54	0,45	0,37

auch unter Berücksichtigung des Kriechens – entwickelt werden müssen. Zur gleichen Zeit lässt sich Eugene Freyssinet sein erstes Spannverfahren patentieren, nachdem er über etwa 15 Jahre hinweg das Phänomen des Kriechens erforscht, Kriechzahlen hergeleitet und die wichtigsten Einflussgrößen benannt hatte. Diese Einflussgrößen sind die Feuchte und die Temperatur der umgebenden Luft, das Alter des Betons bei Belastungsbeginn sowie die Zementart (langsam, schnell, normal erhärtend).

Vor allem *Franz Dischinger* (1887–1953) sind die ersten wissenschaftlich abgesicherten zeitabhängigen Kriechfunktionen zu verdanken. In Tab. 3.4 sind Anhaltswerte für Kriechzahlen für drei unterschiedliche Betone (C20/25, C30/37 und C40/50) und für zwei unterschiedliche Umgebungsbedingungen (relative Luftfeuchte 50 und 80 %) angegeben. Schon bei einem Betonalter t_0 von einigen Monaten bei Belastungsbeginn ist die Kriechzahl nahezu unabhängig von der Zementart. Ebenfalls vernachlässigt werden kann der zeitliche Verlauf des Kriechens. Damit kann der Endzeitpunkt $t = \infty$ gesetzt werden.

Die Belastungsgeschichte kann durch lineare Superposition der Kriechanteile unterschiedlicher Lasten berücksichtigt werden.

3.2 Betonstahl

3.2.1 Herstellung

Die Vorgeschichte der industriellen Stahlerzeugung beginnt mit der Gewinnung und Verarbeitung von Eisenerzen. Bis zum Mittelalter wurden die – meist aus der näheren Umgebung stammenden – Erze in einfachen Schachtöfen aufgeschmolzen. Durch Hämmern und Schmieden wurde das Roheisen dann zu Waffen und Werkzeugen weiterverarbeitet. Die Ofentechnologie wurde bis ins 18. Jahrhundert langsam und kontinuierlich verbessert. Die weiteren Entwicklungen – im Zuge der industriellen Revolution – erfolgten zügig und sprunghaft.

Im Jahr 1784 wurde der erste Puddelofen in Betrieb genommn, 1855 wurden das Bessemer-Verfahren, 1864 das Siemens-Martin-Verfahren und 1878 das Bessemer-Thomas-Verfahren entwickelt. Gemeinsam ist diesen Reduktionsverfahren das Ziel, unerwünschte Begleitelemente aus dem Roheisen zu entfernen bzw. ihren Anteil an der Schmelze zu reduzieren. Die Reduktion des Kohlenstoffes erhöht die Festigkeit des Stahls. Mit der Reduktion von Phosphor- und Schwefelanteilen werden Seigerungen – das sind örtliche Kohlenstoffeinlagerungen – vermieden.

Gleichzeitig mit dem Reduktionsprozess oder danach können dem Stahl Legierungselemente beigefügt werden. Moderne Baustähle und Betonstähle zeichnen sich durch eine optimierte chemische Zusammensetzung und sehr gute Homogenität aus.

Diese Anforderungen wurden bereits von den ersten „Bewehrungseisen" weitgehend erfüllt. Deswegen ist der Eisenbeton ein Stahlbeton, auch wenn anfangs für die Bewehrung neben den Materialangaben Handelsstahl und Flussstahl gleichwertig die Begriffe Handelseisen und Flusseisen verwendet wurden.

3.2.2 Festigkeit und Verformungseigenschaften

Die Spannungs-Dehnungslinien von Betonstählen unterscheiden sich sowohl hinsichtlich der Festigkeiten als auch hinsichtlich ihrer Charakteristik. Die beiden Kurven *a* und *b* in Abb. 3.7 zeigen das für warmgewalzte Betonstähle typische

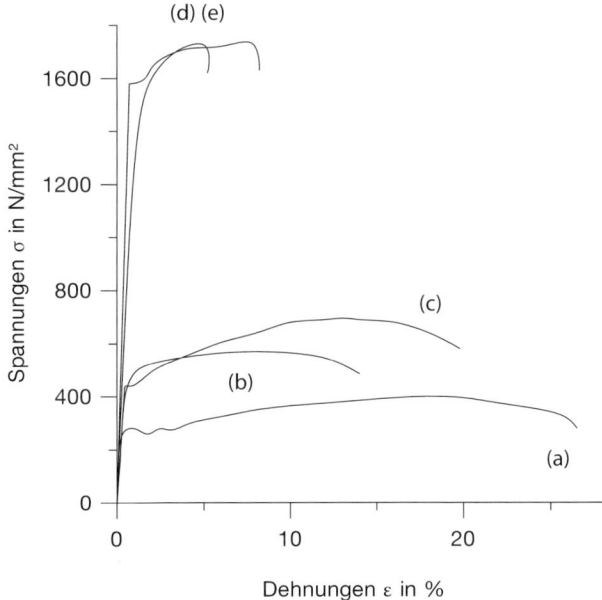

Abb. 3.7 Spannungs-Dehnungslinien von Betonstählen. *a* BSt 220/340; *b* BSt 420/500; *c* BSt 500/550 (gereckt); *d* St 1420/1570 (vergütet); *e* St 1570/1760 (gezogen).

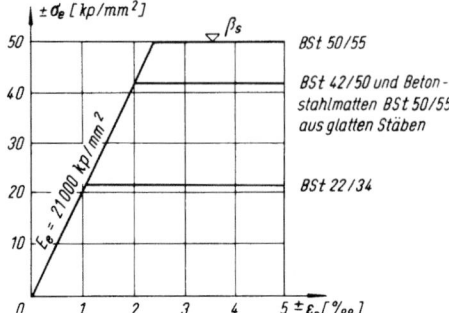

Abb. 3.8 Idealisierung von Spannungs-Dehnungslinien: BSt 220/340; BSt 420/500; BSt 500/550, aus [58].

ausgeprägte „Fließplateau" nach dem Erreichen der Steckgrenze mit anschließender Verfestigung und hoher Dehnkapazität. Die höhere Festigkeit des BSt 420/500 ist auf den geringen Kohlenstoffgehalt im Vergleich zum BSt 220/340 zurückzuführen.

Um höhere Festigkeiten zu erreichen, wurden schon im 19. Jahrhundert Drähte gezogen. Dabei wird der Stahl in den plastischen Bereich hinein kalt verformt. Dieses Prinzip wird bei kalt gewalzten, gereckten und tordierten (Torstahl-)Betonstählen sowie bei kalt gezogenen Spannstählen angewandt. Durch die Kaltverformung ändert sich die Verformungscharakteristik der Stähle. Das Fließplateau geht verloren. Für kaltverformte Stähle wird deshalb die Proportionalitäts- oder 0,2 %-Dehngrenze gleichwertig zur Streckgrenze definiert. Die Verformungscharakteristik ändert sich auch bei Stählen, die durch eine Wärmebehandlung (Erwärmen, Abschrecken, Anlassen) vergütet werden. In Abb. 3.8 sind die wichtigsten Kenngrößen für Betonstähle unterschiedlicher Festigkeit im Zusammenhang mit idealisierten Spannungs-Dehnungslinien dargestellt.

Die Tab. 3.5 und 3.6 geben einen Überblick über die wichtigsten Abkürzungen und Kennbuchstaben, die in der Vergangenheit zur Kennung von Betonstählen verwandt wurden. Eine umfassende Übersicht einschließlich der charakteristischen Werte der Streckgrenze findet sich in Tab. 3.10.

Für das Tragverhalten von Stahlbetonbauteilen im rechnerischen Bruchzustand ist die Duktilität der Betonstähle von Bedeutung. Es werden zwei Duktilitätsanforderungen unterschieden:

hohe Duktilität $\varepsilon_{uk} \geq 5\,\%$ und $f_{tk}/f_{yk} \geq 1{,}08$ (Klasse B)
normale Duktilität $\varepsilon_{uk} \geq 2{,}5\,\%$ und $f_{tk}/f_{yk} > 1{,}05$ (Klasse A)

Angaben zur Duktilität von Betonstabstählen sind in den Tab. 3.9–3.11 enthalten.

Für Betonstahlmatten werden Duktilitätsklassen erst seit 2009 angegeben. Für ältere Produkte und bei fehlenden Angaben zur Duktilitätsklasse ist die Situation unklar. Für hochgerippte Betonstahlmatten kann keine Einordnung erfolgen. Nach Fingerloos et al. [59] könnte mit Bezug zu den Regelungen der DIN 1045 eine 15 %ige Umlagerung elastisch ermittelter Stützmomente zugelassen werden. Allerdings sollten dann im Grenzzustand der Tragfähigkeit die Stahldehnungen

Tab. 3.5 Kennwerte häufig verwendeter Gruppen für Betonstabstahl.

Kurzzeichen[a)b)]		Kurzname[b)]	Mindeststreckgrenze	Mindestzug-festigkeit	Bruchdehnung	Duktilitäts-klasse[c)]
1943	1972	1972	$\beta_0, \beta_{0,2}$ [N/mm²]	β_Z [N/mm²]	[%]	
I	I G	BSt 22/34 GU	220	340	18	B
–	I R	BSt 22/34 RU			–	–
II a	–	–	$d \leq 18$: 360 $d > 18$: 340	500	$d \leq 18$: 20 $d > 18$: 18	B
II b	–	–			14	–
III a	III U	BSt 42/50 GU	420 (1943, $d > 18$: 400)	500	1943: 18 1972: 10	B
III b	III K	BSt 42/50 RK			1943: 8 1972: 10	A
IV a	–	–	500	–	16	B

a) DIN 1045:1943.
b) DIN 1045:1972.
c) gemäß Nachrechnungsrichtlinie [38].

Tab. 3.6 Kennbuchstaben für Betonstähle.

Kennbuchstabe	Bedeutung
a oder U	Unbehandelt, naturhart
b	Kaltgereckt
K	Kalt verformt
G	Glatt
R	Gerippt
P	Profiliert
S	Stabstahl
M	Matte
X	Erhöhte Dauerschwingfestigkeit
A	Normale Duktilität
B	Hohe Duktilität

auf 1,5 % begrenzt werden und es sollte auf eine Ausnutzung des ansteigenden Astes der Spannungs-Dehnungslinie nach Erreichen der Streckgrenze verzichtet werden.

Bei Bauteilen, die durch schwingende oder nicht vorwiegend ruhende Lasten beansprucht werden, ist die Dauerschwingfestigkeit der Betonstähle rechnerisch nachzuweisen. Die Dauerschwingfestigkeit hängt ab von der Rippenform, vom Biegerollendurchmesser und davon, ob Stäbe geschweißt wurden oder nicht. Sie liegt bei glatten Stäben vergleichsweise höher als bei gerippten Stäben, ebenso bei Stabstahl im Vergleich zu Matten. Anhaltswerte für Betonstähle, die heute nicht

Tab. 3.7 Dauerschwingfestigkeit – zulässige Schwingbreite nach DIN 488 (1972) [60].

Kurzzeichen		Stabstahl				Matten		
		I G	III U	III K	IV G	IV P	IV R	IV RX
Schwingbreite $2 \cdot \sigma_A = \sigma_o - \sigma_u$ [N/mm²]	Gerade Stäbe	180	230	230	120	120	120	230
	Gekrümmte Stäbe $d_{br} = 15 d_s$	180	200	200	120	120	120	200

Tab. 3.8 Dauerschwingfestigkeit – zulässige Schwingbreite nach DIN 488 (1984) [61].

Kurzzeichen		Stabstahl		Matten
		420 S	500 S	500 M
Schwingbreite $2 \cdot \sigma_A = \sigma_o - \sigma_u$ [N/mm²]	Gerade Stäbe	215	215	100 (200 bezogen auf $2 \cdot 10^5$)
	Gekrümmte Stäbe $d_{br} = 15 d_s$	170	170	–

mehr genormt sind, liefert DIN 488 – in der Fassung von 1972 (siehe Tab. 3.7) bzw. in der Fassung von 1984 (siehe Tab. 3.8).

Beim Bauen im Bestand sind vorhandene Bewehrungsstäbe gelegentlich auf- oder zurückzubiegen. Das Aufbiegen ist problemlos möglich, wenn die Mindestwerte der Biegerollendurchmesser eingehalten werden. Diese Mindestwerte sind aus der vom Beton aufnehmbaren Teilflächenpressung abgeleitet. Da Stäbe gleichen Durchmessers bei geringeren Stahlgüten geringere Zugkräfte aufnehmen, können sie mit geringeren Biegeradien verankert werden. Betonstähle der Güte BSt 420 sind wie BSt 500 zu behandeln. Für Betonstähle BSt 220 können die erforderlichen Biegerollendurchmesser der Tab. 3.9 entnommen werden.

Um sicherzustellen, dass durch das Rückbiegen keine Schädigung des Werkstoffes verursacht wird, muss sichergestellt sein, dass der Stahl eine gute Zähigkeit aufweist. Der Nachweis kann durch einen Rückbiegeversuch erfolgen. Nach EC 2 dürfen Betonstabstähle bis zu einem Durchmesser von 14 mm im Bauzustand auf- und zurückgebogen werden. Ein wiederholtes Hin- und Zurück-

Tab. 3.9 Biegerollendurchmesser für Betonstahl I (BSt 220) nach DIN 1045 (1972) [58].

Haken, Schlaufen, Bügel Winkelhaken		Schrägstäbe[a], Aufbiegungen	
Stabdurchmesser		Betondeckung rechtwinklig zur Krümmungsebene	
< 20 mm	20 bis 28 mm	> 5 cm und > $3 d_s$	< 5 cm oder < $3 d_s$
$2,5 d_s$	$5 d_s$	$10 d_s$	$15 d_s$

a) Falls mehrlagig, sind die angegebenen Werte für die innere Lage auf das 1,5-Fache zu erhöhen.

biegen an derselben Stelle ist unzulässig. Umfassende Informationen zum Auf- und Rückbiegen von Bewehrungsstählen enthält das entsprechende DBV-Merkblatt [62].

3.2.3 Oberflächenformen

Bis 1925 standen als Bewehrungsstähle ausschließlich glatte, gewalzte Rund- und Flacheisen zur Verfügung, deren Festigkeit einem St 37 (S 235) entspricht. Dass zur besseren Ausnutzung der Druckfestigkeit des Betons bei biegebeanspruchten Bauteilen höhere Stahlgüten erforderlich sind, wurde schnell klar, ebenso die Tatsache, dass zur Verankerung von Bewehrungsstäben die Verbundeigenschaften glatter Stähle nicht mehr ausreichten.

Bei der Gestaltung unterschiedlicher Oberflächenformen waren neben der angestrebten guten Verbundwirkung auch walztechnische Belange zu berücksichtigen und es war die Gefahr von Kerbspannungen auszuschließen, um die Dauerschwingfestigkeit möglichst wenig zu beeinträchtigen. Die Entwicklung von Stählen höherer Festigkeit verlief parallel mit den Versuchen, die Verbundeigenschaften durch die Oberflächenform der Stähle zu optimieren. Gleichzeitig achtete man darauf, Stähle unterschiedlicher Festigkeit durch unterschiedliche Oberflächen oder durch Kennzeichnung vor Verwechslung zu schützen. Diese Tatsache ermöglicht es in den meisten Fällen auch im Bestand Stähle aufgrund ihrer Oberfläche einer Betonstahlgruppe eindeutig zuzuordnen, insbesondere wenn das Herstellungsjahr des Bauteils bekannt ist. Tabelle 3.10 gibt eine Übersicht zu den seit 1904 am häufigsten verwendeten Betonstählen mit den zugehörigen charakteristischen Werten der Streckgrenze.

3.2.4 Stahl-Beton-Verbund

Der Verbund von Bewehrungsstahl und Beton kann durch Haftung, Reibung oder Formschluss erreicht werden. Während die Haftung von der Mikrostruktur und den chemischen Eigenschaften der Kontaktfläche abhängt, ist bei der Reibung neben der Oberflächenstruktur die Anpressung ganz entscheidend. Diese ist im Auflagerbereich durch äußere Kräfte, bei Haken und Aufbiegungen durch Umlenkkräfte vorhanden. Formschluss kann örtlich begrenzt in Form einer Verankerung erreicht werden. Besonders günstig sind liegende Schlaufen im Auflagerbereich bei denen Formschluss und Reibung kombiniert werden. Viel effizienter als die örtliche Verankerung ist der kontinuierliche Formschluss durch die Oberflächengeometrie des Bewehrungsstabes.

Im Grenzzustand der Tragsicherheit ist die Verbundwirkung überall dort entscheidend, wo Kräfte vom Beton in den Bewehrungsstahl eingeleitet werden und umgekehrt. Abbildung 3.9 zeigt anschaulich, dass für ähnliche Situationen unterschiedliche Betrachtungsweisen möglich sind.

Während beim Bogenmodell die Verbundwirkung nur im Bereich der Endverankerung in Anspruch genommen wird, also dort, wo wegen der vorhandenen Querpressung zusätzliche Reibungskräfte aktiviert werden können, wird beim Fachwerkmodell an jedem Knoten des Untergurts ein Zuggurtanteil in die Bie-

Tab. 3.10 Oberflächenformen von Betonstählen (nach [49, 63–65]).

Bezeichnung	Stahlgüte [Duktilitätsklasse]	Oberfläche	Verwendung	$f_{y,k}$ [N/mm²]
Glatte Rundstähle	Schweißeisen		Vor 1923	180[a)b)]
	Flusseisen, Flussstahl (Bauwerkseisen, Handelseisen) [B]		Vor 1925	220[a)b)]
	Flussstahl, Handelseisen (St 37, St 37.12) [B]		1925–1943	220[a)b)]
	Betonstahl I [B]		1943–1972	220[b)]
	BSt 220/340 GU [B]		1972–1984	220[b)]
	Hochwertiger Stahl St 48 [B]		1925–1932	290[a)b)]
	Hochwertiger Stahl St 52 [B]		1932–1943	340[b)c)]
	Betonstahl IIa [B]		1943–1972	340[b)c)]
Glatte Rundstähle TGL 101-054 TGL 12530 TGL 33403	St A-0 Betonstahl I [B]		1960–1985	220[b)]
	St A-I Betonstahl I [B]		1961–1990	240[b)]
	St B-IV, St B-IV S [–]		1970–1990	490[b)]
Beton-Rippenstahl DIN 488	BSt 420/500 RU (III) [B]		1972–1984	420
	BSt 420/500 RK (III) [A]			
	BSt 420 S (III) [B]		1984–2009	420
	BSt 420 S (III) verwunden [A]			
	BSt 500 S (IV) [B]		Seit 1984	500
	BSt 500 S (IV) verwunden [A]		1984–2009	
Beton-Rippenstahl (DDR) TGL 101-054 TGL 12 530 TGL 33 403	St A-III [B]		1965–1990	390
	St T-III [B]		1976–1985	400

(Fortgesetzt)

Tab. 3.10 (Fortsetzung)

Bezeichnung	Stahlgüte [Duktilitätsklasse]	Oberfläche	Verwendung	$f_{y,k}$ [N/mm²]
	St T-IV [B] St B-IV RDP [–] St B-IV S-RDP [–]		1976–1990 1979–1990	490
Isteg-Stahl	Min. St 37, durch Verwindung kaltverfestigt [–]		1933–1942	340[b)c)]
Drillwulst-Stahl	St 52 [B] Betonstahl IIIa [B]		1937–1943 1943–1956	340[b)c)]
Nocken-Stahl	St 52 [B] BSt IIIa [B] BSt IVa [B]		1937–1943 1943–1954 1943–1956	340[b)c)] 400[b)d)] 500[b)]
Torstahl	Torstahl 36/15 [–] Torstahl 40/10 [–] Betonstahlgruppe IIIb [A]		1938–1943 1943–1959	360[b)] 400[b)] 400[b)d)]
Quergerippter Betonformstahl QUERI-Stahl NORI-Stahl Ilseder-Stahl	BSt I [B] BSt IIa [B] BSt IIIa [B] BSt IVa [B]		1952–1963	220 340[b)c)] 400[b)d)] 500[b)]
Rippen-Torstahl	Betonstabstahl IIIb [A]		1959–1972	400[b)d)]
FILITON-Stahl	Betonstahl IIIb [A]		1965–1969	400[b)d)]
HI-BOND-A-Stahl	Betonstahl IIIa [B]		1959–1972	400[b)d)]
NORECK-Stahl	Betonstahl IIIb [A]		1960–1967	400[b)d)]

(Fortgesetzt)

Tab. 3.10 (Fortsetzung)

Bezeichnung	Stahlgüte [Duktilitätsklasse]	Oberfläche	Verwendung	$f_{y,k}$ [N/mm²]
Schräggerippter Betonformstahl	Mit Einheitszulassung BSt IIIa [B]		1964–1972	400[b)d)]
DIROC-Stahl	Betonstahl IIIa [B]		1964–1969	400[b)d)]
Stahl Becker KG	Betonstahl IIIa [B]		1964–1969	400[b)d)]
GEWI-Stahl	BSt 420/500 RU (III) [B]		1974–1984	420
	BSt 500 S (IV) [B]		Seit 1984	500
Betonformstahl vom Ring	BSt 500 WR (IV) [B]		Seit 1984	500
	BSt 500 KR (IV) [A]			
Betonformstahl Kerntechnik	BSt 1100 [B]		1980–2001	500 (allgemein) 1100 (nur Zug)
Betonformstahl	BSt 420/500 RUS [B] BSt 420/500 RTS [B]		1977–1984	420
	BSt 500/550 RU (IV) [B] BSt 500/550 RK (IV) [A]		1973–1984	500
	BSt 500/550 RUS [B] BSt 500/550 RTS [B] bzw. Tempcore-Stahl		1976–1984	500

(Fortgesetzt)

Tab. 3.10 (Fortsetzung)

Bezeichnung	Stahlgüte [Duktilitätsklasse]	Oberfläche	Verwendung	$f_{y,k}$ [N/mm²]
Betonstahl in Ringen mit Sonderrippung	BSt 500 WR [A]		Seit 1991	500

a) Erhöhung des Teilsicherheitsbeiwertes γ_S um 10 %.
b) Bei glatten Betonstählen und bei Betonformstählen ist beim Nachweis der Endverankerung das von Betonrippenstählen abweichende Verbundverhalten zu berücksichtigen.
c) 360 N/mm² bei Stabdurchmessern ≤ 18 mm.
d) 420 N/mm² bei Stabdurchmessern ≤ 18 mm.

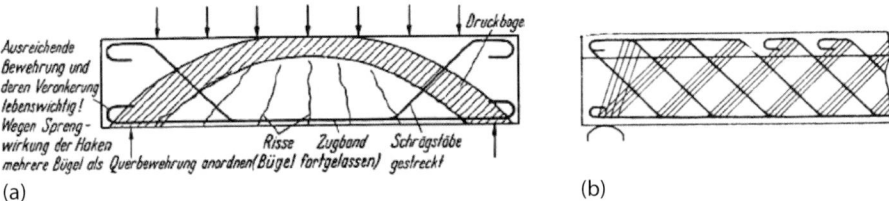

Abb. 3.9 Stahlbetonbalken mit Aufbiegung. (a) Bogenbildung im Bruchzustand bei glatter Bewehrung, aus [67]; (b) Fachwerkanalogie, aus [53].

gebewehrung eingeleitet. Dieses einfache Beispiel zeigt, wie wichtig eine konsistente Modellbildung auch beim Nachweis von Verbundkräften ist.

Der Haftverbund zwischen der Oberfläche glatter, warmgewalzter Stäbe hängt von der Rauigkeit der Stahloberfläche und der Betonqualität ab und kann bei wechselnder Zug-Druck-Beanspruchung und bei Zwang schnell verloren gehen. Verlässlicher ist der Reibungsverbund, der dort wirkt, wo Druckspannungen in der Kontaktfläche zwischen Beton und Stahl vorhanden sind. Dies ist im Auflagerbereich der Fall, aber auch bei Haken zur Endverankerung durch die Umlenkung der Zugkräfte (siehe Abb. 3.10a). Nicht ohne Grund haben sich seit Mitte der 1950er-Jahre gerippte Stähle durchgesetzt. Der Verbund durch Formschluss ist verlässlich und die übertragbaren Kräfte werden den konstruktiven Anforderungen gerecht. Entscheidend für die sichere Kraftübertragung ist eine ausreichende Betondeckung, damit sich ein symmetrischer umlaufender Zugring ausbilden kann (siehe Abb. 3.10b).

Auch bei der Prognose der Rissbildung im Grenzzustand der Gebrauchstauglichkeit spielt die Verbundwirkung eine große Rolle. In diesem Zusammenhang wurde bereits 1911 von Bach und Graf [69] festgestellt, dass die nötigen Verankerungskräfte einer glatten Biegezugbewehrung von einem Endhaken aufgenommen werden können, dass aber der Schlupf zu großen Verformungen führt und deshalb die Haftfestigkeit der Verbundvorlänge mit angesetzt werden soll. Die mechanischen Zusammenhänge bei der Verankerung glatter Betonstähle wurden dann 1949 von Bauer umfassend erläutert [68].

Tab. 3.11 Übersicht Betonstahlmatten (nach [49, 64–66]).

Betonstahlmatten[a]	Stahlgüte [Duktilitätsklasse]	Oberfläche	Verwendung	$f_{y,k}$ [N/mm²]
Baustahlgewebe (B.St.G.) mit glatten Stäben	ST 55 (IVb) [A]	Ø5 / 300, Ø6 / 100	1932–1955	500
– mit Profilierung N-, Q-, R-Matten[b]	Betonstahl IV b [–]		1957–1973	550
Verbundstahlmatte mit Kunststoffknoten	Betonstahl IV b [–]		1964–1969	550
– mit Sonderprofilierung[c]			1968–1973	
– mit Rippung				
– mit glatten Stäben	BSt 500/550 GK (IVb) [A]		1972–1984	550
	BSt 500 G (IV) [A]		Seit 1984	
– mit profilierten Stäben	BSt 500/550 PK (IVb) [A]		1972–1984	
	BSt 500 P (IV) [A]		Seit 1984	
– mit gerippten Stäben	BSt 500/550 RK (IV) [–]		1972–1984	
	BSt 500 M (IV) [–]		Seit 1984	
	BSt 630/700 RK [–]		1977	630
	BSt 550 MW [A]		1989	550

a) Lagermattenbezeichnung nach Gewebegeometrie:
- ab 1955: Q – quadratisch (Q 92 bis Q377), R – rechteckig (R 92 bis R 884), N – nichtstatisch (N 47 bis N 141);
- ab 1961: A 92, B 131 – Randmatten;
- ab 1972: Q – (Q 84 bis Q 513), R – (R 131 bis R 589), K – rechteckig (K 664 bis K 884), N – (N 94 und N 141);
- ab 1984: Q – (Q 131 bis Q 670), R – (R 188 bis R 589), K – (K 664 bis K 884).

b) Ab 1957 zwei Rippenreihen, ab 1962 drei Rippenreihen.
c) Sechs Rippenreihen.

In DIN 1045:1978 wird der zur damaligen Zeit erreichte Stand des Wissens hinsichtlich der Verankerung glatter Betonstähle zusammengefasst. Die Gleichung zur Berechnung der Verankerungslänge wird für glatte und gerippte Stähle einheitlich eingeführt.

Bei glatten Bewehrungsstäben müssen immer Endhaken zur Verankerung vorgesehen werden, gerade Stabenden sind nur für gerippten Betonstahl zulässig.

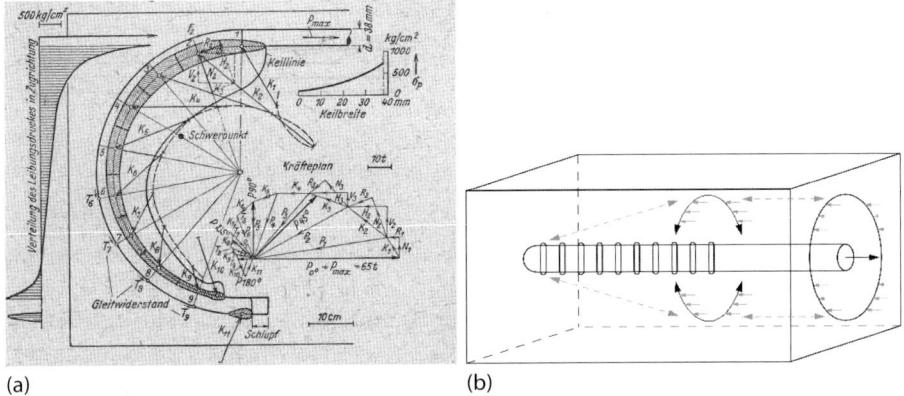

(a) (b)

Abb. 3.10 Mechanisches Modell für die Verankerung. (a) Glatter Bewehrungsstahl, aus [68]; (b) gerippter Bewehrungsstahl.

Darüber hinaus ist im Verankerungsbereich eine seitliche Betondeckung $\geq 3 \cdot d$ erforderlich, um die auftretenden Spaltzugkräfte aufzunehmen.

Diese Regelungen lassen sich in das Bemessungskonzept des EC 2 überführen, wenn für den Bemessungswert der Verbundspannung

$$f_{bd} = 0{,}36 \cdot \frac{\sqrt{f_{ck}}}{\gamma_c} \tag{3.23}$$

eingesetzt wird.

Seit den 1960er-Jahren werden ganz überwiegend gerippte Betonstähle eingesetzt. Die Tragwirkung des Verbundes durch Formschluss lässt sich durch das Zusammenwirken von Druckstreben und Zugring gut veranschaulichen (siehe Abb. 3.10b). Damit sich der volle Verbund durch Formschluss einstellen kann, sind eine ausreichende Betondeckung und ausreichende Stababstände erforderlich.

Zur Bewertung der mechanischen Verzahnung führte Rehm [70] die bezogene Rippenfläche als Verhältnis zwischen Rippenfläche und Mantelfläche ein.

$$f_R = \frac{F_R}{F_M} = \frac{a \cdot (d_k + a)}{c \cdot (d_k + 2a)} \approx \frac{a}{c} \tag{3.24}$$

Die zugehörigen geometrischen Größen sind in Abb. 3.11 dargestellt. Für Betonstähle, die nach DIN 488:1986 genormt sind, entspricht die bezogene Rippenfläche den heutigen Regelungen. Gerippte Betonstähle, die der Vorgängernorm DIN 488:1972 entsprechen, haben sogar eine etwa 15 % größere bezogene Rippenfläche. Bei älteren gerippten Betonstählen, die nach Zulassung verwendet wurden, kann die bezogene Rippenfläche kleiner sein als die Werte, die der im EC 2 festgelegten Verbundspannung entspricht. Für diesen Fall geben Fingerloos *et al.* [59] mit Bezug zur Schweizer Norm SIA 269-2 [71] Umrechnungsfaktoren für eine angepasste Verbundfestigkeit an, ebenso für den Fall einer verminderten Betondeckung.

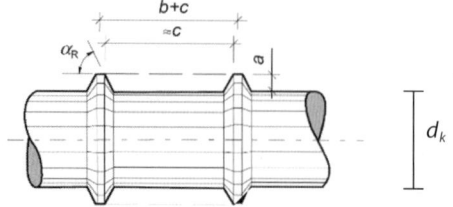

Abb. 3.11 Geometrische Größen zur Ermittlung der bezogenen Rippenfläche nach Rehm [70].

Einen guten Überblick über weitere konstruktive Regeln zur Bewehrung im Stahlbetonbau findet sich auch bei Stauder *et al.* [72]. Dies betrifft u. a. Stababstände, Biegeradien sowie Verankerungen und Stöße von Bewehrungsstäben. Dabei zeigt sich, dass es aufgrund der stetigen Entwicklung beim Verständnis der mechanischen Zusammenhänge durchaus Zeiten gab, in denen Bauteile nach Regeln bewehrt wurden, die aus heutiger Sicht nicht konservativ sind. In diesem Zusammenhang ist die Frage des Bestandsschutzes von grundsätzlicher Bedeutung. Darauf wird in Abschn. 6.1.1 eingegangen. Für den Fall, dass genauere Nachweise zu Verbindungs- und Verankerungsdetails erforderlich werden, können mithilfe von Spannungsfeldern (siehe Abschn. 6.1.3) mechanische Modelle entwickelt werden, mit denen Kraftübertragung vom Beton zum Stahl und ggf. die Wirkung von Querdruck im Auflagerbereich konkret abgebildet werden kann.

3.2.5 Schweißeignung

Ob und für welches Verfahren Betonstähle schweißgeeignet sind, hängt von der chemischen Zusammensetzung ab. Stahlbegleiter, die die Schweißbarkeit von Stählen einschränken oder gar ausschließen, sind Phosphor (P), Schwefel (S) und Stickstoff (N). Liegen die Gewichtsanteile dieser Begleiter über den in DIN 488 definierten Grenzen (P: < 0,05 %, S: < 0,05 % und N: < 0,012 %), dann wird durch die Wärmezufuhr beim Schweißen eine künstliche Alterung und Versprödung verursacht. Schwefel begünstigt die Warmrissigkeit. Eine Gefügeumwandlung im Stahl erfolgt dann, wenn die Temperatur etwa 250 °C überschreitet. In den an eine Schweißnaht angrenzenden Zonen tritt ein großes Temperaturgefälle auf und die Umwandlungsprozesse klingen ab.

Die Zone unveränderten Gefüges bleibt voll tragfähig. Das wiederum bedeutet, dass bei einem Stumpfstoß der gesamte Querschnitt seine ursprüngliche Festigkeit verlieren kann. Dagegen führt das Schweißen eines Überlappungsstoßes bei vergleichsweise dicken Bewehrungsstählen nur in einem begrenzten Teil des Querschnittes zu einem schädlichen Wärmeeintrag; der restliche Querschnitt mit unverändertem Gefüge bleibt voll tragfähig.

Die Herstellung tragender Schweißverbindungen für Betonstahl wird in DIN EN ISO 17660-1 [73] behandelt. Die Regelungen umfassen

- Schweißprozesse, die benutzt werden dürfen,
- die Art der Schweißverbindung (Stumpfstoß, Laschenstoß, Überlappstoß),
- zulässige Stabnenndurchmesser,
- Mindestmaße für die Schweißnaht,
- Abstände von Biegungen.

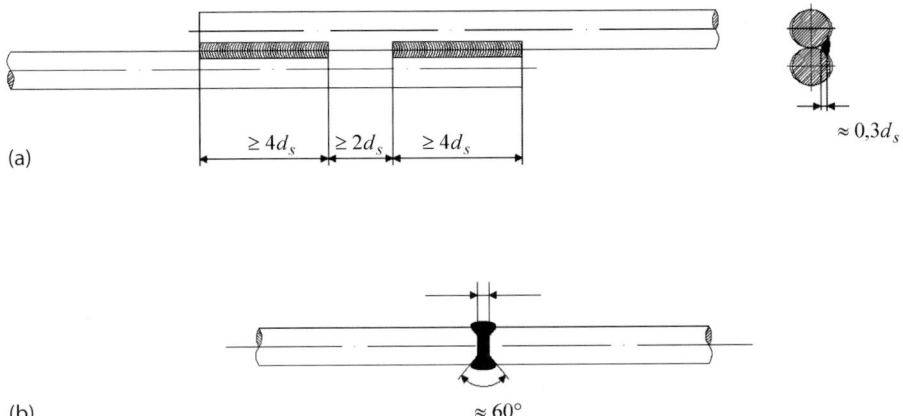

Abb. 3.12 Schematische Darstellung geschweißte Stöße, aus [73]. (a) Überlappungsstoß; (b) Stumpfstoß.

Abbildung 3.12 zeigt zwei typische geschweißte Stöße, die auch beim Bauen im Bestand zur Anwendung kommen können.

Die Schweißeignung von alten Betonstählen muss vom Schweißfachingenieur beurteilt werden. Auf der Grundlage von Prüfungen an Schweißproben sind auf die Besonderheiten des Einzelfalls abgestimmte Schweißanweisungen zu erstellen.

Die Schweißanweisung enthält u. a. Angaben zur Vor- und Nachbehandlung, zum Schweißverfahren selbst sowie zur Überwachung und zur Qualitätssicherung.

3.3 Dauerhaftigkeit von Stahlbetonbauteilen

Beton ist als künstlich hergestellter Stein den Verwitterungsprozessen ausgesetzt, die durch die Einwirkungen in seiner Umgebung ausgelöst werden. Guter Beton kann den natürlichen Einwirkungen der Witterung hunderte von Jahren standhalten und übertrifft die Dauerhaftigkeit vieler natürlicher Steine bei Weitem.

Beim unbewehrten Beton ist die Widerstandsfähigkeit des Betons gegenüber Feuchteeinwirkungen entscheidend. Beim Stahlbeton übernimmt der Beton den Korrosionsschutz der Bewehrung. In diesem Fall wird die Dauerhaftigkeit der Bauteile vor allem von den Prozessen bestimmt, die die für den Korrosionsschutz erforderliche Alkalität des Betons herabsetzen.

3.3.1 Feuchteeinwirkung

Feuchtigkeit, die durch eine vergleichsweise poröse Oberfläche oder durch Risse in den Beton eindringt, schadet erst einmal nicht, sofern man von baukonstruktiven Problemen absieht. Selbst kontinuierliche Transportvorgänge mit lösenden Prozessen führen nicht zwangsweise zu einer Verringerung der Betonfestigkeit,

Abb. 3.13 Kalkablagerungen an der Luftseite der Linachtalsperre.

wie die Untersuchungen an den Gewölben der Linachtalsperre (siehe Abb. 3.13) zeigten.

Erst dann, wenn es durch Frost zu einer Volumenvergrößerung des Wassers und dadurch zu einem Druck auf die Wände der wassergefüllten Poren kommt, wird das Betongefüge zerstört.

Ein typisches Schadensbild ist das fortschreitende Abblättern der Betonoberfläche. Dort, wo Wasser durch Risse in das Betongefüge eindringen kann, können sich auch Feuchtehorizonte hinter einer widerstandsfähigen Betonoberfläche bilden und eine „Schalenbildung" auslösen. Diese Gefahr besteht vor allem dann, wenn z. B. durch Klopfen an der Schalung versucht wurde, den Beton zu verdichten, und dadurch ein inhomogener Querschnitt mit besonders zementreicher Oberfläche geschaffen wurde.

Schalenbildungen und großflächige Abplatzungen werden auch durch den Einsatz von Tausalz begünstigt. Wenn die Feuchtigkeit als Salzlösung in den Beton eindringt, wird der Gefrierpunkt von der Oberfläche bis zu etwa 3–5 cm ins Bauteilinnere verlagert. Bei Frost wird dann eine entsprechend dicke Betonschicht abgesprengt (Abb. 3.14).

3.3.2 Karbonatisierung und Korrosion

Der pH-Wert eines jungen Betons liegt bei über 12,5. Diese Basizität ist dem im Porenraum des Zementsteins gelösten Calciumhydroxid $Ca(OH)_2$ zuzuschreiben. Mit dem Kohlendioxid CO_2 aus der Luft reagiert das Calciumhydroxid zu

3.3 Dauerhaftigkeit von Stahlbetonbauteilen | 67

Abb. 3.14 (a) Flächiger Frost-Tausalz-Schaden; (b) örtliche Korrosion im Bereich eines Stützenfußes (Fotos: AMPA Universität Kassel).

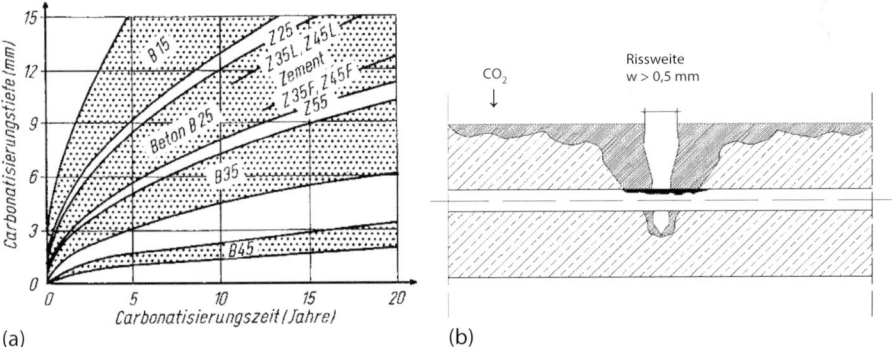

Abb. 3.15 (a) Karbonatisierungsfortschritt nach Klopfer [74]; (b) Karbonatisierung am Rissufer.

Calciumkarbonat. Zusätzlich wird Wasser für die Reaktion benötigt.

$$Ca(OH)_2 + CO_2 \xrightarrow{H_2O} CaCO_3 + H_2O \qquad (3.25)$$

Dieser Prozess der Karbonatisierung ist für den Beton selbst unschädlich, was die Festigkeit und den Elastizitätsmodul anbelangt. Allerdings verliert er nach und nach seine basischen Eigenschaften und kann – wenn der pH-Wert unter 9 fällt – den Stahl nicht mehr vor Korrosion schützen. Der Karbonatisierungsfortschritt nimmt mit der Zeit ab (siehe Abb. 3.15a). Er hängt von der Porosität des Betons (Festigkeit, W/Z-Wert, Nachbehandlung) und vom CO_2-Gehalt der Luft ab und folgt – vereinfacht – einer Wurzelfunktion:

$$\text{Karbonatisierungstiefe} \quad s_{c,t} \approx \alpha_c \cdot \sqrt{t} \qquad (3.26)$$

Wassergesättigter Beton karbonatisiert nicht, da in diesem Fall kein CO_2 eindringt.

Tab. 3.12 Abrostungsraten (nach Knöfel [75]).

Umweltbedingung	Abrostungsrate [mm/Jahr]
Ländliche Umgebung	0,01 bis 0,065
Städtische Umgebung	0,03 bis 0,07
Industriegebiete	0,04 bis 0,17
Meer	0,02 bis 0,20

Die Widerstandsfähigkeit einer Betonoberfläche kann durch Risse herabgesetzt werden. Bei Rissweiten > 0,5 mm kann die Karbonatisierung entlang der Rissufer fortschreiten (siehe Abb. 3.15b) und der Stahl beginnt örtlich zu korrodieren.

Durch chemischen Angriff aggressiver Medien können treibende oder lösende Prozesse verursacht werden. Beide Prozesse werden gelegentlich auch unter dem Begriff „Betonkorrosion" zusammengefasst. Lösender Angriff – gelöst wird vor allem Calciumhydroxid aus dem Zementstein – erfolgt durch weiches Wasser und Säuren (z. B. Kohlensäure).

Treibreaktionen werden durch Sulfate ausgelöst. Hohe Sulfatkonzentrationen wandeln Calciumhydroxid in Gips um. Dabei verdoppelt sich das Volumen. Bei niedrigeren Sulfatkonzentrationen und nicht zu hoher Temperatur kann es zu einer Reaktion mit Aluminatphasen des Zementsteins kommen. Dabei entsteht Ettringit, dessen Volumen etwa das 8-Fache der Ausgangsstoffe beträgt.

Ungeschützter Stahl korrodiert, wenn Feuchtigkeit und Sauerstoff vorhanden sind. Als Abrostungsraten werden von Knöfel [75] die in Tab. 3.12 dokumentierten Werte angegeben.

Fortschreitende Korrosion lässt sich durch zwei Teilprozesse beschreiben: Beim anodischen Teilprozess werden Eisenionen aus dem Stahl gelöst und an das angrenzende Medium abgegeben:

$$Fe \rightarrow Fe^{2+} + 2e^- \qquad (3.27)$$

Die Elektronen verbleiben vorerst im Eisen. Wenn keine weiteren Transportvorgänge stattfinden, kommt auch der Korrosionsprozess zum Erliegen. Ist allerdings Feuchtigkeit und Sauerstoff vorhanden – und das ist in nahezu jeder „natürlichen" Umgebung der Fall – dann werden die Elektronen durch den kathodischen Teilprozess verbraucht:

$$O_2 + 2H_2O + 4e^- \rightarrow 4OH^- \qquad (3.28)$$

Damit wird der anodische Teilprozess „in Gang" gehalten. Die weiteren Reaktionen benötigen die vorhandenen Fe -Ionen sowie den Sauerstoff aus der Luft:

$$Fe^{2+} + 2OH^- \rightarrow Fe(OH)_2 \qquad (3.29)$$

$$n Fe(OH)_2 + m O_2 \rightarrow n FeO(OH) + 2m H_2O \qquad (3.30)$$

Das Korrosionsprodukt Rost hat etwa das 7-fache Volumen des zerstörten Eisens. Durch diese Volumenvergrößerung wird der umgebende Beton abgesprengt und der Schaden wird meist offensichtlich, lange bevor die Tragsicherheit eines Bauteils durch den Querschnittsverlust der Bewehrung reduziert würde.

Diese „Selbstanzeige" des Schädigungsmechanismus funktioniert nicht, wenn Chloride – aus Taumitteln, Meereswasser oder Brandgasen – in den Beton eindringen. Wenn die Bindekapazität des Zementsteins überschritten ist, dann diffundieren freie Chloridionen in den Beton hinein und zerstören die Passivierungsschicht des Stahls. Im Gegensatz zur flächigen Karbonatisierung wirken Chloridionen örtlich konzentriert und begünstigen die Korrosion des Stahls in kleinen Bereichen. An diesen Stellen kann Lochfraß auftreten. Das heißt, der Stahlquerschnitt korrodiert lokal eng begrenzt, ohne dass dies durch Abplatzungen oder Rostfahnen zu erkennen ist.

3.3.3 Widerstandsfähigkeit

Die Widerstandfähigkeit des Betons gegen Karbonatisierung wird vor allem durch den Diffusionswiderstand, d. h. die Dichte der Betonoberfläche, bestimmt. Dies gilt im Wesentlichen auch für den Widerstand gegen chemischen Angriff. Hohe Dichte ist mit geringer Porosität gleichzusetzen.

Die richtige Betonrezeptur – insbesondere die Zementart und der W/Z-Wert – ist entscheidend. Betone höherer Festigkeit sind dichter und damit auch widerstandsfähiger. Ob dies auch für die von den direkten Umwelteinwirkungen beanspruchter Oberfläche gilt, hängt vor allem davon ab, wie der Beton eingebaut, verdichtet und nachbehandelt wurde.

Porenvolumen und Verteilung der Porengröße lassen sich im Labor mithilfe der Quecksilberdruckporosimetrie bestimmen. Bei diesem Verfahren wird Quecksilber, das keiner kapillaren Wirkung unterliegt, bei steigendem Druck in eine Materialprobe gepresst. Die Porenradienverteilung lässt sich aus dem von der Probe bei unterschiedlichen Drücken aufgenommenen Quecksilbervolumen rückrechnen (Abb. 3.16).

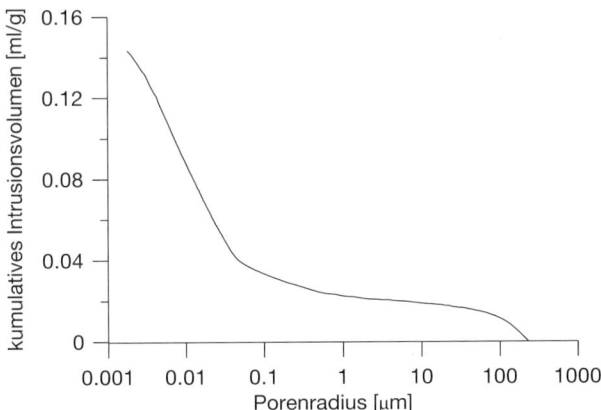

Abb. 3.16 Porenradienverteilung eines Normalbetons, ermittelt mit Quecksilberdruckporosimetrie (nach AMPA der Universität Kassel).

Bei ausreichend dichter Betonoberfläche beeinträchtigen Risse mit Rissweiten bis 0,4 mm die Dauerhaftigkeit nicht. Für Außenbauteile werden in den einschlägigen Vorschriften die Rissweiten auf 0,25 mm begrenzt. Damit wird auch das schädliche Eindringen von Chloriden in entsprechend beanspruchten Bereichen ausgeschlossen.

3.4 Rechenbeispiele

3.4.1 Ermittlung der Druckfestigkeit für umschnürten Beton

Eine runde Stahlbetonstütze wurde mit einer Wendelbewehrung ausgeführt. Gesucht ist die Festigkeit des umschnürten Betons.

- *Beton Festigkeitsklasse C25/30*
- *Stützendurchmesser $d = 30$ cm*
- *Betondeckung $c = 2,5$ cm*
- *Wendelbewehrung BSt 420, $\varnothing\, 8$, $s_h = 8$ cm*

Umschnürungsdruck mit Gl. (3.21):

$$f_l = \frac{2 \cdot 420 \cdot 50,3}{(300 - 2 \cdot 25 - 8) \cdot 80} = 2,18\,\text{N/mm}^2$$

Wirksamer Umschnürungsdruck für runde Stützen mit Gl. (3.22):

$$f_l' \cong 0,95 \cdot 2,18 = 2,07\,\text{N/mm}^2$$

Festigkeit des umschnürten Betons mit Gl. (3.20):

$$f_{cc} = -1,254 \cdot 25,0 + 2,254 \cdot \sqrt{(25,0)^2 + 7,94 \cdot 2,07 \cdot 25,0} - 2 \cdot 2,07$$
$$= 37,1\,\text{N/mm}^2$$

3.4.2 Prognose des Karbonatisierungsfortschritts

An einer Stützmauer wurde an mehreren Stellen eine etwa gleichmäßige Karbonatisierungstiefe ermittelt. Es soll abgeschätzt werden, nach welcher Zeit die Karbonatisierungsfront den Bewehrungsstahl erreicht.

- *mittlere Karbonatisierungstiefe nach 23 Jahren $s_{c,23} = 18$ mm*
- *Betondeckung $c_{min} = 2,5$ cm*

Nach Gl. (3.26):

$$\alpha_t \approx \frac{18}{\sqrt{23}} = 3,75\,\frac{\text{mm}}{\sqrt{\text{a}}}$$

$$t \approx \frac{(25)^2}{3,75^2} = 44,4\,\text{a}$$

Nach weiteren etwa 21 Jahren wird die Ebene der Bewehrung erreicht.

4
Baustatik und Bemessung

> For almost 200 years structural design has been based on elastic theory which assumes that structures display a linear response throughout their loading history, ignoring the post-yielding stage of behavior. Current design practice for reinforced concrete structures is a curious blend of elastic analysis to compute forces and moments, plasticity theory to proportion cross sections for moment and axial load, and empirical mumbo-jumbo to proportion members for shear.
>
> *(J.G. MacGregor, 1984, nach [76])*

Claude-Lois M.H. Navier (1785–1836) – dessen Name auch heute noch durch die nach ihm benannte Hypothese vom eben bleibenden Querschnitt bekannt ist – lehrte seit 1821 angewandte Mechanik an der „Ecole nationale des Ponts et Chaussées" in Paris. In seinen Vorlesungen fasste er die Kenntnisse und Methoden seiner Zeit zusammen, um sie auf praktische Bauaufgaben anzuwenden. Er begründete damit die Baustatik und die Baumechanik. Es ist anzunehmen, dass seine Vorlesungen von den Erfahrungen profitiert haben, die er zuvor als Bauingenieur in der Berufspraxis gewonnen hatte.

Die wichtigsten theoretischen Grundlagen, auf denen Navier aufbauen konnte, waren bereits im 17. und vor allem im 18. Jahrhundert formuliert worden:

1686 Neutrale Achse und lineare Spannungsverteilung am Biegebalken
      Edmé Mariotte (1620–1684)
1691 Hooke'sches Gesetz
      Robert Hooke (1635–1703)
1717 Prinzip der virtuellen Verschiebungen
      Johann Bernoulli (1667–1748)
1744 Elastische Biegelinie, Knickformel
      Leonhard Euler (1707–1783)
1773 Biegebalken, Druckfestigkeit, Erddruck
      Charles Auguste Coulomb (1736–1806)

Bei der Bemessung und Konstruktion von Eisen- und Stahlkonstruktionen gehörte die Anwendung baustatischer Verfahren Mitte des 19. Jahrhunderts zum allgemeinen Stand des Wissens. Zahlreiche filigrane und dauerhafte Konstruk-

Abb. 4.1 Tumski-Brücke, Breslau.

tionen aus dieser Zeit belegen eindrücklich, wie gut die Ingenieure „ihr Handwerk" beherrschten (siehe Abb. 4.1).

Der Stahlbeton „hinkte" dieser Entwicklung anfangs noch hinterher. Über den Besuch Moniers in Berlin im Jahre 1886 wird Folgendes berichtet:

> Monier besah sich die verschiedenen Arbeiten auf dem Werkplatz, wo unter anderem gerade freitragende Platten von 2,70 m Spannweite gemacht wurden. Monier betrachtete die Arbeiten kopfschüttelnd und wollte den Arbeitern begreiflich machen, dass das Eisengerippe in die Mitte gelegt werden müsse. Wayss konnte ihn von der Unrichtigkeit seiner Ansicht nicht abbringen und Monier meinte zum Schluss ärgerlich: „Wer ist der Erfinder – Sie oder ich?"

(zitiert nach [77])

Mit Intuition, Kreativität und Experimentierfreude „erfanden" Hyatt, Monier, Lambot und Coignet den Eisenbeton. Eine Ausbildung als Ingenieur besaß keiner dieser Pioniere. Das erklärt, weshalb sie bei der Entwicklung ihrer Erfindungen und Patente die zur Verfügung stehenden Grundlagen der Baustatik nicht anwandten. Auf der anderen Seite zeigten aber auch Hochschullehrer und Forscher bis zu Beginn des 20. Jahrhunderts nur wenig Interesse, sich mit dem neuen Konstruktionswerkstoff auseinanderzusetzen. Das mag vor allem auf Hemmungen zurückzuführen sein, einen Verbundwerkstoff mit den für homogene Materialien entwickelten Gesetzen der Elastizitätstheorie zu behandeln.

Im Folgenden sollen die wichtigsten Schritte auf dem Weg zu den heute anerkannten Berechnungs- und Bemessungsverfahren erläutert werden. Vorab werden im Abschn. 4.1 die wichtigsten Begriffe und Definitionen der Mechanik in dem Umfang erläutert, wie sie für das weitere Verständnis unbedingt erforderlich sind. Die folgenden Abschn. 4.2 bis 4.4 sind weniger als Beitrag zur Technikgeschichte gedacht. Sie sollen vielmehr helfen, Bestandsunterlagen – statische Berechnungen und Konstruktionspläne – zu lesen, zu verstehen und zu interpretieren.

4.1   Elastizität und Plastizität

Die Bemessung von Tragwerken – das heißt der rechnerische Nachweis der Tragsicherheit in Verbindung mit der Festlegung von Querschnittsabmessungen und Materialeigenschaften – gliedert sich in drei Arbeitsschritte:

1. Ermittlung der Beanspruchung des Tagwerks – statische Berechnung
2. Ermittlung des Tragwiderstandes, d. h. der Beanspruchbarkeit eines Bauteils
3. Nachweis der Tragsicherheit

Das Ganze ist ein iterativer Prozess. Kreativität und Erfahrung sind für einen guten Ingenieur in diesem Zusammenhang genauso wichtig, wie das Beherrschen der mathematischen und mechanischen Grundlagen.

Dass der erste Schritt – die Ermittlung der Beanspruchung – bis heute mehr oder weniger ausschließlich auf der Grundlage der Elastizitätstheorie erfolgt, hat wohl zwei Gründe: Zum einen erhält man ein eindeutiges Ergebnis; es gibt für vorgegebene Randbedingungen nur eine richtige Lösung. Das erspart zeitraubende Diskussionen. Zum anderen besteht aufgrund der bestehenden elektronischen Berechnungsverfahren kein Bedarf für einfachere Berechnungsmethoden. Eine wichtige Motivation für die Entwicklung elektronischer Rechenmaschinen war ja gerade die Lösung von umfangreichen, auf der Grundlage der Elastizitätstheorie hergeleiteten Gleichungssystemen.

Die Grundlagen zur Formulierung dieser Gleichungen hatte *Heinrich F.B. Müller-Breslau (1851–1925)* 1886 in seinem Werk *Die neueren Methoden der Festigkeitslehre und der Statik der Baukonstruktionen* [78] formuliert. Mit der Gleichsetzung von innerer und äußerer Arbeit stand ein durchgängiges Prinzip für die Bestimmung von Schnittgrößen und Verformungen zur Verfügung. Die Anwendung dieses Prinzips basiert auch heute noch auf der Annahme linear-elastischen Materialverhaltens für die entsprechenden Werkstoffe.

Bis in die 1950er-Jahre erfolgte auch die Ermittlung der Beanspruchbarkeit von Stahlbetonquerschnitten auf der Grundlage der Elastizitätstheorie. Die aktuellen Normen hingegen definieren wirklichkeitsnahe elastisch-plastische und vereinfachte ideal-plastische Materialgesetze für Beton und Stahl im Zusammenhang mit den Grenzzuständen der Tragfähigkeit.

Schon die Kombination der vergleichsweise einfachen Annahmen – bilinear elastisch-plastisch für Stahl und ideal-plastisch für den Beton – ergibt eine gute Annäherung an die Momenten-Krümmungs-Beziehung eines Stahlbetonquerschnitts (vgl. Abb. 4.2).

Bei einem ausreichend duktilen – d. h. verformungsfähigen – Querschnitt ist die Krümmung beim Versagen des Bauteils um ein Vielfaches größer als beim Eintreten des Fließens. In diesem Fall kann für Stahl und Beton starr-plastisches Materialverhalten angenommen werden. Diese auf den ersten Blick grobe Vereinfachung ist eine wesentliche Grundlage für die Anwendung der Plastizitätstheo-

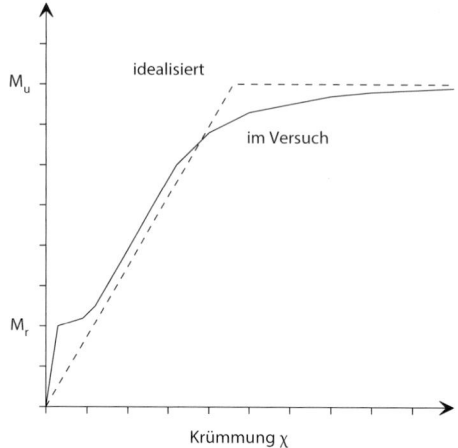

Abb. 4.2 Momenten-Krümmungs-Diagramm für einen biegebeanspruchten Stahlbetonquerschnitt.

rie im Stahlbetonbau. Die mit dieser Anwendung verknüpfte Entwicklung von Traglastverfahren stieß in den 1960er-Jahren noch auf erbitterten Widerstand durch die Vertreter der „klassischen Baustatik". Die einen sahen die Betrachtung von Grenzzuständen der Tragfähigkeit gewissermaßen als „Befreiungsschlag" an, da sich die Spannungszustände in Tragwerken aufgrund vielfältiger Einflüsse – Herstellung, Kriechen, Schwinden, Spannungsumlagerungen zwischen Stahl und Beton, nicht eindeutige Auflagerbedingungen etc. – ohnehin einer exakten Bestimmung entziehen. Die anderen betrachteten die neuen Berechnungsverfahren als „Baustatik für Schwachbegabte" (zitiert nach [79]).

Die Grundsatzdiskussion ist heute weitestgehend abgeschlossen. Für den Bereich des Stahlbetonbaus im deutschsprachigen Raum ist dies vor allem auch der systematischen Forschung von *Bruno Thürlimann* (1923–2008) zwischen 1960 und 1990 zu verdanken. Im Stahlbau gehören plastisch-plastische Berechnungsverfahren zu den allgemein anerkannten Regeln der Technik. In die Vorschriften des Stahlbetonbaus hat die Plastizitätstheorie im Zusammenhang mit der Umlagerung von Biegemomenten und bei der Anwendung von Stabwerksmodellen Eingang gefunden.

Bei der Bewertung bestehender Stahlbetontragwerke sind Grenzwertbetrachtungen gelegentlich die einzige Möglichkeit, das Tragverhalten wirklichkeitsnah zu beschreiben. Das trifft insbesondere dann zu, wenn die vorhandene Bewehrung unterdimensioniert erscheint und das Tragwerk dennoch keine Schäden zeigt. Dazu mehr in Kapitel 6.

Die Grundlage für Grenzwertbetrachtungen liefern die beiden Grenzwertsätze der Plastizitätstheorie.

Der *statische Grenzwertsatz* definiert die Belastung eines Tragsystems, das die Gleichgewichtsbedingungen und die statischen Randbedingungen erfüllt, ohne die Fließbedingungen zu verletzen, als unteren Grenzwert der Traglast. Folgendes ist zu beachten:

- Kinematische Verträglichkeitsbedingungen dürfen verletzt werden.
- Für alle Lasten wird eine proportionale Laststeigerung vorausgesetzt, d. h., es sind alle auftretenden Lastkombinationen einzeln zu untersuchen.
- Die Verformungsfähigkeit plastischer Zonen (Gelenke) muss gegeben sein.

4.1 Elastizität und Plastizität

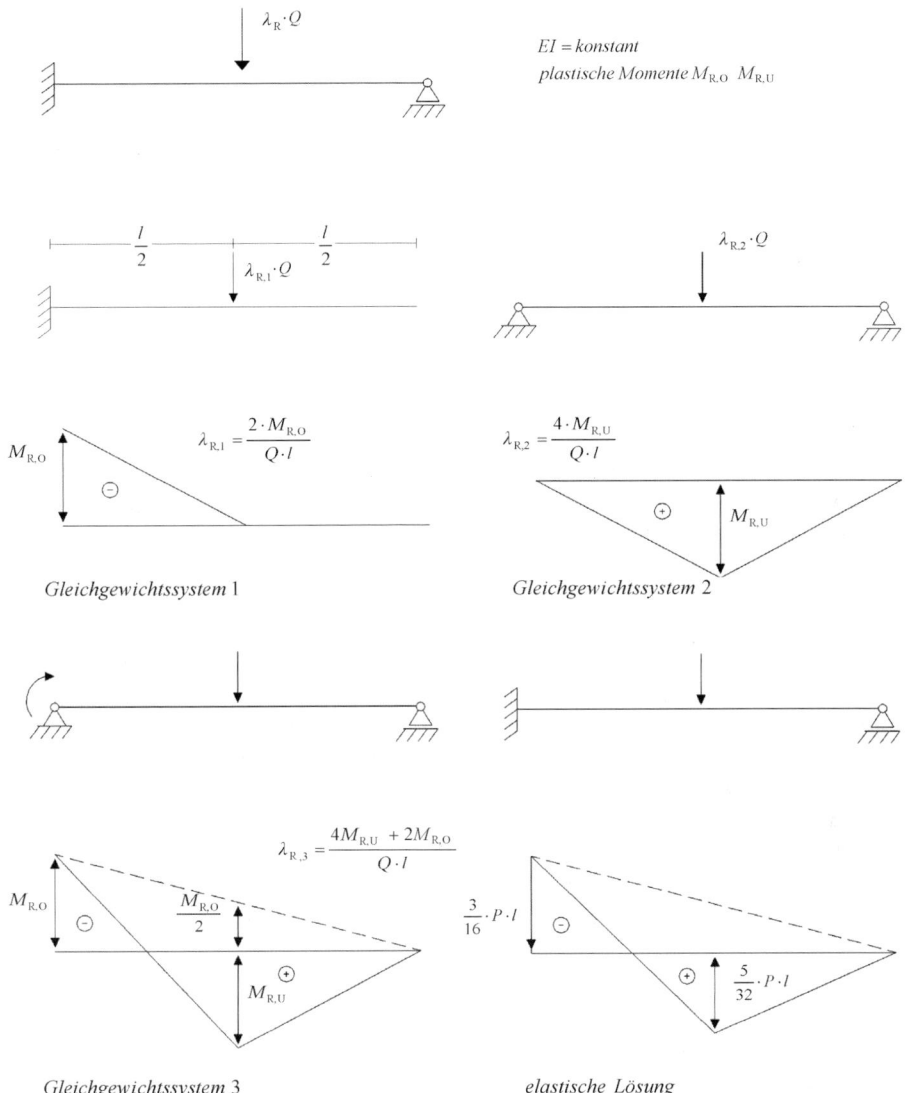

Abb. 4.3 Anwendung des statischen Grenzwertsatzes der Plastizitätstheorie.

Der *kinematische Grenzwertsatz* definiert die Belastung eines Tragsystems, das die Gleichgewichtsbedingungen und die geometrischen Randbedingungen mit einem kinematisch zulässigen Bewegungszustand erfüllt, als oberen Grenzwert der Traglast. Folgende Randbedingungen sind zu beachten:

- Die Fließbedingung darf verletzt werden.
- Ein kinematisch zulässiger Bewegungszustand (Mechanismus) mit einem Freiheitsgrad liegt vor, die geometrischen Randbedingungen sind eingehalten.
- Widerstand und Bewegung des Bewegungszustandes müssen dem Fließgesetz entsprechen.

Das Beispiel im Abb. 4.3 zeigt, wie bei der Anwendung des statischen Grenzwertsatzes die Traglasten über Proportionalitätsfaktoren λ aus Schnittgrößenverteilungen rückgerechnet werden. Diese Vorgehensweise wird bei Stahlbetontragwerken nur in Sonderfällen angewandt. Der Regelfall bleibt die zweistufige Vorgehensweise mit der Schnittgrößenermittlung im Rahmen der linearen Elastizitätstheorie als erstem und den Nachweisen der Querschnittstragfähigkeit als zweitem Schritt. Diese Zweiteilung wird für die beiden folgenden Abschn. 4.2 „Schnittgrößen und Beanspruchungen" und 4.3 „Bauteilwiderstände und Tragfähigkeiten" übernommen.

4.2 Schnittgrößen und Beanspruchungen

Der Nachweis, dass die Elastizitätstheorie für die Ermittlung der Schnittgrößen von statisch unbestimmten Stahlbetontragwerken herangezogen werden kann, wurde zwischen 1910 und 1920 durch zahlreiche experimentelle Untersuchungen erbracht. Hervorzuheben sind die Bauteilversuche von Mörsch mit Wayss und Freitag (1907), Scheit und Probst (1912) sowie von Bach und Graf an der Materialprüfungsanstalt der TH Stuttgart (1915 und 1920). In den folgenden Jahren wurden zahlreiche Iterations- und Näherungsverfahren entwickelt. Und es wurden Tabellenwerke veröffentlicht, mit denen sich die Schnittgrößen für die häufigsten Tragsysteme vergleichsweise schnell und einfach ermitteln ließen. Mit dem Einzug der ersten Berechnungsprogramme in die Ingenieurbüros in den 1970er-Jahren wurden Iterationsverfahren und Berechnungstabellen nach und nach überflüssig. Für das Verständnis und die Nachvollziehbarkeit von alten statischen Berechnungen ist ein Grundverständnis der wichtigsten „historischen" Berechnungsverfahren aber durchaus hilfreich.

4.2.1 Stabwerke

Hardy Cross (1885–1959) veröffentlichte 1930 ein Iterationsverfahren zur Ermittlung der Schnittgrößen in mehrfach statisch unbestimmten Systemen. Das Verfahren wurde 1949 durch *Gaspar Kani* (1910–1968) [80] modifiziert und in eine anwendungsfreundliche Form gebracht, in der es als Kani- oder Cross-Kani-Verfahren im deutschen Sprachraum allgemeine Verbreitung fand.

Im Abschn. 4.4.1 wird die Anwendung des Verfahrens am Beispiel eines Durchlaufträgers veranschaulicht. Ausführlich erläutert wird das für die Berechnung verschieblicher und unverschieblicher Systeme geeignete Verfahren u. a. von Hirschfeld [81].

Ein direktes, schnelles Vorgehen ermöglichen die 1967 erstmals von Ernst Zellerer veröffentlichten Tabellen „Durchlaufträger – Einflusslinien und Momentenlinien" [82]. Auf der Grundlage des Superpositionsprinzips der Elastizitätstheorie können Ergebnisse für einzelne Lastfälle aus unterschiedlichen Tabellen ermittelt und dann überlagert werden. Ein analoges Vorgehen ermöglichen auch die „Rahmenformeln" von *Adolf Kleinlogel* (1877–1958) [83]. Dieses Tabellenbuch wurde erstmals 1914 herausgegeben. Anwendungsbeispiele folgen in den Abschn. 4.4.2 und 4.4.3.

4.2.2 Platten und Scheiben

Für das Tragverhalten von Platten und Scheiben lassen sich auf der Grundlage der Elastizitätstheorie in Abhängigkeit von den Auflagerbedingungen und den äußeren Lasten Differenzialgleichungen formulieren. Die Lösung dieser Differenzialgleichung gelingt im Allgemeinen nur iterativ. Bevor leistungsfähige elektronische Rechenanlagen zur Verfügung standen, lag die Schwierigkeit bei der Entwicklung handhabbarer, effektiver und genügend genauer Iterationsverfahren.

Dieser Fragestellung widmete sich in den 1950er-Jahren *Fritz Czerny (1923–2000)* [84]. Seine Tabellen, die für quadratische und rechteckige Platten etwa 20 verschiedene Auflagerbedingungen berücksichtigen, wurden erstmals im Betonkalender 1963 veröffentlicht. *Klaus Stiglat (1932*)* und *Herbert Wippel (1932*)* nutzten in den frühen 1960er-Jahren die an der TH Karlsruhe zur Verfügung ste-

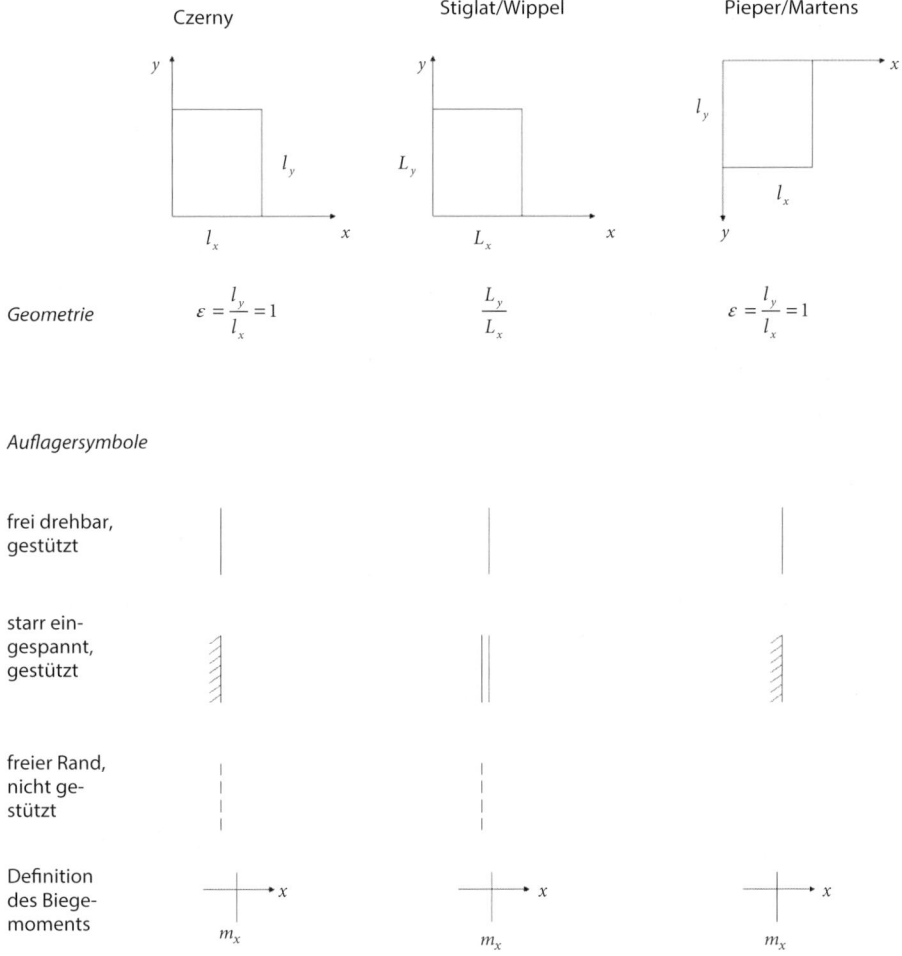

Abb. 4.4 Achsendefinitionen und Auflagersymbolik bei den Tabellenwerken von Czerny, Stiglat/Wippel und Pieper/Martens.

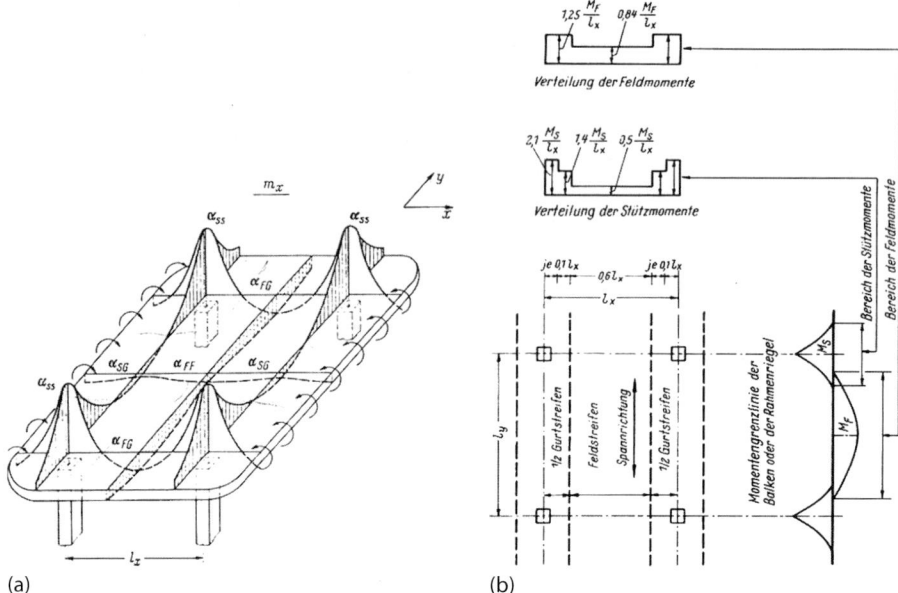

Abb. 4.5 „Verteilung" der Stützmomente bei punktgestützten Platten nach (a) Duddeck, aus [87] und (b) Heft 240 des Deutschen Ausschusses für Stahlbeton (DAfStb), aus [88].

henden elektronischen Rechenanlagen, um weitere baupraktisch relevante Geometrien und Lastfälle zu lösen. Ihr Standardwerk *Platten* erschien 1966 in der ersten Auflage [85]. Im gleichen Jahr veröffentlichten Klaus Pieper und Peter Martens ein Näherungsverfahren zur Schnittgrößenermittlung durchlaufender Plattensysteme mit feldweiser Verkehrslast [86].

Bei der Anwendung der Tabellenwerke sind die Unterschiede bei der Auflagersymbolik zu beachten (siehe Abb. 4.4).

Ein Verfahren zur Berechnung punktgestützter Platten ohne pilzartige Verstärkung des Stützenkopfes wurde 1963 erstmals von *Heinz Duddeck (*1928)* vorgestellt [87]. Die Grundzüge des Verfahrens – eine Einteilung der Decke in Feld- und Stützstreifen (siehe Abb. 4.5) – wurde für die Regeln des Heftes 240 des Deutschen Ausschusses für Stahlbeton übernommen. Diese *Hilfsmittel zur Berechnung der Schnittgrößen und Formänderungen von Stahlbetontragwerken* [88], die 1976 veröffentlicht wurden, geben unter dem Begriff „Wandartige Träger" auch Hinweise zu Schnittgrößen in Scheibentragwerken.

4.3 Bauteilwiderstände und Tragfähigkeiten

Die Entwicklung der rechnerischen Verfahren zum Nachweis der Tragsicherheit von Stahlbetonbauteilen lässt sich anhand der entsprechenden Vorschriften vereinfacht in drei Stufen darstellen:

1. Im Jahr 1904 wurden die ersten „Bestimmungen für die Ausführung von Konstruktionen aus Eisenbeton bei Hochbauten" für Preußen eingeführt. In die-

sen „Preußischen Bestimmungen", wie sie häufig verkürzt genannt werden, wurde der Stand des Wissens zu einfachen Regeln für die Praxis zusammengefasst. Die Bemessung erfolgt unter Gebrauchslasten mit zulässigen Spannungen. Zur Ermittlung der Spannungen am gerissenen Querschnitt wurde für biegebeanspruchte Bauteile das sogenannte n-Verfahren vorgegeben. Eine überarbeitete Fassung der ersten Bestimmungen wurde 1907 vorgelegt. Diese Neufassung der „Bestimmungen für die Ausführung von Bauwerken aus Eisenbeton" [89] wurde von allen deutschen Reichsstaaten im Wesentlichen unverändert übernommen und amtlich eingeführt.
2. Im Jahr 1972 wurde mit der Neufassung der DIN 1045 „Bauwerke aus Stahlbeton" [58], die in früheren Fassungen die wesentlichen Inhalte der „Preußischen Bestimmungen" enthielt, die „Traglastbemessung für Querschnitte unter Biegung und Normalkraft" eingeführt. Die rechnerische Tragfähigkeit eines Querschnittes wird mit einem globalen Sicherheitsfaktor auf das Niveau zulässiger Beanspruchungen transformiert. Für die Schubbemessung und weitere Nachweise werden nach wie vor zulässige Spannungen auf Gebrauchslastniveau definiert. Die Betonfestigkeitsklassen werden erstmals auf Fraktilwerte und nicht auf Mittelwerte bezogen. In diesem Zusammenhang ist festzuhalten, dass in der DDR bereits 1955 die Anwendung eines für damalige Zeiten fortschrittlichen Traglastverfahrens für einachsige Biegung angeordnet wurde.
3. Im Jahr 2001 wurde die DIN 1045-1 „Tragwerke aus Beton, Stahlbeton und Spannbeton" [41] in einer grundlegend überarbeiteten Fassung bauaufsichtlich eingeführt. Für alle Bemessungsaufgaben werden die Nachweise der Tragsicherheit auf dem Niveau der Traglast geführt. Dazu wird ein einheitliches Sicherheitskonzept mit Teilsicherheitsbeiwerten für die Einwirkungen und die Widerstände definiert und es wurden nahezu alle wesentlichen Regelungen des EC 2 vorweggenommen.

Bis in die 1950er-Jahre war es erklärtes Ziel, mit der Weiterentwicklung von Vorschriften auch die Wirtschaftlichkeit der Bauweise voranzubringen und gleichzeitig eine angemessene Sicherheit zu gewährleisten. Bei der Umstellung auf die aktuelle Normengeneration wurde das bis dahin gültige Sicherheitsniveau aufgrund der guten Erfahrungen aus den vergangenen 50 Jahren übernommen. Das bedeutet – vereinfacht ausgedrückt – dass Teilsicherheits- und andere Beiwerte durch umfangreiche Vergleichsberechnungen so festgelegt wurden, dass sich bei Bemessungen nach altem und neuem Normkonzept in etwa die gleichen Konstruktionen ergeben.

4.3.1 Definition der Tragsicherheit

Die „Preußischen Bestimmungen" von 1907 definieren die zulässige Spannung des Bewehrungsstahls mit

$$\text{zul } \sigma_e = 100 \, \text{N/mm}^2 \tag{4.1}$$

das entspricht einem globalen Sicherheitsbeiwert gegenüber der Streckgrenze eines Betonstahls BSt220 von

$$\gamma = \frac{f_{y,k}}{\text{zul } \sigma_e} = \frac{220\,\text{N/mm}^2}{100\,\text{N/mm}^2} = 2{,}2 \qquad (4.2)$$

Die zulässigen Druckspannungen des Betons wurden festgelegt

$$\text{für Balken:} \quad \text{zul } \sigma_b = \frac{1}{6} \cdot \beta_{w,300} \qquad (4.3)$$

$$\text{für Stützen:} \quad \text{zul } \sigma_b = \frac{1}{10} \cdot \beta_{w,300} \qquad (4.4)$$

Mit zunehmender Erfahrung wurden die zulässigen Spannungen Schritt für Schritt erhöht, bis 1972 mit der Neufassung der DIN 1045 die „globalen" Sicherheitsfaktoren

$$\gamma = 1{,}75 \quad \text{bei Versagen mit Vorankündigung } (\varepsilon_s > 3\,\text{‰}) \qquad (4.5)$$

und

$$\gamma = 2{,}1 \quad \text{bei Versagen ohne Vorankündigung } (\varepsilon_s < 0) \qquad (4.6)$$

festgelegt wurden.

Die Sicherheitsbeiwerte beziehen sich auf Querschnittstragfähigkeiten, die mit der Streckgrenze des Stahls β_S – entspricht $f_{y,k}$ – und für den Beton mit einer gegenüber der Würfeldruckfestigkeit β_W reduzierten Rechenfestigkeit β_R ermittelt wurden. Mit der Definition der Rechenfestigkeit wird dem Einfluss der Lasteinwirkungsdauer Rechnung getragen und es wird berücksichtigt, dass die Druckfestigkeit des Betons im Bauwerk eher der Prismenfestigkeit entspricht. Für Stahldehnungen zwischen 0 und 3‰ wurde der Sicherheitsfaktor durch Interpolation ermittelt.

Die verfeinerte Systematik aktueller Normen mit Teilsicherheitsbeiwerten γ auf der Einwirkungs- und Widerstandsseite und den Kombinationsbeiwerten ψ zur Berücksichtigung von Lastkombinationen lässt sich für eine vereinfachte Grundkombination mit den Grundgleichungen

für Einwirkungen

$$E_d = \gamma_G \cdot E_{Gk} + \gamma_Q \cdot E_Q \qquad (4.7)$$

für Widerstände

$$R_d = R(\alpha \cdot f_{ck}/\gamma_c;\, f_{yk}/\gamma_S) \qquad (4.8)$$

und der Bedingung für die Tragsicherheit

$$E_d \leq R_d \qquad (4.9)$$

beschreiben.

Tab. 4.1 Entwicklung der „zulässigen Spannungen" für Beton von 1904 bis 2011.

	Festigkeits-klasse	Mittelwert der Druckfestigkeit $\beta_{W,200} = \beta_{WS}$ [N/mm²]	Zulässige Betondruckspannung für Stützen zul σ_b [N/mm²]	„Sicherheit" $\dfrac{\beta_{W,200}}{\text{zul } \sigma_b}$ [–]
Preußische Bestimmungen 1904 [90] und 1907 [89]	–	–	$\dfrac{1}{10} \cdot \beta_{W,300}$ $\cong \dfrac{1}{10} \cdot \dfrac{\beta_{W,300}}{1,05}$	10,5
Preußische Bestimmungen 1916 [91]	–	> 18	2,5 bis 3,5 (in unterschiedlichen Geschossen)	5,1 bis 7,2
Deutscher Ausschuss für Eisenbeton 1925 [92]	–	> 10 > 13	3,5 4,5	2,9
Deutscher Ausschuss für Eisenbeton 1932 [93]	–	> 12 > 16	3,5 4,5	3,4 3,6
DIN 1045 1943 [48]	B 120 B 160 B 225 B 300	12 16 22,5 30	3,6 4,8 6,5 8,0	3,3 3,3 3,5 3,8
DIN 1045 1972 [58]	Bn 150 Bn 250 Bn 350 Bn 450 Bn 550	20 30 40 50 60	5,0 8,3 11,0 12,9 14,3	4,0 3,6 3,6 3,9 4,2
DIN 1045-1 2002 EC 2 2011 [94, 95]	C12/15 C20/25 C30/37 C35/45 C45/55	20,5 30,8 43,2 51,5 61,8	4,9 8,1 12,1 14,2 18,2	4,2 3,8 3,6 3,6 3,4

In Tab. 4.1 werden für unterschiedliche Regelwerke die bei der Bemessung von Stützen als zulässig angesetzten Spannungen im Vergleich mit den an Würfeln mit einer Kantenlänge von 200 mm bestimmten mittleren Druckfestigkeit verglichen. Dazu wurde vereinfachend die Serienfestigkeit β_{WS} nach DIN 1045 (1972) mit der mittleren Druckfestigkeit älterer Normen gleichgesetzt. Diese Serienfestigkeit liegt für Betonsorten ab Bn 150 um 5 N/mm² über der Nennfestigkeit. Das Übereinstimmungskriterium der DIN 1045-2 (2002) definiert den Mittelwert f_{cm} in Abhängigkeit von der Standardabweichung. Vereinfachend wurde auch hier der Mittelwert 5 N/mm² über der Nennfestigkeit angesetzt. Zusätzlich war hier eine Umrechnung wegen der unterschiedlichen Geometrie und Lagerungsbedingungen der Prüfkörper erforderlich. Auf der Einwirkungsseite wurde vereinfachend ein „mittlerer" Teilsicherheitsbeiwert von 1,4 angesetzt.

4.3.2 Biegebemessung

Der wohl erste Ansatz zur rechnerischen Ermittlung der erforderlichen Bewehrung biegebeanspruchter Stahlbetonplatten wurde 1886 von Mathias Koenen in der von Wayss herausgegebenen *Monier-Broschüre* [77] veröffentlicht. Bei der Festlegung der neutralen Achse in der Mitte des Rechteckquerschnitts orientierte er sich noch am homogenen elastischen Material. Die Darstellung in Abb. 4.6 zeigt, dass sowohl diese Annahme als auch die vergleichsweise konservativen Angaben zu den zulässigen Spannungen auf der „sicheren Seite" liegen, wenn man sie mit den ersten staatlichen Bestimmungen aus dem Jahr 1904 vergleicht, mit denen das sogenannte n-Verfahren eingeführt wurde. Bei diesem Bemessungsansatz, der über 70 Jahre lang Gültigkeit behielt, wird die Elastizitätstheorie auf einen gerissenen, inhomogenen aus zwei Werkstoffen zusammengesetzten Querschnitt angewandt.

Allerdings wird bereits bei dieser ersten Vorschrift ein wichtiger Eingangsparameter ein wenig korrigiert: Die Verhältniszahl $n = E_s/E_b$ wird nicht für den Anfangs-Elastizitätsmodul, sondern für einen Sekanten-Elastizitätsmodul des Betons ermittelt:

$$n = \frac{E_s}{E'_b} = \frac{210\,000\,\text{N/mm}^2}{14\,000\,\text{N/mm}^2} = 15 \tag{4.10}$$

Für die schnelle Anwendung des Bemessungsverfahrens in der Praxis wurden in der Fachliteratur Tabellen zur Verfügung gestellt (siehe auch Abschn. 4.4.4).

Wenn die vorhandene Bewehrung bekannt ist, so lassen sich mit den Annahmen nach Abb. 4.1b die Höhe x der Druckzone, der innere Hebelarm z und die vorhandenen Spannungen ermitteln:

$$x = \frac{n \cdot A_s}{b} \cdot \left(\sqrt{\frac{1 + 2 \cdot b \cdot h}{n \cdot A_s}} - 1 \right) \tag{4.11}$$

$$z = \left(h - \frac{x}{3} \right) \tag{4.12}$$

$$\sigma_b = \frac{2 \cdot M}{z \cdot b \cdot x} \tag{4.13}$$

$$\sigma_s = \frac{M}{z \cdot a_s} \tag{4.14}$$

In den 1970er-Jahren erfolgt in der Bundesrepublik der Übergang von den Nachweisen zulässiger Spannungen hin zur Ermittlung der Querschnittstragfähigkeit. Mit der Neufassung der DIN 1045 wurden 1972 [58] Spannungs-Dehnungsbeziehungen zur Ermittlung des Bruchmoments M_u in ihrer auch heute noch gültigen Form eingeführt: Für den Stahl bilinear elastisch-plastisches Materialverhalten, für den Beton das Parabel-Rechteck-Diagramm oder ein vereinfachter bilinearer Ansatz (siehe Abb. 3.8).

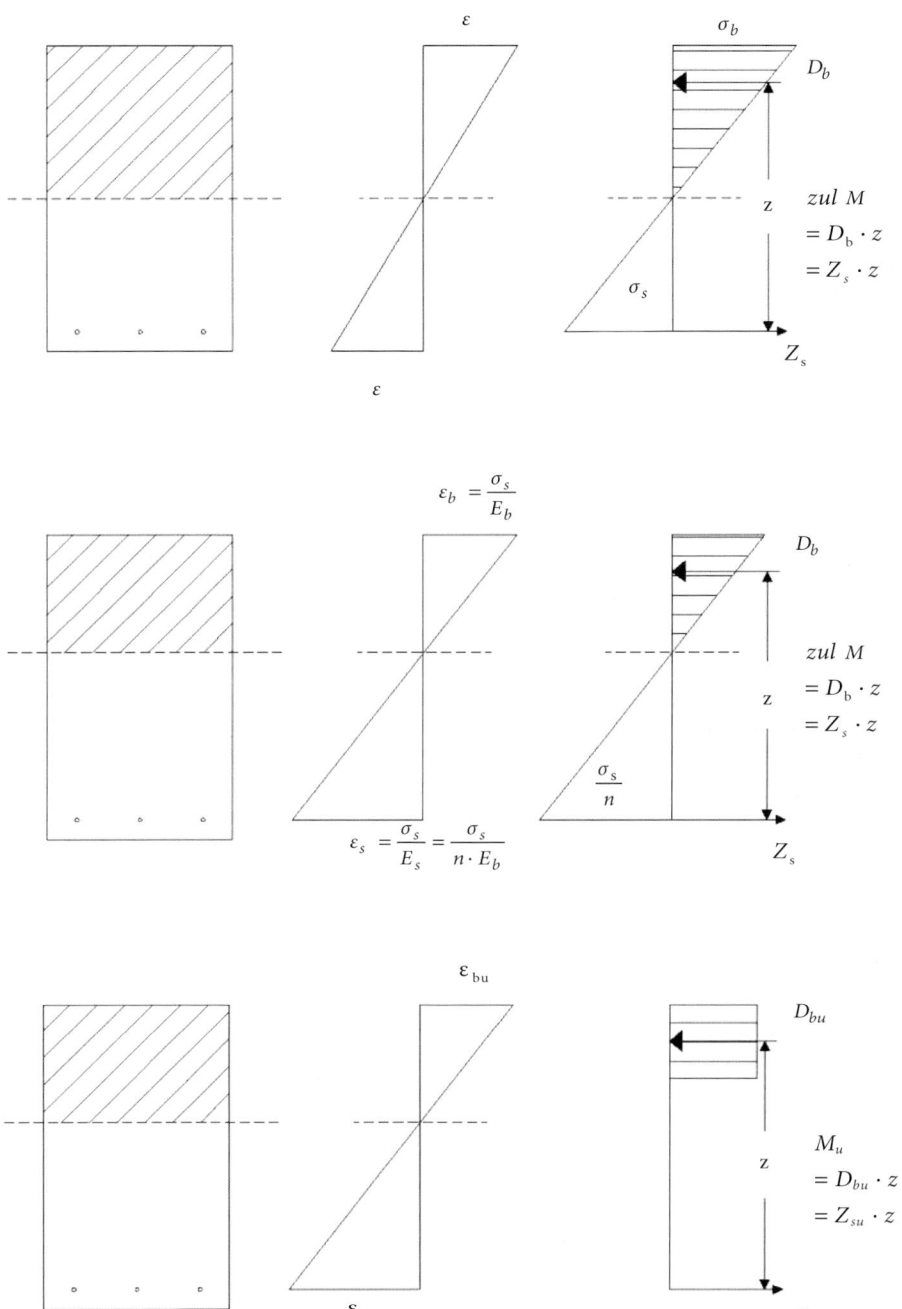

Abb. 4.6 Entwicklung der Bemessungsansätze für biegebeanspruchte Stahlbetonbauteile. (a) Ansatz Koenen (1886); (b) *n*-Verfahren, Preußische Bestimmungen (1904); (c) Querschnittswiderstand mit vereinfachendem Spannungsblock (1972).

Tab. 4.2 Zulässige Spannungen für Platten und Balken (Hochbauten).

		Beton zul σ_b [N/mm²]	Stahl zul σ_s [N/mm²]			
Monier-Broschüre 1887 [77]		2,0	75			
Preußische Bestimmungen 1904 [90]		$\frac{1}{5} \cdot \beta_{W,200}$ oder $\frac{1}{5} \cdot \beta_{W,300}$	120			
Preußische Bestimmungen 1907 [89]		$\frac{1}{6} \cdot \beta_{W,300}$	100			
Preußische Bestimmungen 1916 [91]		4,0	$d > 10$ cm: 120 $d < 10$ cm: 100			
DIN 1045 1943 [13]		$d > 8$ cm	St I	St II	St III	St IV
	B 120	4,0	120	–	–	–
	B 160	6,0	140	200	220	220
	B 225	8,0	140	220	220	240
	B 300	10,0	140	220	220	240

In den Ingenieurbüros erfreut sich seit dieser Zeit das sogenannte k_h-Verfahren großer Beliebtheit. Bei der Anwendung dieser dimensionsgebundenen Tabellen konnte nach wie vor für Gebrauchslasten, d. h. für charakteristische Werte der Einwirkungen, bemessen werden. Im Rechenbeispiel in Abschn. 4.4.4 wird auch das k_h-Verfahren neben anderen älteren Bemessungsverfahren an einem Beispiel erläutert.

In Tab. 4.2 werden dazu die zulässigen Betondruck- und Stahlspannungen unterschiedlicher Vorschriften dokumentiert.

4.3.3 Schubtragfähigkeit

Die Grundlagen zur Schubbemessung von Stahlbetonbalken wurden in den 1920er-Jahren von Emil Mörsch gelegt. Abbildung 4.7 zeigt zwei Strebensysteme, die von Mörsch zur Bemessung aufgebogener und vertikaler Schubbewehrung entwickelt wurden.

Vergleicht man diesen Ansatz mit dem Strebenmodell des EC 2, so wird die Aktualität dieser Überlegungen deutlich. Der Grundgedanke der Fachwerkanalogie wurde in der Folge vor allem auch von Fritz Leonhardt aufgegriffen und weiterentwickelt. Dass sich dennoch über Jahrzehnte für die rechnerischen Nachweise der Schubtragfähigkeit eine Betrachtungsweise etablieren und halten konnte, die sich an weit weniger anschaulichen fiktiven Schubspannungen orientiert, liegt wohl daran, dass Mörsch seine Fachwerke nur für Tragwerke mit Schubbewehrung anwendet. Genauere Betrachtungen für Platten hält er noch 1923 für nicht erforderlich, „weil diese geringen Schubspannungen und die dadurch bedingten

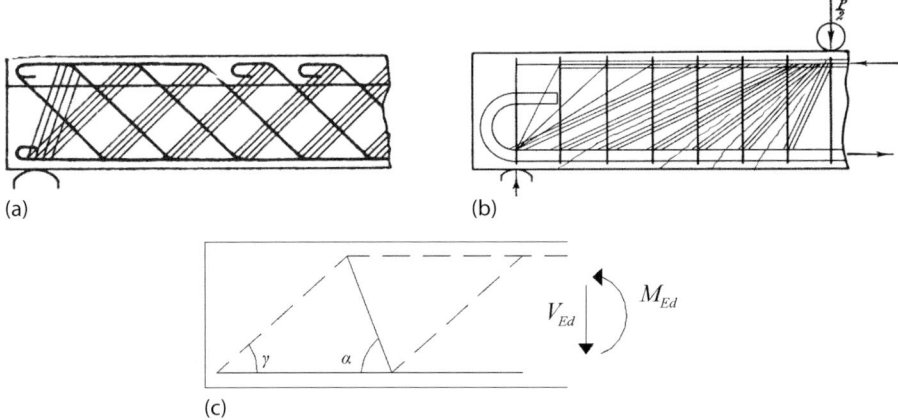

Abb. 4.7 (a) und (b) Strebensysteme für Stahlbetonträger nach Mörsch [53]; (c) Fachwerkanalogie nach EC 2.

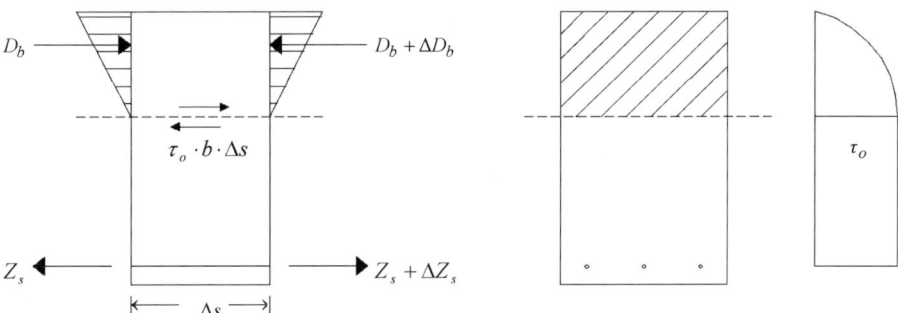

Abb. 4.8 Schubspannungen für den gerissenen Querschnitt mit Biegezugbewehrung.

schrägen Zugkräfte, mit genügender Sicherheit vom Beton alleine aufgenommen werden können" [53]. Diese Auffassung ist für gleichmäßig belastete, kontinuierlich gelagerte Platten sicher richtig. Sie definiert aber keine Grenze für Schubbeanspruchungen bei konzentrierten Lasten und in höher beanspruchten Auflagerbereichen. In diesen Fällen leistete die vereinfachte Betrachtungsweise, wie sie für einen gerissenen Stahlbetonquerschnitt im Vergleich mit einem homogenen Balkenquerschnitt in Abb. 4.8 dargestellt ist, gute Dienste.

Die Schubspannung τ_0 lässt sich für den gerissenen Querschnitt am Balkenelement ermitteln. Aus der Summe der Kräfte in Balkenlängsrichtung

$$\sum H = D_b + \tau_0 \cdot b \cdot \Delta s - D_b - \Delta D_b = 0 \qquad (4.15)$$

erhält man für einen Balken mit konstanter Höhe

$$\tau_0 = \frac{\Delta D_b}{b \cdot \Delta s} = \frac{\Delta M}{b \cdot \Delta s \cdot z} \qquad (4.16)$$

und mit

$$Q = \frac{\Delta M}{\Delta s} \qquad (4.17)$$

den Grundwert der Schubspannung

$$\tau_0 = \frac{Q}{b \cdot z} \quad (4.18)$$

Genau 100 Jahre lang – von der ersten Richtlinie 1904 bis zum „Auslaufen" der „alten" DIN 1045 im Jahre 2004 – wurden die rechnerisch ermittelten Schubspannungen τ_0 mit zulässigen Grenzwerten verglichen. Die Entwicklung dieses Bemessungsverfahrens wird vor allem dadurch gekennzeichnet, dass alle Einflüsse, die die Schubtragfähigkeit beeinflussen, bei der Definition der Schubspannungsgrenzen indirekt berücksichtigt wurden. Dazu zählen folgende Anteile:

1. die Schubübertragung in der Druckzone – abhängig von der Höhe der Druckzone und der Betonqualität,
2. die Schubübertragung durch die Verzahnung der Rissufer – abhängig von der Rissöffnung,
3. die Dübelwirkung der Längsbewehrung – abhängig vom Bewehrungsgrad und von der Rissöffnung,
4. der Anteil der Schubbewehrung – falls vorhanden – und
5. die Normalkraft – falls vorhanden.

In den ersten Vorschriften wurde ein oberer Grenzwert max τ_0 – später τ_{03} – und ein unterer abgeminderter Grenzwert $k \cdot \max \tau_0$ – später τ_{01} – festgelegt. Der untere Grenzwert definiert die zulässige Querkraft, die von den Anteilen 1. bis 3. aufgenommen werden kann. Wird dieser Grenzwert überschritten, so ist eine Schubbewehrung zur Aufnahme der vollständigen Querkraft erforderlich. Durch die Definition des oberen Grenzwerts wird indirekt das Versagen der Druckstreben ausgeschlossen.

Die Nachweise werden in folgender Form geführt:

$$\tau_0 = \frac{Q}{b_0 \cdot z} < \text{zul } \tau_0 \quad (4.19)$$

mit

Q maßgebende Querkraft
b_0 maßgebende, minimale Breite des Querschnitts
z innerer Hebelarm

Zusätzlich wird bei glatten Bewehrungsstäben für die Biegebewehrung die aus der Querkraft resultierende maximale Haftzugspannung begrenzt:

$$\tau_1 = \frac{b_0 \cdot \tau_0}{U} < \text{zul } \tau_1 \quad (4.20)$$

mit

U Umfang der Biegebewehrung.

Spätere Vorschriften – DIN 1045 nach 1972 – berücksichtigen durch die Einführung eines Übergangs-Schubbereichs 2 den Anteil der Rissverzahnung an

Tab. 4.3 Maximal zulässige Schubspannungen für Platten und Balken.

		Platten ohne Schubbewehrung [N/mm²]		Balken mit Schubbewehrung [N/mm²]		
Preußische Bestimmungen 1904 [90]		0,45				
Preußische Bestimmungen 1907 [89]		0,4		1,4		
DIN 1045 1943 [13]	B 120	0,6		1,4		
	B 160	0,8		1,6		
	B 225	0,9		1,8		
	B 300	1,0		2,0		
DIN 1045 1972 [58]		Feldbewehrung				
		gestaffelt	durchgehend			
		τ_{011a}	τ_{011b}	τ_{012}	τ_{02}	τ_{03}
	B 15	0,25	0,35	0,5	1,2	2,0
	B 25	0,35	0,50	0,75	1,8	3,0
	B 35	0,40	0,60	1,0	2,4	4,0
	B 45	0,50	0,70	1,1	2,7	4,5

der Schubtragfähigkeit. Dieser Anteil nimmt mit zunehmender Rissöffnung ab. Der Grenzwert τ_{02} definiert den Übergang von der „verminderten" zur vollen Schubdeckung. In Abb. 4.9 wird dieser Übergang veranschaulicht. Es werden drei Schubbereiche unterschieden:

Schubbereich 1:

$$\tau_0 < \tau_{012} \quad \text{Bemessung der Schubbewehrung für } \tau = 0{,}4\tau_0 \qquad (4.21)$$

Schubbereich 2:

$$\tau_{012} < \tau_0 < \tau_{02} \quad \text{Bemessung der Schubbewehrung für } \tau = \frac{\tau_0^2}{\tau_{02}} > 0{,}4\tau_0 \qquad (4.22)$$

Schubbereich 3:

$$\tau_{02} < \tau_0 < \tau_{03} \quad \text{Bemessung der Schubbewehrung für } \tau = \tau_0 \qquad (4.23)$$

mit

$$\tau_0 = \frac{Q_S}{b_0 \cdot z} \qquad (4.24)$$

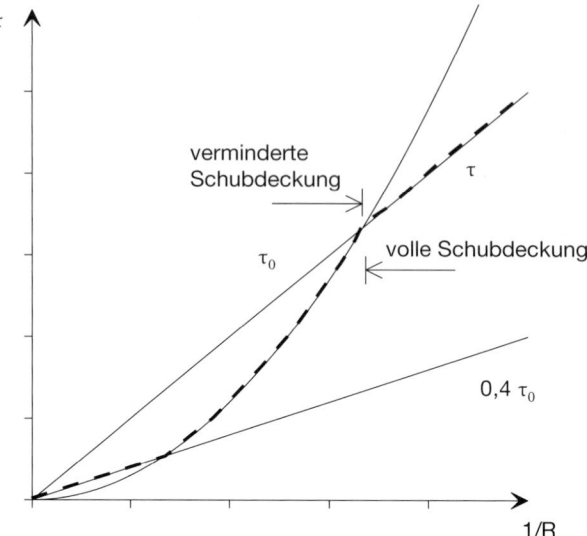

Abb. 4.9 Schubbereiche nach DIN 1045 (1972) in Abhängigkeit von der Querschnittskrümmung.

Q_S maßgebende Querkraft
b_0 minimale Breite im Bemessungsquerschnitt
z innerer Hebelarm

Die erforderliche – vertikal angeordnete – Schubbewehrung a_S erhält man mit

$$a_S = \frac{b_0 \cdot \tau}{\beta_s/1{,}75} \tag{4.25}$$

Die Werte in Tab. 4.3 verdeutlichen, wie sich die Grenzen der Schubbereiche von 1904 bis 1972 entwickeln. Es fällt auf, dass mit der Überarbeitung der DIN 1045 im Jahre 1972 die bis dahin gültigen Grenzen für Platten ohne Schubbewehrung erheblich nach unten korrigiert wurden. Dies ist vor allem durch das bessere Verständnis des Kräftespiels am gerissenen Querschnitt zu erklären. Für die meisten Anwendungsfälle im Hochbau resultierten aus dieser Umstellung keine Schwierigkeiten. Bei höher beanspruchten Platten wurden evtl. Schubbewehrungen oder Vouten erforderlich. Bei Balken verschwanden nach 1972 die bis dahin häufig am Auflager erforderlichen Querschnittserhöhungen aufgrund der erheblich höheren maximalen Schubspannungen fast völlig. Die Erhöhung der zulässigen Schubspannung wurde durch eine bessere Ausnutzung der Druckdiagonalen und die höhere Streckgrenze des Bewehrungsstahls möglich. Das Beispiel in Abschn. 4.4.5 veranschaulicht die heute nicht mehr angewandten Bemessungsverfahren anhand eines Beispiels.

4.3.4 Druckbeanspruchung und Knicken

Bereits 1972 wurden in der überarbeiteten DIN 1045 mit der Einführung des Ersatzstabverfahrens die Grundlagen des heute üblichen Modellstützenverfahrens für die Bemessung von Druckgliedern eingeführt. Zuvor erfolgte die Bemessung für Schlankheiten $s_k/d > 15$ nach der Euler-Formel mit 10-facher Sicherheit. Ab 1925 wurde dann das auch im Stahl- und Holzbau gebräuchliche „ω-Verfahren" für die Bemessung knickgefährdeter Stahlbetonstützen angewandt. Bei diesem Verfahren wird über tabellierte Knickzahlen ω eine Knickspannungslinie definiert (siehe Tab. 4.4 und 4.5) und es erfolgt eine Bemessung für ω-fache Lasten oder – gleichwertig – mit abgeminderten zulässigen Spannungen:

$$\text{zul } \sigma_k = \frac{\text{zul } \sigma_b}{\omega} \tag{4.26}$$

Die zulässige Betondruckspannung wurde in den Bestimmungen von 1904 mit 1/10 der Würfeldruckfestigkeit festgelegt. In den folgenden Jahren wurde diese Regel verfeinert und es wurden Randbedingungen definiert, um in Abhängigkeit von der Zementgüte, der Schlankheit der Stütze oder ihrer Lage im Gebäude (Dachgeschoss oder darunter liegende Geschosse) eine höhere Ausnutzung der Druckfestigkeit zu erreichen. Bis 1943 lagen die zulässigen Spannungen zul σ_b zwischen 2,5 und 7,0 N/mm² (siehe auch Tab. 4.1). Die zulässige Druckkraft der Stütze erhält man mit

$$\text{zul } F = \frac{\text{zul } \sigma_b}{\omega} \cdot (A_b + 15 \cdot A_s) \tag{4.27}$$

Der Anteil der Bewehrung wurde wie bei der Biegebemessung über das Verhältnis der Sekantenmodule berücksichtigt.

Im Jahr 1943 wurden die Regeln für unterschiedliche Beton- und Stahlgüten vereinheitlicht. Für bügelbewehrte Stützen in der Form

$$\text{zul } F = \frac{1}{3} \cdot \frac{1}{\omega} \cdot (k_b \cdot A_b + \sigma_s \cdot A_s) \tag{4.28}$$

Tab. 4.4 ω-Werte für rechteckige und quadratische bügelbewehrte Stützen nach den Bestimmungen von 1925 und 1932.

h_k/d	Deutscher Ausschuss für Eisenbeton 1925 [92]	Deutscher Ausschuss für Eisenbeton 1932 [93]
15	1,00	1,00
20	1,25	1,25
25	1,75	1,70
30	–	2,45
35	–	3,40
40	–	4,40

Tab. 4.5 Prismenfestigkeit, Quetschgrenze und ω-Werte nach DIN 1045 (1943) [48].

Betongüte	Prismenfestig-keit k_b [N/mm²]	Quetschgrenze σ_s der Längsbewehrung [N/mm²]			Streckgrenze σ'_s der Umschnürung [N/mm²]		
		BSt I	BSt II	BSt III und IV	BSt I	BSt II	BSt III und IV
B 120	10,8	240	–	–	–	–	–
B 160	14,4	240	360	–	–	–	–
B 225	19,5	240	360	420	240	360	420
B 300	24,0	240	360	420	240	360	420
B 450	30,0	240	360	420	240	360	420
B 600	36,0	240	360	420	240	360	420

Quadratische oder rechteckige Stützen mit Bügelbewehrung		Umschnürte Säulen	
h_k/d	ω	h_k/d	ω
15	1,00	10	1,00
20	1,08	15	1,17
25	1,32	20	1,50
30	1,72	25	2,00
35	2,28		
40	3,00		
45	3,90		
50	4,90		
55	6,10		
60	7,50		
65	9,00		
70	10,70		
75	12,50		
80	14,50		

und für umschnürte Stützen

$$\text{zul } F = \frac{1}{3} \cdot \frac{1}{\omega} \cdot (k_b \cdot A_k + \sigma_s \cdot A_s + 2{,}5 \cdot \sigma'_s \cdot A_q) \tag{4.29}$$

mit

k_b Prismenfestigkeit des Betons
σ_s Quetschgrenze des Stahls
σ'_s Streckgrenze des Stahls der Umschnürung
A_b voller Betonquerschnitt
A_k Kernquerschnitt innerhalb der Umschnürung
$A_q = \dfrac{\pi \cdot d_k \cdot a_s}{s}$

d_k Durchmesser des Kerns
a_s Durchmesser des Einzelstabs der Umschnürungsbewehrung
s Ganghöhe der Umschnürungsbewehrung

Das 1972 eingeführte Ersatzstabverfahren entspricht in seinen Grundzügen dem heute angewandten Modellstützenverfahren: Die Ermittlung der Schnittgrößen erfolgt am verformten System. Dabei bestimmen das Maß der Schlankheit

$$\lambda = \frac{s_k}{i} \tag{4.30}$$

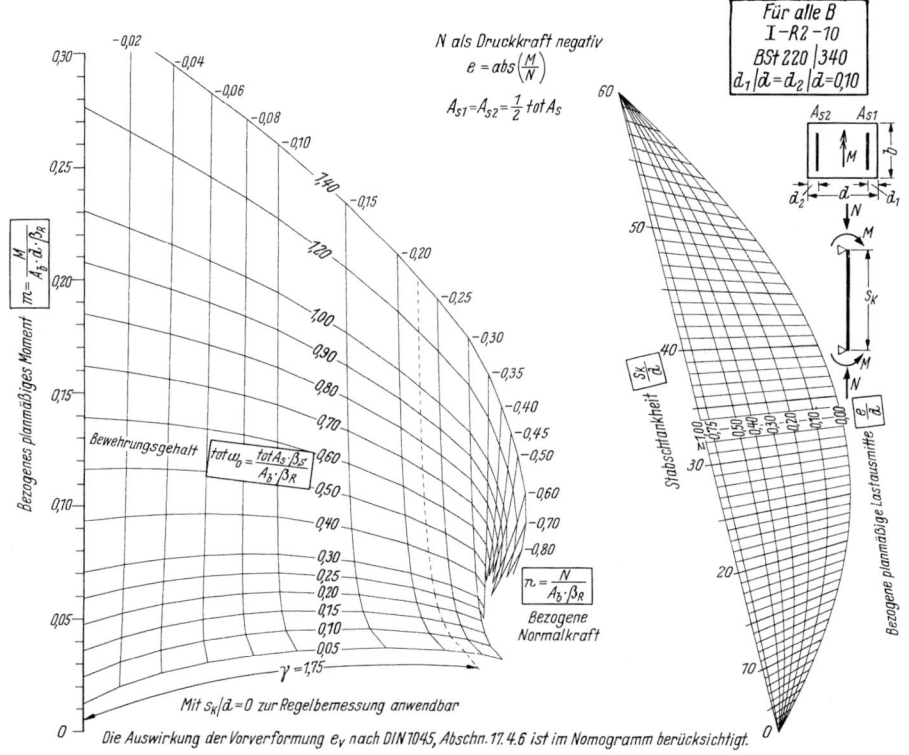

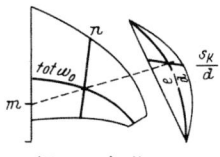

Abb. 4.10 Bemessungsnomogramm für Stützen mit großer Schlankheit, aus [96].

und die Größe der planmäßigen Ausmitte

$$e = \frac{M}{N} \qquad (4.31)$$

auf welche Art und Weise die zusätzliche Ausmitte f zu ermitteln ist. Die zusätzliche Ausmitte f setzt sich aus den Anteilen der Imperfektion und der Verformung nach Theorie II. Ordnung zusammen.

Für mäßige Schlankheiten $\lambda < 70$ werden Näherungsformeln für die Ermittlung der zusätzlichen Ausmitte verwendet. Für große Schlankheiten $\lambda > 70$ wird gefordert, dass die Tragsicherheit am verformten System, d. h. mit Theorie II. Ordnung, für 1,75-fache Gebrauchslasten unter Berücksichtigung des Kriechens nachzuweisen ist.

Dazu wurden von *Karl Kordina* (1919–2005) und *Ulrich Quast* (*1937) Bemessungs-Nomogramme [96] entwickelt, mit denen es möglich war, die wichtigsten Anwendungen der Praxis – wie gewohnt – auf dem Niveau der Gebrauchslasten zu bearbeiten (siehe Abb. 4.10).

4.4 Rechenbeispiele

4.4.1 Iterative Ermittlung der Schnittgrößen eines Durchlaufträgers

Für den in Abb. 4.11 dargestellten Dreifeldträger, der durch feldweise veränderliche Steckenlasten belastet wird, sollen die Stützmomente iterativ mithilfe des „Kani-Verfahrens" ermittelt werden.

Schritt 1: Berechnung der Starreinspannmomente $\overline{M}_{ik}$. Die Summe der Starreinspannmomente ergibt an jedem Knoten i das Festhaltemoment M_i^0.

$$\overline{M}_{ba} = \frac{q_1 \cdot l^2}{8} = \frac{3{,}5 \cdot 5{,}00^2}{8} = 10{,}9 \text{ kNm}$$

$$\overline{M}_{bc} = -\frac{q_2 \cdot l^2}{12} = -\frac{5{,}0 \cdot 2{,}50^2}{12} = -2{,}6 \text{ kNm}$$

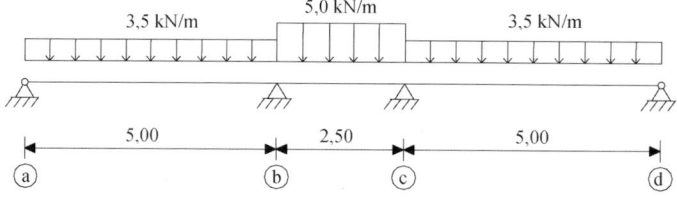

Abb. 4.11 Rechenbeispiel Dreifeldträger. (a) Statisches System; (b) Vorzeichendefinition.

$$\overline{M}_{cb} = \frac{q_2 \cdot l^2}{12} = \frac{5{,}0 \cdot 2{,}50^2}{12} = 2{,}6 \,\text{kNm}$$

$$\overline{M}_{cd} = -\frac{q_1 \cdot l^2}{8} = -\frac{3{,}5 \cdot 5{,}00^2}{8} = -10{,}9 \,\text{kNm}$$

$$M_b^0 = \overline{M}_{ba} + \overline{M}_{bc} = 10{,}9 - 2{,}6 = 8{,}3 \,\text{kNm}$$

$$M_c^0 = \overline{M}_{cb} + \overline{M}_{cd} = 2{,}6 - 10{,}9 = -8{,}3 \,\text{kNm}$$

Schritt 2: Berechnung der Drehsteifigkeit k_{ik} der einzelnen Stabanschlüsse sowie der Drehungsfaktoren μ_{ik}.

einseitige Einspannung

$$k_{ik} = 0{,}75 \cdot \frac{I}{l} \qquad k_{ba} = k_{cd} = 0{,}75 \cdot \frac{I}{5{,}00} = 0{,}15 \cdot I \,[\text{m}^3]$$

beidseitige Einspannung

$$k_{ik} = 1{,}0 \cdot \frac{I}{l} \qquad k_{bc} = k_{cb} = 1{,}0 \cdot \frac{I}{2{,}50} = 0{,}40 \cdot I \,[\text{m}^3]$$

Drehungsfaktoren $\qquad \mu_{ik} = \dfrac{k_{ik}}{\sum\limits_{k} k_{ik}}$

$$\mu_{ba} = -0{,}5 \cdot \frac{0{,}15 \cdot I}{0{,}15 \cdot I + 0{,}40 \cdot I} = -0{,}136 \qquad \mu_{cb} = -0{,}364$$

$$\mu_{bc} = -0{,}5 \cdot \frac{0{,}40 \cdot I}{0{,}15 \cdot I + 0{,}40 \cdot I} = -0{,}364 \qquad \mu_{cd} = -0{,}136$$

Schritt 3: Durch wiederholte Ermittlung der Drehungsanteile M'_{ik} werden die Festhaltemomente auf die anschließenden Stabenden verteilt. Der Drehungsanteil ergibt sich aus dem Festhaltemoment und der Summe der Drehungsanteile der abliegenden Knoten. Die Iteration beginnt an einem frei gewählten Knoten.

Drehungsanteile $\qquad M'_{ik} = \mu_{ik} \cdot \left(M_i^0 + \sum\limits_{k} M'_{ki} \right)$

1. Iteration

$$M'_{ba} = \mu_{ba} \cdot \left(M_{ba}^0 + M'_{ab} + M'_{cb} \right) = -0{,}136 \cdot (8{,}3 + 0 + 0) = -1{,}13 \,\text{kNm}$$

$$M'_{bc} = \mu_{bc} \cdot \left(M_{bc}^0 + M'_{cb} + M'_{ab} \right) = -0{,}364 \cdot (8{,}3 + 0 - 0) = -3{,}02 \,\text{kNm}$$

$$M'_{cb} = \mu_{cb} \cdot \left(M_{cb}^0 + M'_{bc} + M'_{dc} \right) = -0{,}364 \cdot (-8{,}3 - 3{,}02 + 0)$$
$$= 4{,}12 \,\text{kNm}$$

$$M'_{cd} = \mu_{cd} \cdot \left(M_{cd}^0 + M'_{dc} + M'_{bc} \right) = -0{,}136 \cdot (-8{,}3 - 0 - 3{,}02)$$
$$= 1{,}54 \,\text{kNm}$$

Weitere Iterationen:

M_i^0	8,3	8,3	−8,3	−8,3
μ_{ik}	−0,136	−0,364	−0,364	−0,136
Drehungsanteil	M'_{ba}	M'_{bc}	M'_{cb}	M'_{cd}
1. Iteration	−1,13	−3,02	4,12	1,54
2. Iteration	−1,69	−4,52	4,67	1,74
3. Iteration	−1,76	−4,72	4,74	1,77
4. Iteration	−1,77	−4,75	4,75	1,77

Schritt 4: Wenn sich die Dehnungsanteile nicht mehr ändern, können die endgültigen Stabendbiegemomente M_{ik} berechnet werden.

$$M_{ik} = \overline{M}_{ik} + 2 \cdot M'_{ik} + M'_{ki}$$
$$M_{ba} = 10,9 + 2 \cdot -1,77 + 0 = 7,36 \text{ kNm}$$

die weiteren Werte zur Kontrolle:

$$M_{bc} = -2,6 - 2 \cdot 4,75 + 4,75 = -7,35 \text{ kNm}$$
$$M_{cb} = 2,6 + 2 \cdot 4,75 - 4,75 = 7,35 \text{ kNm}$$
$$M_{cd} = -10,9 + 2 \cdot 1,77 + 0 = -7,36 \text{ kNm}$$

Diese Werte sind entsprechend der Vorzeichendefinition des Verfahrens (siehe Abb. 4.11) rückzutransformieren.

4.4.2 Ermittlung der Schnittgrößen eines Durchlaufträgers mit Tabellenwerten

Für den in Abb. 4.11 dargestellten Dreifeldträger soll der Verlauf der Biegemomente mithilfe von Tabellenwerten ermittelt werden.

Dazu werden im unteren Teil der beiden Tab. 4.6 und 4.7 die Tabellenwerte (TW) für die drei Lastfälle p_1, p_2 und p_3 in den 1/10- bzw. 1/5-Punkten der Spannweiten abgelesen und mit $p \cdot l_1^2$ multipliziert:

	Biegemomente Feld 1 bzw. Feld 3 [kNm]									
	1	2	3	4	5	6	7	8	9	10
LF: $p_1 + p_3$	3,32	5,75	7,32	8,00	7,81	6,75	4,81	2,00	−1,69	−6,26
LF: p_2	−0,11	−0,23	−0,34	−0,46	−0,56	−0,68	−0,79	−0,89	−1,00	−1,11
Σ	3,21	5,25	6,98	7,54	7,25	6,07	4,02	1,11	−2,69	−7,36

	Biegemomente Feld 2 [kNm]				
	12	14	16	18	20
LF: $p_1 + p_3$	−6,25	−6,25	−6,25	−6,25	−6,25
LF: p_2	1,39	2,64	2,64	1,39	−1,11
Σ	−4,68	−3,61	−3,61	−4,86	−7,36

Tab. 4.6 Tabellierte Momentenlinien (Teil 1) nach Zellerer [82].

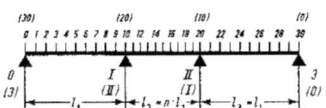

Dreifeldträger

ergibt in den Punkten die Momente $M = TW \cdot P \cdot l_1$ (TW = Tabellenwert)

Einzellast in Punkt	1	2	3	4	4,067	4,196	4,286	5	6	7	8
0	0,0000	0,0000	0,0000	0,0000	0,0000	0,0000	0,0000	0,0000	0,0000	0,0000	0,0000
1	0,0866	0,0732	0,0598	0,0464	0,0455	0,0438	0,0426	0,0330	0,0196	0,0062	-0,0072
2	0,0734	0,1468	0,1203	0,0937	0,0919	0,0884	0,0861	0,0671	0,0405	0,0139	-0,0127
3	0,0606	0,1213	0,1819	0,1426	0,1399	0,1348	0,1313	0,1032	0,0638	0,0245	-0,0149
4	0,0485	0,0970	0,1454	0,1939	0,1905	0,1838	0,1792	0,1424	0,0909	0,0394	-0,0122
4,067	0,0477	0,0954	0,1431	0,1908	0,1940	0,1872	0,1825	0,1452	0,0929	0,0405	-0,0118
5	0,0371	0,0743	0,1114	0,1486	0,1511	0,1559	0,1592	0,1857	0,1229	0,0600	-0,0029
5,774	0,0291	0,0581	0,0872	0,1163	0,1182	0,1220	0,1246	0,1453	0,1518	0,0808	0,0099
6	0,0268	0,0537	0,0805	0,1073	0,1091	0,1126	0,1150	0,1342	0,1610	0,0878	0,0147
7	0,0178	0,0355	0,0533	0,0710	0,0722	0,0745	0,0761	0,0888	0,1066	0,1243	0,0421
8	0,0101	0,0203	0,0304	0,0405	0,0412	0,0425	0,0434	0,0506	0,0608	0,0709	0,0810
9	0,0041	0,0083	0,0124	0,0165	0,0168	0,0174	0,0177	0,0207	0,0248	0,0290	0,0331
10	0,0000	0,0000	0,0000	0,0000	0,0000	0,0000	0,0000	0,0000	0,0000	0,0000	0,0000
11	-0,0013	-0,0026	-0,0040	-0,0053	-0,0054	-0,0056	-0,0057	-0,0066	-0,0079	-0,0093	-0,0106
12	-0,0022	-0,0044	-0,0066	-0,0088	-0,0089	-0,0092	-0,0094	-0,0110	-0,0132	-0,0154	-0,0176
13	-0,0027	-0,0053	-0,0080	-0,0107	-0,0109	-0,0112	-0,0114	-0,0134	-0,0160	-0,0187	-0,0214
13,979	-0,0028	-0,0056	-0,0084	-0,0112	-0,0114	-0,0118	-0,0120	-0,0141	-0,0169	-0,0197	-0,0225
14	-0,0028	-0,0056	-0,0084	-0,0112	-0,0114	-0,0118	-0,0120	-0,0141	-0,0169	-0,0197	-0,0225
15	-0,0027	-0,0054	-0,0080	-0,0107	-0,0109	-0,0112	-0,0115	-0,0134	-0,0161	-0,0187	-0,0214
16	-0,0023	-0,0047	-0,0070	-0,0093	-0,0095	-0,0098	-0,0100	-0,0117	-0,0140	-0,0163	-0,0187
16,021	-0,0023	-0,0046	-0,0070	-0,0093	-0,0094	-0,0097	-0,0100	-0,0116	-0,0139	-0,0163	-0,0186
17	-0,0018	-0,0037	-0,0055	-0,0073	-0,0074	-0,0077	-0,0078	-0,0091	-0,0110	-0,0128	-0,0146
18	-0,0012	-0,0025	-0,0037	-0,0049	-0,0050	-0,0052	-0,0053	-0,0062	-0,0074	-0,0086	-0,0099
19	-0,0006	-0,0012	-0,0018	-0,0024	-0,0025	-0,0025	-0,0026	-0,0030	-0,0036	-0,0042	-0,0048
20	0,0000	0,0000	0,0000	0,0000	0,0000	0,0000	0,0000	0,0000	0,0000	0,0000	0,0000
21	0,0010	0,0020	0,0029	0,0039	0,0040	0,0041	0,0042	0,0049	0,0059	0,0068	0,0078
22	0,0016	0,0033	0,0049	0,0066	0,0067	0,0069	0,0071	0,0082	0,0099	0,0115	0,0132
23	0,0020	0,0041	0,0061	0,0082	0,0083	0,0086	0,0087	0,0102	0,0122	0,0143	0,0163
24	0,0022	0,0044	0,0066	0,0088	0,0089	0,0092	0,0094	0,0110	0,0132	0,0154	0,0176
24,226	0,0022	0,0044	0,0066	0,0088	0,0089	0,0092	0,0094	0,0110	0,0132	0,0154	0,0176
25	0,0021	0,0043	0,0064	0,0086	0,0087	0,0090	0,0092	0,0107	0,0129	0,0150	0,0171
26	0,0019	0,0038	0,0058	0,0077	0,0078	0,0081	0,0082	0,0096	0,0115	0,0134	0,0154
27	0,0016	0,0031	0,0047	0,0062	0,0063	0,0065	0,0067	0,0078	0,0094	0,0109	0,0125
28	0,0011	0,0022	0,0033	0,0044	0,0045	0,0046	0,0047	0,0055	0,0066	0,0077	0,0088
29	0,0006	0,0011	0,0017	0,0023	0,0023	0,0024	0,0024	0,0028	0,0034	0,0040	0,0045
30	0,0000	0,0000	0,0000	0,0000	0,0000	0,0000	0,0000	0,0000	0,0000	0,0000	0,0000

ergibt in den Punkten die Momente $M = TW \cdot g(p) \cdot l_1^2$ (TW = Tabellenwert)

Gleichlast		1	2	3	4	4,067	4,196	4,286	5	6	7	8
	g	0,0370	0,0639	0,0809	0,0879	0,0880	0,0881	0,0880	0,0848	0,0718	0,0487	0,0137
	p_1	0,0364	0,0629	0,0793	0,0857	0,0858	0,0858	0,0857	0,0821	0,0686	0,0450	0,0114
	p_2	-0,0009	-0,0018	-0,0027	-0,0036	-0,0036	-0,0037	-0,0038	-0,0045	-0,0054	-0,0063	-0,0071
	p_3	0,0014	0,0029	0,0043	0,0057	0,0058	0,0060	0,0061	0,0071	0,0086	0,0100	0,0114
	p_1+p_3	0,0379	0,0657	0,0836	0,0914	0,0916	0,0918	0,0918	0,0893	0,0771	0,0550	0,0229

Tab. 4.7 Tabellierte Momentenlinien (Teil 2) nach Zellerer [82].

Einflußlinien der Momente
Momentenlinien

$1 : 0{,}50 : 1$

9	10	11	12	13	14	15	16	17	18	19	20	
0,0000	0,0000	0,0000	0,0000	0,0000	0,0000	0,0000	0,0000	0,0000	0,0000	0,0000	0,0000	0
-0,0205	-0,0339	-0,0300	-0,0260	-0,0221	-0,0181	-0,0141	-0,0102	-0,0062	-0,0023	0,0017	0,0057	1
-0,0392	-0,0658	-0,0581	-0,0505	-0,0428	-0,0351	-0,0274	-0,0197	-0,0121	-0,0044	0,0033	0,0110	2
-0,0542	-0,0936	-0,0827	-0,0718	-0,0608	-0,0499	-0,0390	-0,0281	-0,0172	-0,0062	0,0047	0,0156	3
-0,0637	-0,1152	-0,1018	-0,0883	-0,0749	-0,0614	-0,0480	-0,0346	-0,0211	-0,0077	0,0058	0,0192	4
-0,0641	-0,1164	-0,1028	-0,0892	-0,0756	-0,0621	-0,0485	-0,0349	-0,0213	-0,0078	0,0058	0,0194	4,067
-0,0657	-0,1286	-0,1136	-0,0986	-0,0836	-0,0686	-0,0536	-0,0386	-0,0236	-0,0086	0,0064	0,0214	5
-0,0610	-0,1320	-0,1166	-0,1012	-0,0858	-0,0704	-0,0550	-0,0396	-0,0242	-0,0088	0,0066	0,0220	5,774
-0,0585	-0,1317	-0,1163	-0,1009	-0,0856	-0,0702	-0,0549	-0,0395	-0,0241	-0,0088	0,0066	0,0219	6
-0,0402	-0,1224	-0,1081	-0,0938	-0,0796	-0,0653	-0,0510	-0,0367	-0,0224	-0,0082	0,0061	0,0204	7
-0,0089	-0,0987	-0,0872	-0,0757	-0,0642	-0,0527	-0,0411	-0,0296	-0,0181	-0,0066	0,0049	0,0165	8
0,0372	-0,0586	-0,0518	-0,0449	-0,0381	-0,0313	-0,0244	-0,0176	-0,0107	-0,0039	0,0029	0,0098	9
0,0000	0,0000	0,0000	0,0000	0,0000	0,0000	0,0000	0,0000	0,0000	0,0000	0,0000	0,0000	10
-0,0119	-0,0132	0,0325	0,0282	0,0239	0,0196	0,0154	0,0111	0,0068	0,0025	-0,0018	-0,0060	11
-0,0197	-0,0219	0,0190	0,0600	0,0509	0,0419	0,0329	0,0238	0,0148	0,0057	-0,0033	-0,0123	12
-0,0240	-0,0267	0,0091	0,0450	0,0808	0,0667	0,0525	0,0383	0,0242	0,0100	-0,0041	-0,0183	13
-0,0253	-0,0281	0,0025	0,0331	0,0637	0,0932	0,0738	0,0544	0,0350	0,0156	-0,0038	-0,0232	13,979
-0,0253	-0,0281	0,0024	0,0328	0,0633	0,0938	0,0743	0,0548	0,0352	0,0157	-0,0038	-0,0233	14
-0,0241	-0,0268	-0,0018	0,0232	0,0482	0,0732	0,0982	0,0732	0,0482	0,0232	-0,0018	-0,0268	15
-0,0210	-0,0233	-0,0038	0,0157	0,0352	0,0548	0,0743	0,0938	0,0633	0,0328	0,0024	-0,0281	16
-0,0209	-0,0232	-0,0038	0,0156	0,0350	0,0544	0,0738	0,0932	0,0637	0,0331	0,0025	-0,0281	16,021
-0,0165	-0,0183	-0,0041	0,0100	0,0242	0,0383	0,0525	0,0667	0,0808	0,0450	0,0091	-0,0267	17
-0,0111	-0,0123	-0,0033	0,0057	0,0148	0,0238	0,0329	0,0419	0,0509	0,0600	0,0190	-0,0219	18
-0,0054	-0,0060	-0,0018	0,0025	0,0068	0,0111	0,0154	0,0196	0,0239	0,0282	0,0325	-0,0132	19
0,0000	0,0000	0,0000	0,0000	0,0000	0,0000	0,0000	0,0000	0,0000	0,0000	0,0000	0,0000	20
0,0088	0,0098	0,0029	-0,0039	-0,0107	-0,0176	-0,0244	-0,0313	-0,0381	-0,0449	-0,0518	-0,0586	21
0,0148	0,0165	0,0049	-0,0066	-0,0181	-0,0296	-0,0411	-0,0527	-0,0642	-0,0757	-0,0872	-0,0987	22
0,0184	0,0204	0,0061	-0,0082	-0,0224	-0,0367	-0,0510	-0,0653	-0,0796	-0,0938	-0,1081	-0,1224	23
0,0197	0,0219	0,0066	-0,0088	-0,0241	-0,0395	-0,0549	-0,0702	-0,0856	-0,1009	-0,1163	-0,1317	24
0,0198	0,0220	0,0066	-0,0088	-0,0242	-0,0396	-0,0550	-0,0704	-0,0858	-0,1012	-0,1166	-0,1320	24,226
0,0193	0,0214	0,0064	-0,0086	-0,0236	-0,0386	-0,0536	-0,0686	-0,0836	-0,0986	-0,1136	-0,1286	25
0,0173	0,0192	0,0058	-0,0077	-0,0211	-0,0346	-0,0480	-0,0614	-0,0749	-0,0883	-0,1018	-0,1152	26
0,0140	0,0156	0,0047	-0,0062	-0,0172	-0,0281	-0,0390	-0,0499	-0,0608	-0,0718	-0,0827	-0,0936	27
0,0099	0,0110	0,0033	-0,0044	-0,0121	-0,0197	-0,0274	-0,0351	-0,0428	-0,0505	-0,0581	-0,0658	28
0,0051	0,0057	0,0017	-0,0023	-0,0062	-0,0102	-0,0141	-0,0181	-0,0221	-0,0260	-0,0300	-0,0339	29
0,0000	0,0000	0,0000	0,0000	0,0000	0,0000	0,0000	0,0000	0,0000	0,0000	0,0000	0,0000	30

-0,0273	-0,0804	-0,0691	-0,0604	-0,0541	-0,0504	-0,0491	-0,0504	-0,0541	-0,0604	-0,0691	-0,0804	g
-0,0321	-0,0857	-0,0757	-0,0657	-0,0557	-0,0457	-0,0357	-0,0257	-0,0157	-0,0057	0,0043	0,0143	p_1
-0,0080	-0,0089	0,0023	0,0111	0,0173	0,0211	0,0223	0,0211	0,0173	0,0111	0,0023	-0,0089	p_2
0,0129	0,0143	0,0043	-0,0057	-0,0157	-0,0257	-0,0357	-0,0457	-0,0557	-0,0657	-0,0757	-0,0857	p_2
-0,0193	-0,0714	-0,0714	-0,0714	-0,0714	-0,0714	-0,0714	-0,0714	-0,0714	-0,0714	-0,0714	-0,0714	$p_1 + p_2$

4.4.3 Schnittgrößen eines Rahmens nach Kleinlogel

Eine einachsig gespannte Deckenplatte ist monolithisch mit den beiden seitlichen Wänden verbunden. Als Auflagerbedingung für die Wände kann eine starre Einspannung ins Fundament angenommen werden.

Die Auflagerkräfte und der Verlauf der Biegemomente für den in Abb. 4.12a dargestellten Lastfall sind mithilfe der Rahmenformeln nach Kleinlogel [83] zu ermitteln (siehe Abb. 4.13).

Festwerte:

$$k = \frac{I_2}{I_1} \cdot \frac{h}{l} = \frac{1{,}00 \cdot 0{,}26^3 \cdot 12}{1{,}00 \cdot 0{,}30^3 \cdot 12} \cdot \frac{3{,}00}{7{,}40} = 0{,}264$$

$$N_1 = k + 2 = 0{,}264 + 2 = 2{,}264 \quad \text{und}$$

$$N_2 = 6 \cdot k + 1 = 6 \cdot 0{,}264 + 1 = 2{,}583$$

$$\alpha = \frac{a}{l} = \frac{2{,}10}{7{,}40} = 0{,}284 \quad \text{und} \quad \beta = \frac{b}{l} = \frac{5{,}30}{7{,}40} = 0{,}716$$

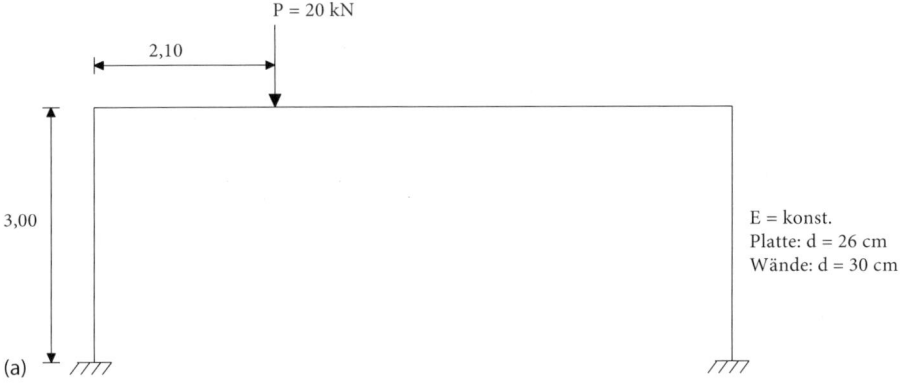

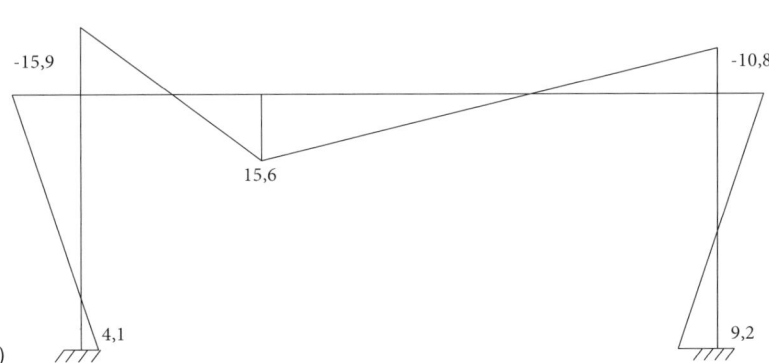

Abb. 4.12 Rahmentragwerk. (a) Statisches System und Belastung; (b) Biegemomente [kNm].

Rahmenform 41

Symmetrischer eingespannter Rechteckrahmen

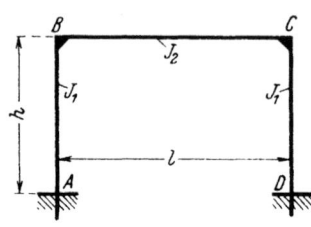

Rahmenform, Abmessungen und Bezeichnungen

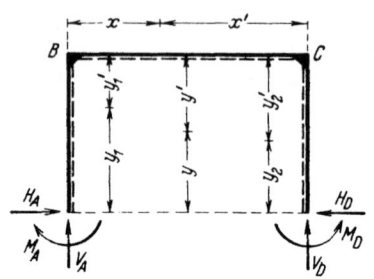

Festlegung der positiven Richtung aller Stützkräfte und der Koordinaten beliebiger Stabpunkte. Für symmetrische Lastfälle werden y und y' verwendet. Positive Biegungsmomente erzeugen an der gestrichelten Stabseite Zug

Fall 41/4: Einzellast an beliebiger Stelle des Riegels

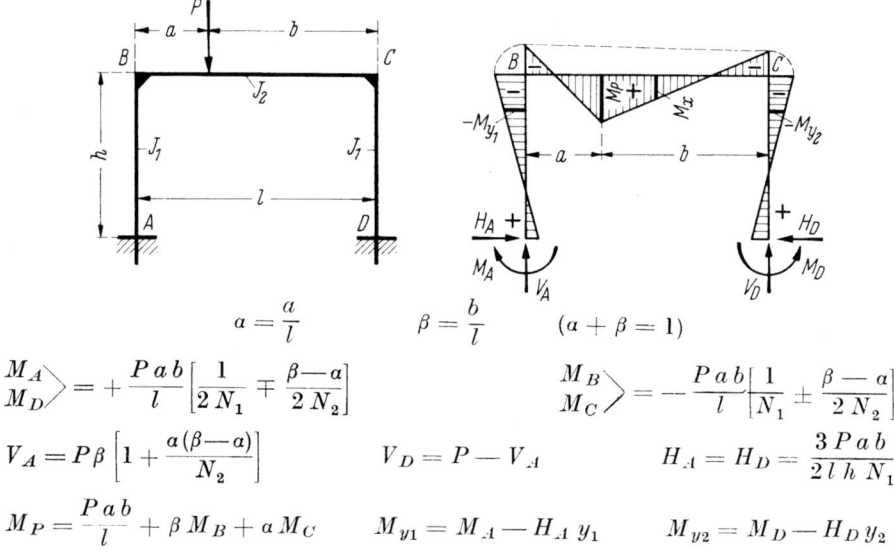

$$\alpha = \frac{a}{l} \qquad \beta = \frac{b}{l} \qquad (\alpha + \beta = 1)$$

$$\left.\begin{matrix}M_A\\M_D\end{matrix}\right\rangle = +\frac{P\,a\,b}{l}\left[\frac{1}{2N_1} \mp \frac{\beta-\alpha}{2N_2}\right] \qquad \left.\begin{matrix}M_B\\M_C\end{matrix}\right\rangle = -\frac{P\,a\,b}{l}\left[\frac{1}{N_1} \pm \frac{\beta-\alpha}{2N_2}\right]$$

$$V_A = P\beta\left[1 + \frac{\alpha(\beta-\alpha)}{N_2}\right] \qquad V_D = P - V_A \qquad H_A = H_D = \frac{3\,P\,a\,b}{2\,l\,h\,N_1}$$

$$M_P = \frac{P\,a\,b}{l} + \beta M_B + \alpha M_C \qquad M_{y1} = M_A - H_A\,y_1 \qquad M_{y2} = M_D - H_D\,y_2$$

Im Bereich a: $M_x = V_A\,x + M_B$; im Bereich b: $M_x = V_D\,x' + M_C$.

Abb. 4.13 Rahmenformeln nach Kleinlogel [83] (Auszug).

Auflagerkräfte:

$$H_A = H_D = \frac{3 \cdot P \cdot a \cdot b}{2 \cdot l \cdot h \cdot N_1} = \frac{3 \cdot 20 \cdot 2{,}10 \cdot 5{,}30}{2 \cdot 7{,}40 \cdot 3{,}00 \cdot 2{,}264} = 6{,}64 \, \text{kN}$$

$$V_A = P \cdot \beta \cdot \left[1 + \frac{\alpha \cdot (\beta - \alpha)}{N_2}\right]$$

$$= 20{,}0 \cdot 0{,}716 \cdot \left[1 + \frac{0{,}284 \cdot (0{,}716 - 0{,}284)}{2{,}583}\right] = 15{,}0 \, \text{kN}$$

$$V_D = P - V_A = 20{,}0 - 15{,}0 = 5{,}0 \, \text{kN}$$

Biegemomente:

$$M_A = \frac{P \cdot a \cdot b}{l} \cdot \left[\frac{1}{2 \cdot N_1} - \frac{\beta - \alpha}{2 \cdot N_2}\right]$$

$$= \frac{20{,}0 \cdot 2{,}10 \cdot 5{,}30}{7{,}40} \cdot \left[\frac{1}{2 \cdot 2{,}64} - \frac{0{,}716 - 0{,}284}{2 \cdot 2{,}583}\right] = 4{,}14 \, \text{kNm}$$

$$M_D = \frac{P \cdot a \cdot b}{l} \cdot \left[\frac{1}{2 \cdot N_1} + \frac{\beta - \alpha}{2 \cdot N_2}\right] = 30{,}08 \cdot [0{,}221 + 0{,}084] = 9{,}17 \, \text{kNm}$$

$$M_B = -\frac{P \cdot a \cdot b}{l} \cdot \left[\frac{1}{N_1} + \frac{\beta - \alpha}{2 \cdot N_2}\right] = -30{,}08 \cdot [0{,}442 + 0{,}084] = -15{,}8 \, \text{kNm}$$

$$M_C = -\frac{P \cdot a \cdot b}{l} \cdot \left[\frac{1}{N_1} - \frac{\beta - \alpha}{2 \cdot N_2}\right] = -30{,}08 \cdot [0{,}442 - 0{,}084] = -10{,}8 \, \text{kNm}$$

4.4.4 Biegebemessung einer Stahlbetonplatte nach alten Vorschriften

Die einachsig gespannte Platte einer Stahlbetondecke (siehe Abb. 4.14) ist für das maximale charakteristische Feldmoment aus Eigengewicht und Verkehrslast

$$m_k = 7{,}8 \, \text{kNm}$$

zu bemessen.

a) nach Koenen (1886) [77]

$$M = 780 \, \text{kg m}$$

$$z = \frac{2}{3} \cdot \frac{d}{2} + \left(\frac{d}{2} - c'\right) = \frac{2}{3} \cdot \frac{14}{2} + \left(\frac{14}{2} - 2\right) = 9{,}7 \, \text{cm}$$

$$Z_S = D_b = \frac{M}{z} = \frac{780 \, \text{kg m}}{0{,}097 \, \text{m}} = 8{,}04 \, \text{t}$$

$$\text{erf} \, a_S = \frac{Z_S}{\text{zul} \, \sigma_S} = \frac{8040 \, \text{kg}}{750 \, \text{kg/cm}^2} = 10{,}7 \, \text{cm}^2/\text{m}$$

$$\sigma_b = \frac{2 \cdot D_b}{b \cdot d/2} = \frac{2 \cdot 8040 \, \text{kg}}{100 \, \text{cm} \cdot 7 \, \text{cm}} = 23{,}0 \, \text{kg/cm}^2 > \text{zul} \, \sigma_b = 20 \, \text{kg/cm}^2$$

Die sehr konservativ angesetzte zulässige Betondruckspannung ist überschritten.

Abb. 4.14 Beispiel Biegebemessung.

b) n-Verfahren (1916) [91]

$$M = 780 \,\text{kg m}$$
$$\text{zul } \sigma_b = 40 \,\text{kg/cm}^2 \quad \text{(für Platten mit } d > 10 \,\text{cm)}$$
$$\text{zul } \sigma_e = 1200 \,\text{kg/cm}^2 \quad \text{(für Platten mit } d > 10 \,\text{cm und ruhende Lasten)}$$

Direkte Bemessung mit Tab. 4.8:

$$r = \frac{h}{\sqrt{M/b}} = \frac{12\,\text{cm}}{\sqrt{780\,\text{kg m}/1{,}00\,\text{m}}} = 0{,}430$$
$$\sigma_b = 38\,\text{kg/cm}^2 < 40\,\text{kg/cm}^2$$
$$\text{erf } a_S = 0{,}002\,18 \cdot \sqrt{780\,\text{kg m}/1{,}00\,\text{m}} = 6{,}1\,\text{cm}^2/\text{m}$$

gewählt: $\varnothing\,10$, $a = 12{,}5\,\text{cm}$, $a_S = 6{,}28\,\text{cm}^2/\text{m}$

c) k_h-Verfahren, DIN 1045 (1972) [58]
Bn 250, St I (220/340)

$$M = 0{,}780\,\text{Mp m}$$

Direkte Bemessung mit Tab. 4.9:

$$k_h = \frac{h}{\sqrt{M/b}} = \frac{12\,\text{cm}}{\sqrt{0{,}78\,\text{Mp cm}/1{,}00\,\text{m}}} = 13{,}6$$
$$\text{erf } a_S = \frac{M}{h} \cdot k_e = \frac{0{,}78}{0{,}12} \cdot 0{,}84 = 5{,}46\,\text{cm}^2/\text{m}$$

4.4.5 Schubbemessung eines Stahlbetonunterzugs nach alten Vorschriften

Für den Unterzug einer Stahlbetondecke (Abb. 4.15) ist die erforderliche Schubbewehrung zu ermitteln.

a) DIN 1045 (1943), B 225, St I

$$Q_G + Q_P = 11{,}5\,\text{t}$$
$$T' = \frac{Q}{z} = \frac{11{,}5\,\text{t}}{0{,}85 \cdot 0{,}45\,\text{m}} = 30\,\text{t/m}$$
$$\tau_0 = \frac{T'}{b} = \frac{30\,\text{t/m}}{0{,}25\,\text{m}} = 120\,\text{t/m}^2 = 12\,\text{kg/cm}^2 < 18\,\text{kg/cm}^2$$

gewählt: $\varnothing\,8$, 2-schnittig, $a = 15\,\text{cm}$

Tab. 4.8 Bemessungstabelle für biegebeanspruchte Bauteile nach Mörsch (Auszug) [53].

σ_b	$\sigma_e = 1100$ kg/cm² $h = r \cdot \sqrt{\dfrac{M}{b}}$	$F_e = t \cdot \sqrt{M \cdot b}$	σ_b	$\sigma_e = 1200$ kg/cm² $h = r \cdot \sqrt{\dfrac{M}{b}}$	$F_e = t \cdot \sqrt{M \cdot b}$
11	$1{,}207 \cdot \sqrt{\dfrac{M}{b}}$	$0{,}00079 \cdot \sqrt{M \cdot b}$	11	$1{,}252 \cdot \sqrt{\dfrac{M}{b}}$	$0{,}00069 \cdot \sqrt{M \cdot b}$
12	1,115 ,,	0,00086 ,,	12	1,156 ,,	0,00075 ,,
13	1,037 ,,	0,00092 ,,	13	1,075 ,,	0,00081 ,,
14	0,970 ,,	0,00099 ,,	14	1,005 ,,	0,00087 ,,
15	0,912 ,,	0,00105 ,,	15	0,944 ,,	0,00093 ,,
16	0,862 ,,	0,00112 ,,	16	0,891 ,,	0,00099 ,,
17	0,817 ,,	0,00119 ,,	17	0,844 ,,	0,00105 ,,
18	0,777 ,,	0,00125 ,,	18	0,803 ,,	0,00111 ,,
19	0,741 ,,	0,00132 ,,	19	0,766 ,,	0,00116 ,,
20	0,709 ,,	0,00138 ,,	20	0,732 ,,	0,00122 ,,
21	0,680 ,,	0,00145 ,,	21	0,701 ,,	0,00127 ,,
22	0,653 ,,	0,00151 ,,	22	0,674 ,,	0,00133 ,,
23	0,629 ,,	0,00157 ,,	23	0,649 ,,	0,00139 ,,
24	0,607 ,,	0,00163 ,,	24	0,625 ,,	0,00144 ,,
25	0,586 ,,	0,00169 ,,	25	0,604 ,,	0,00150 ,,
26	0,567 ,,	0,00176 ,,	26	0,585 ,,	0,00155 ,,
27	0,550 ,,	0,00182 ,,	27	0,566 ,,	0,00161 ,,
28	0,534 ,,	0,00188 ,,	28	0,549 ,,	0,00166 ,,
29	0,518 ,,	0,00193 ,,	29	0,533 ,,	0,00171 ,,
30	0,504 ,,	0,00199 ,,	30	0,519 ,,	0,00177 ,,
31	0,491 ,,	0,00205 ,,	31	0,504 ,,	0,00182 ,,
32	0,478 ,,	0,00211 ,,	32	0,491 ,,	0,00187 ,,
33	0,467 ,,	0,00217 ,,	33	0,480 ,,	0,00193 ,,
34	0,456 ,,	0,00223 ,,	34	0,468 ,,	0,00198 ,,
35	0,445 ,,	0,00229 ,,	35	0,457 ,,	0,00203 ,,
36	0,436 ,,	0,00235 ,,	36	0,447 ,,	0,00208 ,,
37	0,426 ,,	0,00240 ,,	37	0,437 ,,	0,00213 ,,
38	0,417 ,,	0,00246 ,,	38	0,428 ,,	0,00218 ,,
39	0,408 ,,	0,00251 ,,	39	0,419 ,,	0,00223 ,,
40	0,401 ,,	0,00257 ,,	40	0,411 ,,	0,00228 ,,

Anteil der Bügel an der erforderlichen Schubbewehrung:

$$T'_{\text{bü}} = \frac{A_{\text{bü}} \cdot \text{zul}\,\sigma_S}{s_{\text{bü}}} = \frac{2 \cdot 0{,}5\,\text{cm}^2 \cdot 1{,}4\,\text{t/cm}^2}{0{,}15\,\text{m}} = 9{,}3\,\text{t/m}$$

Für $Q = $ konst. sind von den unter 45° aufgebogenen Schrägeisen

$$T'_S = 30 - 9{,}3 = 20{,}7\,\text{t/m}$$

aufzunehmen.

$$A_S = \frac{T'_S}{\text{zul}\,\sigma_S \cdot \sin \alpha} = \frac{20{,}7\,\text{t/m}}{1{,}4\,\text{t/cm}^2 \cdot \sqrt{2}} = 10{,}4\,\text{cm}^2/\text{m}$$

gewählt: 4 ⌀ 20, $A_S = 12{,}6\,\text{cm}^2$

Tab. 4.9 k_h-Verfahren für BSt 220/340, DIN 1045 (1972).

Bn 150		Bn 250		Bn 350		Bn 450		Bn 550		100 k_e	$\sigma_e U/\nu$ Mp/cm²	k_x	k_z	$-\varepsilon_{b1}$ ‰	ε_e
k_h	d_e	k_h	d_e	k_h	d_e	k_h	d_e	k_h	d_e						
49	2	38	3	33	4	31	5	29	5	81		0,05	0,98	0,28	
30	5	24	8	21	11	13	13	18	14	82	1,26	0,09	0,97	0,48	5,00
22	10	17	17	15	22	14	25	13	29	83		0,13	0,96	0,74	
18	16	14	26	12	35	11	42	10,5	46	84		0,15	0,95	0,90	
15	24	12	37	10	54	9,5	59	9	66	85	1,26	0,18	0,94	1,12	5,00
13	33	10	56	9	69	8,5	77	8	87	86		0,21	0,92	1,33	
12	41	9	73	8	91	7,5	104	7	119	87		0,24	0,91	1,55	
11	50	8,5	85	7,5	108	7,0		6,5		88	1,26	0,26	0,90	1,77	5,00
10	64	8,0	99	7,0		6,5		6,0		89		0,28	0,89	1,99	
9,5	74	7,5	118	6,5		6,0		5,6		90		0,30	0,88	2,19	
9,1	83	7,1		6,1		5,7		5,4		91	1,26	0,32	0,87	2,40	5,00
8,7	95	6,8		5,9		5,5		5,2		92		0,34	0,86	2,61	
8,4	105	6,6		5,7		5,3		5,0		93		0,36	0,86	2,83	
8,2		6,4		5,5		5,1		4,8		94	1,26	0,38	0,85	3,05	5,00
8,0		6,2		5,4		5,0		4,7		95		0,40	0,84	3,27	
7,8		6,0		5,3		4,9		4,6		96		0,41	0,83		4,99
7,6		5,9		5,2		4,8		4,53		97	1,26	0,43	0,82	3,50	4,59
7,5		5,8		5,1		4,7		4,46		98		0,45	0,81		4,23
7,4		5,7		5,0		4,6		4,39		99		0,47			3,91
7,3		5,63		4,93		4,53		4,32		100	1,26	0,49	0,80	3,50	3,62
7,2		5,56		4,86		4,46		4,25		101		0,51			3,35
7,1		5,49		4,79		4,41		4,20		102		0,53			3,11
$k_h^*=7,02$		5,44		4,74		4,38		4,15		103	1,26	0,54	0,78	3,50	3,00
6,95		5,38		4,69		4,33		4,11		108	1,22	0,58	0,76		2,54
6,89		5,33		4,65		4,29		4,07		113	1,20	0,61	0,75		2,23
6,82		5,28		4,61		4,25		4,04		118	1,17	0,66	0,73	3,50	1,83
6,75		5,23		4,56		4,21		3,99		124	1,14	0,70	0,71		1,49
6,67		5,17		4,50		4,16		3,95		132	1,11	0,77	0,68		1,05

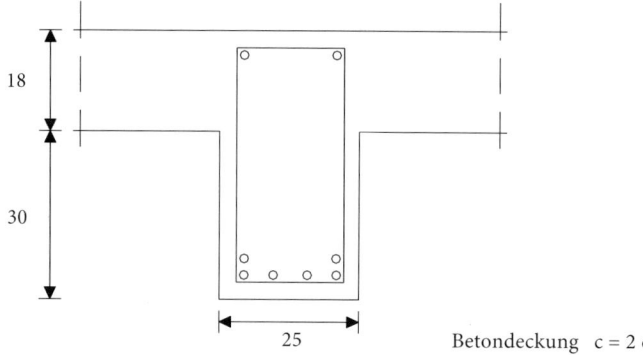

Abb. 4.15 Beispiel Schubbemessung.

b) DIN 1045 (1972), B 25, St I

$$Q_G + Q_P = 11{,}5\,\text{Mp}$$
$$\tau_0 = \frac{Q}{z \cdot b} = \frac{11{,}5\,\text{Mp}}{\approx 0{,}85 \cdot 0{,}45\,\text{m} \cdot 0{,}25\,\text{m}} = 120\,\text{t/m}^2$$
$$= 12\,\text{kp/cm}^2 < 18\,\text{kg/cm}^2 = \tau_{02}$$

$\Rightarrow$ Schubbereich 2 (verminderte Schubdeckung):

$$\tau = \frac{\tau_0^2}{\tau_{02}} = \frac{12^2}{18} = 8\,\text{kp/cm}^2 > 0{,}4 \cdot \tau_0 = 0{,}4 \cdot 12\,\text{kp/cm}^2 = 4{,}8\,\text{kp/cm}^2$$

$$T' = \tau \cdot b_0 = 8{,}0\,\text{kp/cm}^2 \cdot 25\,\text{cm} = 200\,\text{kp/cm}$$

gewählt: $\varnothing\,8$, 2-schnittig, $a = 15\,\text{cm}$
Anteil der Bügel an der erforderlichen Schubbewehrung:

$$T'_{\text{bü}} = \frac{A_{\text{bü}} \cdot \beta_S / \gamma_S}{s_{\text{bü}}} = \frac{2 \cdot 0{,}5\,\text{cm}^2 \cdot 1260\,\text{kp/cm}^2}{15\,\text{cm}} = 84\,\text{kp/cm}$$

Für Q = konst. sind von den unter 45° aufgebogenen Schrägeisen

$$T'_S = 200 - 84 = 116\,\text{kp/cm}$$

aufzunehmen.

$$A_S = \frac{T'_S}{\beta_S / \gamma_S \cdot \sin \alpha} = \frac{116\,\text{kp/cm}}{1260\,\text{kp/cm}^2 \cdot \sqrt{2}} \cdot [100] = 6{,}5\,\text{cm}^2/\text{m}$$

gewählt: $4 \varnothing 16$, $A_S = 8{,}04\,\text{cm}^2$

4.4.6 Bemessung einer Stütze nach alten Vorschriften

Für eine quadratische Stahlbetonstütze (Abb. 4.16) soll die zulässige Normalkraft bestimmt werden.
  gewählt: $4 \varnothing 20$, St I, $A_S = 12{,}6\,\text{cm}^2$

a) nach DIN 1045 (1943), B 225

$$\frac{h_k}{d} = \frac{380}{20} = 19 \Rightarrow \omega = 1{,}07$$
$$\text{zul}\,F = \frac{1}{3} \cdot \frac{1}{\omega}(k_b A_b + \sigma_S \cdot A_s)$$
$$= \frac{1}{3} \cdot \frac{1}{1{,}07}\left(195\,\frac{\text{kg}}{\text{cm}^2} \cdot 400\,\text{cm}^2 + 2400\,\frac{\text{kg}}{\text{cm}^2} \cdot 12{,}6\,\text{cm}^2\right) = 33{,}7\,\text{t}$$

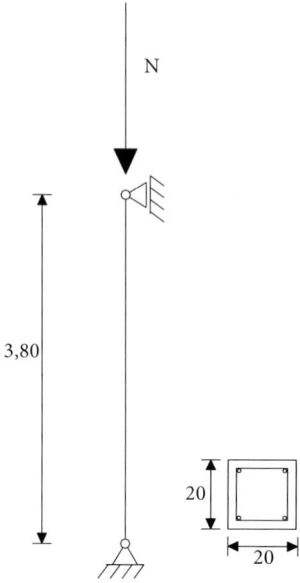

Abb. 4.16 Beispiel Stützenbemessung.

b) nach DIN 1045 (1972), B 25
- Schlankheit $\lambda = \frac{s_k}{i} = \frac{380}{0{,}289 \cdot 20} = 65{,}7 \Rightarrow$ mäßige Schlankheit
- für eine planmäßige Ausmitte $e = \frac{M}{N} = 0$
- ist die zusätzliche Ausmitte definiert

$$f = d \cdot \frac{\lambda - 20}{100} \cdot \sqrt{0{,}1 + e/d} = 20 \cdot \frac{65{,}7 - 20}{100} \cdot \sqrt{0{,}1 + 0} = 2{,}9 \,\text{cm}$$

Eine direkte Bestimmung zulässiger Beanspruchungen ist nicht möglich. Die Bemessung der Stütze erfolgt vorzugsweise mit einem Interaktionsdiagramm für die Schnittgrößen.

$$N \quad \text{und} \quad M^{\text{II}} = N \cdot (e + f)$$

5 Zustandserfassung

> Anamnese ist das Feststellen dessen, was ist und was war, was messbar und mitteilbar ist.
>
> *(Klaus Pieper [97])*

Grundlage für die Bewertung der Tragsicherheit und der Gebrauchstauglichkeit bestehender Tragwerke ist eine umfassende Erkundung und nachvollziehbare Dokumentation des Istzustandes. In vielen Fällen liefert das Studium alter Pläne und statischer Berechnungen einen ersten Überblick. Aber auch bei guter Aktenlage bleiben offene Fragen: Wurde wirklich die letzte überarbeitete Version der Pläne zu den Akten gegeben? Hat man – zum Beispiel aus Materialmangel – auf der Baustelle improvisiert oder ist man aus anderen Gründen von den Plänen abgewichen? Wurden zwischenzeitlich Umbauten vorgenommen, zu denen es gar keine Pläne gibt?

Diese Fragen lassen sich nur beantworten, wenn vor Ort zumindest stichprobenhaft die Übereinstimmung zwischen Plänen und Bestand überprüft wird. Sind die Pläne lückenhaft oder nicht vorhanden, dann ist ein neues Aufmaß anzufertigen.

Bei gut überschaubaren Geometrien werden sich Bauingenieur und Architekt mit einfachen Geräten und mit den Grundkenntnissen aus der Vermessungskunde zurechtfinden. Die wichtigsten Verfahren werden im folgenden Abschnitt kurz erläutert. Darüber hinaus ist die „innere Geometrie", das ist in erster Linie die Anordnung der Bewehrung des Bauteils, zu erkunden. Auch hierzu werden die wichtigsten Geräte und Verfahren in Abschn. 5.1.3 kurz erläutert.

Bei Bauteilen, die auf den ersten Blick einen guten Eindruck machen, wird man zumindest stichprobenhaft die Oberfläche und das Gefüge erkunden. Bei offensichtlichen „Sanierungsfällen" erfordert die Vorbereitung und Durchführung einer Zustandserfassung neben den Kenntnissen der Verfahren zur Bestimmung von Materialkennwerten auch eine gute Systematik beim Vorgehen und bei der Dokumentation. Dies gilt gleichermaßen für die Untersuchungen zu Materialkennwerten, die im Labor durchgeführt werden. Auch hier ist es erforderlich, Probestellen und Ergebnisse so zu dokumentieren, dass die Erkenntnisse für Dritte nachvollziehbar sind und auch nach längerer Zeit für einen selbst nachvollziehbar bleiben. Der Abschn. 5.3 enthält Hinweise und Beispiele zur Dokumentation.

5 Zustandserfassung

Teilgebiete der Zustandserfassung werden sinnvollerweise von Fachleuten bearbeitet, besonders dann, wenn teure Geräte zum Einsatz kommen, deren Anwendung spezielle Kenntnisse erfordern. Allerdings müssen diese Arbeiten immer durch den verantwortlichen Ingenieur oder Architekten begleitet werden, damit klar ist – dies nur als Beispiel –, ob die vom Vermessungsingenieur übermittelten Koordinaten das Tragwerk oder die Verkleidung aus Gipskarton dokumentieren.

Durch eine gute Vorbereitung und Abstimmung ist – ganz im Sinne eines möglichst ökonomischen Vorgehens – häufig eine „Mehrfachnutzung" von Sondierungen möglich: Mit einer Kernbohrung an der richtigen Stelle lässt sich ein Bohrkern zur Ermittlung der Druckfestigkeit und für weitere chemische und physikalische Untersuchungen gewinnen. Darüber hinaus erhält man Informationen zum Deckenaufbau und zur Deckenstärke und das Bohrloch lässt sich zur direkten Anbindung der Höhenmaße übereinanderliegender Geschosse nutzen.

5.1 Bauteilgeometrie und Oberflächen

5.1.1 Raumkanten im Grund- und Aufriss

Beim *Orthogonalverfahren* lassen sich mithilfe einfacher Geräte (Winkelprisma, Bandmaß und Fluchtstäbe) Bauwerksumrisse erfassen (siehe Abb. 5.1). In einem ersten Schritt werden eine oder mehrere senkrecht aufeinander stehende Fluchtlinien abgesteckt. Die Lage der Lotfußpunkte auf den Fluchtlinien wird mit dem Winkelprisma bestimmt und anschließend markiert und eingemessen. Die Länge der Lotlinien wird ebenfalls ausgemessen.

Bei rechtwinkligen Umrissen wird man sich auf die Eckpunkte des Gebäudes beschränken, weitere Verfeinerungen sind möglich. Das Verfahren lässt sich auch im Gebäudeinnern anwenden.

Vom Vermessungsingenieur wird für die Winkelmessung im Raum ein elektronischer Tachymeter eingesetzt. Bei diesen Geräten werden Winkel und Entfernungen elektronisch gemessen. Aus diesen Daten werden mit der entsprechenden Software die Raumkoordinaten ermittelt.

Mit einem für die Winkelmessung geeigneten Nivelliergerät können beim *Polarverfahren* Raumpunkte von einem Standpunkt aus im Grundriss bestimmt

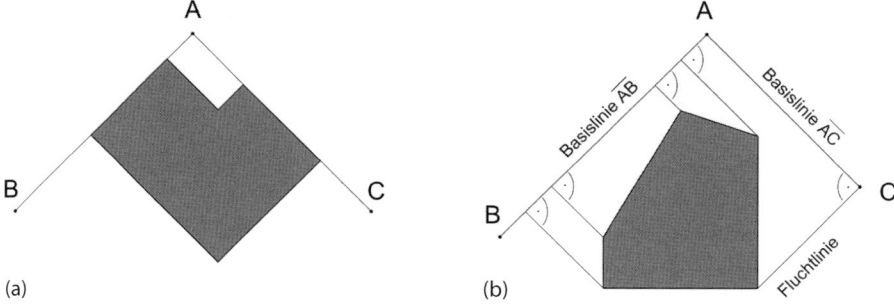

Abb. 5.1 Orthogonalverfahren regelmäßiger (a) und unregelmäßiger Grundrisse (b).

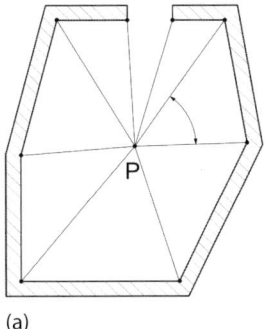 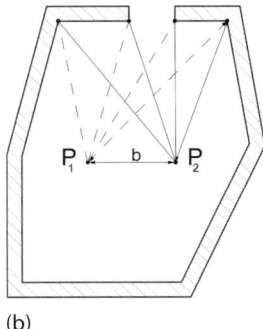

(a) (b)

Abb. 5.2 (a) Polarverfahren (b) Doppel-Polarverfahren.

werden. Ein Umsetzen des Gerätes – verbunden mit dem Einmessen des neuen Standpunktes – ist in der Regel erforderlich (Abb. 5.2a).

Beim *Doppel-Polarverfahren* werden von zwei Polarpunkten aus – z. B. mit einem Laser-Entfernungsmesser – Abstände zu Punkten gemessen, die zuvor auf der Wand markiert wurden. Der Abstand der beiden Polarpunkte muss bekannt sein. Mit diesen Daten und mithilfe eines CAD-Programms kann der Grundrissverlauf ohne Umrechnung direkt konstruiert werden (Abb. 5.2b).

Für die *Höhenmessung* sind Setzlatte und Schlauchwaage, vor allem aber Libellen- und Lasernivelliere, geeignete Hilfsmittel, um horizontale Bezugsebenen zu definieren. Bei Messungen über mehrere Geschosse werden die Maße über Treppenöffnungen und Fensterbrüstungen angebunden (siehe Abb. 5.3).

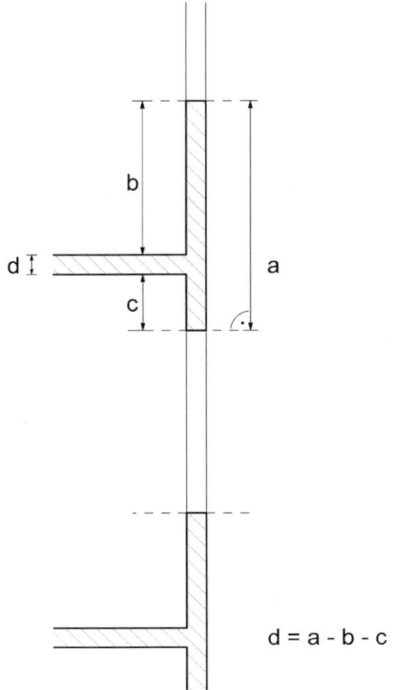

$d = a - b - c$

Abb. 5.3 Anbindung von Höhenmaßen.

108 | 5 Zustandserfassung

Fotogrammetrische Verfahren wurden in der Vergangenheit vor allem für die maßstäbliche Erfassung von Fassaden eingesetzt. Das Prinzip dieses Verfahrens beruht darauf, dass das Bauwerk von mehreren unterschiedlichen Standpunkten fotografiert wird. Dabei muss jeder Objektpunkt am Bauwerk von mindestens zwei Aufnahmen erfasst sein. Die Fotos werden heute durch automatische Mustererkennungsverfahren einander zugeordnet und es wird daraus eine dreidimensionale Punktwolke des Bauwerkes erstellt. Aus dieser Punktwolke können maßstäbliche Zeichnungen abgeleitet werden. Zur Maßstabsbestimmung in den Fotos müssen am Objekt mindestens zwei sichtbare Bezugspunkte durch andere geodätische Messverfahren bestimmt werden. Die Entwicklungen bei der Auflösung digitaler Bilder und bei den Programmen zur Auswertung dieser Aufnahmen lassen erwarten, dass fotogrammetrische Verfahren in Zukunft weiter an Bedeutung gewinnen.

Alternativ zur Fotogrammetrie wird heute sehr oft das Verfahren des terrestrischen *Laserscannings* eingesetzt. Hierbei wird das Bauwerk üblicherweise durch einen Laserstrahl abgetastet, der vom Standpunkt des Scanners aus ohne einen besonderen Reflektor die Entfernung zur Bauwerksoberfläche misst. Das Verfahren arbeitet sehr schnell und mit einer sehr hohen Punktdichte. Dadurch, dass neben der Entfernung zum Objekt auch die Strahlablenkung gemessen wird, entsteht hier auch eine dreidimensionale Punktwolke der Bauwerksoberfläche. Aus der Punktwolke können wie bei der Fhotogrammetrie maßstäbliche Zeichnungen, Schnitte oder 3D-Modelle abgeleitet werden (vgl. Abb. 5.4). Die Genauigkeit liegt zwischen 2 und 5 mm.

Welche *Genauigkeit beim Aufmaß* angestrebt wird, hängt von der Zielsetzung ab: Benötigt man die Ansicht einer Stützmauer, um geschädigte Bereiche der Oberfläche und Risse einzuzeichnen, wird man mit einem Schnellaufmaß und einer Genauigkeit von ±5 cm in einer ersten Stufe gut zurechtkommen. Sind bei

(a) (b)

Abb. 5.4 Beispiel für die Anwendung des Scanverfahrens. (a) Gerät vor dem Objekt aufgebaut; (b) Datenauswertung: Intensität der Reflexion (links), in Echtfarben eingefärbte Punktwolke (rechts) (Quelle: Universität Kassel, Sachgebiet Vermessung).

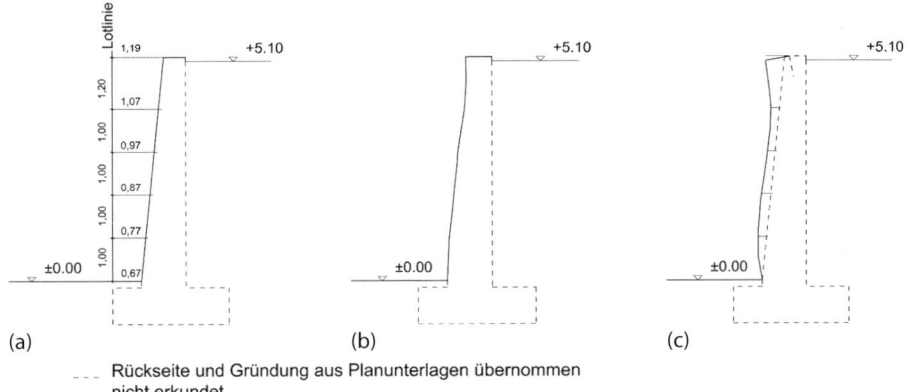

Abb. 5.5 Darstellung der Verformung einer Stützmauer mit Zahlenangaben (a), verformungsgetreu (b), überhöht (c).

derselben Stützmauer allerdings schon ungewöhnliche Verformungen zu beobachten, dann wird man auch in einer ersten Stufe sehr viel sorgfältiger arbeiten. Verformungen können, wie Abb. 5.5 am Beispiel einer Stützmauer zeigt, auf unterschiedliche Art und Weise dargestellt werden:

Durch Zahlen- und Richtungsangabe der Maßabweichung von der Solllage. Das ist die einfachste Möglichkeit, vor allem dann, wenn bereits Zeichnungen vorhanden sind, in die Messergebnisse eingetragen werden.

Durch maßstäbliche Darstellung des Bauteils in seiner exakten Lage. Dieses sogenannte verformungsgetreue Aufmaß wird in der Denkmalpflege und in der Bauforschung zur Dokumentation von Bauwerken mit hohem Zeugniswert eingesetzt.

Eine überproportionale, überhöhte Darstellung der Verformungen ist für den Ingenieur besonders hilfreich, wenn er sich einen Überblick über eine Verformungsfigur verschaffen möchte, um Zusammenhänge mit Rissbildern herzustellen und dadurch mögliche Schadensursachen einzugrenzen.

5.1.2 Oberflächen

In vielen Fällen lässt die Beschaffenheit der Oberfläche eines Betonbauteils Rückschlüsse auf die Ausführungsqualität auch im Innern zu. Ausnahmen sind zum einen frühe Stahlbetonbauten, bei denen der Beton durch Klopfen an der Schalung verdichtet und dabei gleichzeitig entmischt wurde. Ein sehr dichtes Oberflächengefüge mit hohem Zementanteil täuscht zum anderen darüber hinweg, dass der Beton im Innern des Bauteils ausgemagert ist.

Grundsätzlich erkennt man am Oberflächengefüge immer, ob beim Einbau und Verdichten des Betons sowie bei der Nachbehandlung sorgfältig gearbeitet wurde.

Für die Inaugenscheinnahme der Oberfläche ist zuerst einmal die Zugänglichkeit mit Gerüsten oder einer Hebebühne herzustellen. Dabei sind die einschlägigen Regeln des Arbeitsschutzes zu beachten.

Mit einfachen Hilfsmitteln (Zollstock, Risslupe oder Rissmaßstab und Hammer) wird der Zustand erkundet. Die Porigkeit des oberflächennahen Gefüges wird qualitativ bewertet (fest und geschlossen, gering porig, kleinporig, großporig). Alle Anomalien werden dann in vorbereitete maßstäbliche Ansichten eingetragen.

Zu den Symptomen, die in diesem Zusammenhang dokumentiert werden, zählen:

- Risse (Verlauf in der Ansicht, Rissweite)
- Abplatzungen (maximale und mittlere Tiefe)
- Betondeckung
- Bewehrung (Durchmesser, Oberfläche und Abstand der Bewehrung, Dicke der Korrosionsschicht)
- hohlliegende Schichten
- Kiesnester
- frühere Sanierungen – dazu zählen auch unfachmännisch zugeschmierte Kiesnester
- Betonierfugen und/oder Schüttebenen
- Verfärbungen (Feuchte, Brand, Rostfahnen, Ausblutungen, Ablagerungen)

Wenn durch das Abnehmen hohlliegender Bereiche frische Bruchflächen freigelegt werden können, so ist es sinnvoll, an einigen Stellen durch das Aufsprühen von Phenolphthalein die Karbonatisierungstiefe gleich mit einzuschätzen.

Weitere Verfahren und Untersuchungen, die anzuwenden und durchzuführen sind, um die Erkenntnisse der Inaugenscheinnahme abzusichern und zu ergänzen, sind in Tab. 5.1 zusammengestellt. Die einzelnen Verfahren werden in den folgenden Abschnitten beschrieben.

In Abschn. 5.3 ist beispielhaft die Zustandserfassung für einen Abschnitt der Innenwand einer Tiefgarage – mit zeichnerischer und fotografischer Dokumentation – dargestellt.

Tab. 5.1 Ergänzung und Absicherung der Inaugenscheinnahme.

Ergebnis der Inaugenscheinnahme	Zusätzliche Untersuchung
Risse	Rissverlauf in der Tiefe am Bohrkern
Einzelwerte Betondeckung und Bewehrungslage bei Abplatzungen	Flächige Ermittlung der Betondeckung mit Bewehrungssuchgerät
Anhaltswerte zur Dicke der Korrosionsschicht	Abrostungsgrad
Hohlliegende Schichten	Bohrung, Kernbohrung, Georadar
Kiesnester	Kernbohrung zur Ermittlung der Tiefe
Frühere Sanierungen	Baustofftechnologische Untersuchung der Verträglichkeit von Baustoffen
Verfärbungen	Feuchtemessung, baustofftechnologische Untersuchung der Ursachen

5.1.3 Inneres Gefüge

Lage, Betonüberdeckung und Durchmesser der Bewehrung lassen sich mit *Bewehrungssuchgeräten* ermitteln. Dabei wird nach dem Prinzip der magnetischen Induktion verfahren, d. h., es wird die Feldausbreitung des starken Permanentmagneten der Messsonde gemessen (siehe Abb. 5.6a). Die verschiedenen Geräte unterscheiden sich beim Messbereich – üblich sind ca. 60 mm Tiefe, die Obergrenze liegt bei ca. 300 mm – und bei den Möglichkeiten zur Aufzeichnung und Nachbearbeitung der Daten. Ergänzend zu dieser zerstörungsfreien Untersuchung kann es sinnvoll sein, zusätzlich die Bewehrung durch einzelne Sonderschlitze freizulegen (siehe Abb. 5.6b). Dabei ist selbstverständlich sicherzustellen, dass durch das Entfernen des Betons die Tragsicherheit des Bauteils nicht gefährdet wird.

Das gilt grundsätzlich auch für die Entnahme von *Bohrkernen*. Aus den Bohrkernen können Prüfkörper zur Bestimmung der Druckfestigkeit gewonnen werden – dazu mehr im folgenden Abschnitt. Darüber hinaus ist es möglich, an den Bohrkernen Risstiefen und ggf. Gefügeunterschiede an ausgewählten Stellen zu ermitteln. Was Durchmesser und Anzahl der Kernbohrungen anbelangt, wird man den Umfang dieser zerstörenden Prüfverfahren möglichst gering halten wollen. Verwertbare Druckfestigkeiten können an Bohrkernen mit $\geq$ 50 mm Durchmesser bestimmt werden.

Die Bohrlochwandung kann mit einem *Endoskop* oder durch *Kamerabefahrung* erkundet werden (Abb. 5.7). Wenn durch die zusätzliche Feuchtebeanspruchung keine Schäden zu erwarten sind – z. B. im Gründungsbereich –, dann ist eine zumindest qualitative Erkundung des Gefüges durch *Wasserabpressversuche* vom Bohrloch aus möglich. Bei diesem Verfahren wird der Querschnitt des Bohrlochs an zwei Stellen abgedichtet. In diesen Abschnitt wird Wasser gepresst. Dabei werden die Wassermenge pro Zeiteinheit, die über die Wandung des Bohrlochabschnitts ins Bauteil eindringt, und der aufgebrachte Wasserdruck aufgezeichnet (siehe Abb. 5.8).

Wenn die Oberfläche eines Bauteils zugänglich ist, dann können indirekte Verfahren, die weitestgehend zerstörungsfrei arbeiten, zur Gefügeerkundung eingesetzt werden. *Radar-, Ultraschall- und seismische Verfahren* werden als indirekte Verfahren bezeichnet, da mit ihnen keine mechanische Größe (Festigkeit,

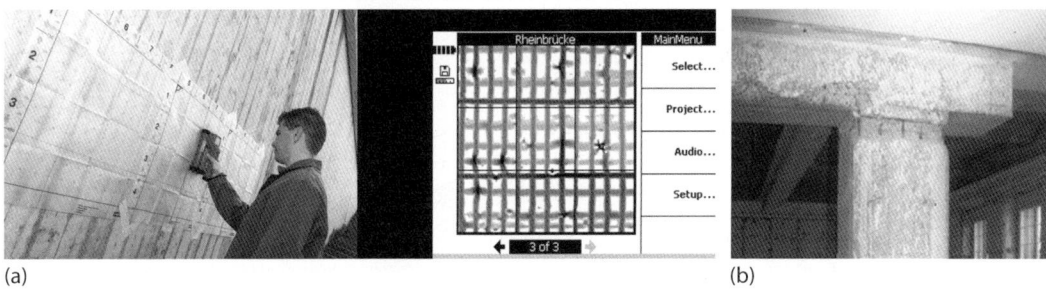

(a) (b)

Abb. 5.6 (a) Magnetsonde, Mess- und Aufzeichnungseinheit eines Bewehrungssuchgerätes (Quelle: Hilti AG); (b) Sondierschlitz zur Ortung der Bewehrung.

112 | 5 Zustandserfassung

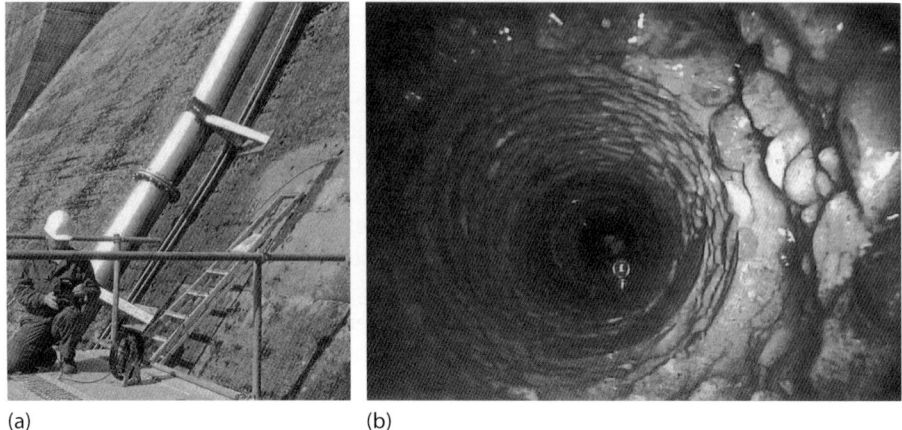

(a) (b)

Abb. 5.7 Kamerabefahrung eines Bohrlochs (Quelle: w+s Bau-Instandsetzung GmbH, Kassel).

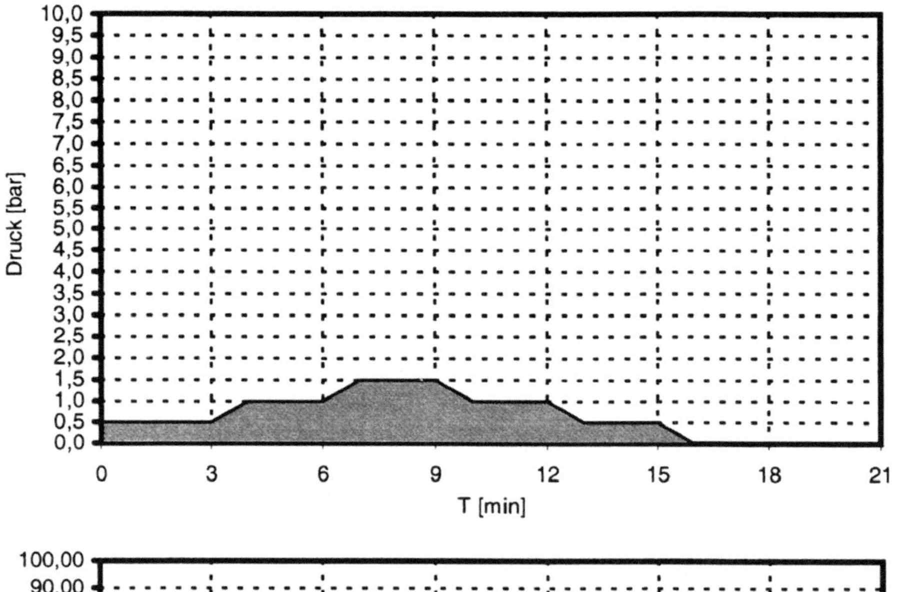

Abb. 5.8 Ergebnisse eines WD-Versuches (Quelle: w+s Bau-Instandsetzung GmbH, Kassel).

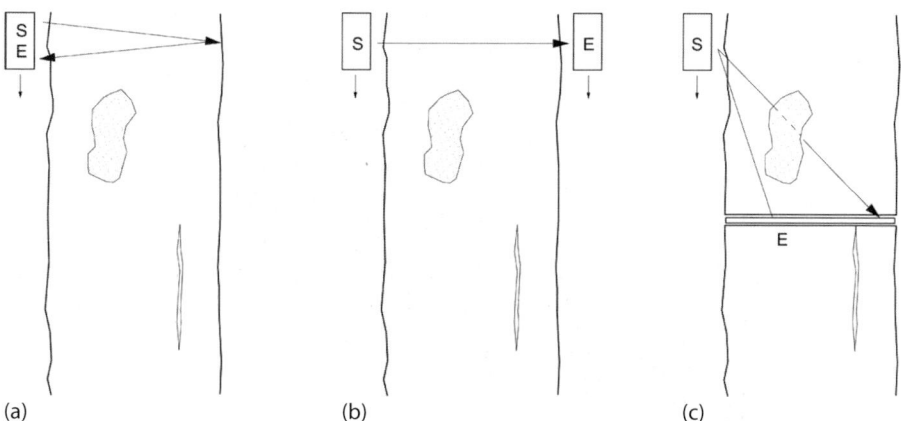

Abb. 5.9 Anwendungsprinzip indirekter Verfahren. (a) Reflexion (Radar); (b) direkte Transmission (Radar und Mikroseismik); (c) Bohrlochseismik (S = Sender, E = Empfänger).

Elastizitätsmodul) gemessen wird. Entsprechende Rückschlüsse sind nur möglich, wenn man zusätzlich Bohrkerne entnimmt und die an den Bohrkernen gewonnenen Erkenntnisse zur Kalibrierung des indirekten Verfahrens einsetzt. Das Grundprinzip aller drei indirekten Verfahren beruht auf der Ausbreitung und Reflexion von Wellen. Sender und Empfänger der Signale werden über die Bauteiloberfläche bewegt.

Ultraschallverfahren und seismische Verfahren basieren auf der Ausbreitung mechanischer Wellen. Aufgrund der hohen Frequenzen ($f > 20\,\text{kHz}$) ist die Eindringtiefe des Ultraschallsignals, d. h. die Reichweite des Verfahrens, gering. Bei der Seismik liegen die Frequenzen unter 1 Hz. Wenn beide Oberflächen zugänglich sind und eine Direktdurchschallung möglich ist, kann die Homogenität von Bauteilen bis 2 m Dicke erkundet werden. Rückschlüsse auf Festigkeiten sind möglich, wenn das Verfahren durch die Bestimmung der Festigkeit von Bohrkernen kalibriert wurde.

Der Vorteil des Radarverfahrens liegt darin, dass der Sender der elektromagnetischen Wellen und der Empfänger auf derselben Bauteiloberfläche angeordnet werden können. Es muss also nur eine Seite des Bauteils zugänglich sein. Ob das Verfahren zuverlässige Ergebnisse liefert, hängt vom Feuchte- und Salzgehalt im zu untersuchenden Bauteil ab. In Abb. 5.9 ist die Anwendung der Seismik und des Radarverfahrens vereinfacht dargestellt. Abbildung 5.10 zeigt die Anwendung des Radarverfahrens und die Auswertung der Ergebnisse für einen Bereich eines 1,20 m dicken Pfeilers. Die Ergebnisse wurden anhand von 7 Bohrkernen überprüft. Dabei zeigte sich, dass das Radarverfahren in diesem Fall Gefügestörungen eher überschätzt: So wurden Risse parallel zur Oberfläche, die die Tragfähigkeit nur gering beeinflussen, als Gefügestörungen ausgewiesen.

114 5 Zustandserfassung

(a)
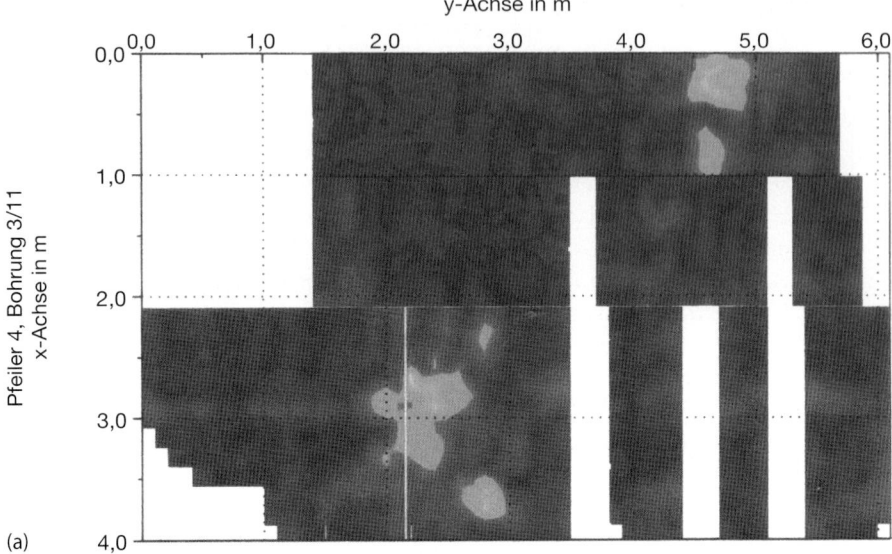

(b)
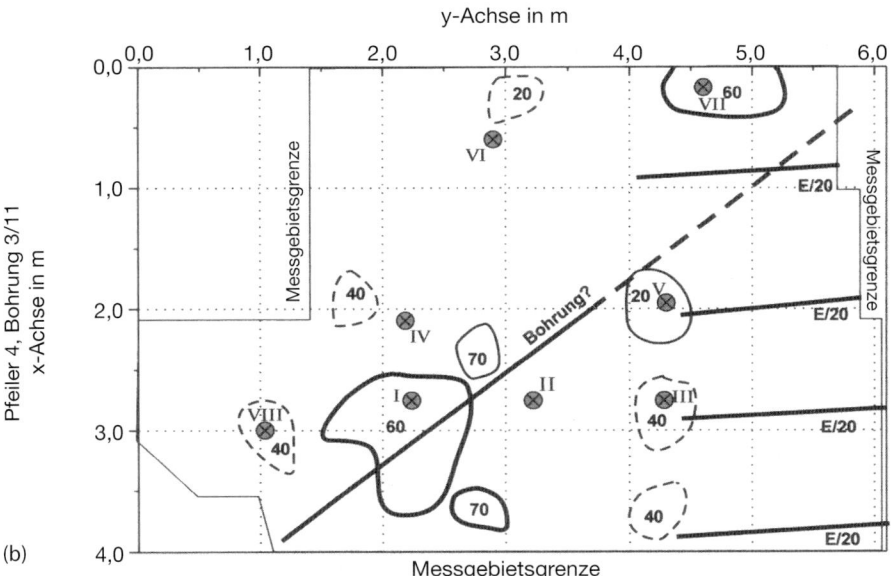

Abb. 5.10 Anwendung des Radarverfahrens. (a) Dokumentation; (b) Interpretation der Messergebnisse.

5.2 Materialkennwerte

5.2.1 Druckfestigkeit von Beton – direktes Verfahren

Die charakteristische Druckfestigkeit von Beton lässt sich *direkt an Bohrkernen* bestimmen. Dieses Verfahren ist am aussagekräftigsten und – da pro Bauwerkteil (Stütze, Unterzug, Deckenfeld, Wandscheibe) im Minimum 3 Bohrkerne benötigt werden – vergleichsweise zerstörungsarm. Üblicherweise werden Bohrkerne mit einem Durchmesser von 100 mm entnommen. Bei Bohrkernen mit einem Durchmesser von 50 mm sind – aufgrund der größeren Streuung der Einzelwerte – die 1,5- bis 2-fache Anzahl der Bohrkerne zu untersuchen. Die Verringerung des Durchmessers bringt also keinen Vorteil hinsichtlich des Umfangs des Eingriffs (siehe auch Abb. 5.11).

Die zur Bestimmung der Betondruckfestigkeit verwendeten Bohrkerne

- dürfen keine Bewehrung in Längsrichtung enthalten (Bewehrungsteile quer zur Längsrichtung setzen die Druckfestigkeit herab),
- sollen trocken sein (die Druckfestigkeit eines wassergetränkten Bohrkerns ist bis zu 15 % niedriger als die des trockenen Bohrkerns),
- sollen frei von Fehlstellen sein. Ist dies nicht möglich, so ist eine gesonderte Bewertung des Einflusses der Fehlstellen erforderlich.

Die Entnahmestellen der Bohrkerne sind so über den Prüfbereich zu verteilen, dass repräsentative Einzelergebnisse zu erwarten sind. Dabei darf die Tragfähigkeit des Bauteils nicht beeinträchtigt werden.

Die Bewertung von Festigkeitswerten von Prüfkörpern unterschiedlicher Geometrie kann grundsätzlich nach den Angaben im Abschn. 3.1.2 erfolgen. Der Durchmesser des Prüfkörpers soll das Dreifache des Größtkorns nicht unterschreiten.

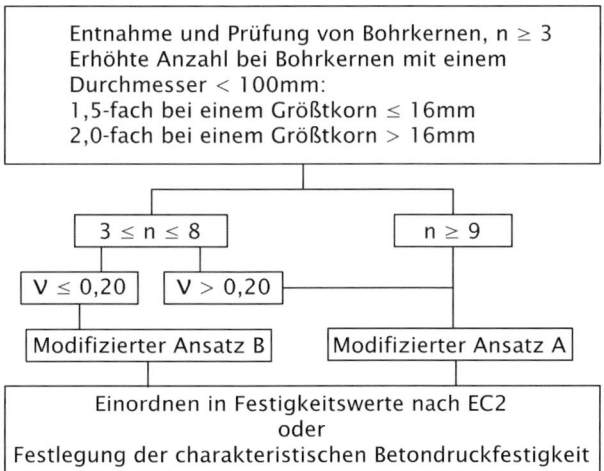

Abb. 5.11 Vorgehen bei der Bewertung der Betondruckfestigkeit am Objekt nach DIN EN 13791/A20: 2017-02 [40].

Tab. 5.2 Beiwert k_3 (nach DIN EN 13791/A20).

Umfang der Stichprobe n	Beiwert k_3
3	0,70
4 und 5	0,75
6 bis 8	0,80

Für die statistische Bewertung der Prüfergebnisse werden – in Abhängigkeit von der Anzahl der geprüften Bohrkerne und der Varianz der Stichprobe – zwei Ansätze unterschieden:

Modifizierter Ansatz A

$$f_{\text{ck,is}} = f_{\text{m}(n),\text{is}} \cdot (1 - k_n \cdot V) \tag{5.1}$$

Modifizierter Ansatz B

$$f_{\text{ck,is}} = \min\{f_{\text{m}(n),\text{is}} \cdot k_3; f_{\text{is,niedrigst}} + 4\} \tag{5.2}$$

mit

$f_{\text{ck,is}}$ charakteristische Druckfestigkeit des Bauwerksbetons
$f_{\text{m}(n),\text{is}}$ Mittelwert der Stichprobe
$f_{\text{is,niedrigst}}$ Kleinstwert der Stichprobe
V Variationskoeffizient der Stichprobe (Für den Variationskoeffizienten V der Stichprobe dürfen keine Werte kleiner als 0,08 eingesetzt werden.)
k_n Fraktilenfaktor für charakteristische Werte nach EC 0 (Tab. 2.3, dritte Spalte)
k_3 Beiwert aus Tab. 5.2

Beide Ansätze A und B in DIN EN 13791/A20 unterscheiden sich von den Ansätzen der DIN EN 13791, deshalb werden sie als „modifiziert" bezeichnet.

Die Zuordnung der für den Bauwerksbeton ermittelten charakteristischen Festigkeit kann mit Tab. 5.3 erfolgen.

Bei den Werten dieser Tabelle ist bereits berücksichtigt, dass die am Bauwerksbeton ermittelten Druckfestigkeiten nur 85 % der Werte erreichen müssen, die bei einer Prüfung von Proben, die aus Frischbeton hergestellt wurden, verlangt werden. Da keine Unsicherheiten hinsichtlich Verarbeitung und Nachbehandlung des Betons mehr bestehen, wäre anstatt niedrigerer Anforderungen an die Mindestdruckfestigkeit prinzipiell auch eine Reduktion des Teilsicherheitsbeiwertes γ_c möglich. Allerdings gilt hier „entweder, oder", d. h., wenn die Zuordnung der Druckfestigkeitsklassen für den Bauwerksbeton nach DIN EN 13791 erfolgt, dann ist eine weitere Abminderung der Teilsicherheitsbeiwerte nicht zulässig. Die Versuchsdurchführung im Labor erfolgt nach DIN EN 12504-1 [50].

Tab. 5.3 Charakteristische Mindestdruckfestigkeit von Bauwerksbeton für die Druckfestigkeitsklassen gemäß EN 206-1 (nach DIN EN 13791).

Druckfestigkeitsklasse	Charakteristische Mindestdruckfestigkeit von Bauwerksbeton [N/mm²]	
	$f_{ck,is,Zylinder}$	$f_{ck,is,Würfel}$
C10/8	7	9
C12/15	10	13
C16/20	14	17
C20/25	17	21
C25/30	21	26
C30/37	26	31
C35/45	30	38
C40/50	34	43
C45/55	38	47
C50/60	43	51
C55/67	47	57
C60/75	51	64
C70/85	60	72
C80/95	68	81
C90/105	77	89
C100/115	85	98

5.2.2 Druckfestigkeit von Beton – indirekte, kombinierte Verfahren

Die Schlagprüfung mit dem *Rückprallhammer* ermöglicht eine zerstörungsfreie Ermittlung der elastischen Eigenschaften der oberflächennahen Betonschicht. Das Verfahren beruht auf der Messung der Energiedissipation im Bereich der Betonoberfläche: Bei der Schlagprüfung wird ein Gewicht mit einer definierten Schlagenergie (gespannte Feder) ausgelöst. Das Gewicht trifft auf die Betonoberfläche und prallt sofort zurück. Gemessen und aufgezeichnet wird die Rückprallstrecke. Aufgrund des Einflusses der Erdanziehung ist dieses Maß in Abhängigkeit von der Schlagrichtung (horizontal, nach oben, nach unten) zu korrigieren. Je größer die Rückprallstrecke, je weniger Energie wurde vom Beton dissipiert. Das Maß der Energiedissipation wird vom Elastizitätsmodul bestimmt. Da zwischen Elastizitätsmodul und der Druckfestigkeit eines Betons eine Korrelation besteht, sind Rückschlüsse auf die Druckfestigkeit möglich.

Wenn ausschließlich indirekt geprüft wird, so kann das Ergebnis nur für eine Schätzung der Betondruckfestigkeit herangezogen werden. Für eine Prüffläche sind nach DIN EN 12504-2 (2001) [98] 9 Rückprallwerte zu bestimmen. Die Abmessungen einer Prüffläche betragen ca. 30×30 cm². Der Abstand zwischen zwei Aufschlagspunkten und der Abstand zum Rand dürfen nicht geringer als 25 mm sein. Die Temperatur soll zwischen 10 und 35 °C liegen. Als Ergebnis gilt der Medianwert aller Ablesungen. Wenn mehr als 20 % aller Ablesungen um mehr als sechs Einheiten vom Medianwert abweichen, so ist die gesamte Reihe zu verwerfen. Die Korrektur der Einzelwerte zur Berücksichtigung der Schlagrichtung und die Zuordnung der Rückprallzahl zur Festigkeit erfolgt anhand von Tabellen, die vom Hersteller des Rückprallhammers zur Verfügung gestellt werden.

Genauere Angaben, die über eine Schätzung hinausgehen, können nur dann aus den Rückprallwerten abgeleitet werden, wenn eine Kalibrierung an Bohrkernen, z. B. nach DIN EN 13791 [39, 40], für einzelne Bauteile erfolgt. Durch eine Kalibrierung kann eine objektbezogene Bezugskurve aufgestellt werden (Wahlmöglichkeit 1). Dafür sind mindestens 18 Ergebnispaare (Rückprallstrecke – Druckfestigkeit des Betons) erforderlich. Ein Ergebnispaar wird durch den aus neun Einzelwerten ermittelten Medianwert R_m der Rückprallstrecke und die zugehörige Druckfestigkeit des Bohrkerns definiert. Die Einzelwerte sind für eine spezifische Prüffläche zu bestimmen, aus der dann auch der Bohrkern zu entnehmen ist. Der Aufwand zur Kalibrierung des Verfahrens ist dann etwas geringer, wenn auf eine abgesicherte Bezugskurve zurückgegriffen wird, die objektbezogen für einen eingeschränkten Druckfestigkeitsbereich durch eine Verschiebung kalibriert wird (Wahlmöglichkeit 2). Dafür sind mindestens neun Ergebnispaare erforderlich.

Mit einer kalibrierten Bezugskurve kann an dem Bauteil, an dem die Kalibrierung durchgeführt wurde, die Druckfestigkeit zerstörungsfrei bestimmt werden. Dabei ist zu beachten, dass jeder Messstellenwert R_m wiederum als Medianwert aus neun Ablesungen zu ermitteln ist. Ohne Kalibrierung, d. h. ohne vergleichende Druckfestigkeitsprüfungen, kann die Rückprallhammerprüfung nur für qualitative Untersuchungen (Streuung von Festigkeiten, grobe Anhaltswerte für die Druckfestigkeit) eingesetzt werden. Das gilt auch für die Anwendung anderer indirekter Verfahren, wie z. B. die Ultraschall-Impulsgeschwindigkeitsprüfung und die Ausziehprüfung.

Wenn die Karbonatisierungstiefe größer als 5 mm ist, kann mit der Rückprallhammerprüfung ohne direkte Korrelation mit der Bohrkernfestigkeit keine Bewertung der vorhandenen Druckfestigkeit erfolgen.

5.2.3 Oberflächenzugfestigkeit

Die Oberflächenzugfestigkeit eines Betonbauteils ist dann von Bedeutung, wenn eine ausreichende Haftung zwischen einem Instandsetzungsmaterial oder einer aufgeklebten Verstärkung und dem Untergrund gewährleistet sein muss. Im Gegensatz zur zentrischen Zugfestigkeit lässt sich die Oberflächenzugfestigkeit nicht direkt aus der Druckfestigkeit des Betons ableiten. Schalungsoberfläche, Verdichtung, Nachbehandlung, Umwelteinflüsse, aber auch die Vorbereitung der Oberfläche beeinflussen das oberflächennahe Gefüge und damit die Oberflächenzugfestigkeit.

Die Ermittlung der Oberflächenzugfestigkeit kann nach DIN 1048-2 [99] erfolgen. Um eine definierte Bruchfläche vorzugeben, wird zuerst mit einer Bohrkrone eine ringförmige Nut in die Betonoberfläche gebohrt. Üblicherweise beträgt der Durchmesser der kreisförmigen Prüffläche 50 mm, die Tiefe der Ringnut etwa 10 mm. Auf die Prüffläche wird mit einem Kunstharzkleber ein Metallstempel aufgeklebt, in den eine Gewindestange eingeschraubt wird. Es ist darauf zu achten, dass der Kleber nicht in die Ringnut eindringt. Mit einer Zugvorrichtung wird anschließend eine Zugkraft auf den Stempel und damit auf die Betonoberfläche ausgeübt. Diese Kraft soll bis zum Bruch ruckfrei und stetig so gesteigert werden, dass die Zugspannung in der Klebefuge um etwa 0,05 N/mm² je Sekunde zunimmt. Dafür stehen hydraulisch, elektrisch oder mit einer Kurbel mechanisch betriebene Geräte zur Verfügung.

Bei sorgfältiger Vorbereitung der Klebeflächen und Verwendung eines geeigneten Klebers sollte der Bruch im Beton erfolgen. Wenn ein Versagen der Klebefuge oder der Grenzfläche zwischen Kleber und Beton auftritt, dann können diese Werte nicht zur Ermittlung der Oberflächenzugfestigkeit des Betons herangezogen werden.

Die erforderliche Anzahl der Versuche und die weitere statistische Auswertung richtet sich nach den Bestimmungen des vorgesehenen Instandsetzungs- oder Verstärkungsverfahrens.

5.2.4 Alkalität und Chloridgehalte

Die Karbonatisierungstiefe kann am Bauteil an frischen Bruchflächen bestimmt werden. Dazu wird 1 %ige alkoholische Phenolphthalein-Lösung aufgesprüht. Bei einem pH-Wert zwischen 8,2 und 10 verfärbt sich die Lösung violett bis rot (Abb. 5.12). Karbonatisierter Beton – genauer gesagt die Calciumhydroxid-Lösung im Zementstein des karbonatisierten Betons – hat einen pH-Wert von etwa 8.

Das heißt, der nicht karbonatisierte Beton verfärbt sich. Die Karbonatisierungstiefe lässt sich nur dann zuverlässig feststellen, wenn die Bruchfläche frisch, nicht durch Bohrmehl verunreinigt und nicht zu trocken ist. An Bohrkernen können gegebenenfalls frische Bruchflächen erzeugt werden. Trockener Beton ist vor der Prüfung anzufeuchten. Eine erste Einschätzung des Chloridgehaltes kann auf ähnliche Art und Weise auf der Baustelle durch das Aufsprühen von Silbernitrat- oder Kaliumchromat-Lösung erfolgen. Enthält der Zementstein weniger als 0,4 % Chlorid, findet ein Farbumschlag statt, der Beton verfärbt sich braun. Beim Verdacht auf gefährdende Chloridgehalte ist eine genauere Bestimmung im Labor und eine Ermittlung des Tiefenprofils unbedingt erforderlich. Einen guten Überblick zu den Verfahren, die geeignet sind, Bereiche mit Korrosionsgefahr infolge von Chlorideinwirkung zu identifizieren, geben Sodeikat und Meyer [100].

Abb. 5.12 Verfärbung des nichtkarbonatisierten Teils einer Betonprobe.

5.2.5 Porosität und Diffusionswiderstand

Gesamtporosität und Porenradienverteilung des Betons sind neben den Umwelt- und den Umgebungsbedingungen die wichtigsten Einflussgrößen für das Fortschreiten von Schädigungsmechanismen. Um einen ersten Anhaltswert zur Qualität des Oberflächengefüges zu erhalten, kann die Wasseraufnahme mithilfe Karsten'scher Prüfröhrchen bestimmt werden (siehe Abb. 5.13).

Der Wasseraufnahmekoeffizient

$$W = \text{kg}/\text{m}^2 \cdot \text{h}^{0,5}$$

beschreibt die abdichtende Wirkung. Eine Einstufung kann nach Tab. 5.4 erfolgen.

Eine genaue Bestimmung der Porosität kann nur im Labor erfolgen. Dazu wird häufig die Quecksilber-Druck-Porosimetrie eingesetzt (siehe Abschn. 3.3).

Abb. 5.13 Anwendung eines Karsten'schen Prüfröhrchens zur Bestimmung der Wasseraufnahme.

Tab. 5.4 Bewertung der Durchlässigkeit einer Oberfläche anhand des Wasseraufnahmekoeffizienten.

Wasseraufnahmekoeffizient w	Eigenschaft
$\leq 0{,}001$	Wasserdicht
$< 0{,}5$	Wasserabweisend
$< 2{,}0$	Wasserhemmend
$> 2{,}0$	Stark saugend

5.2.6 Zugfestigkeit und Schweißeignung des Bewehrungsstahles

In vielen Fällen ist es anhand der Ausführungsunterlagen in Verbindung mit einzelnen Sondierungen vor Ort möglich, Bewehrungsstähle ohne Laboruntersuchungen eindeutig zu identifizieren. Für die Zuordnung sind vor allem die Beschaffenheit und die Kennzeichnung der Oberfläche der Bewehrungsstähle hilfreich. Dazu finden sich in Abschn. 3.2 zahlreiche Hinweise.

Gelingt die Zuordnung nicht, so sind an Stellen, wo die Tragfähigkeit des Bauteils durch den Eingriff nicht herabgesetzt wird, Prüfstücke aus der Bewehrung zu entnehmen. Mit diesen Proben können Zugversuche und Probeschweißungen durchgeführt werden.

Bei geschädigten Bewehrungsstählen ist an repräsentativen Stellen der Abrostungsgrad respektive der Restquerschnitt zu bestimmen.

Tab. 5.5 Kategorien einer Zustandserfassung (beispielhaft).

Kategorie		Beispiel	
Verformung Schiefstellung	Größe, Verlauf	↓ 5 mm	→ 5 mm
Risse	Verlauf, Breite, Tiefe		< 0,4 mm
			0,4 bis 1 mm
			> 1 mm
Kiesnest	Tiefe		Kiesnest
Abplatzung	Ausmaß		Abplatzung
Hohlliegende Schalen			hohlliegende Schale
Freiliegende Bewehrung	Lage, Durchmesser, ursprüngliche Betondeckung		
Rostfahnen	Ausmaß		
Verfärbungen			
Bewuchs			
Probestellen	Lage	○ B_1	Bohrkern
		...	Rückprallhammer
		R1-R3	
Beobachtungspunkte	Lage		hohlliegende Schale
Baukonstruktive Besonderheiten	Defekte Entwässerung, fehlende Abdichtung, Durchfeuchtung etc.		

5.3 Dokumentation

Die weitestgehend lückenlose Dokumentation des Istzustandes eines Bauwerks ist die grundlegende Voraussetzung, um in der auf die Zustandserfassung aufbauenden Analyse mögliche Schadensursachen einzugrenzen. Falls es dann angezeigt erscheint, eine Sanierung zu konzipieren, lässt sich die Dokumentation direkt nutzen, um den Umfang der erforderlichen Maßnahmen und damit auch die Kosten zuverlässig abzuschätzen und um die Bauarbeiten auszuschreiben.

Im Sinne eines systematischen und möglichst effektiven Vorgehens ist es sinnvoll, Besonderheiten und Schäden auf vorbereiteten Grundrissen und Ansichten einzuzeichnen. Vor Ort handhabbar sind hierfür Formate bis A3. Die Zuordnung

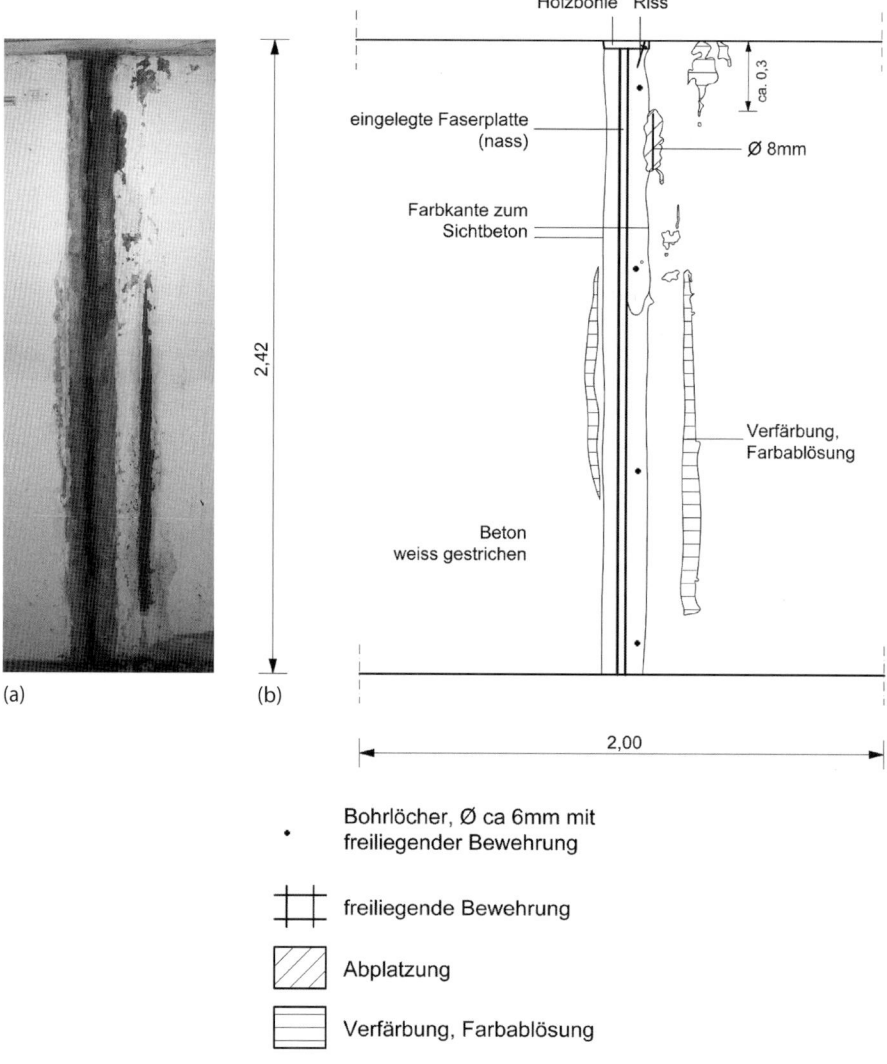

Abb. 5.14 Beispiel einer Zustandserfassung, (a) Fotodokumentation; (b) Zeichnung.

dieser Einzelblätter erfolgt über einen oder mehrere Übersichtspläne. Der Übersichtsplan des Erdgeschosses stellt üblicherweise den Bezug zur Nachbarbebauung her, zeigt die Zufahrten bzw. die Erschließung des Bauwerks sowie das gewählte Achsensystem und die Ausrichtung des Bauwerks zu den Himmelsrichtungen. Die Standorte beim Fotografieren lassen sich gut in Übersichtsplänen dokumentieren.

Was im Rahmen einer Zustandserfassung dokumentiert wird, hängt vom Einzelfall ab. Die in Tab. 5.5 aufgelisteten Kategorien und die Darstellung in Abb. 5.14 können als Anhalt dienen.

Besonders wichtig ist es, mit der Dokumentation die nötigen räumlichen Zusammenhänge herzustellen, die sich aus der Betrachtung einzelner Räume und Bauteile nicht direkt erschließen: Tritt ein Riss auf beiden Seiten einer Wand auf? Setzt sich der Riss einer Wand in der Decke oder in der Wand des darüber liegenden Geschosses fort? Ist der feuchte Fleck nur im Fußboden oder auch in der Deckenuntersicht erkennbar?

Erst wenn man diese Zusammenhänge erkennt, ist es möglich, den Zustand der Bauteile seriös zu bewerten und die möglichen Ursachen für Schäden einzugrenzen. Eine Fotodokumentation ist hilfreich, um die zeichnerische Zustandserfassung durch anschauliche Beispiele zu ergänzen. Ersetzen kann sie die zeichnerische Erfassung des Istzustandes nicht.

Es ist zu erwarten, dass in Zukunft die manuelle zeichnerische Dokumentation Schritt für Schritt von bildverarbeitenden Programmen in Kombination mit fotogrammetrischen Verfahren und Scanverfahren übernommen wird. Die Kontrolle und die abschließende Bewertung einer automatisierten Zustandserfassung werden aber auf absehbare Zeit Aufgaben des Ingenieurs bleiben.

6
Bewertung der Tragfähigkeit

> Belastungsversuche dürfen den Standsicherheitsnachweis bestehender Bauwerke in begründeten Fällen dann ergänzen, wenn der Standsicherheitsnachweis trotz gründlicher Bauwerksuntersuchung durch Berechnung nicht erbracht werden kann. In jedem Fall ist eine rechnerische Beurteilung der vorhandenen Tragfähigkeit erforderlich.
>
> *(DAfStb-Richtlinie – Belastungsversuche an Betonbauwerken [110])*

Neue technische Regelwerke alleine bewirken keine Veränderung der Tragsicherheit eines Bauteils. Auch Tragwerke unterliegen dem Bestandsschutz. Der Bestandsschutz erlischt allerdings *bei veränderter Nutzung* (z. B. durch Umnutzung von Büros zu Seminarräumen oder eines Industriebaus zu einem Gebäude für Wohnzwecke), wenn *zusätzliche Lasten* abzutragen sind (z. B. infolge einer Aufstockung oder nach dem Einbau eines Zwischengeschosses), wenn *Eingriffe ins vorhandene Tragwerk* erforderlich sind (z. B. bei Durchbrüchen für neue Lüftungskanäle, durch den Teilabbruch eines bestehenden Gebäudes oder bei einer Unterfangung vorhandener Fundamente) oder wenn eine Gefahr für die öffentliche Sicherheit und Ordnung aufgrund von *Schäden am Tragwerk* zu befürchten ist (z. B. infolge unterlassener Instandsetzung oder infolge Brand oder Explosion).

In diesen und in vergleichbaren Fällen kann von der zuständigen Baurechtsbehörde gefordert werden, dass der Nachweis der Tragsicherheit für ein bestehendes Bauwerk zu erbringen ist.

In welchem Umfang diese Nachweise zu führen sind – für einzelne Bauteile oder für das gesamte Bauwerk – hängt vom Umfang der geplanten Eingriffe bzw. von den vorhandenen Schäden ab und ist frühzeitig mit den zuständigen Behörden abzustimmen. Wenn im Zuge einer reinen Sanierung die ursprünglichen Abmessungen der Bauteile mit den entsprechenden Festigkeiten wiederhergestellt werden, kann im Einzelfall auf einen erneuten Nachweis der Tragsicherheit verzichtet werden.

Ausnahmen stellen Bauwerke dar, bei denen ein besonderes öffentliches Interesse hinsichtlich der Gefahrenabwehr besteht (z. B. Industrieanlagen, Talsperren oder Kernkraftwerke). Hier können Eigentümer und Betreiber verpflichtet werden, Sicherheitsnachweise für bestehende Anlagen nach neuen technischen Standards zu führen, wenn sich diese Standards ändern.

Bewertung und Verstärkung von Stahlbetontragwerken, 2. Auflage. Werner Seim.
© 2018 Ernst & Sohn GmbH & Co. KG. Published 2018 by Ernst & Sohn GmbH & Co. KG.

Der Nachweis der Tragsicherheit bestehender Tragwerke erfolgt grundsätzlich nach den aktuellen „allgemein anerkannten Regeln der Bautechnik". Zu diesen Regeln zählen die DIN-Normen im Bereich des konstruktiven Ingenieurbaus. Normen, die bauaufsichtlich eingeführt werden, erhalten den Status einer Verordnung und werden zwingendes Bauordnungsrecht. Normen, die zurückgezogen werden, verlieren diesen Status.

Beim „Bauen im Bestand" ist neben der Beherrschung des statisch-konstruktiven Grundlagenwissens auch die Kenntnis von Regeln jenseits der DIN-Normen Voraussetzung für eine erfolgreiche Arbeit: Wäre der EC 2 die einzige allgemein anerkannte Regel für die Bemessung von Stahlbetontragwerken, dann gäbe es keine Regel, nach der sich die Tragsicherheit eines mit Stahl I bewehrten Bauteils ermitteln ließe.

Abschnitt 6.1 enthält zahlreiche Hinweise und Vorschläge, wie bestehende Stahlbetontragwerke im Rahmen der Bemessungskonzepte des EC 2 behandelt werden können.

In Fällen, in denen eine rechnerische Untersuchung alleine nicht ausreicht, um die Tragsicherheit eines Bauteils zuverlässig und wirklichkeitsnah zu ermitteln, können sowohl experimentelle Untersuchungen als auch Verfahren zur kontinuierlichen Bauwerksüberwachung eingesetzt werden. Grundprinzipien dieser Verfahren und Hinweise für ihre Anwendung werden in den Abschn. 6.2 und 6.3 vorgestellt. Es soll allerdings schon an dieser Stelle darauf hingewiesen werden, dass eine rechnerische Untersuchung zum Tragverhalten immer eine unverzichtbare Grundlage für Belastungsversuche und die Konzeption einer kontinuierlichen Bauwerksüberwachung darstellt.

Die Anwendung aktueller Bemessungsregeln auf bestehende Tragwerke wird anhand der Beispiele im Abschn. 6.4 erläutert.

6.1   Rechnerische Bewertung der Tragfähigkeit

Bei der Anwendung der überwiegend bis ausschließlich für Neubauten konzipierten Normen stößt man bei vielen typischen Aufgaben im Zusammenhang mit dem „Bauen im Bestand" auf Schwierigkeiten. Es gilt charakteristische Kenngrößen für Werkstoffe zu definieren, für deren Herstellung es keine gültige Regel mehr gibt, und bei der Anwendung von Rechenverfahren für bestehende Konstruktionen exakte Randbedingungen auch dort zu definieren, wo nur eine grobe Einschätzung möglich ist. Zwei typische übergeordnete Fragestellungen in diesem Zusammenhang sind u. a. die Suche nach den Gründen, warum ein auf den ersten Blick „unterdimensioniertes" Tragwerk einige Jahrzehnte schadlos überdauert hat, oder die Quantifizierung von Tragreserven eines Bauteils, um höhere Lasten ohne aufwendige Verstärkung zulassen.

Um hier erfolgreich zu sein, bedarf es einer gleichermaßen kreativen wie verantwortungsvollen Interpretation heute gültiger Normen. Damit ist eine Anwendung der Regelwerke gemeint, die beim grundlegenden Ziel der ausreichenden Tragsicherheit keine Kompromisse eingeht, aber durch das Beherrschen der Grundlagen, auf denen die Regelwerke beruhen, eine individuelle und damit in aller Regel bessere Annäherung an das wirkliche Tragverhalten und die entsprechende Tragsicherheit möglich macht. In den folgenden Abschnitten werden diese Möglichkeiten ausgelotet – ausschließlich beispielhaft und keineswegs vollständig.

Wie gut sich der verantwortliche Ingenieur dem wirklichen Tragverhalten eines Bauteils annähern kann, hängt immer davon ab, wie gut er die Grundlagen der Mechanik und der Baustatik beherrscht und welche Erfahrung er bei der Anwendung dieser Grundlagen beim „Bauen im Bestand" besitzt.

6.1.1 Altes Tragwerk – neue Norm

Grundsätzlich unterliegt ein bestehendes Stahlbetontragwerk – wie jede Baukonstruktion – dem Bestandsschutz. Das heißt, wenn sich die rechtlichen Randbedingungen ändern – das kann eine neue Festlegung zur maximalen Gebäudehöhe im Bebauungsplan sein oder die Neufassung einer Norm zur Konstruktion und Berechnung von Stahlbetontragwerken –, so hat das für den Bestand erst einmal keine Konsequenzen. Das nach der neuen Begrenzung unzulässige oberste Geschoss muss nicht abgerissen werden und bei einer bestehenden Stahlbetondecke wird weiterhin eine ausreichende Tragsicherheit vorausgesetzt, auch wenn die Regeln zur Schubbemessung verschärft wurden. Der Bestandsschutz erlischt allerdings dann, wenn eine Nutzungsänderung mit oder ohne Eingriffe in das Tragwerk geplant ist, oder wenn offensichtliche Schäden Zweifel an der Tragsicherheit eines Bauteils begründen. In welchem Umfang in solchen Fällen die rechnerischen Nachweise zu führen sind – für einzelne Bauteile oder für das gesamte Bauwerk –, ist im Einzelfall mit der zuständigen Genehmigungsbehörde respektive dem von ihr beauftragten Prüfingenieur abzustimmen.

Grundsätzlich sind neue rechnerische Nachweise zur Tragsicherheit, wenn diese gefordert werden, nach den allgemein anerkannten Regeln der Bautechnik zu führen. Dazu zählen die aktuellen bauaufsichtlich eingeführten Normen. Alte, abgelöste oder zurückgezogene Ausgaben von Normen gehören als Ganzes nicht mehr zu den allgemein anerkannten Regeln der Bautechnik – was nicht ausschließt, dass einzelne Festlegungen nach wie vor von der Fachwelt als gültig angesehen werden. Erfreulicherweise wurden 2009 alle wesentlichen seit 1904 herausgegebenen Regelwerke für den Beton-, Stahlbeton- und Spannbetonbau nachgedruckt [101]. Eine alte Norm kann hilfreich für das Verständnis des bestehenden Tragwerks sein.

Auf der anderen Seite sind die für Neubauten konzipierten Normen nicht ohne Weiteres auf den Bestand anzuwenden. Das betrifft im Zusammenhang mit Stahlbetontragwerken insbesondere Stahlgüten, Bewehrungsformen oder – wie bei umschnürten Stützen – ganze Konstruktionsformen, die – weil sie für den Neubau ohne Bedeutung sind – in den neuen Normen unberücksichtigt bleiben.

Von der Fachkommission Bautechnik der Bauministerkonferenz (ARGEBAU) wurde die Definition des Bestandsschutzes dahingehend erweitert, dass in besonderen Fällen rechnerische Nachweise der Tragsicherheit im Bestand nach den ursprünglichen, bei der Herstellung des Gebäudes gültigen bautechnischen Regeln geführt werden dürfen. Danach sind die aktuellen technischen Baubestimmungen bei der Änderung baulicher Anlagen nur auf die „unmittelbar von der Änderung berührten Teile" anzuwenden. Das heißt, die „Aufnahme von weiter-

Tab. 6.1 Beispiele zur Anwendung des Bestandsschutzes (Auswahl nach [102] und [100]).

Beispiel	Vorgehen
Wanddurchbruch mit örtlicher Abfangung	Ein Nachweis des Gesamtgebäudes mit den aktuellen technischen Baubestimmungen ist in der Regel nicht erforderlich. Kompensationsmaßnahmen und Stürze sind nach den aktuellen Bemessungsregeln nachzuweisen.
Aufstockung ohne wesentliche Veränderung des vorhandenen Gebäudes	Die Standsicherheit der unveränderten Teile der baulichen Anlage muss auch unter dieser Zusatzbelastung nach dem ursprünglichen Regelwerk nachweisbar sein. Werden in den unteren Geschossen infolge der Aufstockung wesentliche bauliche Änderungen erforderlich, so ist das gesamte Gebäude wie ein Neubau zu behandeln.
Aufstockung mit nachträglicher Verstärkung des Bestands	Der Nachweis der unveränderten Teile der baulichen Anlage kann hinsichtlich der zusätzlichen Belastung nach dem ursprünglichen Regelwerk erfolgen. Ist dieser Nachweis nur mit zusätzlichen Verstärkungsmaßnahmen möglich, sind diese nach den aktuellen technischen Baubestimmungen zu bemessen.
Ersatz tragender Wände durch Abfangungen	Die Abtragung der Lasten der Geschossdecke und deren Unterstützungskonstruktion sind nach aktuellem Regelwerk nachzuweisen.
Stützen einer Tiefgarage mit chloridinduzierter Korrosion	Wenn die Betondeckung den ursprünglichen Regeln entspricht, muss die Betondeckung im Zuge der Instandsetzung nicht erhöht werden. Wenn die Betondeckung systematisch von den ursprünglichen Regeln abweicht, muss die Betondeckung im Zuge der Instandsetzung auf die zum Zeitpunkt der Instandsetzung gültigen Werte erhöht werden.

zuleitenden Lasten aus eigenständigen neuen Teilen von baulichen Anlagen (z. B. Anbau, Aufstockung, Antenne, Solaranlage) darf zunächst mit den ursprünglichen bautechnischen Vorschriften nachgewiesen werden". Gelingt dieser Nachweis nicht, erlischt der Bestandsschutz, Bauteile, die nachträglich verstärkt werden sollen, sind mit den aktuellen technischen Baubestimmungen nachzuweisen. Tabelle 6.1 zeigt ausgewählte Beispiele zur Anwendung des Bestandsschutzes.

Im Rahmen des Bestandsschutzes können einzelne schadhafte Bauteile erneuert werden, sofern der Schaden nicht auf eine Überlastung bzw. fehlerhafte Bemessung zurückzuführen ist.

Die baurechtlich abgesicherte Anwendung historischer Konstruktionsnormen ist ein – auf den ersten Blick – sehr vorteilhafter Weg beim Tragsicherheitsnachweis bestehender Tragwerke. Allerdings sollte dieser Weg nur dann beschritten werden, wenn man sich mit der historischen Norm als Ganzes ausreichend vertraut gemacht hat. Besonders wichtig sind in diesem Zusammenhang auch die Konstruktionsregeln für die Bewehrungsführung.

Ganz grundsätzlich gibt es beim Bauen im Bestand einen erheblichen Interpretationsbedarf beim Zusammenführen von Bauwerk und Regelwerk und einen großen Ermessensspielraum bei der Festlegung technischer und baurechtlicher Randbedingungen. Dieser Spielraum sollte im Sinne eines gleichermaßen schonenden, um nicht zu sagen respektvollen und unter Sicherheitsaspekten angemessenen Umgangs mit der bestehenden Konstruktion genutzt werden. Die erfolgreiche und zielgerichtete Abstimmung zwischen allen an der Planung und an der Genehmigung Beteiligten braucht eine gute Kommunikation und eine lückenlose und gut nachvollziehbare Dokumentation aller Entscheidungen und Festlegungen.

Mit den Angaben in Kapitel 3 ist es möglich, charakteristische Festigkeiten für Stähle und Betone zu definieren, die heute nicht mehr genormt sind. Die Fragen im Zusammenhang mit der Festlegung von Teilsicherheitsbeiwerten wurden in Kapitel 2 umfassend diskutiert.

Einen Sonderfall stellt die Frage der Gebrauchstauglichkeit dar. Hier lassen sich oft die entscheidenden Informationen aus dem vorgefundenen Zustand und dem bisherigen Verhalten des Bauwerks gewinnen. Gegebenenfalls sind genaue Verformungsmessungen oder auch dynamische Messungen hilfreich. Auf dieser Grundlage sind für den Einzelfall die Zielsetzungen festzulegen und es sind entsprechende Maßnahmen abzuleiten. Die konstruktiven Regeln der aktuellen Normen (z. B. Mindestbewehrung) sind in diesem Zusammenhang wenig hilfreich.

6.1.2 Verwendung „individueller" Materialkennwerte

Die rechnerische Tragfähigkeit von Stahlbetonbauteilen wird von der Druckfestigkeit des Betons und von der für Zug- und Druckbeanspruchung gleichzusetzenden Fließgrenze des Stahls bestimmt. Dieser Zusammenhang ist erst einmal trivial. Beim Nachweis von Druckgliedern sowie bei den Nachweisen der Tragfähigkeit gegenüber Biege- und Querkraftbeanspruchung gehen die entsprechenden Festigkeitswerte direkt in die Bemessung ein. Bei anderen Nachweisen – wie z. B. bei der Querkrafttragfähigkeit ohne Schubbewehrung oder bei der Verankerung von Betonstählen – ist in erster Linie die Zugfestigkeit des Betons maßgebend, aus der sich Schub- und Verbundfestigkeiten ableiten lassen. Aufgrund des bekannten Zusammenhangs zwischen zentrischer Zug- und Druckfestigkeit können auch diese Werte in Abhängigkeit von der charakteristischen Druckfestigkeit des Betons angegeben werden.

Die Betondruckfestigkeit kann mit den im Abschn. 5.2 beschriebenen Verfahren objektbezogen für einzelne Bauteile oder für eine Gruppe von Bauteilen bestimmt werden.

Die am Bauteil oder an aus Bauteilen entnommenen Bohrkernen ermittelten Festigkeitswerte werden statistisch bewertet. Grundsätzlich ist so eine Einordnung in eine Festigkeitsklasse oder die Definition einer bauteilbezogenen charakteristischen Druckfestigkeit möglich. Auf diese Art und Weise können Tragfähigkeitsreserven, die sich durch die mit zunehmendem Alter des Betons steigende Festigkeit „ergeben", konkret bewertet werden. Die daraus abzuleitenden Tragfähigkeitsreserven dürfen allerdings nur dann angesetzt werden, wenn sie durch eine ausreichende Anzahl von Prüfergebnissen belegt sind. Zerstörungsfreie Prüfungen allein reichen hier keinesfalls aus.

6 Bewertung der Tragfähigkeit

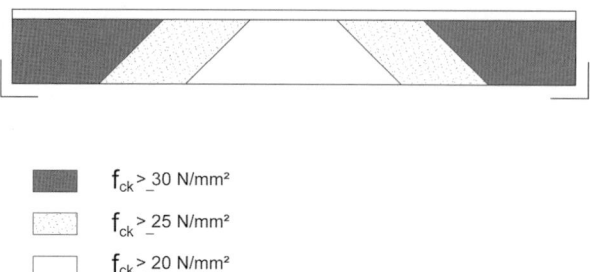

$f_{ck} \geq 30$ N/mm²

$f_{ck} \geq 25$ N/mm²

$f_{ck} \geq 20$ N/mm²

Abb. 6.1 Steg eines Trägers mit abgestufter erforderlicher Betonfestigkeit (schematisch).

Bei der Festlegung des Rechenwertes der Beanspruchbarkeit spielt darüber hinaus die Frage der Belastungsdauer und der Zeitpunkt der Erstbelastung eine entscheidende Rolle. Bei der Definition des Beiwerts α, mit dem die Betondruckfestigkeit abgemindert wird, wurde die günstige zeitabhängige Festigkeitsentwicklung des Betons „stillschweigend" berücksichtigt.

Um mit einem Abminderungsfaktor $\alpha = 0{,}85$ nicht auf der „unsicheren Seite" zu liegen, kann es bei bestehenden Bauwerken erforderlich werden, den Einfluss der Dauerlast genauer zu untersuchen – sowohl was den Zeitpunkt der Erstbelastung als auch was den Anteil der Dauerlast am maßgebenden Lastkollektiv anbelangt.

Bauteile, bei denen sich durch genauere Untersuchungen der Betondruckfestigkeit Tragfähigkeitsreserven ergeben können, sind – „naturgemäß" – Stützen. Aber auch bei schlanken Plattenbalken oder in Bereichen mit hoher Schubbeanspruchung können sich Festigkeitsprüfungen an Bohrkernen lohnen.

In besonderen Fällen ist eine gezielte Untersuchung in hoch beanspruchten Bereichen oder eine Abstufung der Anforderungen für unterschiedlich hoch beanspruchte Bereiche eines Bauteils zielführend, wie die schematische Darstellung in Abb. 6.1 zeigt.

Beim Bewehrungsstahl werden genauere Festigkeitsuntersuchungen – wenn man ihn anhand von Angaben in den Konstruktionsunterlagen oder anhand seiner Oberflächengestalt identifiziert hat – nicht nötig sein.

6.1.3 Plastische Berechnungsverfahren

Bei der Betrachtung von Grenzzuständen der Tragfähigkeit ist die Anwendung plastischer Berechnungsverfahren (vgl. Abschn. 4.1) außerordentlich hilfreich. Das gilt für statisch unbestimmt gelagerte Stabtragwerke sowie für Platten und Scheiben gleichermaßen.

Bei der *Momentenumlagerung* in statisch unbestimmt gelagerten Stahlbetonbalken bzw. einachsig gespannten Platten werden die Gleichgewichtsbedingungen erfüllt und die Fließbedingung wird an keiner Stelle verletzt. Damit sind die Randbedingungen des statischen Grenzwertsatzes eingehalten, d. h., das Berechnungsergebnis liefert einen unteren Grenzwert der Traglast. Eine wichtige Voraussetzung für die Anwendung der Plastizitätstheorie ist die ausreichende Verformungsfähigkeit des Tragwerks. Bei stabförmigen Bauteilen wird die Verformungsfähigkeit durch die Rotationsfähigkeit der Bereiche bestimmt, in denen für den Grenzzustand der Tragfähigkeit erwartet wird, dass sich plastische Gelenke ausbilden.

Die ausreichende Rotationsfähigkeit wird durch eine Gegenüberstellung der erforderlichen Rotation Θ_S und des Bemessungswertes der möglichen Rotation $\Theta_{pl,d}$

$$\Theta_S \leq \Theta_{pl,d} \tag{6.1}$$

geführt.

Die zur Einhaltung der Verträglichkeitsbedingung erforderliche Rotation Θ_S kann für einen vorgegebenen Momentenverlauf durch die abschnittsweise Integration der Querschnittskrümmungen $(1/r)$ über die Bauteillänge ermittelt werden. Die zulässige plastische Rotation hängt von der bezogenen Höhe der Druckzone, von der Schubschlankheit und von der Druckfestigkeit des Betons ab. Erläuterungen und Berechnungshilfen finden sich in den Heften 425 und 600 des Deutschen Ausschusses für Stahlbeton (DAfStB) [103, 104].

Die Anwendung plastischer Berechnungsverfahren ist nur möglich bei hochduktilen Bewehrungsstählen (Klasse B), die einem Mindestwert für die Gleichmaßdehnung unter Höchstlast

$$\varepsilon_{u,k} \geq 5\,\% \tag{6.2}$$

erreichen.

Beim „Bauen im Bestand" kommt der Umlagerung von Schnittgrößen von der Stütze ins Feld in zwei Fällen besondere Bedeutung zu: Zum einen, wenn bereits die vorhandene Feldbewehrung Reserven aufweist (Abb. 6.2a); zum andern, wenn eine nachträgliche Verstärkung des Bauteils ausschließlich von unten – d. h. im Feld – erfolgen soll (Abb. 6.2b). Dazu mehr im 9. Kapitel. Dort findet sich auch ein entsprechendes Rechenbeispiel.

Die Möglichkeit, Biegemomente auch ohne genaueren Nachweis der Rotationsfähigkeit „umzulagern", stellt eine vereinfachte Anwendung des plastischen Berechnungsverfahrens dar. Die mit linear-elastischen Berechnungsverfahren

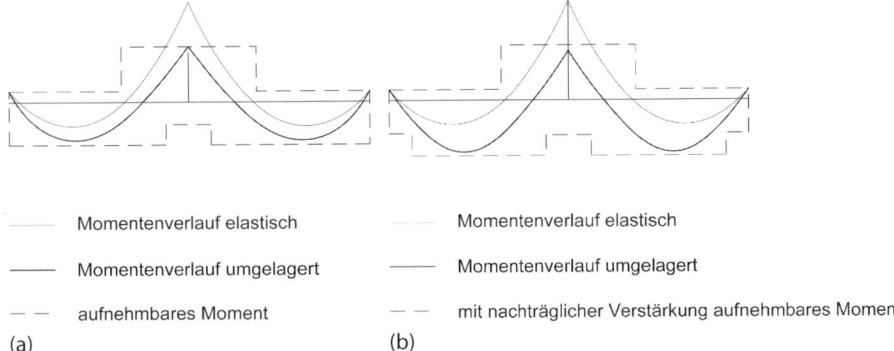

Abb. 6.2 Umlagerung von Biegemomenten zur Heranziehung von Tragreserven der vorhandenen Feldbewehrung (a) und bei nachträglicher Verstärkung im Feldbereich (b).

ermittelten Biegemomente dürfen umgelagert werden, bei vorwiegend auf Biegung beanspruchten Platten und Balken, bei denen das Stützweitenverhältnis benachbarter Felder zwischen 0,5 und 2,0 liegt. Die benachbarten Felder sollen annähernd gleiche Steifigkeit aufweisen. Der Abminderungsfaktor δ für das Stützmoment wird in Abhängigkeit von der Duktilitätsklasse des Stahls und von der Betongüte bestimmt:

$$M' = M \cdot \delta \tag{6.3}$$

für hochduktilen Stahl

$$\delta \geq 0{,}64 + 0{,}8 \cdot \frac{x_\mathrm{u}}{d} \geq 0{,}7 \quad \text{für } f_\mathrm{ck} \leq 50\,\mathrm{N/mm^2} \tag{6.4}$$

$$\delta \geq 0{,}72 + 0{,}8 \cdot \frac{x_\mathrm{u}}{d} \geq 0{,}8 \quad \text{für } f_\mathrm{ck} > 50\,\mathrm{N/mm^2} \tag{6.5}$$

für Stahl mit normaler Duktilität

$$\delta \geq 0{,}64 + 0{,}8 \cdot \frac{x_\mathrm{u}}{d} \geq 0{,}85 \quad \text{für } f_\mathrm{ck} \leq 50\,\mathrm{N/mm^2} \tag{6.6}$$

$$\delta = 1{,}0 \quad \text{für } f_\mathrm{ck} > 50\,\mathrm{N/mm^2} \tag{6.7}$$

Bei dieser Vorgehensweise ist die bezogene Druckzonenhöhe x_u/d nach der Umlagerung zu ermitteln. Dadurch wird die Vorgehensweise iterativ.

Werden Biegemomente umgelagert, so ist sicherzustellen, dass auch die umgelagerten Querkräfte und Auflagerkräfte vom Tragwerk aufgenommen werden und eine ausreichende Verankerung der Biegebewehrung für den maßgeblichen Grenzzustand gegeben ist. Anschauliche Beispiele zur Berechnung von Durchlaufträgern nach der Plastizitätstheorie finden sich in Heft 425 des DAfStb [103] sowie bei Litzner [105].

Streifenmethode und Bruchlinientheorie sind zwei Verfahren zur plastischen Berechnung von Plattentragwerken. Bei der Streifenmethode wird die Drillsteifigkeit der Platte vernachlässigt und die Kompatibilität von Verformungen (Durchbiegung und Krümmung) bleibt unberücksichtigt. Dieses Vorgehen entspricht den Grundsätzen des statischen Grenzwertsatzes der Plastizitätstheorie und führt damit zu einer konservativen Abschätzung der Traglast. Das Verfahren ist sehr anschaulich (vgl. Abb. 6.3) und einfach handhabbar.

Auch die Bruchlinientheorie (Abb. 6.4) nutzt anschauliche Mechanismen. Sie folgt der Annahme, dass sich in einer Platte nach und nach Fließgelenklinien ausbilden, die schließlich zu einem frei verformbaren Mechanismus führen. Damit zählt die Bruchlinientheorie zu den kinematischen Verfahren der Plastizitätstheorie. Die maßgebende – minimale – Traglast lässt sich nur dann am kinematischen System bestimmen, wenn außerhalb der Gelenklinie die Fließbedingung nicht verletzt wird. Mithilfe linear-elastischer Berechnungen lassen sich Bereiche mit maximaler Momentenbeanspruchung eingrenzen. Unter der Voraussetzung, dass sich dort die Bruchlinien – also Fließgelenke auf einer Geraden – ausbilden, können unterschiedliche Versagensbedingungen untersucht werden. Aus diesem iterativen Vorgehen lässt sich die Versagenslast bestimmen. Dazu ist die innere

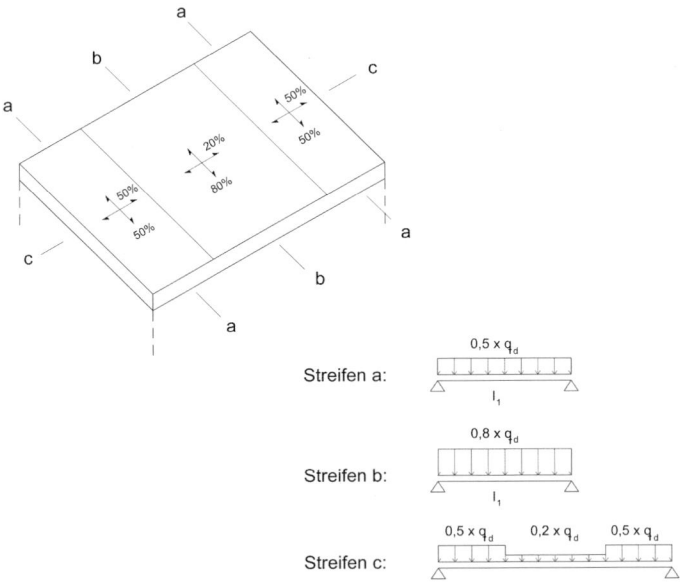

Abb. 6.3 Beispiel zur Anwendung der Streifenmethode bei einer vierseitig gelagerten Stahlbetonplatte.

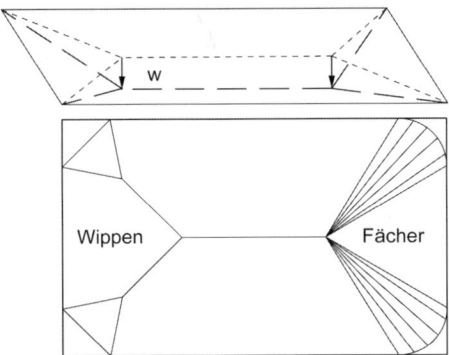

Abb. 6.4 Anwendung der Bruchlinientheorie bei Stahlbetonplatten.

Arbeit entlang der Bruchlinie aufzuintegrieren und der äußeren Arbeit gleichzusetzen.

Für typische, praxisrelevante Tragwerke finden sich Bruchliniengeometrien im Fachschrifttum [103]. Für Sonderfälle – z. B. bei Fehlen der im Eckbereich aus Gleichgewichtsgründen erforderlichen oberen Bewehrung – lassen sich auch verfeinerte Versagensmodelle herleiten. Es ist zu beachten, dass der Verdrehungswinkel Θ ein fiktiver Wert im Sinne einer Einheitsverformung ist. Ein expliziter Nachweis der Rotationsfähigkeit erfolgt für zweiachsig gespannte Plattentragwerke nicht. EC 2 gibt allerdings für Platten im Vergleich zu Stabtragwerken schärfer gefasste konstruktive Einschränkungen vor:

$$\frac{x_u}{d} < 0{,}25 \quad \text{für } f_{ck} \leq 50\,\text{N/mm}^2 \tag{6.8}$$

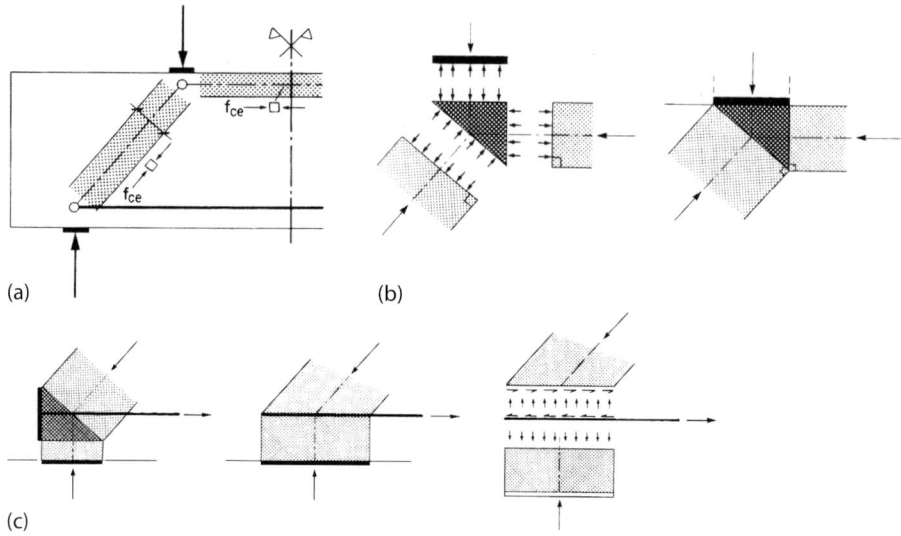

Abb. 6.5 Beispiel für die Entwicklung von Spannungsfeldern (aus [76]). (a) Auflagerbereich eines Trägers; (b) Knoten mit zweiachsiger Druckbeanspruchung; (c) Einleitung von Zugkräften.

$$\frac{x_\mathrm{u}}{d} < 0{,}15 \quad \text{für } f_\mathrm{ck} > 50\,\mathrm{N/mm^2} \tag{6.9}$$

und

$$0{,}5 \leq \frac{M_\mathrm{St}}{M_\mathrm{F}} \leq 2{,}0 \tag{6.10}$$

Auch zur Anwendung der Bruchlinientheorie finden sich in Heft 425 des DAfStb [103] anschauliche Beispiele.

Zur Berechnung von Scheibentragwerken kann die *Methode der Spannungsfelder* angewandt werden. Bei diesem Verfahren werden Zug- und Druckstreben definiert, die in Knotenbereichen gekoppelt sind. Die Abmessung der Druckstreben ergibt sich aus der Ausnutzung der einachsigen Betondruckfestigkeit. Die Verträglichkeit der Verformungen zwischen Druck- bzw. Zugstreben und den unmittelbar angrenzenden, unbeanspruchten Bereichen des Tragwerks werden nicht beachtet. Das Verfahren folgt damit den Grundbedingungen des statischen Grenzwertsatzes der Plastizitätstheorie und führt zu einer unteren – d. h. auf der sicheren Seite liegenden – Eingrenzung der Traglast. Besondere Sorgfalt ist bei der Modellierung der Knotenbereiche erforderlich (Abb. 6.5): Wenn ausschließlich Druckkräfte am Knoten angreifen, ergibt sich im Knoten ein zweiachsiger – günstiger – Spannungszustand. Bei Zugkräften ist die Krafteinleitung durch eine ausreichende Verankerungslänge außerhalb des Knotens, durch Ankerkörper und bzw. oder über Haftspannungen im Knotenbereich, sicherzustellen.

Die Methode der Spannungsfelder kann auf alle „scheibenartigen" Tragwirkungen, wie sie u. a. bei der Querkraftbeanspruchung in Stegen, bei der Ausbreitung von Druckkräften in der Platte eines Plattenbalkens oder bei der Torsionsbeanspruchung eines Hohlkastens auftreten, angewandt werden. Eine ausführliche Darstellung dazu wurde von Muttoni *et al.* [76] zusammengetragen.

Allen Verfahren, die auf den Grundlagen der Plastizitätstheorie aufbauen, ist gemein, dass sie Aspekte der Gebrauchstauglichkeit außer Acht lassen. Bei den Fragestellungen im Zusammenhang mit dem „Bauen im Bestand" relativiert sich dieser Nachteil. Die Bewertung der Gebrauchstauglichkeit und die Prognose der zukünftigen Entwicklung sind nicht ausschließlich auf Berechnungsverfahren angewiesen, sondern können sich in erheblichem Maße auf die Erkenntnisse aus der Zustandserfassung abstützen.

6.1.4 Räumliche Tragwirkung

Tragwerke werden für eine statische Berechnung meist als vereinfachte ebene Tragelemente modelliert, die hierarchisch gegliedert und über vereinfachte Auflagerbedingungen gekoppelt sind. Dabei wird das dreidimensionale Tragverhalten einerseits und eine Interaktion zwischen den einzelnen Tragelementen andererseits, die über ein einfaches Kräftegleichgewicht hinausgeht, meist durch einfache „konstruktive" Überlegungen abgedeckt. Aus dieser praxisgerechten vereinfachten Vorgehensweise können erhebliche Tragreserven resultieren, die bei einer genaueren Untersuchung eines bestehenden Bauwerks auch quantifiziert werden können.

Ein einfaches Beispiel ist das Zusammenwirken von *Stahlbetonplatte und Unterzug* (siehe Abb. 6.6). Die vereinfachte Annahme einer unverschieblichen Lagerung der Platte auf dem Unterzug führt gleichzeitig zu einer Überschätzung der Stützmomente der Platte und der Beanspruchung des Unterzugs. Wenn im Feld der Platte eine ausreichende Bewehrung vorhanden ist, so können sich durch eine genauere Berechnung, bei der die Biegeverformung des Unterzugs berücksichtigt werden, Tragreserven ergeben.

Eckmomente, die sich aus dem Zusammenwirken von Decken und Wänden ergeben, werden sehr häufig durch eine „konstruktive Zulage" berücksichtigt. Bei einer solchen „konstruktiven Einspannung" kann das maximal wirksame Ein-

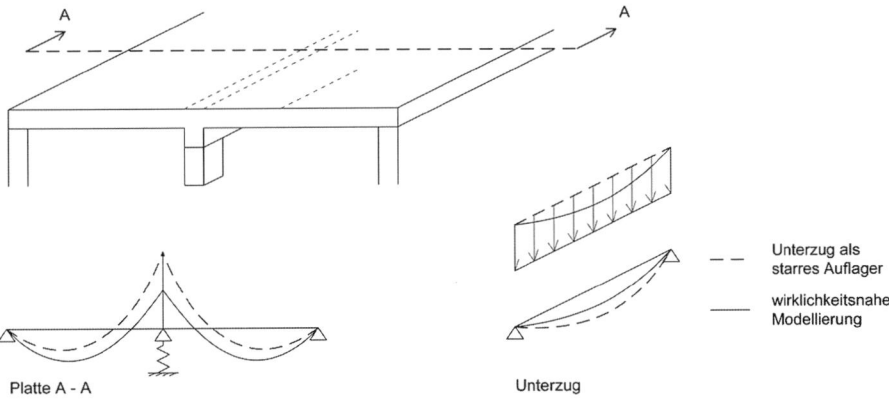

Abb. 6.6 Vergleich der Biegemomente einer Stahlbetonplatte und des zugehörigen Unterzugs bei vereinfachter und genauer Betrachtungsweise.

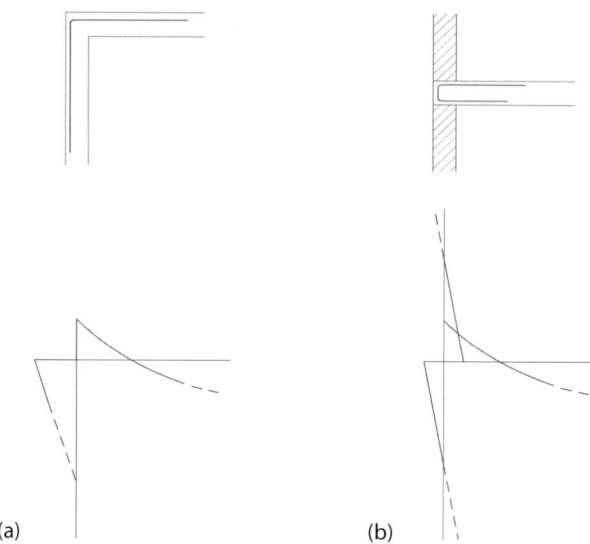

Abb. 6.7 Einspannwirkung. (a) Durch vorhandene „konstruktive" Zulagen im Bereich von Deckenauflagern; (b) durch gemauerte Wände.

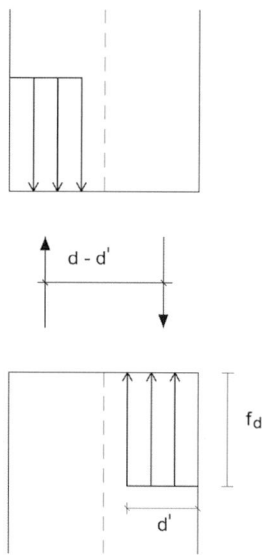

$M_{R,d} = d' \cdot (d - d') \cdot f_d \cdot l$

keine Begrenzung der Exzentrizität

Abb. 6.8 Begrenzung der Einspannwirkung bei gemauerten Wänden.

spannmoment unter Berücksichtigung der erforderlichen Verankerungslänge berechnet werden (Abb. 6.7a).

Bei gemauerten Außenwänden wird das Knotenmoment durch die Tragfähigkeit des Mauerwerks unter exzentrischer Beanspruchung begrenzt (Abb. 6.7b

Tab. 6.2 Kennzahl K_E zur Ermittlung des Elastizitätsmoduls von Mauerwerk aus EC 6.

Mauersteinart	Kennzahl K_E
Mauerziegel	1100
Kalksandsteine	950
Leichtbetonsteine	950
Betonsteine	2400
Porenbetonsteine	550

und 6.8). Die Ermittlung der Schnittgrößen kann an einem Rahmensystem erfolgen. Dabei kann auch für das Mauerwerk vereinfacht linear-elastisches Materialverhalten eines ungerissenen Querschnitts angesetzt werden. Der Elastizitätsmodul für das Mauerwerks hängt von der verwendeten Mauersteinart ab:

$$E = K_E \cdot f_k \tag{6.11}$$

mit

f_k charakteristische Druckfestigkeit des Mauerwerks
K_E Kennzahl nach Tab. 6.2

In der Berechnung darf die halbe Nutzlast als ständige Last angesetzt werden.

Auch in – scheinbar – einfachen Stab- und Plattentragwerken können sich vergleichsweise komplexe zwei- und dreidimensionale Tragzustände ausbilden, die durch die üblichen baustatischen Verfahren nicht erfasst werden. In diesem Zusammenhang sind insbesondere *Bogen- und Gewölbetragwirkungen* zu nennen.

Dass auch stahlbewehrte Betontragwerke die äußeren Lasten vorwiegend über Druckbeanspruchung abtragen, ist naheliegend. Inwieweit dabei auch die Stahlbewehrung aktiviert wird, hängt in erster Linie von der Auflagersituation ab.

Abbildung 6.9 zeigt am Beispiel des einfeldrigen Stahlbetonbalkens den Einfluss des Widerlagers: Bei einer horizontal unverschieblichen Lagerung können die Lasten auch ohne Bewehrung abgetragen werden. Ist eines der beiden Auflager frei verschieblich, dann ist der Horizontalschub voll von der Bewehrung aufzunehmen. Zwischen diesen beiden Extremfällen werden sich die Kräfte in der Bewehrung in Abhängigkeit von der Nachgiebigkeit der Auflager einstellen.

Das bedeutet: Ob und wie sich eine Bogen- bzw. Gewölbetragwirkung entwickelt, hängt davon ab, ob und wie die horizontalen Auflagerkräfte abgetragen werden. Die horizontalen Komponenten können – über einer Innenstütze (Abb. 6.10a) – im Gleichgewicht stehen. Sie können aber auch über Scheibentragwirkungen und bzw. oder eine Gurtbewehrung (Abb. 6.10b) abgetragen werden.

In allen drei Fällen können sich, wenn die Bewehrung der Platte für eine reine Biegebeanspruchung ausgelegt wurde, erhebliche Tragreserven entwickeln. Allerdings ist eine rechnerische Bewertung dieser Reserven außerordentlich schwierig. Jörg Schlaich hat sich bereits 1963 in seiner Dissertation zur *Gewölbewirkung in durchlaufenden Stahlbetonplatten* dieser Thematik angenommen [106]. Er schlägt vor, bei der Ermittlung der Querschnittstragfähigkeit „die

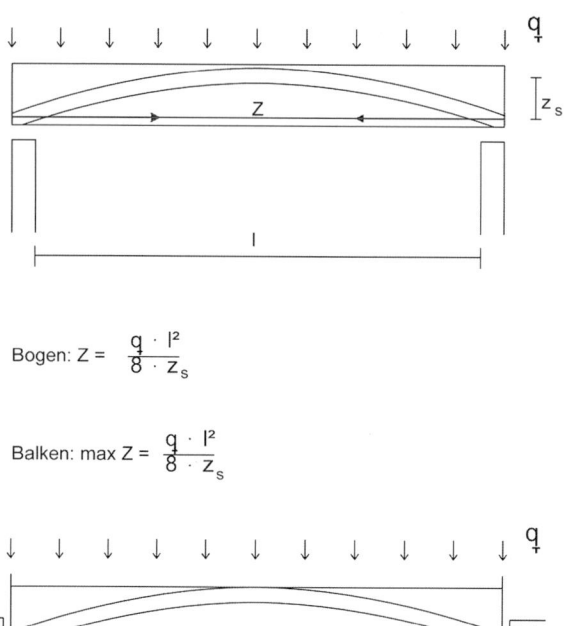

Abb. 6.9 Bogentragwirkung in einem Stahlbetonbalken.

Momente der reinen Biegetheorie und die Normalkräfte der Biegetheorie mit Gewölbewirkung zugrunde zu legen". Dieses Verfahren ist durchaus geeignet, unerwartet geringe Stahlspannungen, die bei einem Belastungsversuch gemessen werden, zu erklären.

6.2 Experimentelle Verfahren

Als sich die Eisenbetonbauweise Ende des 19. Jahrhunderts als neues Konstruktionsprinzip zu etablieren begann, wurden von den ausführenden Firmen zahlreiche Belastungsversuche durchgeführt.

Zum einen wurden solche Probebelastungen von den Behörden gefordert, um den Nachweis ausreichender Tragsicherheit zu erbringen, zum anderen dienten

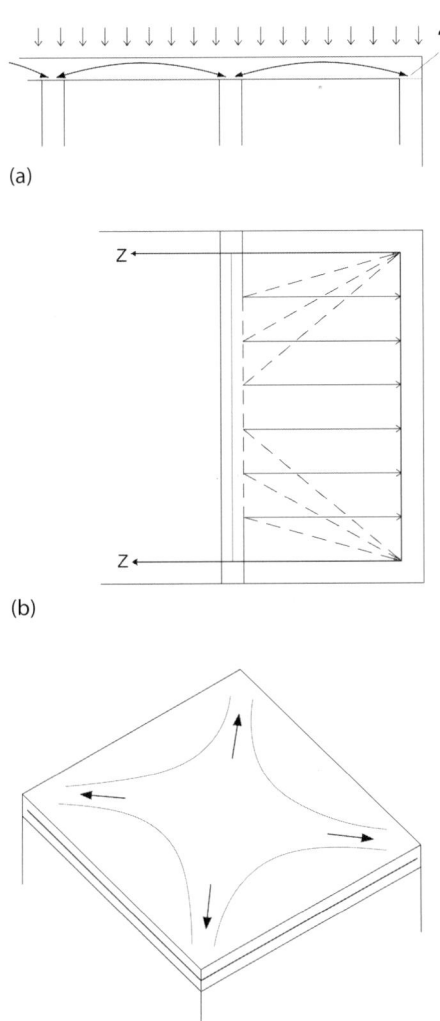

Abb. 6.10 (a) Bogentragwirkung in einer Stahlbetonplatte; (b) Aktivierung einer Gurtbewehrung im Endfeld; (c) räumliche Gewölbetragwirkung in einer vierseitig gelagerten Platte.

die Versuche mit aufgestapelten Kisten und Sandsäcken und vor allem auch die beeindruckenden Fotografien dieser Versuche der Werbung für das neue Produkt (siehe Abb. 6.11). Einen guten Überblick über die geschichtliche Entwicklung der Probebelastung geben Bolle *et al.* [107, 108].

Im Zusammenhang mit experimentellen Untersuchungen ist grundsätzlich zu unterscheiden, ob Bauteile für den Versuch hergestellt und bis zum Bruch belastet werden oder ob die Probebelastung vor Ort am Bauwerk erfolgt. In beiden Fällen kann man mit unterschiedlichen Sicherheitsbeiwerten eine zulässige Verkehrslast aus der Probebelastung rückrechnen. Versuche mit Bauteilen, die bis zum Bruch belastet werden, dienen darüber hinaus dazu, grundlegende Annahmen für die rechnerische Ermittlung der Tragsicherheit zu überprüfen.

140 | 6 Bewertung der Tragfähigkeit

Abb. 6.11 Belastungsversuch an einer Stahlbetondecke (1902) (aus [109]).

Die experimentellen Verfahren – insbesondere die Probebelastung fertiggestellter Tragwerke – wurde zumindest für Neubauten im Hochbau bedeutungslos, als Mitte des 20. Jahrhunderts allgemein abgesicherte und anerkannte Bemessungsregeln zur Verfügung standen. Konsequenterweise entfiel der entsprechende § 7 „Probebelastung" bei der Überarbeitung der DIN 1045 (1972). Um dem zunehmenden „Wildwuchs" bei experimentellen Tragsicherheitsnachweisen im Bestand zu begegnen, wurde im September 2000 vom DAfStb die Richtlinie „Belastungsversuche an Betonbauwerken" herausgegeben [110].

6.2.1 Belastungsversuche an Bauwerken

Bei einem Belastungsversuch an einem Bauteil, das nach dem Versuch in seiner Funktion erhalten bleiben soll, ist eine Schädigung, die die Tragsicherheit oder die Gebrauchstauglichkeit beeinträchtigt, auszuschließen. Das bedeutet, dass durch den Belastungsversuch nicht die Tragfähigkeit eines Bauteils ermittelt wird. Das Ergebnis eines Belastungsversuchs ist eine Grenzlast, die vom Tragwerk mit ausreichender Sicherheit übernommen werden kann.

Eine zuvor durchgeführte rechnerische Bewertung des Tragverhaltens und der Tragsicherheit des entsprechenden Bauteils ist Voraussetzung für die Konzeption eines Belastungsversuchs – zum einen, um das Tragverhalten des Bauteils zu verstehen, zum anderen, um die Traglast einzugrenzen. Ein Belastungsversuch macht nur dann Sinn, wenn zumindest eine realistische Chance besteht, durch die vergleichsweise aufwendige Untersuchung die angestrebte Nutzlast abzusichern.

Hinweise für eine realitätsnahe rechnerische Bewertung der Tragsicherheit enthält Abschn. 6.1. Die zuvor erforderliche Zustandserfassung kann auf der Grundlage von Kapitel 5 erfolgen.

Die einzelnen Beispiele des Abschn. 6.1 zeigen sehr gut, dass folgende Randbedingungen die Tragsicherheit beeinflussen:

- realistische Materialkennwerte
- plastische Tragreserven
- Auflagerbedingungen, Einspannungen
- von der Stabstatik abweichende Tragwirkung

Der Einfluss dieser Randbedingungen kann – mit Ausnahme der plastischen Reserven – durch einen Belastungsversuch quantifiziert werden. Vorbereitung und Durchführung eines Belastungsversuchs erfordern qualifiziertes und erfahrenes Personal.

In einem ersten Schritt ist auf der Grundlage der rechnerischen Voruntersuchung die *Versuchsziellast* ext F_{Ziel} festzulegen und die entsprechende Belastungseinrichtung zu konzipieren. Die Versuchsziellast ist folgendermaßen definiert:

$$\text{ext}\, F_{\text{Ziel}} = \sum_{j>1} \gamma_{G,j} \cdot G_{k,j} + \gamma_{Q,1} \cdot Q_{k,1} + \sum_{i>1} \gamma_{Q,i} \cdot \psi_{Q,i} \cdot Q_{k,i} \qquad (6.12)$$

Mit der unteren Summationsgrenze $j > 1$ werden nur diejenigen Lastanteile der Konstruktion berücksichtigt, die während des Versuchs nicht vorhanden sind (z. B. neue Fußbodenaufbauten). Die veränderlichen Einwirkungen ergeben sich aus der geplanten Nutzung. Für die Festlegung der Teilsicherheitsbeiwerte und der Kombinationsbeiwerte gilt EC 0.

Die Versuchsziellast darf die Versuchsgrenzlast nicht überschreiten:

$$\text{ext}\, F_{\text{Ziel}} \leq \text{ext}\, F_{\text{lim}} \qquad (6.13)$$

Die Versuchsgrenzlast wird durch die Einhaltung der in Tab. 6.3 zusammengefassten Verformungskriterien definiert. In der Praxis haben sich allerdings einige dieser Kriterien als wenig zweckmäßig erwiesen. Das gilt vor allem für die festgelegten Dehnungen. Zum einen sind die bereits vorhandenen Dehnungen aus dem Eigengewicht nicht bekannt, zum anderen setzt eine exakte Bestimmung der maßgebenden Dehnungen voraus, dass der Ort bekannt ist, wo diese zu erwarten sind. Dies ist bei realen Stahlbetontragwerken aufgrund des Einflusses von Rissen meist nicht der Fall. Aus diesem Grund werden im Zuge der Überarbeitung der Richtlinie für Belastungsversuche auch die Verformungskriterien neu gefasst.

Abbildung 6.12a zeigt für das Beispiel eines Einfeldträgers, wie der parabelförmige Verlauf des Biegemomentes mit vier Einzellasten angenähert wird. Dabei wurde im Vorfeld abgesichert, dass die Biegetragfähigkeit maßgebend ist und ein Schubversagen mit ausreichender Sicherheit ausgeschlossen werden kann. Bei Stahlbetonplatten sollte die Einwirkung annähernd als Flächenlast z. B. mit $4 \times 4 = 16$ Einzellasten aufgebracht werden, um den Einfluss der mitwirkenden Breite auszuschließen. Die Versuchsziellast wird in mindestens 3 Stufen aufgebracht. Nach jeder Laststufe ist mindestens einmal zu entlasten.

Tab. 6.3 Verformungskriterien und ihre messtechnische Erfassung (nach DAfStb Richtlinie [110]).

Verformungsart	Verformungskriterium	Messtechnische Erfassung
1 Betondehnung	$\varepsilon_c < \varepsilon_{c,lim} - \varepsilon_{c0}$ ε_c Gemessene Betondehnung während des Belastungsversuchs $\varepsilon_{c,lim}$ Grenzwert der Betondehnung 0,6‰ Für Beton ≥ B 25 maximal 0,8‰ ε_{c0} Rechnerisch ermittelte Kurzzeitdehnung des Betons infolge der vor dem Belastungsversuch vorhandenen ständigen Einwirkungen	Messung der Dehnung des Betons (Schallemissionsmessung als begleitende Messung empfohlen)
2 Dehnung des Betonstahls	$\varepsilon_{S2} < 0{,}7 \cdot f_{ym}/E_S - \varepsilon_{S02}$ Wenn genauere σ-ε-Linie vorliegt $\varepsilon_{S2} < 0{,}9 \cdot f_{0{,}01m}/E_S - \varepsilon_{S02}$ f_{ym} Mittelwert der Festigkeit des Betonstahls an der Streckgrenze $f_{0,01m}$ Mittelwert der Festigkeit des Betonstahls an der 0,01 %-Dehngrenze E_S Elastizitätsmodul für Betonstahl ε_{S2} Gemessener oder aus Messwerten umgerechneter Wert der Betonstahldehnung im Riss während des Belastungsversuchs ε_{S02} Rechnerisch im Zustand II ermittelte Betonstahldehnung im Riss infolge der vor dem Belastungsversuch vorhandenen ständigen Einwirkungen	Messung der Dehnung des Betonstahls oder mittlere Dehnung der Zugzone
3 Lastabhängige Rissbreite bzw. Rissbreitenänderung	Vorhandene Risse $\Delta w \leq 0{,}3$ mm Rissbreitenzunahme nach Entlastung $\leq 0{,}2 \Delta w$ neu entstandene Risse $w \leq 0{,}5$ mm Rissbreite nach Entlastung $\leq 0{,}3 w$ unter Gebrauchslast sind die zulässigen Rissbreiten einzuhalten	Messung der Rissbreite bzw. der Rissbreitenänderung
4 Durchbiegung	Im gerissenen Zustand: deutliches Anwachsen des nichtlinearen Verformungsanteils; mehr als 10 % bleibende Verformungen nach Entlastung	Online-Beobachtung des Last-Durchbiegungsdiagramms
5 Verformung im Schubbereich schubbewehrter Balken	60 % der Kriterien nach Zeile 1	Messung der Verformungen in den Betondruckstreben
	50 % der Kriterien nach Zeile 2	Messung der Dehnung der Schubbewehrung

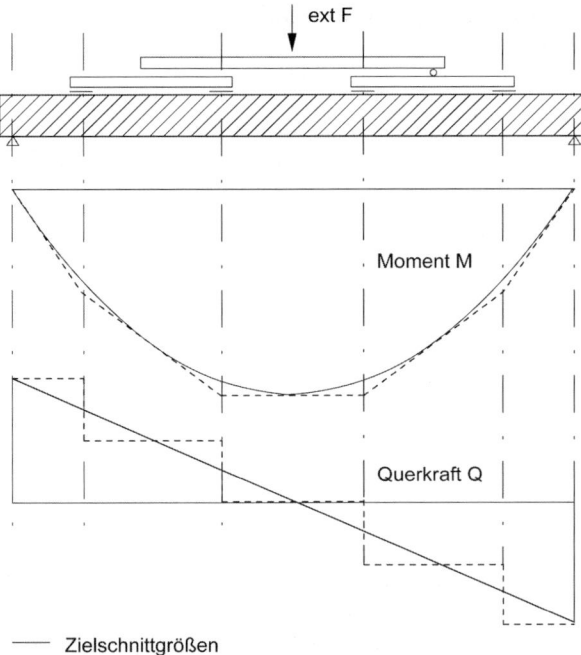

— Zielschnittgrößen

---- Versuchsschnittgrößen

Abb. 6.12 Belastungsversuch am Einfeldträger.

Die *Belastungseinrichtung* muss so konstruiert sein, dass gegen unangekündigtes Versagen ausreichend Vorsorge getroffen ist. Diese Voraussetzung ist erfüllt, wenn die rechnerische Voruntersuchung ein ausreichend duktiles Verhalten erwarten lässt und die Last mit hydraulischen Pressen verformungsgesteuert aufgebracht wird. Ist ein Versagen mit vergleichsweise geringer Duktilität nicht auszuschließen, so sind zusätzliche Sicherungsmaßnahmen erforderlich.

„Kraftgesteuerte" Versuche mit Wasser oder Sandballast auf dem Tragwerk sind wegen der Gefahr des plötzlichen Absturzes nicht zulässig. Abbildung 6.13 zeigt eine Belastungseinrichtung, bei der die im Erdgeschoss der zweigeschossigen Scheune gelagerten Kartoffelkisten als „Widerlager" einer hydraulischen Belastungseinrichtung genutzt wurden. Bei kürzeren Spannweiten besteht auch die Möglichkeit, den Belastungsrahmen im Auflagerbereich des zu untersuchenden Tragwerkes zu verankern.

Das *Messprogramm* ist so festzulegen, dass mit den aufgebrachten Lasten die auftretenden Verformungen an allen maßgebenden Stellen erfasst, aufgezeichnet und kontinuierlich überwacht werden. Dazu werden elektrische Kraftmessdosen, induktive Wegaufnehmer und Dehnmessstreifen (DMS) eingesetzt. Die entsprechenden Daten werden über einen Messverstärker auf der Festplatte eines Rechners aufgezeichnet und sind während des Versuchs jederzeit abrufbar.

Abbildung 6.14 zeigt eine schematische Darstellung eines Versuchsaufbaus mit der entsprechenden Messtechnik.

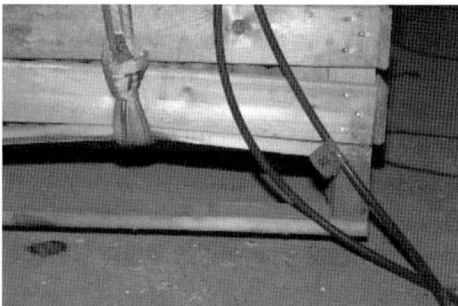

Abb. 6.13 Belastungseinrichtung mit hydraulischer Krafterzeugung gegen Ballast.

Bei der Durchführung des Belastungsversuches lassen sich hinsichtlich des möglichen Ergebnisses zwei Fälle unterscheiden:

Fall 1: Die Versuchsziellast ext F_{Ziel} wird erreicht, ohne dass eines der Verformungskriterien verletzt wird. Damit wurde in Verbindung mit der vorausgegangenen rechnerischen Bewertung die Tragsicherheit für die angesetzten ständigen und veränderlichen Einwirkungen nachgewiesen.

Fall 2: Der Belastungsversuch muss abgebrochen werden, bevor die Versuchsziellast ext F_{Ziel} erreicht wird, weil der Grenzwert eines der in Tab. 6.3 definierten Verformungskriteriums erreicht wurde. Damit steht die Versuchsgrenzlast ext F_{lim} fest. Aus dieser Grenzlast lässt sich unter Beachtung der entsprechenden Teilsicherheitsbeiwerte eine zulässige Größe der veränderlichen Einwirkung rückrechnen.

6.2.2 Experimentelle Ermittlung der Tragfähigkeit

Die Tragfähigkeit eines Bauteils kann dann im Versuch ermittelt werden, wenn das Bauteil anschließend nicht mehr benötigt wird.

Wenn eine Schädigung benachbarter Bauteile durch entsprechende Vorkehrungen (Freischneiden der Auflager, Absturzsicherung etc.) ausgeschlossen wird,

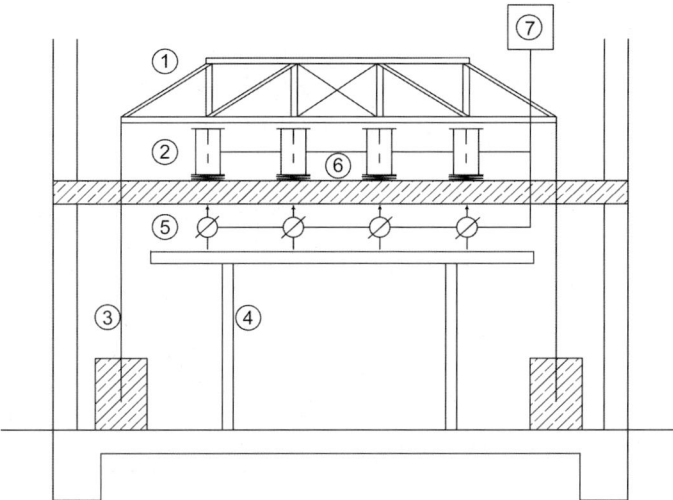

① Belastungsrahmen
② hydaulische Pressen
③ Rückverankerung mit Ballast
④ Messbasis
⑤ Wegaufnehmer
⑥ Schallemissionsmessung
⑦ Steuerung und Datenerfassung mit Signalverstärkung

Abb. 6.14 Belastungsversuch – schematische Darstellung mit Messtechnik und Datenerfassung.

dann kann der Versuch vor Ort durchgeführt werden. In anderen Fällen wird man das Bauteil ausbauen und zur Versuchseinrichtung transportieren. Dieser hohe Aufwand lässt sich nur in Ausnahmefällen begründen, da eine Rückrechnung zulässiger Belastungen aus der Versagenslast eines Einzelversuches ohnehin kaum möglich ist.

Ein bis zur Versagenslast geführter Versuch macht allerdings dann Sinn, wenn es gilt, ein Berechnungsmodell hinsichtlich der prognostizierten Versagensmechanismen abzusichern.

6.3 Bauwerksüberwachung

Im Vergleich mit Maschinen, Industrieanlagen und vergleichbaren Investitionsgütern werden Bauwerke sehr lange genutzt. Bei gewöhnlichen Hochbauten wird der fiskalische Abschreibungszeitraum von 50 Jahren zumindest vom Tragwerk in aller Regel ohne größere Schwierigkeiten überschritten.

Bei Brücken und anderen Verkehrsbauwerken hängt es ganz wesentlich von der schnellen Instandsetzung und Reparatur schadhafter Flächen und Bauteile ab, ob die angestrebte Lebensdauer von 100 Jahren erreicht wird.

146 | 6 Bewertung der Tragfähigkeit

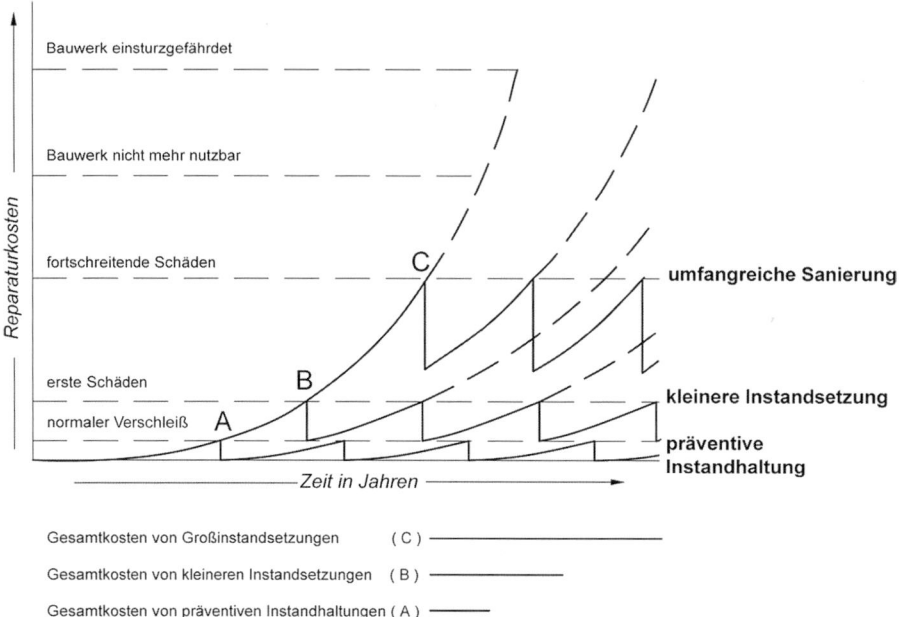

Abb. 6.15 Zusammenhang zwischen Kosten und Zeitintervallen einer Instandhaltung.

Um einen Instandsetzungsbedarf frühzeitig festzustellen, ist eine Bauwerksüberwachung im Sinne einer systematischen Zustandserfassung in regelmäßigen Zeitabständen erforderlich. Welche ökonomische Bedeutung es hat, wenn durch präventive Instandsetzung essenzielle Instandsetzungsmaßnahmen weitestgehend vermieden werden, zeigt Abb. 6.15 in einer qualitativen Darstellung.

Schematisierte Verfahren zur regelmäßigen Überprüfung von Bauwerken sind in der VDI-Richtlinie 6200 für Hochbauten [111] und mit der DIN 1076 [112] als technisches Regelwerk für Verkehrsbauwerke festgelegt. Darauf aufbauende EDV-gestützte Bauwerksmanagementsysteme [113] eignen sich dafür, den Erhaltungsaufwand für bestimmte Bauwerksgruppen für die nächsten Jahre zu prognostizieren und Prioritäten für Instandsetzungsmaßnahmen festzulegen.

Beide technische Regelwerke zielen in erster Linie darauf ab, Veränderungen an Tragwerken und Baukonstruktionen, die die Tragsicherheit beeinflussen, frühzeitig zu erkennen. Eine konsequente Anwendung dieser Regeln unterstützt die präventive Instandhaltung und damit den wirtschaftlichen Unterhalt von Bauwerken, wie die schematische Darstellung in Abb. 6.15 anschaulich zeigt.

Die Verfahren der Bauwerksüberwachung dienen aber nicht nur zur Vorbereitung von Instandsetzungsmaßnahmen in technischer und finanzieller Hinsicht. Sie werden darüber hinaus eingesetzt, um Schadensursachen zu identifizieren, um nach erfolgter Instandsetzung den Erfolg zu kontrollieren und prognostizierte Daten zu überprüfen und um bei schwierigen Tragwerken das Berechnungsmodell zu validieren.

Darüber hinaus ist es möglich, durch eine kontinuierliche Überwachung Einfluss auf den Sicherheitsindex (vgl. Kapitel 2) zu nehmen.

Tab. 6.4 Kenngrößen und Verfahren der Bauwerksüberwachung (Auswahl nach [113]).

Kenngrößen	Verfahren
Verformungen	Induktive Wegaufnehmer Widerstandssensoren mit DMS Potentiometrische Winkel- und Wegsensoren Schwingungssaiten Ultraschall- und Lasersensoren Elektronische Schlauchwaage Elektronische Neigungsmessung (Inklinometer) Mechanische Pendellotung DMS Faseroptische Sensoren Fotogrammetrische Verfahren
Kräfte	Kraftmesszellen mit DMS Kapazitive Kraftmesszelle, Kondensatoren Piezoelektrische Kraftmesszelle Potentiometer
Beschleunigung	Piezoelektrische Sensoren Kapazitive Sensoren
Temperatur	Widerstandssensoren Thermoelemente Faseroptische Sensoren
Feuchte	Längenänderung eines feuchteempfindlichen Messelements Kondensatoren Faseroptische Sensoren Widerstandssensoren
Korrosion	Polarisationswiderstand Galvanostatische Pulsmessung Potentialmessung
Chloridgehalt	Chloridsensoren

Welche und wie viele Zustandskenngrößen erfasst und überwacht werden, sowie die Häufigkeit der Kontrolle, hängt davon ab, welches Ziel im Vordergrund steht.

Neben einfachen funktionalen Kenngrößen (z. B. Entwässerung funktioniert oder funktioniert nicht) sind es vor allem geometrische Größen (Dehnung, Verschiebung, Rissöffnung, Neigung, Schiefstellung) und stoffliche Eigenschaften (Dichtigkeit, Feuchtegehalt, Chloridgehalt, elektrisches Potential), welche die Sicherheit und Dauerhaftigkeit eines Bauwerkes bestimmen. Eine Übersicht zu den entsprechenden Verfahren gibt Tab. 6.4.

Was die Häufigkeit der Erfassung von Messwerten anbelangt, so reicht das Spektrum von der regelmäßigen visuellen Kontrolle im Rahmen von Inspektionen bis hin zur kontinuierlichen elektronischen Messung und Aufzeichnung von Daten, gegebenenfalls in Verbindung mit einer automatischen Alarmierung über ein Mobilfunknetz, falls ein vorgegebener Grenzwert überschritten wird.

In den folgenden Abschnitten werden die wichtigsten Verfahren der Bauwerksüberwachung vorgestellt.

6.3.1 Inspektion

Die Grundlagen für eine Inspektion und Prüfung von Verkehrsbauwerken sind in der DIN 1076 „Ingenieurbauwerke im Zuge von Straßen und Wegen – Überwachung und Prüfung" [112] zusammengefasst.

Eine Bauwerksprüfung kann nur durch einen sachkundigen Ingenieur erfolgen, der die statisch-konstruktiven Verhältnisse beurteilen kann.

Zur Beurteilung eines Bauwerkes ist es erforderlich, die wichtigsten Informationen zum Tragwerk einschließlich der Gründung und zu den wichtigsten baukonstruktiven Besonderheiten in kompakter Form und gut verständlich zur Verfügung zu haben. In diesen Unterlagen sind auch die Ergebnisse der Prüfungen festzuhalten.

Die DIN 1076 gibt eine zeitliche Staffelung für Prüfungen unterschiedlicher Intensität vor:

- Im Rahmen einer jährlichen *Besichtigung* sollen „augenfällige" Mängel und Auffälligkeiten festgestellt und dokumentiert werden. Sind die Mängel besorgniserregend, so ist umgehend eine Prüfung des Bauwerks zu veranlassen.
- Eine *Hauptprüfung* muss vor Ablauf der Gewährleistungsfrist für Bauleistungen, die zur Herstellung oder zur Instandsetzung erbracht wurden, und danach jedes 6. Jahr durchgeführt werden. Dabei ist durch Besichtigungs- und Befahreinrichtungen einerseits sowie durch das Abnehmen von Verkleidungen u. Ä. die vollständige Zugänglichkeit der tragenden Bauteile herzustellen. Bei massiven Bauteilen ist ein besonderes Augenmerk auf Risse, Hohlstellen und Rostfahnen zu legen. Bei Stahl- und Holzbauteilen sind die Anschlüsse auf festen Sitz, die eigentlichen Bauteile auf Verformungen und Risse sowie auf drohenden Substanzverlust durch Korrosion oder Holzschädlinge zu überprüfen.
Grundsätzlich sind alle für die Funktionalität wesentlichen Elemente des Tragwerkes und der Baukonstruktion in die Prüfung einzubeziehen. Dazu zählen insbesondere Lager, Fugen, Abdichtungen und Entwässerungen. Wenn ungewöhnliche Änderungen der Bauwerksgeometrie vermutet werden, so ist eine zusätzliche vermessungstechnische Überprüfung zu veranlassen.
- Zwischen den Hauptprüfungen, d. h. nach 3 Jahren, sind „Einfache Prüfungen" durchzuführen. Im Rahmen dieser Untersuchung wird das Bauwerk ebenfalls vollständig überprüft, es wird allerdings auf den Einsatz von Befahr- und Besichtigungsgeräten verzichtet. Bei bedenklichen Mängeln ist eine Hauptprüfung zu veranlassen.
- Sonderprüfungen sind umgehend nach besonderen Ereignissen wie Brand, Anprall oder außergewöhnlichen Hochwasserereignissen erforderlich.

Bei Hochbauten sind es vor allem Dächer, Fassaden und Außenstützen, aber auch befahrbare Decken, die einer besonderen Beanspruchung und damit einem erhöhten Verschleiß unterliegen.

Tab. 6.5 Einteilung von baulichen Anlagen nach Gefährdungspotenzial und Schadensfolgen (nach [115]).

Gefährdungspotenzial/ Schadensfolgen	Gebäudetypen und exponierte Bauteile	Beispielhafte, nicht abschließende Aufzählung
Kategorie 1 nach [114] CC3 nach [111]	Versammlungsstätten mit mehr als 5000 Personen	Stadien
Kategorie 2 nach [114] CC2 nach [111]	Bauliche Anlagen mit über 60 m Höhe, Gebäude und Gebäudeteile mit Stützweiten > 12 m und/oder Auskragungen > 6 m sowie großflächige Überdachungen	Fernsehtürme, Hochhäuser, Hallenbäder, Einkaufsmärkte, Mehrzweck-, Sport-, Eislauf-, Reit-, Tennis-, Passagierabfertigungs-, Pausen-, Produktionshallen, Kinos, Theater, Schulen
	Exponierte Bauteile von Gebäuden, soweit sie ein besonderes Gefährdungspotenzial beinhalten	Große Vordächer, angehängte Balkone, vorgehängte Fassaden, Kuppeln
CC1 nach [111]	Robuste und erfahrungsgemäß unkritische Bauwerke mit Stützweiten < 6 m	Einfamilienhäuser Landwirtschaftlich genutzte Gebäude
	Gebäude mit nur vorübergehendem Aufenthalt einzelner Menschen	

Die VDI-Richtlinie 6200 verwendet das System der Schadensfolgenklassen (Consequence Classes – CC) bei der Festlegung von Zeitintervallen für die regelmäßige Überprüfung. Diese in Tab. 6.5 und 6.6 zusammengefassten Regelungen stehen in weitgehender Übereinstimmung mit der „Richtlinie für die Überwachung der Verkehrssicherheit von baulichen Anlagen des Bundes (RÜV)" [114] und den von den Bauministern der Länder 2006 herausgegebenen Hinweisen für die „Überprüfung der Standsicherheit von baulichen Anlagen durch den Eigentümer/Verfügungsberechtigten" [115].

Folgende Stufen der Prüfung werden unterschieden:

- Die *Begehung durch den Eigentümer/Verfügungsberechtigten* umfasst die Besichtigung des Bauwerks auf offensichtliche Schäden. Dazu zählen u. a. Verformungen, Risse, Durchfeuchtungen, schadhafte Entwässerungen etc.
- Eine *Inspektion/Sichtkontrolle durch eine fachkundige Person* kann – falls vertretbar – ohne Verwendung von Hilfsmitteln als intensive erweiterte Begehung durchgeführt werden. Als fachkundig zählen z. B. Bauingenieure, die mindestens 5 Jahre Berufserfahrung, davon 3 Jahre mit der Aufstellung von Standsicherheitsnachweisen, vorzuweisen haben.
- Eine eingehende Überprüfung durch eine besonders fachkundige Person erfordert den „handnahen" Zugang zu den entsprechenden Bauteilen. Das heißt, dass es ggf. erforderlich wird, Gerüste zu stellen und bzw. oder Bekleidungen zu entfernen. Besonders fachkundig sind z. B. Bauingenieure mit mindestens 10 Jahren Berufserfahrung, von denen mindestens 5 Jahre mit dem Aufstel-

Tab. 6.6 Anhaltswerte für Zeitintervalle für die jeweilige Art der Überprüfung nach [111, 115].

Kategorie (siehe Tab. 6.3)	Begehung	Zeitintervalle für Inspektion/ Sichtkontrolle	Eingehende Überprüfung
CC3	1–2 Jahre	2–3 Jahre	6–9 Jahre
CC2[a)]	2–3 Jahre	4–5 Jahre	12–15 Jahre
CC1	3–5 Jahre	Nach Erfordernis	

a) Soweit aus Gründen der Standsicherheit vertretbar, kann sich die Überprüfung auf die Bauteile mit großer Spannweite bzw. die exponierten Gebäudeteile beschränken.

len von Standsicherheitsnachweisen und mindestens 1 Jahr in der technischen Bauleitung nachzuweisen sind.

Wenn eine besondere Beanspruchung des Tragwerks bzw. der Bauteiloberfläche z. B. durch Feuchte und Chloride zu erwarten ist, dann verkürzen sich die Zeitintervalle. Im DBV-Merkblatt „Parkhäuser und Tiefgaragen" [116] werden, abhängig vom verwendeten Beschichtungssystem, für eine Begehung Intervalle von ein- bis zweimal pro Jahr festgelegt.

Eine wesentliche Grundlage jeder Überprüfung ist eine kompakte Dokumentation der wichtigsten Daten des Bauwerks in einem *Bauwerks-/Objektbuch*. Zum Inhalt des Bauwerks-/Objektbuch gehören u. a. Angaben zu den Lastannahmen, zur Art und Güte der Werkstoffe und zur Feuerwiderstandsdauer sowie die Prüfberichte und die wichtigsten Konstruktionszeichnungen und Positionspläne. Alle Änderungen an der Konstruktion – das betrifft sowohl Umbauten als auch Instandsetzungen – sind zu dokumentieren, ebenso die Ergebnisse von regelmäßigen bzw. außerordentlichen Überprüfungen.

6.3.2 Überwachung von Verformungen und Kräften

Weist ein Bauwerk ungewöhnliche Verformungen und Risse auf, dann stellt sich in der Regel die Frage, ob sich der Riss mit der Zeit weiter öffnet und die Verformung zunimmt oder nicht. Das Anbringen einer *Gipsmarke* oder eines *Rissmonitors* sowie Lotmessungen sind einfachste Verfahren, die vom verantwortlichen Ingenieur selbst, und in der Regel ohne die Hilfe weiterer Spezialisten, angewandt werden können. Für Gipsmarken hat sich eine bandartige Form mit ca. 1 cm Dicke, ca. 3 cm Breite und etwa 40 cm Länge senkrecht zum Riss bewährt. Vor dem Aushärten des Gipses sollte ein möglichst feiner Messstrich über dem Riss sowie das Datum eingeritzt werden (siehe Abb. 6.16). Entscheidend für die Qualität des Messergebnisses ist, dass die Gipsmarke dauerhaft fest auf beiden Seiten des Risses mit dem Untergrund verbunden ist. Die Bauteiloberfläche ist deshalb sorgfältig zu säubern, aufzurauen und vorzunässen. Gegebenenfalls ist der Verbund mit Dübeln und Schrauben zu verbessern. Denselben Zweck wie eine Gipsmarke erfüllt auch ein Rissmonitor aus Kunststoff. In beiden Fällen sind Ablesegenauigkeiten von bis zu 0,2 mm möglich. Der Rissmonitor bietet den Vorteil, dass er auch dann einsatzbereit bleibt, wenn sich der Riss nach dem Anbringen erst ein-

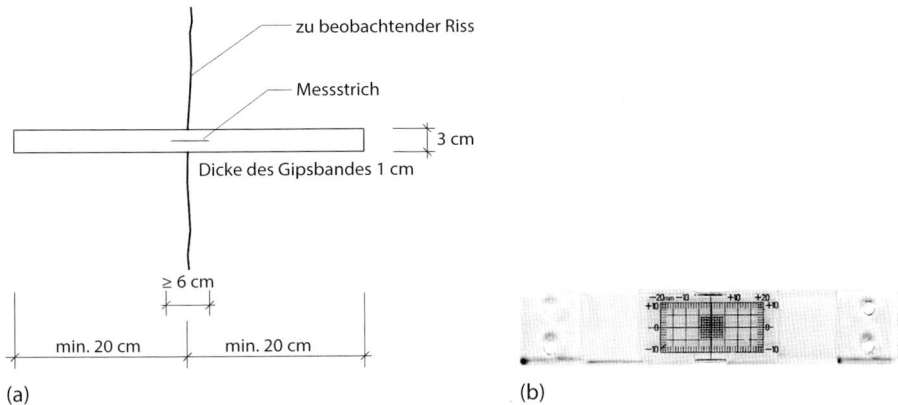

Abb. 6.16 Überwachung eines Risses mit einer Gipsmarke (a) und einem Rissmonitor (b).

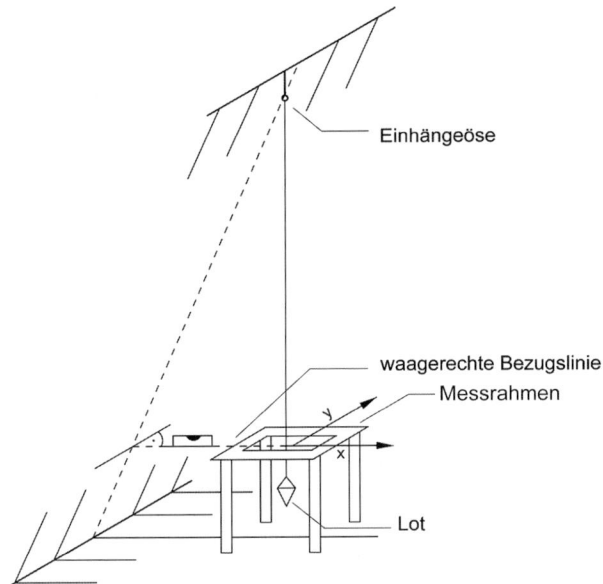

Abb. 6.17 Durchführung einer Lotmessung.

mal wieder schließen sollte. Auch hier ist eine feste Verbindung mit dem Untergrund Voraussetzung für sinnvolle Ergebnisse.

Abbildung 6.17 zeigt den schematischen Aufbau für eine *Lotmessung* mit einer festen Einhängeöse und eine markierte Bezugslinie am Bauteil. Wenn das Lot nicht stört und vor Beschädigungen geschützt ist, kann es auch hängen bleiben. Es taucht dann sinnvollerweise in eine Ölwanne ein, um ein ständiges Pendeln zu vermeiden.

Wenn Zweifel an der Genauigkeit bzw. der Aussagekraft dieser einfachen Messverfahren bestehen oder wenn die Messpunkte schwer zugänglich sind, dann sollte auf geodätische Messungen zurückgegriffen werden. Dazu sind Messbolzen dauerhaft am Bauwerk anzubringen und es sind vom Bauwerk unabhängige

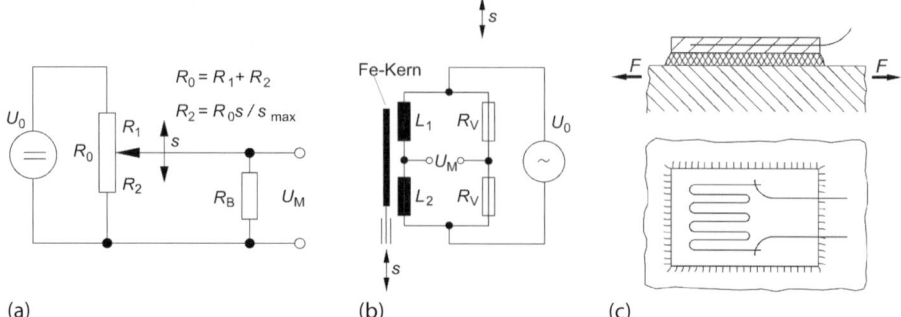

Abb. 6.18 Elektronische Verformungsmessung. (a) Induktion; (b) Potentiometer; (c) DMS.

Festpunkte einzurichten. Die Messung erfolgt dann schnell und zuverlässig mit einem elektronischen Tachymeter. Von Zeit zu Zeit oder bei ungewöhnlichen Messergebnissen ist zu überprüfen, ob die Messbolzen noch fest mit dem Bauwerk verbunden sind.

Bei Bauteilversuchen im Labor werden überwiegend Messverfahren eingesetzt, die die Abhängigkeit zwischen elektrischem Widerstand und Verformung ausnutzen. Diese Verfahren können – mit gewissen Einschränkungen hinsichtlich der Robustheit und Dauerhaftigkeit – auch für die Überwachung von Bauwerken eingesetzt werden.

Induktive Wegaufnehmer (Abb. 6.18a) nutzen die Abhängigkeit der Induktion eines Spulensystems von der Lage des Magnetkerns. Mithilfe einer entsprechenden Schaltung kann die Änderung der Induktivität als Spannungsänderung gemessen werden. Die Spannungsänderung ist proportional zur Verschiebung eines starr mit dem Magnetkern verbundenen Tasters. Die Messgenauigkeit liegt im Bereich von 0,1 μm bei Messlängen von 1 mm bis etwa 1 m.

Bei Neigungs- und Verschiebungsmessungen mit *Potentiometern* (Abb. 6.18b) wird durch die Veränderung der Lage des Tasters an einem Widerstand R_0 die Aufteilung dieses Widerstandes in Teilwiderstände R_1 und R_2 verändert. Auch hier ist die Messspannung U_M proportional zum Messweg.

Dehnmessstreifen (DMS) (Abb. 6.18c), die in vielfältigen Ausführungen und Basislängen zur Verfügung stehen, basieren auf der Proportionalität zwischen dem elektrischen Widerstand eines Drahtes und seiner Länge. Dabei wird die Querschnittsänderung des Drahtes infolge Querdehnung berücksichtigt. Temperatureinflüsse sind – wie bei allen anderen Messverfahren auch – durch Referenzmessungen in der elektrischen Schaltung zu berücksichtigen.

Auf dem Prinzip der Dehnungsmessung basieren auch *Kraftmessdosen* mit einem zentrisch eingebauten Kraftsensor. In Abhängigkeit von der Größe und vom Material (legierte Stähle, Aluminiumlegierungen) können Kräfte von 0,5 N bis 10 MN bestimmt werden: Gemessen wird die Änderung der an die DMS-Schaltung angelegten Spannung. Aus dieser Spannung wird über eine Eichkurve die Kraft ermittelt.

Spezielle *Kraftmesslager* und *Ankerkraftmessdosen* verfügen über ein geschlossenes Elastomerkissen. Bei Änderung der äußeren Belastung ändert sich der Innendruck dieses Kissens und eine spezielle Edelstahlmembran verwölbt sich. Gemessen wird diese Verformung auf einfachem mechanischen Weg – die Belastung ist dann über eine Messuhr jederzeit ablesbar – oder mit einem der bereits beschriebenen elektrischen Verfahren.

Eine robuste, für den Einsatz im Bauwesen gut geeignete Alternative zu elektronischen Messverfahren bieten *faseroptische Sensoren*. Mehrere patentierte Systeme stehen zur Verfügung. Ein häufig angewandtes Messprinzip basiert auf der *Interferometrie*. Dafür werden zwei Glasfasern benötigt, die in einem schützenden Kunststoffmantel angeordnet sind. Eine der Glasfasern ist vorgespannt und an den Endpunkten starr mit dem zu überwachenden Bauteil verbunden. Die zweite Faser ist spannungslos. Über die Phasenverschiebung der durch beide Fasern übertragenen Lichtwellen kann die Verformung ermittelt werden. Bei Messlängen von 0,2 bis 10 m beträgt die Messgenauigkeit 0,002 mm. Faseroptische Verfahren können auch zur diskreten Verformungsmessung mit einem mechanischen Taster (Extensiometer) eingesetzt werden.

Der Vorteil gegenüber induktiven Wegaufnehmern liegt vor allem in der einfachen Datenübertragung. Optische Signale können ohne Zwischenverstärkung über 1 km übertragen und zentral ausgewertet werden. Bei elektronischen und optischen Messverfahren hängen Aufwand und Umfang für die Datenerfassung von den Zielen der Messung ab. Im einfachsten Fall erfolgt eine Warnung oder Alarmierung, wenn ein vorgegebener Grenzwert überschritten wird. Von Interesse ist in den meisten Fällen das zeitabhängige Verhalten – über den Jahreslauf hinweg. Die entsprechenden Daten können vor Ort erfasst und gespeichert oder per Funk oder Telefonleitung auf zentrale Rechner übertragen werden. Wird die Messfrequenz groß genug gewählt – bis 100 Hz sind möglich –, dann kann auch das Schwingungsverhalten von Bauteilen erfasst werden.

Eine Überwachung der Verformung einzelner Punkte oder größerer Flächen kann auch mithilfe der Fotogrammmetrie oder mit Laserscanning erfolgen.

6.3.3 Überwachung der Dauerhaftigkeit

Ob sich die Bewehrung im passiven (keine Korrosion) oder im aktiven Zustand (Korrosion) befindet, kann durch Potentialmessungen festgestellt werden. Allerdings sagt dieses Ergebnis nichts über die Korrosionsgeschwindigkeit aus. Dazu ist zusätzlich die Ermittlung des Polarisationswiderstandes erforderlich.

Die zeitliche Entwicklung von Betoneigenschaften lässt sich mit speziellen Sensoren überwachen, die über die Tiefe gestaffelt in originalen aus dem Bauwerk entnommenen Bohrkernen angebracht und mit diesen Bohrkernen wieder eingebaut werden. Von besonderer Bedeutung sind in diesem Zusammenhang der elektrische Widerstand des Betons sowie der Chloridgehalt.

Die Überwachung der Dauerhaftigkeit ist dann von besonderer Bedeutung, wenn es darum geht, den langfristigen Erfolg einer durchgeführten Instandsetzung zu kontrollieren. Einen guten Überblick zu den Verfahren des Feuchtemonitorings geben Sodeikat und Meyer [100]. Über die Möglichkeiten des Korrosionsmonitorings berichten Holst *et al.* [117] sowie Dreßler *et al.* [118].

6.4 Brandschutz und Feuerwiderstand

6.4.1 Anforderungen an Bauteile

Die übergeordneten Ziele des Brandschutzes sind der Schutz von Menschenleben und von fremdem Eigentum. Wie das Zusammenwirken bautechnischer, anlagentechnischer und organisatorischer Maßnahmen mit diesen Zielen bei einem konkreten Objekt optimiert wird, ist Gegenstand eines ganzheitlichen Brandschutzkonzeptes.

Die Feuerwiderstandsdauer von tragenden Baukonstruktionen spielt in diesem Zusammenhang eine wichtige Rolle. Dass die Tragfähigkeit von Decken, Stützen und Wänden während eines Brandes über einen definierten Zeitraum erhalten bleibt, sichert zuerst die Fluchtwege und trägt darüber hinaus wesentlich zur Eindämmung des Brandes bei. Die Klassifizierung erfolgt über die Feuerwiderstandsdauer in Minuten (30, 60, 90, 120) in Verbindung mit dem Buchstaben F oder R (siehe Tab. 6.7). Weitere Eigenschaften wie der Raumabschluss (enclosure), die Dämmung (insulation) und der Widerstand gegenüber mechanischer Beanspruchung werden mit den Buchstaben E, I und M angegeben.

Tab. 6.7 Feuerwiderstandsdauer – Kategorien.

Kategorie	Bezeichnung
F 30, R 30	Feuerhemmend
F 60, R 60	Hochfeuerhemmend
F 90, R 90	Feuerbeständig

Die Anforderungen hängen von der Höhe und der Größe eines Gebäudes (Gebäudeklasse) sowie von der Nutzung ab. Festlegungen dazu enthalten die Bauordnungen der Länder sowie weitere Verordnungen für Krankenhäuser, Schulen, Versammlungsstätten etc.

Abweichungen von diesen Regelungen sind grundsätzlich möglich und beim Bauen im Bestand in vielen Fällen die einzige Chance, ein Bauwerk mit vertretbarem Aufwand weiterhin zu nutzen. Wenn die Anforderungen an einzelne Tragelemente von feuerbeständig zu hochfeuerhemmend reduziert werden, so kann dies durch andere Maßnahmen (z. B. Brandmeldeanlage) kompensiert werden. Die Erstellung des Brandschutzkonzeptes und die Vorbereitung und Begleitung des Genehmigungsverfahrens erfordert speziellen Sachverstand und Erfahrung.

6.4.2 Beton und Stahl unter hohen Temperaturen

Stahl und Beton verlieren ihre Festigkeit unter erhöhten Temperaturen. DIN EN 1992-1-2 enthält die erforderlichen Angaben zur Beschreibung des Lastverformungsverhaltens. Abbildung 6.19 zeigt beispielhaft, dass die Festigkeitsreduktion bei Beton etwa 40 %, bei Stahl etwa 50 % beträgt, wenn eine Temperatur von 550 °C erreicht ist. Die Temperaturverteilung im Bauteilquerschnitt wird vom Wärmedurchgangswiderstand des Betons und von der Temperatureinwirkung

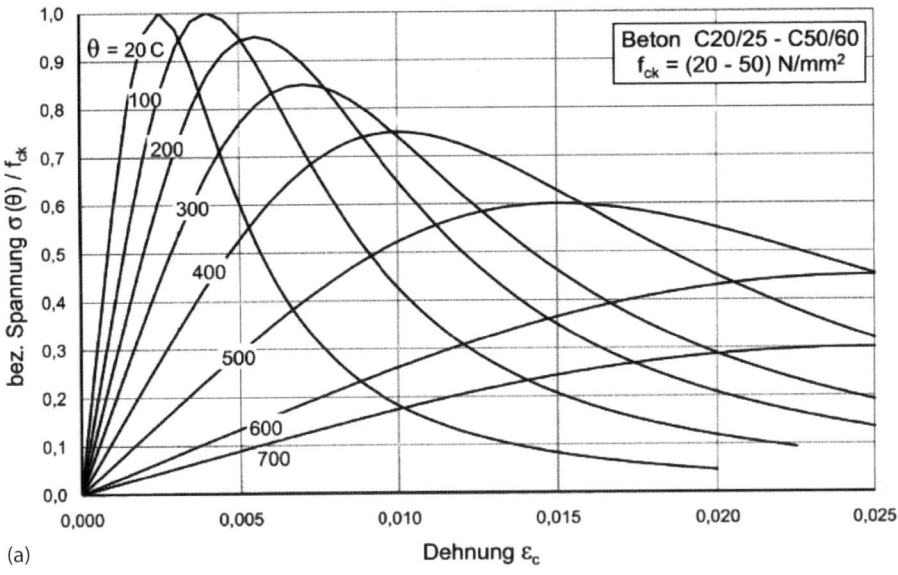

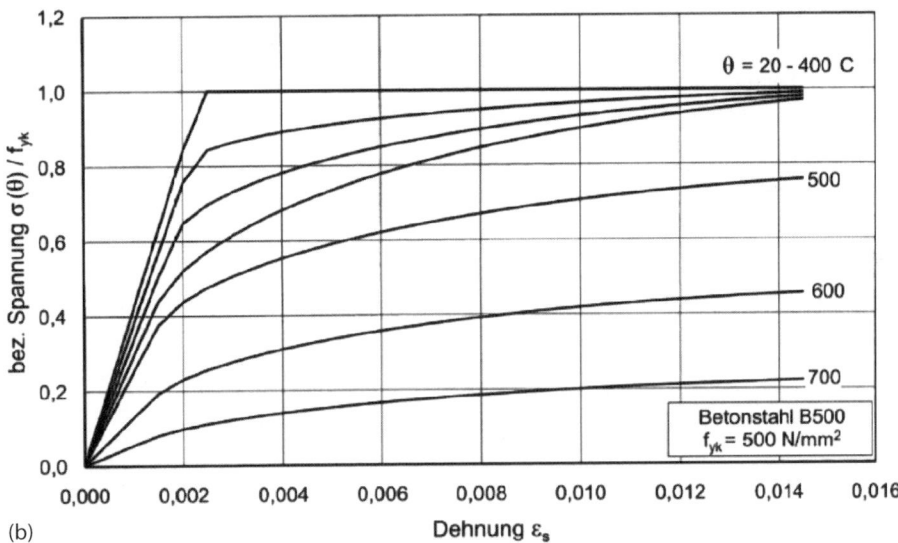

Abb. 6.19 Temperaturabhängige Spannungs-Dehnungslinie von a) Beton und b) warmgewalztem Betonstahl (B500B) (aus [119]).

bestimmt. Abbildung 6.20 zeigt den Temperaturverlauf in einer 4-seitig brandbeanspruchten Stahlbetonstütze und veranschaulicht die Bedeutung der Betondeckung.

Die Temperaturgradienten über dem Querschnitt führen zu Eigenspannungen infolge der Dehnungsunterschiede. Darüber hinaus kann bei besonders hochwertigen und dichten Betonen der Dampfdruck infolge der Verdunstung von kapillar gebundenem Restwasser zu Abplatzungen führen. Deshalb sind bei Betonen

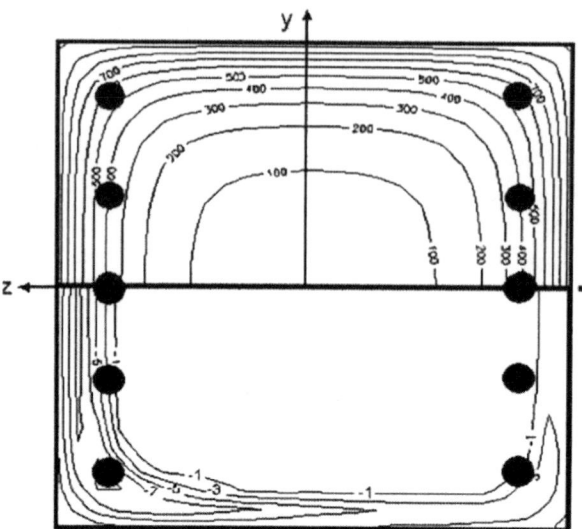

Abb. 6.20 Temperaturverlauf in einem 4-seitigen brandbeanspruchtem Stützenquerschnitt nach 90 min Branddauer (aus [119]), Isothermen (obere Hälfte), Spannungen (untere Hälfte).

über der Festigkeitsklasse C50/60 zusätzliche Maßnahmen erforderlich, um die Integrität des Querschnitts sicherzustellen.

6.4.3 Bewertung der Feuerwiderstandsdauer

Für alle in der aktuellen Baupraxis üblichen Tragelemente aus Stahlbeton kann die Feuerwiderstandsdauer anhand der normativen Regelungen in DIN 4102-4 [119] und DIN EN 1992-1-2 [120] festgelegt werden. Dabei wird berücksichtigt, dass im Brandfall eine außergewöhnliche Bemessungssituation vorliegt. Bei der Ermittlung des Ausnutzungsgrades dürfen die Einwirkungen gegenüber den Einwirkungen unter Normaltemperatur abgemindert werden. Bei der Anwendung dieser aktuellen Regeln ist zu beachten, dass hinsichtlich der Durchbildung der Tragelemente die konsequente Umsetzung aller in DIN EN 1992-1-1 enthaltenen konstruktiven Regeln vorausgesetzt wird. Das kann bei der Bewertung bestehender Konstruktionen zu Schwierigkeiten führen. Auf der anderen Seite ist es so, dass die angegebenen Feuerwiderstandsklassen für eine Einheits-Temperaturzeitkurve ermittelt wurden, die eine Situation abbildet, die bei einer Bibliothek oder einem Lagergebäude auftritt. Bei Wohngebäuden, Büros und Versammlungsstätten ist die Brandlast wesentlich geringer. Das bedeutet, dass in diesen Fällen eine nach den Regeln der Norm als hochfeuerhemmend einzuordnende Konstruktion feuerbeständig ist.

Darüber hinaus ermöglicht die Tatsache, dass die aktuelle Einheits-Temperaturzeitkurve in Deutschland seit 1934 nahezu unverändert bei Brandversuchen angewandt werden, auch die Verwendung älterer Versuchsergebnisse. Das Merkblatt Brandschutz des DBV [121] enthält Tabellen, die die Ergebnisse von Brandversuchen zusammenfassen, die mit heute nicht mehr üblichen Konstruktionen durchgeführt werden.

In Sonderfällen kann die Feuerwiderstandsdauer von Tragelementen im Bestand auch mit einer Heißbemessung nach den Regeln der DIN EN 1992-1-2 ermittelt werden. Eine gute Zusammenfassung von Erfahrungen, die bei der Bewertung des Brandschutzes einzelner Bauteile gesammelt wurden, findet sich bei Fingerloos *et al.* [59].

6.5 Rechenbeispiele

6.5.1 Tragfähigkeit einer Stütze

Zur Vorbereitung einer geplanten Umnutzung eines 5-geschossigen Bürogebäudes (Baujahr 1953) ist die Tragfähigkeit der Stahlbetonstützen im Erdgeschoss zu bestimmen.

Abmessungen der Stützen: $b/d = 40\,\text{cm}/40\,\text{cm}$, $l_0 = 1{,}0 \cdot 2{,}80\,\text{m}$
vorhandene Bewehrung: $4 \varnothing 20$, St I, $A_s = 12{,}6\,\text{cm}^2$

Aus 5 Stützen wurden jeweils 3 Bohrkerne ($\varnothing 50\,\text{mm}$) entnommen (Tab. 6.8). Zur gesonderten Bewertung der Stütze A wurden dort zwei zusätzliche Bohrkerne entnommen. Aus den Bohrkernen konnten Prüfkörper mit einer Länge von jeweils 50 mm hergestellt werden, an denen die Druckfestigkeit ermittelt wurde.

Tab. 6.8 Ergebnisse der Druckfestigkeitsprüfung an Bohrkernen.

Stütze	Bohrkern	$f_{c,is,\varnothing 50}$ [N/mm²]
A	1	47,0
	2	38,7
	3	43,3
	4	45,2
	5	44,1
B	6	43,5
	7	36,7
	8	34,2
C	9	44,2
	10	45,0
	11	37,1
D	12	38,9
	13	50,4
	14	49,1
E	15	43,2
	16	45,0
	17	45,7

In den Bestandsunterlagen wird der Beton als Bn 300 eingestuft. Das Größtkorn des Zuschlags ist kleiner als 16 mm.

Die Bewertung der charakteristischen Druckfestigkeit des Bauwerksbetons für alle Stützen erfolgt nach dem modifizierten Ansatz A (vgl. Abschn. 5.2.1), da mehr als 14 Bohrkerne zur Verfügung stehen.

Mittelwert der 17 Prüfergebnisse:

$$f_{m(17),is} = 43{,}0 \, \text{N/mm}^2$$

Standardabweichung der 17 Prüfergebnisse:

$$s = 4{,}46 \, \text{N/mm}^2$$

$$f_{ck,is} = f_{m(17),is} - k_n \cdot s = 43{,}0 - 1{,}81 \cdot 4{,}46 = 34{,}9 \, \text{N/mm}^2$$

Mit den Werten aus Tab. 5.3 lässt sich der Beton in die Druckfestigkeitsklasse C30/37 einordnen:

$$f_{ck,is,\text{Würfel}} = 34{,}9 \, \text{N/mm}^2 > 31{,}0 \, \text{N/mm}^2$$

Die gesonderte Bewertung der charakteristischen Druckfestigkeit des Bauwerksbetons für Stütze A erfolgt nach dem modifizierten Ansatz B (vgl. Abschn. 5.2.1). Da Bohrkerne mit einem Durchmesser von weniger als 100 mm verwendet wurden, ist die Mindestanzahl der Bohrkerne auf das 1,5-Fache von drei also auf fünf zu erhöhen. Diese Bedingung ist eingehalten.

Mittelwert der fünf Prüfergebnisse:

$$f_{m(5),is} = 43{,}7 \, \text{N/mm}^2$$

Mittelwertkriterium:

$$f_{ck,is} = f_{m(5),is} \cdot k_3 = 43{,}7 \cdot 0{,}75 = 32{,}8 \, \text{N/mm}^2$$

Mindestwertkriterium:

$$f_{ck,is} = f_{is,min} + 4 = 38{,}7 + 4 = 42{,}7 \, \text{N/mm}^2$$

Maßgebend wird das Mittelwertkriterium. Mit den Werten aus Tab. 5.3 lässt sich der Beton in die Druckfestigkeitsklasse C30/37 einordnen:

$$f_{ck,is,\text{Würfel}} = 32{,}8 \, \text{N/mm}^2 > 31{,}0 \, \text{N/mm}^2$$

Die gesonderte Untersuchung der Stütze A bringt – auch aufgrund des geringeren Umfangs der Stichprobe – keine Vorteile.

Auf eine Untersuchung am verformten System, d. h. auf einen Knicksicherheitsnachweis der Stützen, kann aufgrund der geringen Schlankheit verzichtet werden:

$$\lambda = \frac{l_0}{i} = \frac{2{,}80 \, \text{m}}{0{,}289 \cdot 0{,}40 \, \text{m}} = 24{,}2 < 25$$

Der Bemessungswert des Widerstands lässt sich aus den Anteilen des Betons und des Betonstahls ermitteln:

$$N_{Rd} = A_c \cdot f_{cd} + A_s \cdot f_{yd} = 0{,}40 \cdot 0{,}40 \cdot \frac{0{,}85 \cdot 30}{1{,}5} + 0{,}001\,26 \cdot \frac{220}{1{,}15} = 2{,}96\,\text{MN}$$

An den Stützen ist zumindest stichprobenhaft zu überprüfen, ob eine ausreichende Bügelbewehrung vorhanden ist, die ein vorzeitiges Ausknicken der Bewehrungsstäbe im Bruchzustand verhindert.

6.5.2 Biege- und Schubtragfähigkeit eines Unterzugs

Eine einachsig gespannte Stahlbetondeckenkonstruktion einer Fabrikationshalle aus den 1950er-Jahren wurde mit insgesamt 14 nebeneinanderliegenden Unterzügen konzipiert.

Neben den in Abb. 6.21 dargestellten Querschnittsabmessungen können den Planunterlagen folgende Angaben entnommen werden:

Spannweite:	6,20 m
Achsabstand der Unterzüge:	3,20 m
vorhandene Bewehrung:	Feld unten 6 ⌀ 20, St I,
vorhandene Bügelbewehrung:	⌀ 8/15, 2-schn., St I
Betongüte:	Bn 225
Eigengewicht (einschl. Fußbodenaufbau):	$g_k = 19{,}8\,\text{kN/m}$
Verkehrslast:	$p_k = 3{,}0\,\text{kN/m}^2$

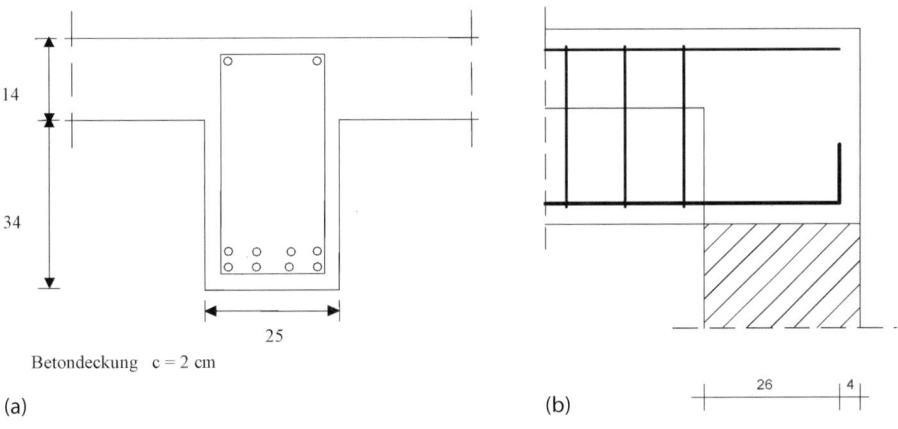

Abb. 6.21 Beispiel Biegeträger. (a) Querschnitt; (b) Auflagerbereich.

Die geometrischen Abmessungen, die Lastannahmen sowie die Lage der Bewehrung wurden vor Ort durch eine stichprobenhafte Untersuchung überprüft.

Der Beton wurde nach Tab. 3.4 der Festigkeitsklasse C16/20 zugeordnet. Hier ergab eine zusätzliche stichprobenhafte Überprüfung mit dem Schmidt-Hammer eine Überschreitung der erforderlichen Mindestwerte.

Schritt 1: Überprüfung der Biegebewehrung des Unterzugs:

$$M_{Ed} = (1{,}5 \cdot 3{,}20 \cdot 3{,}0 + 1{,}35 \cdot 19{,}8) \cdot \frac{6{,}20^2}{8} = 198 \,\text{kNm}$$

$$f_{cd} = 0{,}85 \cdot \frac{16{,}0}{1{,}5} = 9{,}1 \,\frac{\text{N}}{\text{mm}^2}$$

Die mitwirkende Breite b_{eff} lässt sich nach EC 2 ermitteln zu 1,88 m.

$$\mu_{Eds} = \frac{0{,}198}{1{,}88 \cdot 0{,}43^2 \cdot 9{,}1} = 0{,}063 \Rightarrow \omega = 0{,}065$$

$$\text{erf}\,A_S = 0{,}065 \cdot 1{,}88 \cdot 0{,}43 \cdot 9{,}1 \cdot \frac{1}{220/1{,}15} \cdot [100^2]$$
$$= 25{,}0 \,\text{cm}^2 < 25{,}1 \,\text{cm}^2 = \text{vorh}\,A_S$$

Schritt 2: Ermittlung der maßgebenden Querkraft und Wahl der Neigung der Druckstrebe

$$V_{Ed} = (1{,}5 \cdot 3{,}20 \cdot 3{,}0 + 1{,}35 \cdot 19{,}8) \cdot \frac{6{,}20}{2} = 128 \,\text{kN}$$

$$V_{Ed,red} = 128 - (0{,}1 + 0{,}43) \cdot 41{,}1 = 106 \,\text{kN}$$

$$\max \cot \Theta = \frac{1{,}2}{1 - V_{Rd,cc}/V_{Ed}} \leq 3{,}0 \quad \text{für Normalbeton}$$

mit

$$V_{Rd,cc} = c \cdot 0{,}48 \cdot f_{ck}^{1/3} \cdot b_w \cdot z = 0{,}6 \cdot 0{,}25 \cdot 0{,}9 \cdot 0{,}43 \cdot [1000]$$
$$= 58{,}5 \,\text{kN}$$

$$\max \cot \Theta = \frac{1{,}2}{1 - 58{,}5/106} = 2{,}68 \Rightarrow \quad \text{gewählt } \cot \Theta = 2{,}0$$

Schritt 3: Überprüfung der Betondruckstrebe und der Schubbewehrung des Unterzugs am Auflager mit $\cot \Theta = 2{,}0$:

$$V_{Rd,max} = \frac{\alpha_{cw} \cdot f_{cd} \cdot b_w \cdot z \cdot \cot \Theta}{1 + \cot^2 \Theta}$$
$$= \frac{6{,}83 \cdot 0{,}25 \cdot 0{,}9 \cdot 0{,}43 \cdot 2{,}0}{1 + 2{,}0^2} \cdot [1000] = 264 \,\text{kN} > 106 \,\text{kN}$$

$$\text{erf}\,a_{sw} = \frac{V_{Ed}}{f_{yd} \cdot z \cdot \cot \Theta} = \frac{0{,}106}{220/1{,}15 \cdot 0{,}9 \cdot 0{,}43 \cdot 2{,}0} \cdot [100^2]$$
$$= 7{,}16 \,\text{cm}^2/\text{m} < 7{,}86$$

Schritt 4: Verankerung der Biegebewehrung am Endauflager für

$$F_{Sd,R} = V_{Ed} \cdot \frac{a_1}{z} \leq F_{Rd,R} \geq \frac{V_{Ed}}{2}$$

mit dem Versatzmaß a_1

$$a_1 = z \cdot \frac{\cot \Theta - \cot \alpha}{2} = 0{,}9 \cdot 0{,}43 \cdot \frac{2{,}0 - 0}{2} = 0{,}39 \,\text{m}$$

$$F_{Sd,R} = 128 \cdot \frac{0{,}39}{0{,}9 \cdot 0{,}43} = 129 \,\text{kN} \geq \frac{V_{Ed}}{2}$$

4 ⌀ 20, St I (glatt) werden aufs Auflager geführt.

$$\text{erf}\, A_S = \frac{0{,}129}{220/1{,}15} \cdot [100^2] = 6{,}7\,\text{cm}^2 < 12{,}6\,\text{cm}^2 = \text{vorh}\, A_S$$

Bemessungswerte der Verbundspannung für glatte Stäbe nach EC 2:

$$f_{\text{bd}} = 0{,}36 \cdot \frac{\sqrt{f_{\text{ck}}}}{\gamma_c} = 0{,}36 \cdot \frac{\sqrt{16{,}0}}{1{,}5} = 0{,}96\,\frac{\text{N}}{\text{mm}^2}$$

Für mäßige Verbundbedingungen sind diese Werte mit dem Faktor 0,7 zu multiplizieren.

Grundmaß der Verankerungslänge eines Einzelstabs mit dem Durchmesser d_s

$$l_b = \frac{d_s}{4} \cdot \frac{f_{\text{yd}}}{f_{\text{bd}}} = \frac{20}{4} \cdot \frac{220/1{,}15}{0{,}96} \cdot [10] = 99{,}6\,\text{cm}$$

Die erforderliche Verankerungslänge ergibt sich unter Berücksichtigung der Verankerungsart (Haken) und des Verhältnisses von vorhandener zu erforderlicher Bewehrung zu

$$l_{b,\text{net}} = \alpha_a \cdot \frac{A_{s,\text{erf}}}{A_{s,\text{vorh}}} \cdot l_b = 0{,}7 \cdot \frac{6{,}7}{12{,}6} \cdot 99{,}6 = 37{,}3\,\text{cm}$$

Die Bedingung $l_{b,\text{net}} \geq l_{b,\text{min}}$ ist eingehalten.

Die erforderliche Verankerungslänge am Endauflager beträgt

$$l_{b,\text{dir}} = \frac{2}{3} \cdot l_{b,\text{net}} = \frac{2}{3} \cdot 37{,}3 = 25\,\text{cm} \geq 6 \cdot d_s$$

Diese Bedingung ist eingehalten (vgl. Abb. 6.21b).

Weitere rechnerische Nachweise sind erforderlich u. a. für die Querkraft, bei abgestufter Schubbewehrung, sowie für die Biege- und Schubbeanspruchung der quer zu den Unterzügen verlaufenden Platte.

7
Instandsetzung und Reparatur von Betonbauteilen

> While automation prospers, our roads, bridges, and urban civil works rot. Children control computers while adults weave between potholes. The higher that high technology sails the worse seem our earthbound services for water, transportation and shelter. [...] Technology is frequently equated only with machines, those objects that save labor, multiply power, and increase mobility. In reality, machines are only one half of technology, the dynamic half, and structures are the other, static, half – objects that create a water supply, permit transportation, and provide shelter.
>
> *(David P. Billington 1983 [122])*

Seit den 1980er-Jahren hat sich die Betoninstandsetzung zu einem wichtigen Arbeitsfeld für Ingenieurbüros und Baufirmen entwickelt. Da die Instandsetzung von Betonbauteilen im Gegensatz zu deren Herstellung mit vergleichsweise wenig technischer Ausrüstung möglich ist, wurde das Arbeitsfeld von vielen Kleinstfirmen entdeckt.

Zahlreiche Richtlinien, Normen und Merkblätter wurden veröffentlicht, um allen Beteiligten durch klare Vorgaben verlässliche Richtlinien an die Hand zu geben: Als wichtigstes und umfassendstes Regelwerk kann die *Richtlinie für Schutz und Instandsetzung von Betonbauteilen* des DAfStb, 2001 (Richtlinie Schutz und Instandsetzung von Betonbauteilen – Rili-SIB) [123] mit den vier Teilen „Allgemeine Regeln und Planungsgrundsätze", „Bauprodukte und Anwendung", „Anforderungen an die Betriebe und Überwachung der Ausführung" sowie „Prüfverfahren" angesehen werden.

Seit über 10 Jahren existiert neben der Rili-SIB die Normenreihe DIN EN 1504 [124–133]). In dieser Zeit gab es zahlreiche Initiativen mit dem Ziel, die europäischen und die deutschen Regelungen so weit aufeinander abzustimmen, dass die in Wissenschaft und Praxis für die Betoninstandsetzung gewonnenen Erfahrungen hinsichtlich Zuverlässigkeit und Praxistauglichkeit bewahrt werden, ohne den durch den europäischen Binnenmarkt vorgegebenen rechtlichen Rahmen zu verlassen. Dies ist bisher nicht gelungen. Damit bleibt die Rili-SIB mit den zuletzt 2014 vorgelegten Ergänzungen das maßgebende Regelwerk für Schutz und Instandsetzung von Betonbauwerken in Deutschland.

7 Instandsetzung und Reparatur von Betonbauteilen

Von der Baustoffindustrie werden Produkte und Systeme angeboten, die die in den technischen Regelwerken geforderten Eigenschaften erfüllen oder für die durch eigene Untersuchungen der Hersteller der Nachweis der Eignung erbracht wurde.

In den folgenden Abschnitten werden die Grundprinzipien einer erfolgreichen, d. h. dauerhaften Betoninstandsetzung, ausgehend von den grundlegenden Zusammenhängen (siehe Kapitel 3), im Sinne von Ursache und Wirkung erläutert. Darüber hinaus werden die wichtigsten Instandsetzungsprinzipien bzw. -systeme benannt und in kompakter Form dargestellt.

7.1 Vorbereitung der Instandsetzung

Übergeordnetes Ziel einer Instandsetzung ist es, die ursprüngliche Funktionalität und Zuverlässigkeit eines Bauwerks wiederherzustellen. Dies kann nur dann gelingen, wenn die eigentlichen Maßnahmen sorgfältig konzipiert und vorbereitet werden (Tab. 7.1). Dazu sind zuerst die Symptome im Rahmen der Zustandserfassung möglichst umfassend zu erkunden.

Tab. 7.1 Vorbereitung einer Instandsetzungsmaßnahme.

Schritt 1 Zustandserfassung und Dokumentation (siehe Kapitel 5)	
Schritt 2 Schadensanalyse Materialprüfung statisch-konstruktive Untersuchung geodätische Messung etc. (siehe Kapitel 3 und 5)	
Schritt 3 Instandsetzungsstrategie	
Beseitigung der Schadensursache	Verstärkung und/oder erhöhter Schutz des Bauwerks
+ Instandsetzung	+ Instandsetzung
Schritt 4 Instandsetzungsmaßnahme	
z. B.	z. B.
– Entwässerung, Drainage,	– statisch-konstruktive Verstärkung
– Wärmedämmung	– Abdichtungssystem etc.
– Entlastung durch Nutzungseinschränkung	+ Reprofilierung und Oberflächenschutz
+ Reprofilierung und Oberflächenschutz	

Die Verfahren, die zur Diagnose der Schadensursache herangezogen werden können, wurden bereits in den Kapiteln 3 und 5 beschrieben. Bevor mit der Beseitigung von Symptomen begonnen wird, muss die eigentliche Ursache des Schadens bekannt sein und soweit möglich beseitigt werden. Wenn Risse im Beton eindeutig durch Hydratationswärme oder Schwinden verursacht sind, dann ist die Schadensursache nicht mehr vorhanden. In anderen Fällen wird man die Schadensursache mit angemessenem Aufwand beseitigen können: z. B. indem man schadhafte Drainagesysteme instand setzt und so eine weitere Durchfeuchtung von Bauteilen verhindert oder indem man durch eine Wärmedämmung der Fassade die Temperaturbeanspruchungen reduziert.

Wenn es nicht möglich ist, die Schadensursachen zu beseitigen, dann sind im Rahmen der Instandsetzung die notwendigen Ertüchtigungs- und Schutzmaßnahmen zu ergreifen. Hier reicht das Spektrum von der Oberflächenbeschichtung bis hin zur statisch-konstruktiven Verstärkung einzelner Bauteile.

Ob eine Betoninstandsetzung als großflächige Maßnahme oder als Beseitigung örtlicher Fehlstellen konzipiert wird, hängt vor allem davon ab, ob die Karbonatisierungsfront die oberste Bewehrungslage bereits erreicht hat oder ob Schadensbilder und Schadensursachen einer Systematik unterliegen, die sich örtlich eingrenzen lässt.

Nach Rili-SIB [123] werden folgende Grundsatzlösungen bei Bewehrungskorrosion infolge Karbonatisierung des Betons unterschieden:

- flächige Realkalisierung mit alkalischem Beton bzw. Mörtel (Instandsetzungsprinzip R1-K)
- örtliche Ausbesserung mit alkalischem Beton bzw. Mörtel (Instandsetzungsprinzip R2-K)
- Korrosionsschutz durch Begrenzung des Wassergehaltes im Beton – Oberflächenschutzmaßnahmen (Instandsetzungsprinzip W)
- Korrosionsschutz durch Beschichtung der Bewehrung (Instandsetzungsprinzip C)

In den folgenden Abschnitten werden die Verfahren und Werkstoffe, die bei den einzelnen Arbeitsschritten der Betoninstandsetzung zur Anwendung kommen, zusammengestellt und kurz erläutert. Sonderfragen im Zusammenhang mit Chloridbelastung und treibenden bzw. lösenden Prozessen werden allerdings ausgeklammert. Hierzu wird auf das umfangreiche Fachschrifttum verwiesen (z. B. [100]). Die Fragen im Zusammenhang mit der statisch-konstruktiven Verstärkung von Bauteilen werden in den beiden abschließenden Kapiteln 8 und 9 ausführlich behandelt.

7.2 Vorbereitung des Betonuntergrundes

Wenn eine örtliche Ausbesserung einer Betonoberfläche erfolgen soll, dann empfiehlt es sich, in einem ersten Arbeitsschritt die gesamte Oberfläche mit einem *Hochdruckreiniger* von Schmutz, Bewuchs und Beschichtungsrückständen zu befreien, um auch alle Fehlstellen zu erkennen. In einem zweiten Arbeitsschritt wird dann der schadhafte Beton entfernt. Ein flächiger Betonabtrag erfolgt am

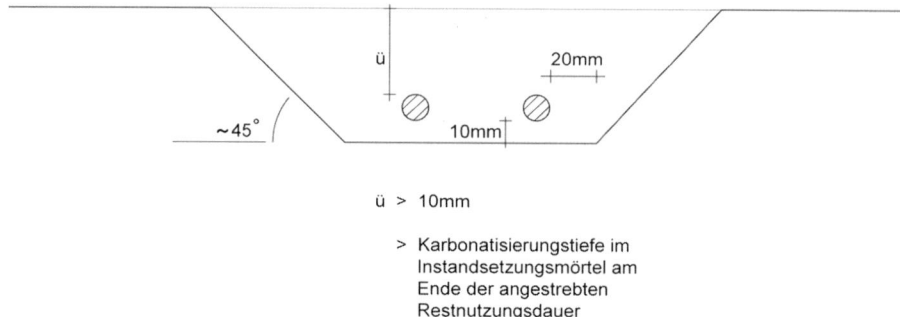

ü > 10mm

> Karbonatisierungstiefe im Instandsetzungsmörtel am Ende der angestrebten Restnutzungsdauer

Abb. 7.1 Vorbereitung einer örtlichen Ausbesserung.

besten durch *Hochdruckwasserstrahlen* oder – bei horizontalen Flächen – durch *Fräsen*. Bei kleineren Flächen kann auch *maschinelles Stemmen* zum Einsatz kommen.

Um dabei einen unkontrollierten Betonausbruch zu vermeiden, sollte der freizustemmende Bereich mithilfe eines Trennschleifers mit einer etwa 5 mm tiefen Nut eingegrenzt werden. Die Flanken werden dann ca. 45° geneigt, um später einen möglichst guten Haftverbund herzustellen (siehe Abb. 7.1). Beim Hochdruckwasserstrahlen wird die seitliche Ausbruchfläche dadurch begrenzt, indem mit einem etwa unter 45° geneigten Schnitt begonnen und dann von außen nach innen gearbeitet wird.

Seitlich der korrodierten Bewehrung ist der Beton ca. 20 mm, hinter der Bewehrung ca. 10 mm tief zu entfernen.

Wenn der Haftverbund auf der Rückseite der Bewehrung durch Korrosion nicht beeinträchtigt ist und die Überdeckung $ü$ mindestens 20 mm beträgt, dann kann auf das Freilegen der Bewehrung an der Rückseite verzichtet werden.

Ein weiteres Kriterium für die Ausbruchtiefe kann die erforderliche Haftzugfestigkeit des Altbetons darstellen. Sie muss im Mittel 1,5 N/mm^2 (kleinster Einzelwert 1,0 N/mm^2) betragen.

Zur Vorbereitung der Betonoberfläche für das Aufbringen eines Oberflächenschutzsystems (OS) eignen sich *Druckwasser-, Druckluft- und Flammstrahlen*. Die erforderliche Haftzugfestigkeit liegt für die unterschiedlichen Beschichtungssysteme zwischen 0,5 und 2,0 N/mm^2. Weitergehende Forderungen an den Untergrund hinsichtlich Oberflächenbeschaffenheit, Feuchte und Temperatur hängen vom Beschichtungs- bzw. Reparaturmaterial ab. Bei allen Verfahren sind die erforderlichen Sicherheits- und Schutzmaßnahmen zu beachten. Falls Unsicherheiten hinsichtlich der Eignung für eine spezielle Aufgabe bestehen, so empfiehlt sich das Anlegen von Probeflächen. Tabelle 7.2 enthält eine Zusammenstellung der typischen Anwendungsgebiete für die wichtigsten Strahl- und Reinigungsverfahren.

Tab. 7.2 Strahl- und Reinigungsverfahren für Betonoberflächen.

Verfahren	Anwendungsgebiet	Bemerkungen
Hochdruckreiniger Wasser bis 200 bar Temperatur bis 150 °C	Reinigung der Betonoberfläche Entfernen dünner Anstriche	Zur Untergrundvorbereitung nicht geeignet
Stemmen maschinell oder von Hand	Örtlicher Abtrag von schadhaftem Beton	Es besteht die Gefahr, dass die Bewehrung beim Stemmen beschädigt wird. Ein Einkerben der Ausbruchfläche verhindert unkontrollierten Ausbruch.
Druckwasserstrahlen bis 600 bar	Entfernen von Beschichtungen und Schichten mit geringer Festigkeit	Die Wirksamkeit kann durch Zugabe von Strahlmitteln (Sand) erhöht werden.
Hochdruckwasserstrahlen bis 3000 bar	Betonabtrag Schneiden von Beton	Die Wirksamkeit kann durch Zugabe von Strahlmitteln erhöht werden. Die Schneidwirkung des Wasserstrahls erfordert hohe Sicherheitsvorkehrungen.
Fräsen	Betonabtrag bis 5 mm je Schicht	Ein Nacharbeiten mit Druckluft- oder Hochdruckwasserstrahlen ist erforderlich. Die oberflächennahe Betonzone kann geschädigt werden.
Druckluftstrahlen	Oberflächenvorbereitung für Beschichtungen und Klebeverbindungen Entrosten von Bewehrungsstahl	Als Strahlmittel werden Siliciumkarbid, Elektrokorund und Stahlkugeln eingesetzt.
Flammstrahlen bis 3000 °C	Betonabtrag bis 4 mm je Übergang	Eine ausreichende Betondeckung zum Schutz des Bewehrungsstahls muss vorhanden sein; eine Nachbehandlung durch Druckluftstrahlen ist erforderlich. Die oberflächennahe Betonzone kann geschädigt werden.

7.3 Vorbereiten der Bewehrung

Der Umgang mit korrodierten Bewehrungsstählen richtet sich nach dem Grad der Schädigung und nach den statischen Erfordernissen.

Bewehrung, die im Sinne einer Mindestbewehrung für die Beanspruchung aus Hydratation und Schwinden eingelegt wurde, kann bei ungenügender Betondeckung örtlich entfernt werden, wenn der Tragwerksplaner dies zulässt.

Bei statisch erforderlichen Bewehrungsstäben, deren Querschnitt durch Korrosion zu stark geschwächt ist, ist eine zusätzliche Bewehrung aus Betonstahl oder in Form von geklebten Faserverbundwerkstoffen anzubringen. Die erforderlichen Übergreifungslängen sind einzuhalten. Die ursprüngliche und die zusätzliche Bewehrung sind so zu fixieren, dass sie beim Aufbringen des Reparaturmörtels nicht schwingen. Dies würde den Verbund beeinträchtigen.

Wenn eine erneute Korrosion des Bewehrungsstahls durch eine ausreichend dicke alkalische Überdeckung oder durch ein OS (Instandsetzungsprinzip R und U) verhindert wird, dann genügt ein Entrosten der Bewehrung (Reinheitsgrad Sa2), um den Verbund des Stahls mit dem Reparaturmörtel sicherzustellen. Die Reinigung kann durch Bürsten mit der Hand, durch Druckluftstrahlen oder Hochdruckwasserstrahlen erfolgen. Bei chloridinduzierter Korrosion ist nur Hochdruckwasserstrahlen zulässig.

Wenn – aufgrund zu geringer Betonüberdeckung oder einem schlechten Gefüge der Bauteiloberfläche – kein ausreichender Korrosionsschutz gewährleistet wird, dann ist eine Beschichtung der Bewehrung erforderlich (Instandsetzungsprinzip C). Dazu sind alle betroffenen Bewehrungsstähle durch Druckluftstrahlen auch auf der Rückseite und im Bereich von Stabkreuzungen zu reinigen (Reinheitsgrad Sa 2 1/2). Bei chloridinduzierter Korrosion ist eine Vorreinigung mit Hochdruckwasserstrahlen erforderlich. Als Beschichtung können reaktionshärtende Epoxidharze (EP) oder kunststoffmodifizierte Zementschlämme verwendet werden.

Bei EP ist eine Mindestdicke von 300 µm einzuhalten. Ist – um eine bessere Verbundwirkung zu erzielen – eine Besandung der Beschichtung erforderlich, dann muss die Beschichtung zweischichtig ausgeführt werden. Der erste Auftrag hat eine Mindestdicke von 200 µm. Abgesandet wird erst nach dem Auftrag der zweiten Schicht. Zementgebundene Systeme werden ebenfalls zweischichtig aufgebracht. Die Gesamtdicke beträgt mindestens 1000 µm.

Bei der Prüfung der Eignung von Beschichtungen werden Korrosionsschutzwirkung, Alkalibeständigkeit, Verbund und Verarbeitbarkeit berücksichtigt.

7.4 Instandsetzungs- und Reparaturmörtel

Ein falsches Vorurteil ist, dass eine Betoninstandsetzung ohne Bauchemie nicht erfolgreich sein kann. Zement, Zuschlag und Wasser sind auch für einen Instandsetzungs- oder Reparaturmörtel die wichtigsten Bestandteile. Betonzusatzstoffe, die die Verarbeitbarkeit verbessern und das Schwinden herabsetzen, sind hilfreich. Auf Kunstharze zur Verbesserung der Eigenschaften oder gar als Ersatz für den Zement muss man nur in Sonderfällen zurückgreifen.

Instandsetzungsmörtel und -beton können in vier Gruppen eingeteilt werden:

Beton (DIN 1045-2, DIN EN 206-1) und *Spritzbeton* (DIN EN 14487-1, DIN 18551): Der Untergrund ist nach der Vorbereitung vorzunässen und soll beim Einbringen matt-feucht sein. Eine – am besten zementgebundene – Haftbrücke, die in die Altbetonoberfläche eingebürstet wird, ist vorteilhaft, wenn der Bauablauf einen Auftrag frisch in frisch zulässt. Wird der Beton als Spritzbeton aufgebracht, dann sind die entsprechenden Regeln zu beachten (siehe Kapitel 8). Eine Haftbrücke ist in diesem Fall nicht erforderlich. Eine sorgfältige Nachbehandlung über mindestens 5 Tage sichert die Verbundwirkung und die Qualität des Oberflächengefüges.

Zementmörtel wird mit einem Größtkorn von 4 mm mit Stoffen nach DIN 1045-2 hergestellt. Der Zementgehalt beträgt mindestens 400 kg/m^3 und der W/Z-Wert darf 0,5 nicht überschreiten. Es ist ein Zement zu verwenden, der mindestens die Festigkeitsklasse Z35 nach DIN 1164 besitzt. Auch hier macht eine Haftbrücke Sinn, wenn ein Aufbringen des Mörtels frisch in frisch möglich ist. Für das Aufbringen von Spritzmörtel gelten besondere Regeln. Die Dauer der Nachbehandlung soll 5 Tage nicht unterschreiten.

Bei *kunststoffmodifizierten Zementbetonen und -mörteln* (polymer cement concrete – PCC) sind neben den Grundsätzen der DIN 1045-2 in Verbindung mit DIN EN 206-1 folgende Regeln einzuhalten: Für Beton (Größtkorn des Zuschlags $d > 8$ mm) muss der Zementgehalt mindestens 350 kg/m^3, für Mörtel (Größtkorn $d < 4$ mm) mindestens 400 kg/m^3 betragen. Der Anteil der polymeren Zusatzstoffe darf 5 % der Gesamttrockenmasse nicht überschreiten. Bei einer Anwendung im Rahmen der Instandsetzungsprinzipien R1 und R2 ist – zur Sicherstellung ausreichender Alkalität – der Polymergehalt auf maximal 10 % des Zementgewichts beschränkt. Der Kunstharzanteil soll die Dehnfähigkeit und die Haftfestigkeit erhöhen, die Rissneigung und den E-Modul verringern sowie Verarbeitbarkeit und Wasserrückhaltevermögen verbessern. Die Oberfläche ist mindestens 5 Tage nachzubehandeln. Querschnittsergänzungen mit PCC-Produkten dürfen nicht als tragend angesetzt werden. Produkte, die für ein Spritzverfahren vorgesehen sind, werden mit dem Kürzel SPCC bezeichnet.

Reaktionsharzmörtel (polymer concrete – PC) werden, da sie keinen ausreichenden Korrosionsschutz bieten und auch nicht zur Tragfähigkeit beitragen, nur in Sonderfällen eingesetzt, so zum Beispiel, wenn eine Nachbehandlung nicht möglich ist, eine schnelle Aushärtung erforderlich ist, nur geringe Schichtdicken möglich sind oder eine sehr hohe chemische Widerstandsfähigkeit erforderlich ist. Die Anwendungstechnologie richtet sich nach den speziellen Vorschriften der einzelnen Produkte. Meist ist ein erster Arbeitsgang mit einer Haftbrücke erforderlich.

Für alle Instandsetzungsmörtel und -betone gilt gleichermaßen, dass sie als zertifizierte Produkte in eindeutigen Mischungsverhältnissen verarbeitet werden müssen. Das wird entweder durch die Verwendung vorgemischter Gebinde oder durch den Einsatz spezieller Mischanlagen sichergestellt.

Für die Auswahl eines Instandsetzungsmörtels sind mehrere Kriterien entscheidend:

Die *Beanspruchungsklasse* (M1 bis M3) wird durch statisch-konstruktive Randbedingungen und durch die zu erwartende mechanische Beanspruchung

Tab. 7.3 Beanspruchbarkeitsklassen für Instandsetzungsmörtel nach RiLi-SIB Teil 2 [123].

Beanspruchbarkeitsklasse	Stofftyp/ Stoffbezeichnung	Anwendungsbereich	max. Flächengröße	Lage der Auftragsfläche	Anwendungsbeispiele
M1	Zementgebunden	–	Örtlich begrenzt	Beliebig	Fassaden
M2	Zementgebunden/ PCC I	R, D	Beliebig		Befahrbare Flächen unter Belägen auf Brücken und in Parkhäusern
	Zementgebunden/ PCC II	R, D	Beliebig	Beliebig	Brückenuntersichten, Stützwände, Widerlager, Fassaden
	Zementgebunden/ SPCC	R, D	Beliebig		
	Reaktionsharzgebunden/PC II	D	Örtlich begrenzt[a]	Beliebig	
	Reaktionsharzgebunden/PC I	D	Örtlich begrenzt[a]		Befahrbare Flächen unter Belägen auf Brücken und in Parkhäusern
M3	Zementgebunden	R, D, S	Beliebig	Beliebig	Stützen, Platten,[b] Balken

a) im Verkehrsbereich bis 1 m² zulässig.
b) im Hochbau auch direkt befahrbare Flächen.
R: für Instandsetzungsprinzip R geeignet.
D: dynamische Beanspruchung während und nach der Applikation zulässig.
S: statische Mitwirkung zulässig.

definiert. Die Anforderungen an die Korrosionsschutzwirkung und an die *Alkalität* sind mit dem jeweiligen Instandsetzungsprinzip (R1, R2, W, C) verknüpft. OS4 und OS5 (siehe Tab. 7.8) sind Regelmaßnahmen für die Instandsetzungsprinzipien W und C. In diesem Zusammenhang sind auch die unterschiedlichen *Mindestdicken* und die Anforderungen an den *Untergrund eines OS* zu sehen. In Tab. 7.3 sind den unterschiedlichen Randbedingungen geeignete Instandsetzungsmörtel und -betone zugeordnet. Die Tab. 7.4 enthält Angaben zum Größtkorndurchmesser und zur oberen bzw. unteren Grenze der Schichtdicke für die einzelnen Instandsetzungsmörtel.

7.5 Füllen von Rissen und Hohlräumen

Im Rahmen einer umfassenden Voruntersuchung sind Risse und Merkmale, die auf Hohlräume hindeuten, zu erkunden und zu dokumentieren (siehe Kapitel 5). Der Einfluss der Risse auf Tragsicherheit, Gebrauchstauglichkeit und Dauerhaftigkeit ist zu bewerten. Erst dann kann entschieden werden, ob Risse und Hohl-

Tab. 7.4 Schichtdicken (Richtwerte) für Instandsetzungsmörtel nach RiLi-SIB Teil 2 [123].

Beton- bzw. Mörtelart	Größtkorndurchmesser [mm]	Schichtdicke [mm] min[a]	max
Beton	8 oder 16	50	–
Spritzbeton	8	30[b]	–
	16	50	–
Spritzmörtel	≤ 4	15	30
Vergussbeton	> 4	60	25 × Größtkorn[c]
Zementmörtel	≥ 4	20	40
Kunststoffmodifizierter Instandsetzungsbeton/-mörtel PCC	≤ 8	10[d]	50[e]
Kunststoffmodifizierter Spritzbeton/-mörtel SPCC	≤ 8	10[d]	50[e]
Reaktionsharzgebundener Instandsetzungsbeton/-mörtel PC	≤ 8	5	40

a) Mindestens dreifacher Größtkorndurchmesser.
b) Bei dynamisch beanspruchten Bauteilen 50 mm.
c) Bei Schichtdicken ≥ 100 mm darf Vergussbeton der Frühfestigkeitsklassen A und B nicht verwendet werden.
d) Bei Instandsetzungsprinzip R1 ≥ 20 mm.
e) Örtlich bis 100 mm.

räume gefüllt werden sollen und welches der folgenden vier Ziele mit der Instandsetzungsmaßnahme erreicht werden soll:

Als *Schließen* bezeichnet man das Hemmen oder Verhindern des Eindringens korrosionsfördernder Wirkstoffe durch Risse oder Hohlräume in Bauteile. Durch *Abdichten* werden riss- bzw. hohlraumbedingte Undichtigkeiten beseitigt. Dies kann durch begrenzt *dehnfähiges Verbinden* der Rissflanken oder durch *kraftschlüssiges* – zug- und druckfestes – *Verbinden* erfolgen. Abdichten beinhaltet das Schließen.

Als Füllstoffe kommen Zementleime (ZL), Zementsuspensionen (ZS), Epoxidharze (EP), Polyurethanharze (PUR) und schnellreaktive Polyurethanschäume (sPUR) zum Einsatz. Als einfachste Technologie ist bei horizontalen Flächen für das Schließen von Rissen eine Tränkung (T) im Pinsel- oder Gießverfahren möglich. Da auf diese Art und Weise nur geringe Eindringtiefen zu erreichen sind, wird allerdings meist eine dem jeweiligen Anwendungsfall angepasste Injektionstechnik (I) eingesetzt.

Tab. 7.5 Anwendungsbereiche der Rissfüllstoffe nach RiLi-SIB [123].

Anwendungsziel	Feuchtezustand der Füllbereiche			
	Trocken[a]	Feucht	„Drucklos" wasserführend	„Unter Druck" wasserführend[b]
	Zulässige Maßnahmen			
Schließen durch Tränkung	EP-T			
	ZL-T	ZL-T		
	ZS-T	ZS-T		
Schließen und Abdichten durch Injektion	EP-I			
	PUR-I	PUR-I	PUR-I	PUR-I
	ZL-I	ZL-I	ZL-I	ZL-I
	ZS-I	ZS-I	ZS-I	ZS-I
Begrenzt dehnfähiges Verbinden	PUR-I	PUR-I	PUR-I	PUR-I
Kraftschlüssiges Verbinden	EP-I			
	ZL-I	ZL-I	ZL-1	ZL-I
	ZS-I	ZS-I	ZS-I	ZS-I

a) Flanken von Rissen und innere Oberflächen von Hohlräumen müssen gegebenenfalls gemäß Angaben zur Ausführung vorgenässt werden.
b) Zusammen mit Maßnahmen zur Druckminderung (z. B. Entlastungsbohrungen, Wasserhaltung) und rückseitigem Abdichten.

Die Randbedingungen, aus denen sich die Eignung der einzelnen Verfahren ergibt, sind:

- Feuchtezustand von Rissen und Hohlräumen (trocken, feucht, drucklos oder unter Druck wasserführend)
- Rissart (Trennriss oder oberflächennaher Riss)
- Rissbreite und Rissbreitenänderung (während der Erhärtung und nach der Erhärtung)
- Anwendungstemperatur
- vorangegangene Maßnahmen (Wiederholbarkeit)

Die in Tab. 7.5 und 7.7 dargestellten Anwendungsbereiche zeigen unter anderem, dass ein dehnfähiges Verbinden ausschließlich mit PUR und nur bei Rissweiten > 0,3 mm möglich ist. Die erforderlichen Rissbreiten für die Füllart Tränkung sind in Tab. 7.6 zusammengestellt.

Für die Durchführung einer Abdichtungsmaßnahme gilt, dass bei günstiger Witterung gearbeitet werden soll. Niedrige Temperaturen – oberhalb der niedrigsten Anwendungstemperatur – sind günstig, weil dann die Rissweite am größten ist.

Um die Rissflanken von haftungsstörenden Verunreinigungen zu befreien, kann – bei oberflächennahen Bereichen und insbesondere bei Tränkungen – ei-

Tab. 7.6 Erforderliche Rissbreite für die Füllart Tränkung nach RiLi-SIB [123].

	Epoxidharz EP-T	Zementleim ZL-T	Zementsuspension ZS-T
Rissbreiten	$w > 0{,}2$ mm	$w > 0{,}8$ mm	$w > 0{,}4$ mm

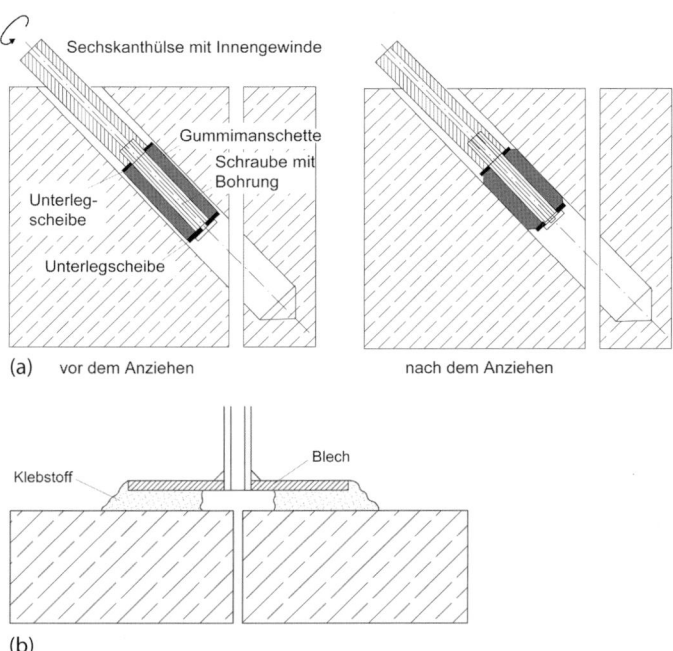

Abb. 7.2 Injektionshilfen. (a) Bohrpacker; (b) Klebepacker.

ne Reinigung mit Druckluft und Staubsaugern erforderlich werden. Bei Verwendung von mineralischen Injektionsmitten (ZL-I, ZS-I) sind trockene Rissflanken gemäß den Anwendungsrichtlinien des Injektionsgutes vorzunässen.

Das Einbringen des Injektionsgutes erfolgt unter Druck über sogenannte „Packer", die auf der Bauteiloberfläche aufgeklebt oder – meist diagonal zum Riss – in Bohrlöcher eingebracht werden (siehe Abb. 7.2). Ob die Risse an der Oberfläche zwischen den einzelnen Packern abgedichtet – verdämmt – werden müssen, ob Entlüftungsbohrungen erforderlich sind, die das Eindringen des Injektionsgutes überhaupt erst ermöglichen, welcher Injektionsdruck gewählt wird und in welchem zeitlichen Verlauf der Injektionsdruck auf- und abgebaut wird, hängt vom speziellen Anwendungsfall ab. Hier sollte man die Erfahrung von Spezialfirmen nutzen und im Zweifelsfall eine Probeinjektion durchführen.

Eine Injektionsmaßnahme ist dann erfolgreich, wenn bei Rissen und Hohlräumen ein Füllgrad von 80 % erreicht wird. Bei einer Tränkung müssen die Risse bis in eine Tiefe von 5 mm oder entsprechend der 15-fachen Rissweite gefüllt sein. Eine Kontrolle ist nur anhand von Bohrkernen möglich.

Tab. 7.7 Rissfüllstoffspezifische Anwendungsbedingungen für die Füllart Injektion nach Rili-SIB [123].

Merkmal	Anwendungsbedingungen			
Rissfüllstoff	Epoxidharz	Zementleim	Zementsuspension	Polyurethanharz
Füllart, Injektion	EP-I	ZL-I	ZS-I	PUR-I
Rissart	Trennriss oder oberflächennaher Riss	Trennriss	Trennriss bzw. oberflächennaher Riss	Trennriss
Rissverlauf	Beliebig			
Rissbreite w (In der Grundprüfung kleinste nachgewiesene Rissbreite)	$w \geq 0{,}10$ mm	$w \geq 0{,}80$ mm	$w \geq 0{,}25$ mm	$w \geq 0{,}30$ mm[a]
Feuchtezustand	Siehe Tab. 7.5			
Niedrigste Anwendungstemperatur	8 °C[b]	5 °C		6 °C (niedrigere Anwendungstemperatur ist gemäß Grundprüfung möglich)
Vorangegangene Maßnahmen	Nicht zulässig bei vorangegangener Füllung mit EP oder PUR	Nicht zulässig bei vorangegangener Füllung mit EP oder PUR Wiederholung der Füllung mit ZL oder ZS zulässig		Wiederholte Füllung zulässig
Kurzzeitige Rissbreitenänderungen während der Erhärtungsphase	$\Delta w \leq 0{,}10 w$ $\leq 0{,}03$ mm[c]	Nicht zulässig		An kurzzeitige Rissbreitenänderungen werden keine Anforderungen gestellt.
Tägliche Rissbreitenänderungen während der Erhärtungsphase	Abhängig von der Festigkeitsentwicklung	Nicht zulässig	Keine Anforderung	

(Fortgesetzt)

Tab. 7.7 (Fortsetzung)

Merkmal	Anwendungsbedingungen		
Rissbreitenänderung nach Erhärtung	–	–	$w \leq 0{,}3$ mm: $\Delta w \leq 0{,}05w$ $w \leq 0{,}5$ mm: $\Delta w \leq 0{,}1w$ Dies gilt bei mittleren Bauwerkstemperaturen von ca. 15 °C.

a) Zum begrenzt dehnfähigen Verbinden nachgewiesene Mindestrissbreite. Für lediglich abdichtende Injektionen sind, in Abhängigkeit von der Viskosität, auch kleinere Rissbreiten injizierbar.
b) Die niedrigste Anwendungstemperatur (Bauteiltemperatur) T_{min} ergibt sich als der Höchstwert aus folgenden Bedingungen: $T_{min} \geq 8$ °C in Abhängigkeit von der temperaturbedingten Festigkeitsentwicklung bei Rissbreitenänderungen größer als Δw.
c) Der kleinere von beiden Werten ist maßgebend.

Das Schließen, Abdichten oder dehnfähige Verbinden kann alternativ zum Füllen des Risses auch durch geeignete OS erfolgen.

7.6 Oberflächenschutzsysteme

Durch ein vollflächig aufgebrachtes OS kann die Lebensdauer eines Stahlbetonbauteils wesentlich verlängert werden. Abbildung 7.3 zeigt sehr anschaulich, wie die Karbonatisierung des Betons nach dem Aufbringen einer geeigneten Beschichtung quasi zum Stillstand kommt.

Bei Anwendung des Instandsetzungsprinzips W (Begrenzung des Wassergehaltes im Beton, siehe Abschn. 7.1) ist das Aufbringen eines OS eine verbindliche Maßnahme. Folgt die Instandsetzung den Grundprinzipien R2 oder C, so ist im Einzelfall zu prüfen, ob ein zusätzlicher Oberflächenschutz erforderlich ist.

In der Rili-SIB werden insgesamt neun unterschiedliche OS benannt. Der Schichtenaufbau sowie die chemischen und physikalischen Eigenschaften des Bindemittels und die Dicke der hauptsächlich wirksamen Oberflächenschutzschicht (hwO) definieren die Schutzfunktion und damit das Einsatzgebiet.

Eine niedrige *Diffusionsfähigkeit für Wasser* verhindert oder verringert die Wasseraufnahme. Allerdings ist in diesem Zusammenhang sicherzustellen, dass sich durch seitlich oder von hinten eindringende Feuchte kein Feuchtestau im Bauteil hinter der Schutzschicht bildet. Dies könnte zur Blasenbildung und damit zur Zerstörung der Schutzschicht führen oder im schlimmeren Fall Frostschäden und damit eine Gefügeschädigung des Bauteils begünstigen.

Eine hohe *Diffusionsdichtigkeit* gegenüber CO_2 stellt einen wirksamen Schutz gegenüber einem Fortschreiten der Karbonatisierung dar.

Im Bereich von Rissen wird der Zutritt von Wasser und CO_2 unterbunden, wenn das Schutzsystem in der Lage ist, als Rissüberbrückung die zu erwarten-

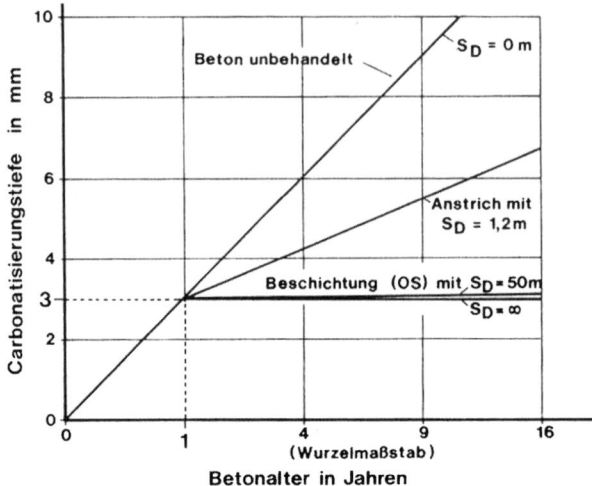

Abb. 7.3 Beeinflussung des Karbonatisierungsverlaufs im Beton durch Oberflächenschutzmaßnahmen (aus [134] nach [135]).

den Dehnungen schadlos aufzunehmen. Ein Verpressen oder Verfüllen der Risse ist in diesem Fall – zumindest aus Gründen der Dauerhaftigkeit – nicht mehr erforderlich.

Weitere Anwendungskriterien bei der Auswahl eines OS sind die *Temperaturwechselbeständigkeit* und die *Verschleißfestigkeit*.

Die Wirksamkeit der Schutzfunktion wird entscheidend von der Dicke der hwO bestimmt. Die für die Bauausführung maßgebende Sollschichtdicke d_s ergibt sich aus der mit der Grundprüfung definierten Mindestschichtdicke d_{min} und dem vom Mittelwert der gemessenen Rautiefe abhängigen Schichtdickenzuschlag d_z. Damit der maximal zulässige Diffusionswiderstand gegenüber Wasser nicht überschritten wird, ist auch eine maximale Schichtdicke d_{max} festzulegen. Eine einfache überschlägige Kontrolle der Schichtdicke lässt sich anhand des verarbeiteten Materialvolumens durchführen. Stichprobenhafte Messungen der Schichtdicke sollten Teil der Qualitätssicherung sein. Alle Dickenangaben beziehen sich auf Trockenschichtdicken.

Eine Kurzbeschreibung der in der RiLi-SIB geregelten OS mit den wichtigsten Einsatzgebieten enthält Tab. 7.8. Die Anwendungskriterien sind in Tab. 7.9 zusammengestellt. Die Prüfanforderungen für die Rissüberbrückungsklassen I bis IV werden in Teil 4 der RiLi-SIB definiert. Die Klassen A_0 bis A_5 unterliegen den Anforderungen der DIN EN 1062 [136].

Als Bindemittel für Oberflächenschutzschichten werden ausschließlich Kunstharze – in Einzelfällen mit Zementbeimischungen – verwendet. Die Verarbeitungshinweise – dazu zählen Angaben zur Verarbeitungszeit und -temperatur sowie zur Feuchte und zur Beschaffenheit des Untergrundes bzw. der vorhergehenden Schicht – sind sorgfältig zu beachten.

Nicht unerwähnt bleiben soll abschließend, dass ein OS das optische Erscheinungsbild eines Betonbauwerks völlig verändern kann. Viele Systeme lassen „farbliche Gestaltungsmöglichkeiten" durch das Beimischen von Pigmenten zu.

Tab. 7.8 OS nach RiLi-SIB [123].

System-bezeich-nung	Kurzbeschreibung	Anwendungsbereiche
OS 1	Hydrophobierung	Bedingter Feuchteschutz bei vertikalen und geneigten freibewitterten Betonbauteilen, z. B. Brückenkappen, Stützwände. Nicht wirksam bei drückendem Wasser
OS 2	Beschichtung für nicht be-geh- und befahrbare Flächen	Vorbeugender Schutz von freibewitterten Betonbauteilen mit ausreichendem Wasserabfluss auch im Sprühbereich von Auftausalzen. Bedingt geeignet als Beschichtungssystem für Instandsetzungen
OS 4	Beschichtung mit erhöhter Dichtheit für nicht begeh- und befahrbare Flächen	Freibewitterte Betonbauteile auch im Sprühbereich[a] von Auftausalzen. Regelmaßnahme bei Instandsetzungen nach den Prinzipien W und C, wenn der Untergrund rissefrei ist
OS 5a OS 5b	Beschichtungen mit geringer Rissüberbrückungsfähigkeit für nicht begeh- und befahrbare Flächen	Freibewitterte Betonbauteile mit oberflächennahen Rissen[b] auch im Sprühbereich[a] von Auftausalzen
OS 7	Beschichtungen unter Dichtungsschichten für begeh- und befahrbare Flächen	Grundierungen, Versiegelungen, Kratzspachtelungen als Teil der Abdichtung von Brücken und ähnlichen Bauwerken
OS 8	Starre Beschichtung für befahrbare, mechanisch stark beanspruchte Flächen	Alle mechanisch und chemisch beanspruchten Betonflächen, z. B. Fahrbahnen, Industrieböden, Rampen
OS 9	Beschichtung mit erhöhter Rissüberbrückungsfähigkeit für nicht begeh- und befahrbare Flächen	Freibewitterte Betonbauteile mit oberflächennahen Rissen und/oder Trennrissen auch im Sprüh- oder Spritzbereich von Auftausalzen
OS 10	Beschichtung als Dichtungsschicht mit hoher Rissüberbrückung unter Schutz- und Deckschichten für begeh- und befahrbare Flächen	Abdichtung von Betonbauteilen mit Trennrissen und planmäßiger mechanischer Beanspruchung, z. B. Brücken, Trog- und Tunnelsohlen u. ä. Bauwerke wie Parkdecks
OS 11	Beschichtung mit erhöhter dynamischer Rissüberbrückungsfähigkeit für begeh- und befahrbare Flächen	Freibewitterte Betonbauteile mit oberflächennahen Rissen und/oder Trennrissen und planmäßiger[c] mechanischer Beanspruchung auch im Sprüh- und Spritzbereich von Auftausalzen, z. B. Parkhausfreidecks und Brückenkappen
OS 13	Beschichtung mit nicht dynamischer Rissüberbrückungsfähigkeit für begeh- und befahrbare, mechanisch belastete Flächen	Mechanisch und chemisch beanspruchte, überdachte Betonbauteile mit oberflächennahen Rissen auch im Einwirkungsbereich von Auftausalzen, z. B. geschlossene Parkgaragen und Tiefgaragen

a) mit entsprechendem Nachweis auch im Spritzbereich.
b) mit entsprechendem Nachweis auch für Bauwerke mit Trennrissen.
c) bei nur gelegentlichem Begang (z. B. Dienststege) kein Nachweis der Verschleißfestigkeit erforderlich.

Tab. 7.9 OS nach Rili-SIB [123].

	OS 1	OS 2	OS 4	OSy 5	OS 7	OS 8	OS 9	OS 10	OS 11	OS 13
Verwendbare Bindemittelgruppen	Si PD	Si PD PUR	Si PZ PUR	PD	EP	EP	PUR EP PD PA	PUR u. a.	PUR EP PA	PUR EP PA
Begeh- und befahrbar					B	B		B	B	B
Wasseraufnahme	(R)	R	R	R		RR[a)]	RR	RR	RR	RR
Kohlendioxiddiffusion		R	R	R						
Chlorideindringung		R	R	R		RR[a)]	RR	RR	RR	RR
Frost-Tau-Widerstand	(V)	V	V	V		V	V		V	V
Verschleißfestigkeit							V			V
Rissüberbrückungsklasse				I_T			I_{T+V}	IV_{T+V}	II_{T-V}	A1 (-10°)
Chemikalienbeständigkeit							V			V
Griffigkeit							V		V	V
Hitzebeständig (bis 250 °C)					((H))			H		

a) in Wasser gelöste Schadstoffe.

Si = Silane, Siloxane, B = begeh- und befahrbar, PD = Polymerdispersion, R = Reduzierung, PUR = Polyurethane, RR = Verhinderung, EP = Epoxidharze, V = Verbesserung, PZ = Polymer-Zement-Gemisch, h = hoch, PA = Polymethylmetacrylat, H = hitzebeständig ( ) = zeitlich begrenzt, (( )) = kurzzeitig.

8
Nachträgliche Verstärkung mit Beton und Spritzbeton

Die Eisenbetonbauten leiten von der Massigkeit des Betonbaues zu der leichten Formgebung des Eisens über und verdanken ihre große Verbreitung und die noch immer zunehmende Erweiterung ihrer Anwendungsgebiete den wirtschaftlichen Vorzügen gegenüber den entsprechenden Ausführungen in Stein oder Eisen. Meist schon billiger in der Herstellung wegen der zweckentsprechenden Ausnützung der Festigkeiten der Baustoffe entfallen bei ihnen, im Gegensatz zu Holz- und Eisenbauten, alle Unterhaltungskosten.

(Emil Mörsch, 1923 [53])

Spritzbetonverfahren eignen sich für die Instandsetzung geschädigter Stahlbetonbauteile (siehe Kapitel 7) und für die nachträgliche Erhöhung der Tragfähigkeit von Platten, Balken, Stützen und Wänden gleichermaßen. Der hohe Entwicklungsstand bei der Maschinentechnik und bei der Baustofftechnologie ermöglicht die zuverlässige Anwendung für sehr unterschiedliche Aufgaben. Allerdings verursacht eine Spritzbetonverstärkung immer auch zusätzliche Eigenlasten und wirkt so – vor allem bei biegebeanspruchten Bauteilen – dem Verstärkungsziel entgegen. Auf der anderen Seite sind die Vorteile des Spritzbetons hinsichtlich des vorbeugenden Brandschutzes zu sehen.

Da zur Verfahrenstechnik und zur Materialtechnologie umfassende Fachbücher zur Verfügung stehen (z. B. [137, 138]), kann sich die Darstellung zu diesen Themen im Abschn. 8.1 auf einen groben Überblick beschränken.

Der erreichbare Nutzen einer nachträglichen Verstärkung hängt ganz grundsätzlich vom Verbund zwischen altem und neuem Beton ab. In den Abschn. 8.2 und 8.3 werden die Grundlagen zur Beanspruchung und zur Tragfähigkeit dieses Verbundes sowie zur Wirkungsweise einer nachträglichen Umschnürung von Stützen erläutert. Diese Grundlagen werden dann im Abschn. 8.4 an zwei Beispielen aus der Praxis angewandt.

8.1 Technologische Grundlagen

8.1.1 Verfahrenstechnik

Weitestgehend unabhängig voneinander wurden zu Beginn des 20. Jahrhunderts zwei unterschiedlichen Spritzbetonverfahren zur Anwendungsreife entwickelt:

Ein erstes Patent für ein Verfahren, das vorsah, fertig gemischten Mörtel in Schläuchen zur Einbaustelle zu fördern und dort mit Druckluft gegen eine Auftragsfläche zu schleudern, wurde 1908 dem Dresdner Ingenieur Josef von Voss zugesprochen. Diese Technologie entspricht in ihren Grundzügen dem *Nassspritzverfahren mit Dichtstromförderung*. Dabei wird der fertig gemischte Beton mit Kolbenpumpen oder Schneckenförderern in die Rohrleitung gepresst. An der Einbaustelle wird das Material in einer speziellen Düse durch Druckluft aufgelockert und beschleunigt. Dadurch wird die Dichtstromförderung auf einer kurzen Strecke zur Dünnstromförderung. An der Düse können mit der Druckluft auch Betonzusatzmittel (z. B. Beschleuniger) zugeführt werden. Eine Förderung des Betons mit Druckluft im Dünnstrom über den gesamten Transportweg ist technisch möglich, aber für die Praxis ohne Bedeutung. Der Vorteil des Verfahrens liegt bei den gut einstellbaren und kontrollierbaren Eigenschaften des Frischbetons. Ein großer Nachteil ist die – im wahrsten Sinne des Wortes – schwere Handhabbarkeit der betongefüllten Düse. Das Nassspritzverfahren wird deshalb heute vorwiegend mechanisiert in Verbindung mit hydraulisch gesteuerten Düsen angewandt, die auf sogenannten Spritzmobilen montiert sind. Der Einsatz dieser Geräte lohnt sich vor allem dann, wenn entsprechend große Massen verarbeitet werden. Dies ist u. a. im Tunnelbau sowie bei Hang- und Baugrubensicherungen der Fall.

Beim *Trockenspritzverfahren* wird der vorgemischte Trockenbeton oder Trockenmörtel in der Regel in erdfeuchter Konsistenz mit Druckluft im Dünnstrom zur Spritzdüse gefördert (Abb. 8.1). Dort wird die erforderliche Wassermenge zugegeben. Darüber hinaus können Zusatzmittel beigemischt werden. Das ursprüngliche Verfahren – erfunden von Carl Ethan Akeley – wurde 1909 erstmals in den USA patentiert. Das Gerät erhielt den Namen „Cement Gun" und noch heute wird der Spritzbeton in den USA als „Gunite" bezeichnet. Dort wurde die Spritzmörtelbeschichtung innerhalb von kurzer Zeit zum Standardverfahren für den Brandschutz von Stahlbauten. In Deutschland wurde das Trockenspritzverfahren 1919 von der Firma eingeführt, auf die die auch heute noch verbreitete Bezeichnung „torkretieren" zurückgeht.

8.1.2 Materialtechnologie

Spritzbeton unterliegt in Deutschland den Regelungen der DIN 1045-2 [139] in Verbindung mit DIN EN 206 [140], was die Anforderungen an Festigkeit und Widerstandsfähigkeit anbelangt. Aufgrund der Besonderheiten der Verfahrenstechnik ergeben sich zusätzliche Anforderungen an die Zusammensetzung und an die Konsistenz des Frischbetons sowie an die Qualifikation des ausführenden Personals. Diese sind Gegenstand der DIN 18551 [141]. Als Bindemittel kommen genormte Zemente oder Zemente mit bauaufsichtlicher Zulassung zum Ein-

Abb. 8.1 Anwendung des Spritzbetonverfahrens.

satz. Kunststoffmodifizierte Spritzbetone oder -mörtel (SPCC) sind für statisch-konstruktive Verstärkungen nicht zugelassen. Der Zementanteil darf 300 kg/m³ nicht unterschreiten.

Zusatzmittel können nach bestandener Eignungsprüfung verwendet werden. Als Zusatzstoffe können dem Frischbeton Silicastaub oder -suspensionen oder Flugasche zur Verbesserung der Festbetoneigenschaften sowie der Verarbeitbarkeit zugegeben werden. Das Beimischen von Stahlfasern (40–100 kg/m³) erhöht die Duktilität und verringert die Schwindrissbildung.

Beim Nassspritzverfahren wird der Wasser-Zement- (W/Z)-Wert im Bereich zwischen 0,4 und 0,5 eingestellt. Bei richtiger Konsistenz liegt auch beim Trockenspritzverfahren der – vom Düsenführer gesteuerte – W/Z-Wert unterhalb von 0,5.

Von den einschlägigen Firmen wurden Spritzbetonverfahren entwickelt, die neben den erforderlichen Festbetoneigenschaften die Belange der Maschinentechnik (Mischen, Förderung), des Arbeitsschutzes (geringe Staubentwicklung) sowie des Auftrags (gute Frühstandsfestigkeit, geringer Rückprall) berücksichtigen. Eine Besonderheit des Spritzbetons ist, dass infolge des unvermeidlichen Rückpralls vor allem größerer Zuschläge die Kornverteilung des Frischbetons und des erhärteten Betons nicht übereinstimmen. Die Betonfestigkeit kann deshalb nur an Probekörpern bestimmt werden, die aus dem verstärkten Bauteil oder aus gleichzeitig hergestellten „Spritzkissen" entnommen werden. Dabei ist zu berücksichtigen, dass Beton, der als Spritzbeton hergestellt wurde, aufgrund des Schichtenaufbaus und der unvermeidbaren Schwindrisse anisotrope Festigkeits- und Verformungseigenschaften aufweist (Abb. 8.2). So liegt die Druckfestigkeit $f_{c,\perp}$ der Bohrkerne, die senkrecht zum Schichtaufbau gewonnen werden, um etwa 20 % unter der Festigkeit $f_{c,\parallel}$. Der E-Modul $E_\perp$ erreicht dagegen um etwa 30 % höhere Werte im Vergleich zu $E_\parallel$.

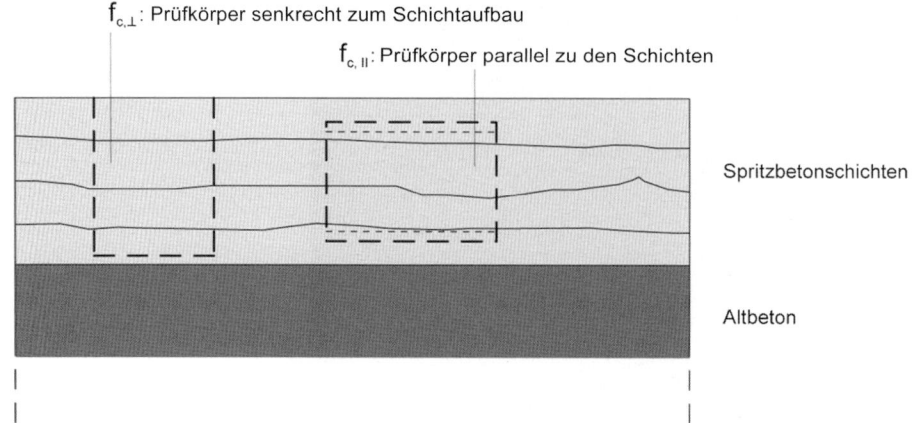

Abb. 8.2 Anisotropie des als Spritzbeton hergestellten Festbetons.

8.1.3 Vorbereitung, Auftrag und Nachbehandlung

Die Auftragsfläche, d. h. die Oberfläche des vorhandenen Bauteils, muss sauber, rau und ausreichend fest sein. Die Verfahren zur Vorbereitung des Untergrunds wurden im Kapitel 7 bereits vorgestellt. Die für die jeweilige Anwendung vereinbarten Anforderungen an die Oberflächenzugfestigkeit sind einzuhalten. Weitergehende Anforderungen werden im Zusammenhang mit dem Nachweis der Schubtragfähigkeit formuliert. Darauf geht der folgende Abschnitt ausführlich ein. Eine Haftbrücke ist beim Spritzbetonverfahren im Grunde unnötig, da durch den Rückprall beim ersten Auftrag eine sehr zementreiche, mit hoher Energie auf den Altbeton geschleuderte Schicht entsteht, die eine gute Verbundwirkung sicherstellt. Die Auftragsfläche ist so vorzunässen, dass sie unmittelbar vor dem Spritzen noch mattfeucht ist.

Bei Auftragsdicken über 50 mm ist eine konstruktive Schwindbewehrung vorzusehen. Konstruktive und statisch erforderliche Bewehrungselemente sind so zu fixieren, dass ein Federn beim Aufbringen des Spritzbetons ausgeschlossen ist. Für diese Verankerung sind mindestens vier Verbundanker M 8 je m^2 vorzusehen. Mehr und auch tragfähigere Verbundmittel können aus statischen Gründen erforderlich werden (siehe Abschn. 8.2.1).

Die Spritzdüse ist beim Auftragen im Abstand von 0,5 bis 1,5 m etwa senkrecht zur Oberfläche zu halten. Die Bewehrung muss vollständig umhüllt werden. Sogenannte Spritzschatten, die hinter Bewehrungsstäben auftreten können, sind zu vermeiden. Die maximale Schichtdicke einzelner Lagen beträgt 5 bis 8 cm, wenn kein Beschleuniger verwendet wird. Ein Glätten oder Abziehen des Frischbetons ist nicht zulässig, weil hierdurch der Verbund mit dem Altbeton geschädigt würde. Wenn eine spritzraue Oberfläche den Anforderungen nicht genügt, so ist in einem zusätzlichen Arbeitsgang eine dünne – nichttragende – Mörtelschicht zusätzlich aufzubringen, die dann auch geglättet werden kann. Spritzbeton ist – vor allem um die Schwindverformungen möglichst gering zu halten – sorgfältig nachzubehandeln. Die Oberfläche ist abzuhängen und zusätzlich zu befeuchten.

8.2 Nachträgliche Verstärkung von Platten und Balken

Die nachträgliche Verstärkung biegebeanspruchter Bauteile kann im Bereich der Zugzone und bzw. oder im Bereich der Druckzone erfolgen (siehe Abb. 8.3). Welches Konzept ausgewählt wird, ob anstelle einer Spritzbetonverstärkung eine Verstärkung mit Faserverbundwerkstoffen oder eine Kombination unterschiedlicher Verfahren die beste Lösung ist, hängt unter anderem von folgenden Randbedingungen ab:

- Welches statische System liegt vor? Einfeld- oder Durchlaufträger, ein- oder zweiachsig gespannte Platte?
- Verfügt der vorhandene Querschnitt über Tragreserven in der Druckzone?
- Ist das Bauteil besser von oben oder von unten zugänglich?
- Welche Brandschutzanforderungen sind einzuhalten?
- Wird das Bauteil durch schwingende Lasten beansprucht?
- Ist zusätzlich zur Biegeverstärkung auch eine Schubverstärkung erforderlich?

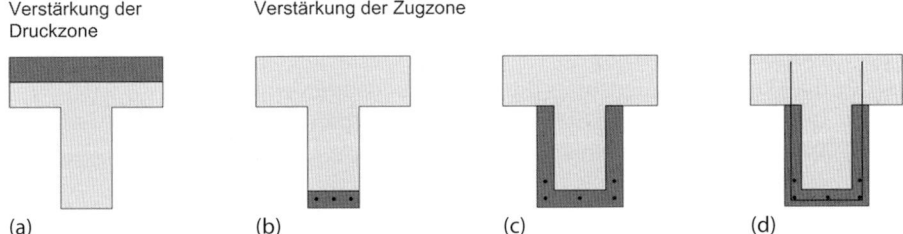

Abb. 8.3 Nachträgliche Verstärkung von Plattenbalken mit Spritzbeton. (a) Verstärkung der Druckzone; (b) und (c) Verstärkung der Zugzone; (d) mit zusätzlicher Schubverstärkung.

8.2.1 Grundlagen der Bemessung

Der *Verbund zwischen altem und neuem Beton* wird durch die Wirkung von

- Mikrorauigkeit (Haftung),
- Reibung und
- Verbundbewehrung

sichergestellt.

Der Anteil der Mikrorauigkeit erreicht seinen Maximalwert bereits bei einer sehr geringen Relativverschiebung in der Fuge. Diese geringe Relativverschiebung reicht nicht aus, um die Tragfähigkeit einer Verbundbewehrung zu aktivieren. Aus diesem Grund können die zwei folgenden Fälle unterschieden werden:

Ohne Anordnung einer Verbundbewehrung lässt sich der Bemessungswert für die in der Fuge aufnehmbare Schubkraft nach EC 2, Abschn. 6.2.5 ermitteln:

$$v_{Rdi} = c \cdot f_{ctd} + \mu \cdot \sigma_n \leq 0{,}5 \cdot \nu \cdot f_{cd} \tag{8.1}$$

Diese Formulierung berücksichtigt den empirisch hergeleiteten Ansatz für die Kraftübertragung in Rissen, wie er auch für die Ermittlung des Bemessungswertes der Querkrafttragfähigkeit ohne Querkraftbewehrung verwendet wird, mit

f_{ctd} Bemessungswert der Betonzugfestigkeit
c Rauigkeitsbeiwert (nach Tab. 8.1), bei dynamischer Einwirkung oder bei Ermüdungsbeanspruchung gilt $c = 0$
μ Reibungsbeiwert (nach Tab. 8.1)
σ_n Normalspannung senkrecht zur Fuge infolge minimaler äußerer Last, die gleichzeitig mit der Querkraft wirken kann (positiv für Druck mit $\sigma_{Nd} \leq 0{,}6 \cdot f_{cd}$, negativ für Zug)
ν Festigkeitsabminderungsbeiwert (nach Tab. 8.1)

In Fugen mit Verbundbewehrung beträgt der Bemessungswert der aufnehmbaren Schubkraft

$$v_{Rdi} = c \cdot f_{ctd} + \mu \cdot \sigma_n + \rho \cdot f_{yd} \cdot (\mu \cdot \sin\alpha + \cos\alpha) \leq 0{,}5 \cdot \nu \cdot f_{cd} \qquad (8.2)$$

Der Gl. (8.1) wird somit ein Term hinzugefügt, der den Anteil der Verbundbewehrung berücksichtigt, mit

$\rho = A_s/A_i$
A_s die Querschnittsfläche der die Fuge kreuzenden Verbundbewehrung mit ausreichender Verankerung auf beiden Seiten, einschließlich vorhandener Querkraftbewehrung
A_i die Fläche der Fuge, über die Schub übertragen wird
f_{yd} Bemessungswert der Streckgrenze der Verbundbewehrung
α Winkel zwischen Achse des Bauteils und Achse der Verbundbewehrung $45° < \alpha < 90°$

Der Schubnachweis ist in jedem Fall nicht nur für die Fuge, sondern auch am Gesamtquerschnitt zu führen.

Tab. 8.1 Rauigkeits- und Reibungs- und Festigkeitsabminderungsbeiwerte nach EC 2.

Oberflächen-beschaffenheit[a]	Rauigkeits-beiwert c	Reibungs-beiwert μ	Festigkeitsabminderungs-beiwert ν
Verzahnt	0,5	0,9	0,7
Rau	0,4[b]	0,7	0,5
Sehr glatt	0	0,5[c]	0

a) Vgl. Abb. 8.4 und Tab. 8.2.
b) $c = 0$, falls in der Fuge Zugspannungen entstehen.
c) Der Reibungsanteil in Gl. (8.1) ist bei sehr glatter Fuge auf $\mu \cdot \sigma_n \leq 0{,}1 \cdot f_{cd}$ begrenzt.

Tab. 8.2 Definition der Oberflächenbeschaffenheit.

Oberflächenbeschaffenheit	Anforderung
Verzahnt (vgl. Abb. 8.4)	Ausführung nach Abb. 8.4a oder Gesteinskörnung Größtkorn ≥ 16 mm, 6 mm freigelegt mit Hochdruckwasserstrahl, $R_t \geq 3$ mm
Rau (vgl. Abb. 8.4b)	Gesteinskörnung 3 mm freigelegt, $R_t \geq 1{,}5$ mm
Sehr glatt	Unbehandelte Fugenoberfläche

Die Bemessung einer nachträglichen Verstärkung erfolgt – wie beim monolithisch hergestellten Querschnitt – für den Grenzzustand der Tragfähigkeit. Für diesen Grenzzustand werden Fließen der Bewehrung und eine Umlagerung der Betondruckspannungen vorausgesetzt. Auf dieser Grundlage lässt sich die Schubkraft, die in der Druckzone zwischen altem und neuem Beton wirkt, auf einfache Art und Weise aus der Querkraft v_{Ed} anteilig ermitteln:

$$v_{Ed} = \frac{F_{cdj}}{F_{cd}} \cdot \frac{V_{Ed}}{b_i \cdot z} \qquad (8.3)$$

mit

F_{cdj} Bemessungswert der Normalkraft in der Betonergänzung
F_{cd} Bemessungswert der Gurtlängskraft infolge Biegung
b_i Breite der Fuge

Diese Formulierung gilt gleichermaßen für den Druck- und für den Zuggurt, wie in Abb. 8.5 mithilfe der Fachwerkanalogie veranschaulicht wird.

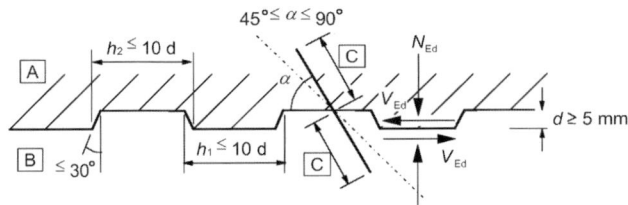

A — 1. Betonabschnitt, B — 2. Betonabschnitt, C — Verankerung der Bewehrung

(a)

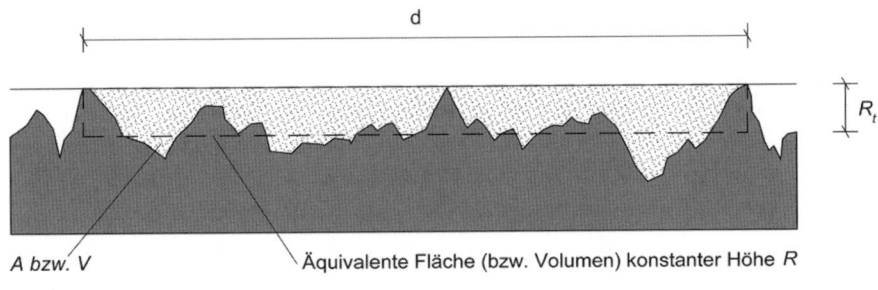

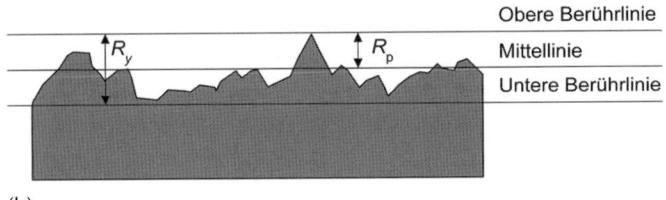

(b)

Abb. 8.4 Definition der Oberflächenbeschaffenheit. (a) Verzahnung; (b) Rauigkeit.

Wenn Haft- und Reibungsfestigkeit im Grenzzustand der Tragfähigkeit die Übertragung der Schubkräfte in der Fuge sicherstellen, so kann von einem monolithischen Querschnitt ausgegangen werden. Wird zur Aufnahme der Schubkräfte eine Verbundbewehrung erforderlich, so ist – wenn keine Überdimensionierung der Verbundbewehrung vorliegt – davon auszugehen, dass im Grenzzustand der Biegetragfähigkeit auch ein Grenzzustand der Schubtragfähigkeit in der Fuge eintritt. Wörner [142] schlägt für diesen Fall eine vollplastische Betrachtungsweise vor, nach der die Verbindungsmittel für eine Gesamtschubkraft gleichmäßig über die Länge der Verbundfuge verteilt werden dürfen. Der EC 2 enthält keine konkreten Angaben zur Abstufung der Querkraftbewehrung. Die Regelungen der DIN 1045-1 in Verbindung mit Heft 525 DAfStb [143] orientieren sich an der Elastizitätstheorie und fordern eine Verteilung entsprechend der Schubkraftdeckungslinie mit vergleichsweise kurzen zulässigen Einschnittlängen (siehe Abb. 8.6).

Für die Verbundbewehrung sollten im Allgemeinen die Konstruktionsregeln für die Querkraftbewehrung eingehalten werden.

Bei den Nachweisen der Tragsicherheit können Beanspruchungen aus Kriechen und Schwinden üblicherweise vernachlässigt werden. Eine Überprüfung der Betondruckspannungen des vorbelasteten Altbetons für den Gebrauchszu-

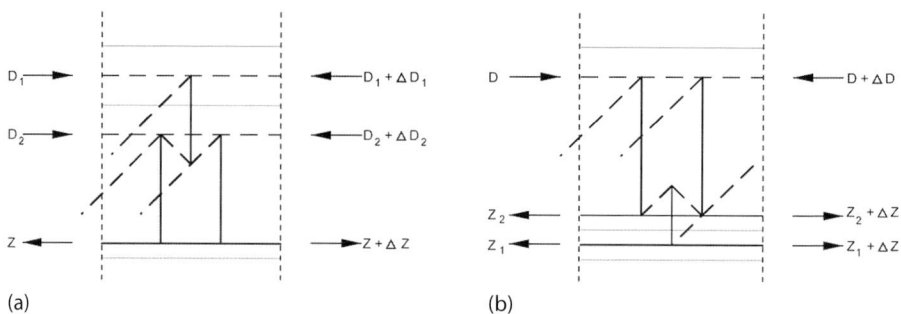

Abb. 8.5 Beanspruchung der Fuge zwischen altem Beton und nachträglicher Verstärkung. (a) Verstärkung der Druckzone; (b) Verstärkung der Zugzone.

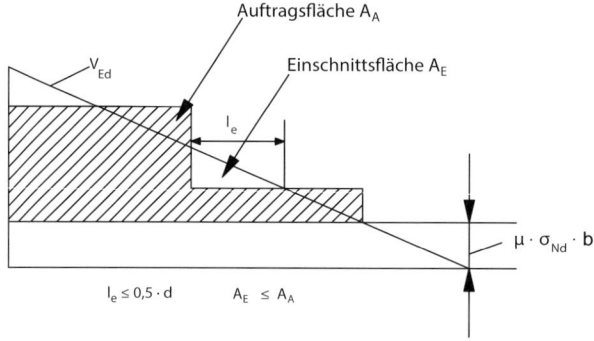

Abb. 8.6 Schubkraftdeckungsdiagramm zur Verteilung der Fugenbewehrung nach DIN 1045-1 [41].

stand ist erforderlich. Die Verankerung der Verbundbewehrung der Fuge erfolgt nach den Regeln der EC 2 als Schubbewehrung oder – bei der Verwendung von Verbundankern – nach den Festlegungen der entsprechenden bauaufsichtlichen Zulassung.

8.2.2 Ergänzungen von oben

Durch die nachträgliche Ergänzung der Druckzone eines biegebeanspruchten Stahlbetonbauteils wird der innere Hebelarm vergrößert und damit der „Wirkungsgrad" einer vorhandenen Bewehrung erhöht. Allerdings wird durch das vergleichsweise hohe Eigengewicht des Aufbetons ein Teil des Verstärkungsgrades gleich wieder aufgebraucht. Die Verstärkungsmaßnahme ist vor allem dann besonders ökonomisch, wenn die Oberseite der Decke gut zugänglich ist und eine Unterdecke nicht oder nur für punktuelle Abstützungen geöffnet werden muss. Bei Durchlaufträgern kann die Aufbetonschicht entsprechend den statischen Erfordernissen bewehrt werden.

Der Bauablauf kann sich an folgenden Schritten orientieren: Nachdem Aufbauten und Beläge entfernt wurden, wird die Oberfläche z. B. durch Druckluftstrahlen mit festem Strahlmittel aufgeraut. Falls erforderlich, wird dann die Verbundbewehrung in der vorhandenen Deckenkonstruktion verankert.

Die Aufbetonschicht wird in der Regel in Ortbeton mit einer Mindestdicke von 5 cm ausgeführt. Vorab wird – wenn kein Spritzbeton eingesetzt wird – eine Haftbrücke auf den Altbeton aufgebracht. Wenn dadurch die Gebrauchstauglichkeit nicht beeinträchtigt wird, kann auf eine temporäre Abstützung im Feld verzichtet werden.

Im Brückenbau ist eine Anwendung der Spritzbetonbauweise nach unten auf horizontale Flächen wegen unkontrolliertem Rückfall des Rückpralls gemäß ZTV-SIB [144] nicht zulässig. Ob eine Anwendung außerhalb dieser Regel sinnvoll ist, muss im Einzelfall geklärt werden.

Von Ivanyi und Buschmeyer [145] wurde ein Verfahren entwickelt und in der Praxis angewandt, bei dem durch das Aufbringen eines zweischichtigen Epoxidbelags mit eingestreuter Chromerzschlacke ein monolithischer Verbund zwischen Alt- und Neubeton erreicht wird. Damit kann auch ohne Verbundbewehrung die volle Schubtragfähigkeit des Gesamtquerschnitts angesetzt werden.

Der Verlust an zusätzlicher Tragfähigkeit, der sich durch das Eigengewicht des Aufbetons ergibt, kann durch die Verwendung von Leichtbeton abgemindert werden. Es sind dann allerdings die technologischen Besonderheiten und die erhöhte Schwindneigung zu berücksichtigen.

Die erforderlichen rechnerischen Nachweise der Tragsicherheit und der Gebrauchstauglichkeit eines nachträglich im Bereich der Druckzone verstärkten Bauteils umfassen folgende Schritte:

- Nachweis des Grenzzustands der Biegetragfähigkeit des – als monolithisch betrachteten – Gesamtquerschnittes. Bei unterschiedlichen Festigkeiten des Alt- und Neubetons darf näherungsweise die geringere Festigkeit angesetzt werden.

- Nachweis der Übertragung der in der Fuge wirkenden Schubkräfte, ggf. Dimensionierung der Verbundbewehrung einschließlich Verankerung im vorhandenen und im neuen Beton.
- Nachweis des Grenzzustands der Querkrafttragfähigkeit.
- Nachweise der Grenzzustände der Tragfähigkeit und der Gebrauchstauglichkeit im Bauzustand.

Insbesondere dann, wenn ohne Zwischenunterstützungen betoniert werden soll und wenn darüber hinaus die Durchbiegung auf vorgegebene Werte beschränkt werden muss – z. B., um nichttragende Bauteile nicht unplanmäßig zu belasten –, sollten genauere Verformungsberechnungen mit Berücksichtigung von Kriechen und Schwinden durchgeführt werden. Dabei sind die Streubreiten der Eingangswerte zu berücksichtigen. Dem kommt insbesondere deswegen eine große Bedeutung zu, da – anders als beim Neubau – eine planmäßige Überhöhung, mit der sich gewisse Unsicherheiten im Sinne eines „Vorhaltemaßes" ausgleichen lassen, nicht möglich ist.

8.2.3 Ergänzung von unten

Biegebeanspruchte Stahlbetonbauteile verfügen häufig über Tragreserven der Druckzone, wogegen die vorhandene Zug- und Schubbewehrung oft so ausgelegt wurde, dass sie den ursprünglichen statischen Erfordernissen gerade so entspricht. In diesen Fällen kann die Tragfähigkeit durch eine zusätzliche, in Spritzbeton eingebettete Verstärkung der Unterseite des Bauteils erhöht werden. Der Bauablauf entspricht in vielen Punkten den Arbeitsschritten, die auch bei einer Ergänzung von oben erforderlich werden: Abgehängte Decken, Installationen etc. sind zu entfernen, die Oberfläche ist vorzugsweise durch Druckluftstrahlen mit festem Strahlmittel aufzurauen. Die statisch erforderliche Bewehrung ist so einzubauen, dass der Abstand der Bewehrungsstäbe untereinander mindestens 50 mm, zum Betonuntergrund 20 mm beträgt.

Die Anzahl der Verbundanker ergibt sich aus den zu übertragenden Kräften sowie aus der Forderung, dass die Bewehrung durch das Aufspritzen nicht in Schwingungen geraten darf. Bei Spritzbetondicken über 50 mm ist eine flächige Bewehrung anzuordnen. Wenn der Zuggurt verstärkt wird, ohne die Schubtragfähigkeit zu erhöhen, so ist die Verbundbewehrung auch ausschließlich im Bereich des Zuggurts anzuordnen. Wenn Zulagebügel erforderlich werden, sind diese auf solche Weise in der Druckzone zu verankern, dass sie als Verdübelung zwischen altem und neuem Beton wirken (siehe Abb. 8.7). Dabei ist für die zusätzliche Bügelbewehrung neben der ausreichenden Verankerung auch der dauerhafte Korrosionsschutz und der Brandschutz zu gewährleisten. Wenn es erforderlich ist, kann eine Bewehrung aus Edelstahl mit zusätzlicher Brandschutzbekleidung gewählt werden oder es kommen Verankerungen mit Stahlprofilen zum Einsatz.

Was das Aufbringen des Spritzbetons und die Nachbehandlung anbelangt, so sind die Hinweise der vorhergehenden Abschnitte zu beachten.

Eine Alternative zur Ergänzung der Zugzone innerhalb des vorhandenen Querschnitts schlagen Iványi et al. [146] vor. Bei diesem Verfahren wird mit Hoch-

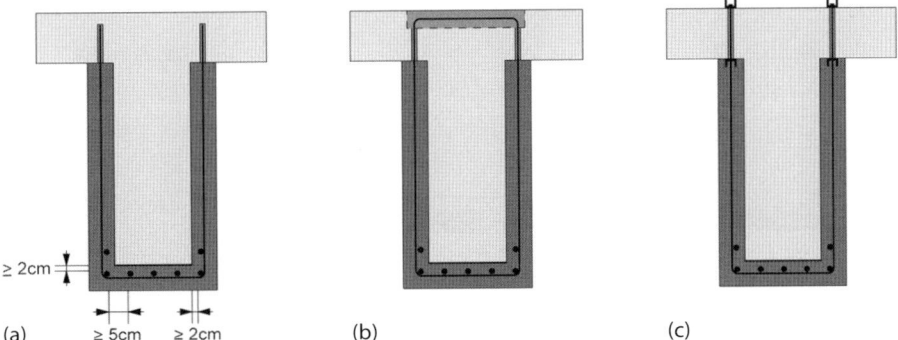

Abb. 8.7 Plattenbalken mit zusätzlichen Bügeln. (a) Eingeklebt; (b) geschlossen; (c) mit Stahlprofilen verankert.

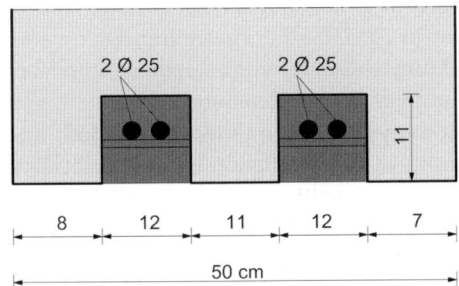

Abb. 8.8 Ergänzung der Zugzone durch Bewehrung in eingefrästen Schlitzen nach [146].

druckwasserstrahl von unten ein Schlitz in den Steg eines Plattenbalkens eingefräst. Die zusätzliche Bewehrung wird eingebaut, der Schlitz anschließend mit Spritzbeton gefüllt (siehe Abb. 8.8). Beim Einfräsen des Schlitzes ist darauf zu achten, dass die vorhandenen Bügel nicht beschädigt werden.

Für die Nachweise im Grenzzustand der Tragfähigkeit können zwei unterschiedliche Modellvorstellungen für das Zusammenwirken von T- und U-Teilquerschnitt herangezogen werden.

Für einen als *monolithisch zu betrachtenden Gesamtquerschnitt* können die Nachweise nach DIN 18551 [141] und EC 2 [147] geführt werden:

- Der Nachweise der Biegetragfähigkeit erfolgt für den Gesamtquerschnitt. Besondere Beachtung ist der Verankerung der Biegebewehrung am Auflager zu schenken. Bei der Überprüfung der Dehnungszustände – auch im Grenzzustand der Gebrauchstauglichkeit – sind Vordehnungen zu berücksichtigen.
- Falls die im T-Querschnitt vorhandene Bügelbewehrung auch für die Querkraftbeanspruchung des Gesamtquerschnitts ausreicht, sind die Nachweise für die in der nach Abb. 8.9 definierten Kontaktfläche wirkenden Verbundkräfte nach Gln. (8.1)–(8.3) zu führen. Verbundmittel sind – wenn sie erforderlich werden – in der Zugzone anzuordnen.
- Falls auch die Schubbewehrung verstärkt werden muss, sind die erforderlichen Zulagebügel so in der Druckzone zu verankern, dass diese auch als Verdübelung des alten und neuen Querschnitts wirken (siehe Abb. 8.7). Die erforderliche Verbundbewehrung darf auf 2/3 des mit Gln. (8.2) und (8.3) ermittel-

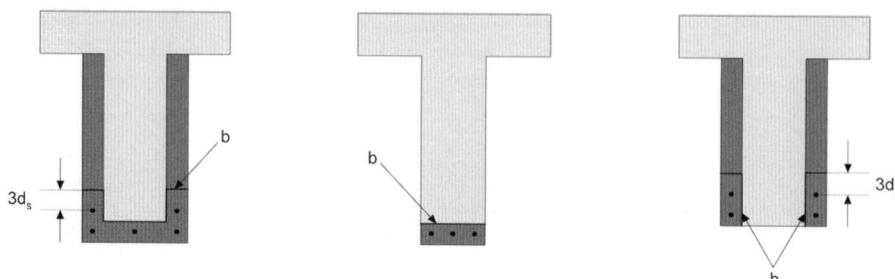

Abb. 8.9 Kontaktfläche bei der nachträglichen Verstärkung von Balken.

ten Wertes abgemindert werden. Dies ist durch die rechnerisch nicht explizit erfasste Mitwirkung der Stegseitenflächen beim Verbund zu begründen.

Das Tragverhalten eines nur unterseitig ohne Zulagebügel verstärkten Plattenbalkens lässt sich anschaulich anhand des in Abb. 8.5b dargestellten Fachwerkmodells erläutern. Insbesondere die Wirkungsweise der zugbeanspruchten Verbundmittel lässt sich mit dieser Darstellung gut nachvollziehen.

Die einfache Betrachtungsweise für den monolithischen Querschnitt stößt unter Umständen dann an ihre Grenzen, wenn es nicht möglich ist, die zusätzlich erforderlichen Bügel in der Druckzone zu verankern.

Für diesen Fall wurde von Wörner [142] ein Bemessungsmodell mit zwei ausschließlich durch Kontakt und Schubkräfte in der Fuge *gekoppelten Teilquerschnitten* vorgeschlagen (Abb. 8.10). Dieser Vorschlag beruht auf der Anwendung der Plastizitätstheorie. Dabei wird die Traglast aufgrund der Grenztragfähigkeiten der Teilquerschnitte sowie der Grenztagfähigkeit der Schubverbindung in der Fuge ermittelt. Die Bemessung kann für den Grenzzustand der Tragfähigkeit allein unter Berücksichtigung der Gleichgewichtsbedingen durchgeführt werden:

- In einem ersten Schritt wird die erforderliche Zulagenbewehrung aus der Betrachtung des Gesamtquerschnitts (T + U) ermittelt. Anschließend wird die Verdübelung festgelegt.
- Unter der Voraussetzung, dass diese Verdübelung ausreichend verformungsfähig ist, können nun die auf die Teilquerschnitte (T) und (U) wirkenden Normalkräfte ermittelt werden. Damit kann für den vorhandenen Querschnitt (T) das Biegemoment im Grenzzustand der Tragfähigkeit und für den neuen Querschnitt (U) die erforderliche Bewehrung ermittelt werden.
- Die Zulagebügel sind in der Platte zur Einleitung der Scherkräfte zu verankern, sie wirken gleichzeitig als Verbundbewehrung. Der Anteil der Querkraft des neuen Querschnitts (U) ist auf ein eigenes Auflager zu führen oder in die vorhandene Konstruktion rückzuverankern.

Wenn anstelle von Betonstahl hochfeste Kohlefasergelege als zusätzliche Zugbewehrung in einen Spritzmörtel eingebettet werden, dann kann die Dicke der Verstärkungsschicht verringert werden. Der Spritzmörtel sichert in diesem Fall den Verbund zwischen Alt und Neu. Erforderliche Mindestmaße der Betonüberdeckung für den Korrosionsschutz entfallen [148].

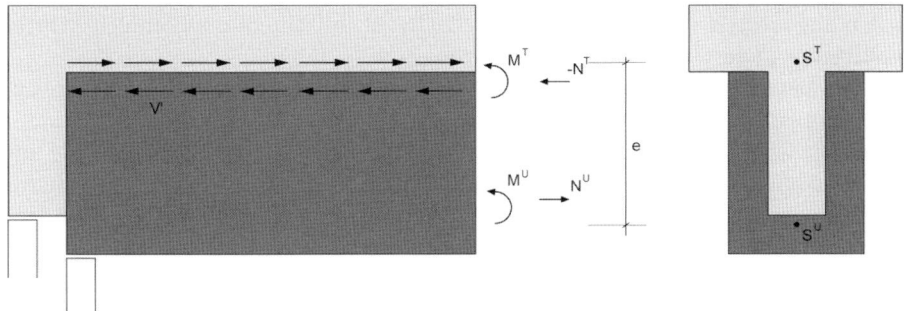

Abb. 8.10 Balken mit Schubverstärkung: Schnittgrößen im Grenzzustand der Tragfähigkeit.

8.3 Verstärkung von Stützen

Stahlbetonstützen, die allseitig zugänglich sind, können durch eine nachträgliche Ergänzung des Querschnitts effektiv verstärkt werden. Eine Ergänzung kann mit Beton oder mit untereinander verschweißten Stahlblechen erfolgen (siehe Abb. 8.11). Im ersten Fall wird man meist auf das Spritzbetonverfahren zurückgreifen, um den Beton im guten Verbund, mit dichtem Gefüge aufzubringen.

Bei „stahlbaumäßigen" Ergänzungen wird man in der Regel keinen Verbund zwischen neuer Hülle und vorhandenem Schaft erzeugen. Um die zusätzlichen Lasten am Stützenkopf ein- und am Stützenfuß wieder auszuleiten, können Kon-

Abb. 8.11 Nachträgliche Verstärkung von Stahlbetonstützen durch Spritzbeton (a) und Stahlbleche (b).

solen angeordnet werden. Die Kontaktfläche ist mit einem quellfähigen Mörtel vollflächig zu vergießen oder zu injizieren.

Auch bei sorgfältiger Ausführung und Nachbehandlung einer Spritzbetonverstärkung lassen sich Schwindverformungen des neuen Betons nicht vermeiden. Dadurch wird sowohl der kraftschlüssige Anschluss der Spritzbetonschale am Stützenkopf an die vorhandene Deckenkonstruktion als auch eine dauerhafte Verbundwirkung zwischen Alt- und Neubeton beeinträchtigt. Diese Besonderheiten sind bei der Bemessung zu berücksichtigen.

In den folgenden beiden Abschnitten werden die Grundlagen der Tragwirkung einer Spritzbetonverstärkung sowie deren Bemessung und konstruktive Ausführung behandelt. Die nachträgliche Verstärkung mit verschweißten Stahlblechen folgt hinsichtlich Berechnung und Ausführung den eingeführten Regeln des Stahlbaus und wird hier nicht weiter behandelt.

8.3.1 Grundlagen der Bemessung

Da es sowohl am Kopf wie auch am Fuß der Stütze aufgrund der Schwindverformungen des neuen Betons kaum möglich ist, Lasten über Kontakt in die Spritzbetonschale einzuleiten, nutzt man in diesen Bereichen die erhöhte Druckfestigkeit des dreiachsig beanspruchten Betons. Ein vorteilhafter dreiachsiger Spannungszustand lässt sich nicht nur bei wendelbewehrten runden Stützen nutzen, sondern auch bei quadratischen und rechteckigen, sofern sie über eine ausreichend enge und gut verankerte Bügelbewehrung verfügen. Allerdings stellt sich bei quadratischen und rechteckigen Stützen der dreiachsige Druckspannungszustand nur in einem Teilbereich des gesamten Querschnitts ein. Dies hängt damit zusammen, dass die Umschnürungskräfte nicht direkt als Umlenkkräfte kreisförmiger Wendel, sondern indirekt durch eine „Abstützung" auf die Bügelecken erzeugt werden. Abbildung 8.12 veranschaulicht diesen Unterschied und Abb. 8.13 zeigt, dass sich durch die räumliche Tragwirkung eine minimale effektiv umschnürte Fläche in der Ebene mittig zwischen zwei Bügeln ergibt.

Der Bemessungsansatz, der in Heft 467 des DAfStB [149] veröffentlicht wurde, basiert auf der Dissertation von Krause [150] und geht davon aus, dass die Span-

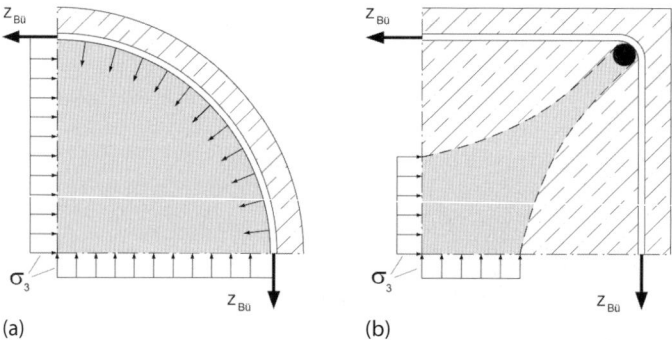

Abb. 8.12 Effektiv umschnürte Fläche einer bügelbewehrten Stütze mit rundem (a) und rechteckigem Querschnitt (b).

nungsfelder, die die räumliche Tragwirkung bestimmen, jeweils der Form einer Parabel mit einem Anfangswinkel von 45° folgen. Danach lässt sich die effektiv umschnürte Fläche in der Mitte zwischen zwei Bügelebenen zu

$$A_{\text{eff}} = \lambda_q \cdot \lambda_l \cdot A_k \tag{8.4}$$

mit

$$A_k = b_k \cdot d_k \tag{8.5}$$

$$\lambda_q = 1 - \frac{2 \cdot (b_k - d_s)^2 + 2 \cdot (d_k - d_s)^2}{5,5 \cdot A_k} \tag{8.6}$$

$$\lambda_l = \left(1 - \frac{s_{\text{bü}}}{2 \cdot b_k}\right) \cdot \left(1 - \frac{s_{\text{bü}}}{2 \cdot d_k}\right) \tag{8.7}$$

bestimmen. In dieser Formulierung wird die Reduktion der umschnürten Fläche mit λ_q in der Bügelebene und mit λ_l zwischen den Bügelebenen berücksichtigt. Die Gleichungen sind für Seitenverhältnisse $d \leq 1,5b$ gültig.

Bei nachträglich verstärkten Stützen können die Umschnürungswirkungen der ursprünglich vorhandenen sowie der zusätzlichen Bügel addiert werden. Dazu sind die beiden effektiven Flächen $A_{\text{eff,alt}}$ und $A_{\text{eff,neu}}$ getrennt zu ermitteln.

Zur Berechnung des Zuwachses an Tragfähigkeit ist nun die Kenntnis der Spannungs-Dehnungslinie des umschnürten Betons erforderlich. Dabei kann auf Formulierungen aus dem Fachschrifttum zurückgegriffen werden (siehe Abb. 8.14).

Der genaue Verlauf dieser Kurve hängt von der einachsigen Druckfestigkeit des Betons und von der Steifigkeit und der Festigkeit der Umschnürung ab. Dies kommt auch in den Beiwerten der folgenden Formel zum Ausdruck, mit der sich der Zuwachs der rechnerischen Tragfähigkeit ermitteln lässt:

$$\Delta N_{\text{Rd}} = 2,3 \cdot k_\beta \cdot \rho_q \cdot f_{\text{yd,Bü}} \cdot A_{\text{eff}} \tag{8.8}$$

mit

$$k_\beta = 1 + \frac{f_{\text{ck}} - 20}{100} \geq 1 \tag{8.9}$$

$$\rho_q = \frac{A_q}{A_k} = \frac{2 \cdot (b_k + d_k) \cdot A_{\text{bü}}/s_{\text{bü}}}{b_k \cdot d_k} \tag{8.10}$$

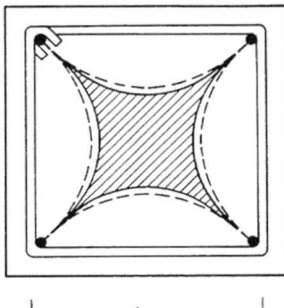
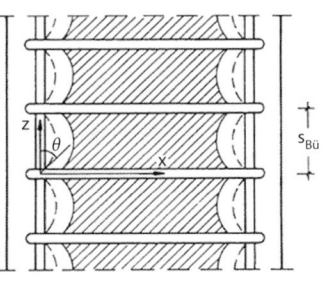

Abb. 8.13 Effektiv umschnürte Flächen bei nachträglich verstärkten Stützen.

8 Nachträgliche Verstärkung mit Beton und Spritzbeton

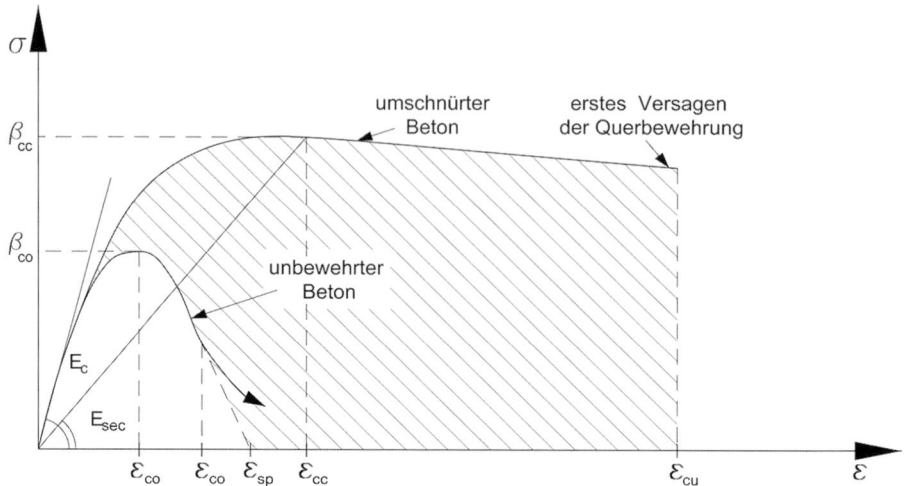

Abb. 8.14 Spannungs-Dehnungslinie für umschnürten Beton nach Mander [151].

In den Lastenleitungsbereichen am Stützenkopf bzw. am Stützenfuß setzt sich die Tragfähigkeit aus vier Anteilen zusammen:

$$N_{Rd} = A_{b,alt} \cdot f_{cd,alt} + A_{s,alt} \cdot f_{yd,alt} + \Delta N_{Rd,1} + \Delta N_{Rd,2} \tag{8.11}$$

mit zwei Anteilen ΔN aus der Umschnürungswirkung der vorhandenen und der zusätzlichen Bewehrung. Die neue Schale wird bei der Ermittlung der Tragfähigkeit nicht berücksichtigt, weil aufgrund der Dehnung der Umschnürung davon auszugehen ist, dass sie vor Erreichen der Bruchlast abplatzt. Ebenfalls nicht berücksichtigt wird die neue Längsbewehrung, die in den Lastenleitungsbereichen noch nicht wirksam ist – wenn sie nicht in der vorhandenen Deckenkonstruktion verankert wurde.

Der Nachweis im Stützenmittelbereich erfolgt für den vollen Querschnitt, wobei der Anteil der neuen Betonschale an der Tragfähigkeit aufgrund der schwer quantifizierbaren Einflüsse des Schwindens mit einem vergleichsweise grob definierten Beiwert von 0,8 reduziert wird.

$$N_{Rd} = A_{b,alt} \cdot f_{cd,alt} + A_{s,alt} \cdot f_{yd,alt} + 0,8 \cdot A_{b,neu} \cdot f_{cd,neu} + A_{s,neu} \cdot f_{yd,neu} \tag{8.12}$$

Der Einfluss einer Exzentrizität der Normalkraft auf die Umschnürungswirkung kann vereinfacht in Anlehnung an die Regelungen der DIN 1045 (1972) [58] berücksichtigt werden. Der Ansatz folgt der Annahme, dass eine Umschnürungswirkung bis zu einer maximalen Exzentrizität $M/N \leq d_k/8$ wirksam ist. Zwischen der vollen und der nicht mehr vorhandenen Wirkung kann linear interpoliert werden:

$$\Delta N'_{Rd} = \Delta N_{Rd} \cdot \left(1 - \frac{8 \cdot M}{N \cdot d_k}\right) \tag{8.13}$$

8.3.2 Stützenverstärkung mit Spritzbeton

Eine nachträgliche allseitige Stützenverstärkung mit Spritzbeton erfolgt in den Arbeitsschritten, die im Abschn. 8.2 bereits erläutert wurden.

Die Dicke der Spritzbetonschicht ist so zu wählen, dass die erforderlichen Abstände zwischen neuer Bewehrung und altem Beton ($a > 2$ cm) eingehalten werden, das erforderliche Maß der Betondeckung gesichert ist und die statischen Anforderungen erfüllt sind.

Der Abstand der Bügel darf im Lasteinleitungsbereich 80 mm nicht überschreiten. Die Länge des Lasteinleitungsbereichs beträgt

$$l_c = 30 \cdot d_s \quad \text{(nach DIN 1855)}$$

bzw.

$$l_c = 2 \cdot d_k \quad \text{(nach Heft 467)}$$

Die Bügel sind nach den im EC 2 festgelegten Anforderungen für die Zugzone zu schließen. Die Längsbewehrung ist in den Bügelecken zu konzentrieren. Bei Stützen mit einem Seitenverhältnis $d/b > 1{,}5$ sind Zwischenverankerungen erforderlich. Diese sind entsprechend dem in Abb. 8.15 dargestellten Tragmodell für die doppelte Beanspruchung des außenliegenden Bügels auszulegen und zu verankern, da sie die Umschnürungswirkung des linken und des rechten Teils der Stütze sicherstellen.

Die rechnerischen Nachweise der Tragsicherheit sind für symmetrisch bewehrte Stützen mit quadratischem, rechteckigem oder kreisförmigem Querschnitt und symmetrischer umlaufender Verstärkung in folgenden Schritten zu führen:

- Im Lasteinleitungsbereich ist der Grenzzustand der Tragfähigkeit des alten, von der Verstärkung umschnürten Stützenkerns nachzuweisen. Der Verstärkungsbeton darf nicht in Rechnung gestellt werden, die zugelegte Längsbewehrung nur dann, wenn sie kraftschlüssig mit der Deckenkonstruktion verbunden wird.

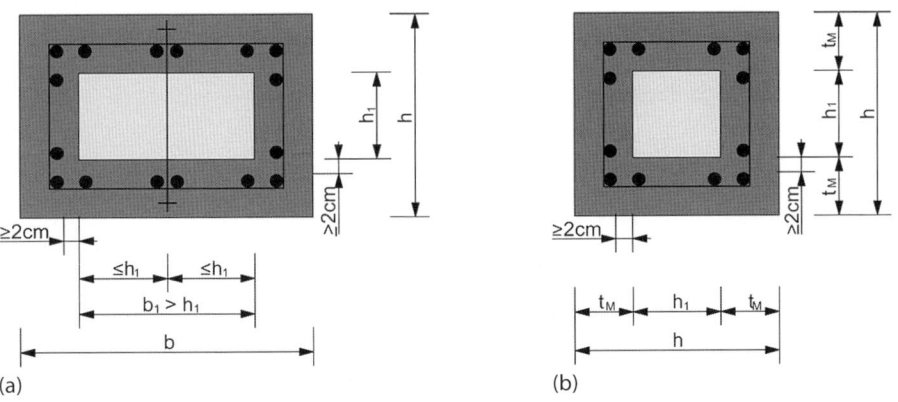

Abb. 8.15 Anordnung der Bewehrung bei spritzbetonverstärkten Stützen. (a) Rechteckquerschnitt mit Zwischenverankerung; (b) quadratischer Querschnitt.

- In Stützenmitte ist der Nachweis für den Verbundquerschnitt zu führen. Dabei ist der Anteil des Verstärkungsbetons aufgrund der schwer zu quantifizierenden Schwindeinflüsse pauschal abzumindern.
- Im Lasteinleitungsbereich ist die Ein- bzw. Weiterleitung der Lasten in die angrenzenden Bauteile zu berücksichtigen.

8.4 Beispiele

8.4.1 Nachträgliche Verstärkung eines Biegeträgers – monolithischer Querschnitt

Im Zuge des Umbaus eines Verwaltungsgebäudes erhöhen sich die Eigengewichts- und die Verkehrslasten. Die vorhandenen Unterzüge (vgl. Abschn. 6.5.2) sollen mit zusätzlicher Betonstahlbewehrung und Spritzbeton verstärkt werden.

- *Spannweite* 6,20 m
- *Achsabstand der Unterzüge* 3,20 m
- *Bewehrung Bestand* Feld unten 6 ⌀ 20, St I, Bügel ⌀ 8/15, 2-schn., St I
- *Bewehrung Verstärkung* BSt 500S
- *Betongüte Bestand* Bn 225
- *Betongüte Spritzbetonverstärkung* C25/30
- *Eigengewicht (einschl. Fußbodenaufbau)*
  $g_{k,neu} = 23{,}2\,\text{kN/m}$ ($g_{k,alt} = 19{,}8\,\text{kN/m}$)
- *Verkehrslast* $p_{k,neu} = 7{,}5\,\text{kN/m}^2$ ($p_{k,alt} = 3{,}0\,\text{kN/m}^2$)

Schritt 1a: Ermittlung der erforderlichen zusätzlichen Biegebewehrung am Gesamtquerschnitt

$$M_{Ed,neu} = (1{,}5 \cdot 3{,}20 \cdot 7{,}5 + 1{,}35 \cdot 23{,}2) \cdot \frac{6{,}20^2}{8} = 323\,\text{kNm}$$

$$\mu_{Eds} = \frac{0{,}323}{1{,}88 \cdot 0{,}46^2 \cdot 9{,}1} = 0{,}089 \Rightarrow \omega = 0{,}093$$

$$\text{erf}\,A_S = 0{,}093 \cdot 1{,}88 \cdot 0{,}46 \cdot 9{,}1 \cdot \frac{1}{220/1{,}15} \cdot [100^2]$$

$$= 38{,}3\,\text{cm}^2 > 25{,}1\,\text{cm}^2 = \text{vorh}\,A_S$$

$$\text{erf}\,A_{S,neu} \cong (38{,}3 - 25{,}1) \cdot \frac{220}{500} = 5{,}8\,\text{cm}^2$$

Kontrolle der Höhe der Druckzone

$$x = 0{,}110 \cdot 46 = 5{,}1\,\text{cm} < 14\,\text{cm}$$

Schritt 1b: Überprüfung der Stahlspannung der vorhandenen Bewehrung im Grenzzustand der Gebrauchstauglichkeit

Eigengewicht im Bauzustand: $g'_k = 16{,}0 \text{ kN/m}$

$$M_{k,g'} = 16{,}0 \cdot \frac{6{,}20^2}{8} = 76{,}9 \text{ kNm}$$

$$\sigma_{s,\text{alt},g'} = \frac{M_{k,g'}}{z_{\text{alt}} \cdot A_{s,\text{alt}}} = \frac{76{,}9}{\approx 0{,}96 \cdot 0{,}43} \cdot \frac{1}{25{,}1} \cdot [10] = 74{,}2 \frac{\text{N}}{\text{mm}^2}$$

$$M_{k,\Delta g+p} = (7{,}2 + 3{,}20 \cdot 7{,}5) \cdot \frac{6{,}20^2}{8} = 150 \text{ kNm}$$

$\Rightarrow$ gewählt Zulagen 5 $\varnothing$ 16 (10,1 cm^2)

$$\sigma_{s,\text{alt},\Delta g+p} \cong \frac{M_{S,\Delta g+p}}{z_{\text{neu}}} \cdot \frac{1}{A_{S,\text{alt}}} \cdot \frac{A_{S,\text{alt}}}{A_{S,\text{alt}} + A_{S,\text{neu}}}$$

$$= \frac{150}{\approx 0{,}96 \cdot 0{,}46} \cdot \frac{1}{25{,}1 + 10{,}1} \cdot [10]$$

$$= 96{,}5 \frac{\text{N}}{\text{mm}^2}$$

$$\sigma_{s,\text{alt}} = \sigma_{s,\text{alt},g'} + \sigma_{s,\text{alt},\Delta g+p} = 74{,}2 + 96{,}5 = 171 \frac{\text{N}}{\text{mm}^2} < 176 \frac{\text{N}}{\text{mm}^2}$$

$$= 0{,}8 \cdot f_{y,k}$$

Schritt 2: Ermittlung der erforderlichen zusätzlichen Bügel am Gesamtquerschnitt

$$V_{\text{Ed}} = (1{,}5 \cdot 3{,}20 \cdot 7{,}5 + 1{,}35 \cdot 23{,}2) \cdot \frac{6{,}20}{2} = 209 \text{ kN}$$

$$V_{\text{Ed,red}} = 209 - (0{,}1 + 0{,}46) \cdot 67{,}3 = 171 \text{ kN}$$

mit

$$V_{\text{Rdc}} = 58{,}5 \text{ kN} \quad \text{(nach Abschn. 6.4.2)}$$

$$\max \cot \Theta = \frac{1{,}2}{1 - 58{,}5/171} = 1{,}82 \quad \Rightarrow \text{ gewählt } \cot \Theta = 1{,}5$$

$$\text{erf } a_{\text{sw}} = \frac{V_{\text{Ed}}}{f_{\text{yd}} \cdot z \cdot \cot \Theta} = \frac{0{,}171}{220/1{,}15 \cdot 0{,}9 \cdot 0{,}46 \cdot 1{,}5} \cdot [100^2]$$

$$= 14{,}4 \text{ cm}^2/\text{m} > 7{,}86$$

$$\text{erf } a_{\text{sw,neu}} = (14{,}4 - 7{,}9) \cdot \frac{220}{500} = 2{,}9 \text{ cm}^2/\text{m}$$

$\Rightarrow$ gewählt Zulagen Bügel 2-schnittig $\varnothing$ 8/25 (4,0 cm^2/m). Die Bügel werden in der Druckzone voll verankert (vgl. Abb. 8.7).

Weitere Nachweise:

- Kontrolle der Betondruckstrebe
- Tragfähigkeit der Stahlbetonplatte in Querrichtung
- Verankerung der Längsbewehrung im Auflagerbereich
- Weiterleitung der Auflagerkräfte
- Verformungen im Grenzzustand der Gebrauchstauglichkeit

8.4.2 Nachträgliche Verstärkung einer Stahlbetonstütze mit Spritzbeton

Ein 1976 erbautes Verwaltungsgebäude soll um zwei Etagen aufgestockt werden. Aus diesem Grund wird eine nachträgliche Verstärkung der Stützen im Erdgeschoss erforderlich.

Die nachträgliche Verstärkung soll mit einer 8 cm dicken Spritzbetonschale ausgeführt werden (Abb. 8.16).

Die erforderliche Bewehrung der Spritzbetonschale ist für den Kopf- und Fußbereich sowie für die Stützenmitte zu ermitteln.

Angaben zur Beanspruchung der Stütze:

- *vor dem Umbau* $N_{Ed} = 1620\,kN$
- *nach dem Umbau* $N_{Ed} = 2190\,kN$

Angaben zur Geometrie und zur Bewehrung der vorhandenen Stütze:

- $b/d = 30/30\,cm$, B 35, ($\sim$ C30/37, vgl. Kapitel 6)
- *Längsbewehrung* 4 $\varnothing$ 20, BSt III
- *Bügelbewehrung* $\varnothing$ 8/20, BSt III
- *Betondeckung* 2,5 cm

Angaben zur Bewehrung der Spritzbetonschale:

- *Längsbewehrung* 4 $\varnothing$ 16, BSt 500
- *Bügelbewehrung im Lasteinleitungsbereich* $\varnothing$ 10/8, BSt 500
- *Festigkeitsklasse Spritzbeton* C30/37

Schritt 1a: Ermittlung der durch die vorhandenen Bügel effektiv umschnürten Fläche mit Gln. (8.4)–(8.7) sowie der Beiwerte für die zweiachsige Druckfestigkeit des Betons mit Gln. (8.9) und (8.10)

$$A_k = 24 \cdot 24 = 576\,cm^2$$

$$\lambda_q = 1 - \frac{4 \cdot (24-2)^2}{5{,}5 \cdot 576} = 0{,}389$$

$$\lambda_l = \left(1 - \frac{20}{2 \cdot 24}\right) \cdot \left(1 - \frac{20}{2 \cdot 24}\right) = 0{,}340$$

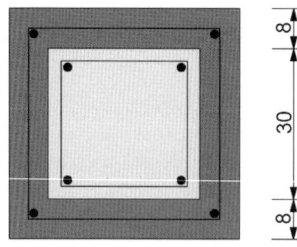
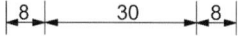

Abb. 8.16 Geometrie und Bewehrung der vorhandenen Stütze und der Spritzbetonschale.

$$A_{\text{eff}} = 0{,}389 \cdot 0{,}340 \cdot 576 = 76\,\text{cm}^2$$

$$k_\beta = 1 + \frac{28 - 20}{100} = 1{,}08$$

$$\rho_q = \frac{A_q}{A_k} = \frac{2 \cdot (24 + 24) \cdot \frac{0{,}5}{20}}{576} = 0{,}0042$$

Schritt 1b: Ermittlung der durch die neuen Bügel effektiv umschnürten Fläche mit Gln. (8.4)–(8.7) sowie der Beiwerte für die zweiachsige Druckfestigkeit des Betons mit Gln. (8.9) und (8.10)

$$A_k = 40 \cdot 40 = 1600\,\text{cm}^2$$

$$\lambda_q = 1 - \frac{4 \cdot (40 - 1{,}6)^2}{5{,}5 \cdot 1600} = 0{,}330$$

$$\lambda_l = \left(1 - \frac{8}{2 \cdot 40}\right) \cdot \left(1 - \frac{8}{2 \cdot 40}\right) = 0{,}810$$

$$A_{\text{eff}} = 0{,}330 \cdot 0{,}810 \cdot 1600 = 428\,\text{cm}^2$$

$k_\beta = 1{,}08$ (der Anteil des umschnürten Spritzbetons wird vernachlässigt)

$$\rho_q = \frac{A_q}{A_k} = \frac{2 \cdot (40 + 40) \cdot \frac{0{,}79}{8}}{1600} = 0{,}010$$

Schritt 2: Aufnehmbare Normalkraft im Lasteinleitungsbereich mit Gl. (8.11)

$$\Delta N_{\text{Rd},1} = 2{,}3 \cdot 1{,}08 \cdot 0{,}0042 \cdot \frac{420}{1{,}15} \cdot 76 \cdot \left[\frac{10^2}{1000}\right] = 29\,\text{kN}$$

$$\Delta N_{\text{Rd},2} = 2{,}3 \cdot 1{,}08 \cdot 0{,}010 \cdot \frac{500}{1{,}15} \cdot 428 \cdot \left[\frac{10^2}{1000}\right] = 462\,\text{kN}$$

$$N_{\text{Rd,alt}} = \left[30^2 \cdot \frac{0{,}85 \cdot 28{,}0}{1{,}5} + 4 \cdot 3{,}14 \cdot \frac{420}{1{,}15}\right] \cdot \left[\frac{10^2}{1000}\right] = 1887\,\text{kN}$$

$$N_{\text{Rd}} = 29 + 462 + 1887 = 2378\,\text{kN}$$

Schritt 3: Aufnehmbare Normalkraft in Stützenmitte mit Gl. (8.12)

$$N_{\text{Rd}} = 1887 + [0{,}8 \cdot (46^2 - 30^2) \cdot 17{,}0 + 8{,}04 \cdot 435] \cdot \left[\frac{10^2}{1000}\right] = 3891\,\text{kN}$$

9
Nachträgliche Verstärkung mit geklebten Faserverbundwerkstoffen

> Composites make up a very broad and important class of engineering materials. World annual production is over 10 million tonnes and the market has in recent years been growing at 5–10 % per annum. Composites are used in a wide variety of applications. Furthermore, there is considerable scope for tailoring their structure to suit the service conditions. This concept is well illustrated by biological materials such as wood, bone, teeth and hide; these are all composites with complex internal structures designed to give mechanical properties well suited to the performance requirements. Adaptation of manufactured composite structures for different engineering purposes requires input from several branches of science.
>
> *(D. Hull and T.W. Clyne, 1996 [153])*

In den 1970er-Jahren wurden zuerst in der Schweiz und in Belgien die materialtechnologischen und ausführungstechnischen Grundlagen sowie erste Bemessungsverfahren für das Aufkleben von Stahllamellen auf Betonoberflächen erarbeitet. Mit ersten erfolgreichen Anwendungen zur nachträglichen Biegeverstärkung von Stahlbetondecken wurde die Praxistauglichkeit des neuartigen Verfahrens nachgewiesen. Anfang der 1990er-Jahre wurden dann von einer Arbeitsgruppe um *Urs Meier* (*1943) an der Eidgenössischen Materialprüfanstalt in Dübendorf erstmals Lamellen aus einem Kohlefaserverbundwerkstoff anstatt der Stahlbleche eingesetzt. Seither hat sich innerhalb weniger Jahre die Klebetechnologie in Verbindung mit Faserverbundwerkstoffen zu einem Standardverfahren für die nachträgliche Verstärkung von Stahlbetonbauteilen entwickelt. Faserverbundwerkstoffe werden dabei in unterschiedlichem Vorfertigungsgrad mit unterschiedlichen Ausgangsprodukten eingesetzt. Die wichtigsten Vorteile gegenüber Stahlblechen liegen vor allem in der einfacheren Handhabung aufgrund des geringen Gewichtes und der geringen Dicke sowie in der Beständigkeit gegenüber Korrosion und chemischen Einwirkungen. Nachteilige Besonderheiten geklebter Verbindungen sind die Temperaturempfindlichkeit des Klebstoffs bei der Herstellung des Verbundes und unter Sonneneinstrahlung bzw. unter Brandbeanspruchung sowie das vergleichsweise spröde Versagen nachträglich verstärkter biegebeanspruchter Platten und Balken. Wie mit diesen Besonderheiten im Rahmen der Bemessung umzugehen ist und was bei der Vorbereitung und Ausführung der Arbeiten besonders zu beachten ist, wird in den folgenden Abschnitten ausführlich erläutert. Dabei werden die wichtigsten Zusammenhänge strukturiert erörtert. Bei den „Grundlagen der Bemessung" wird sehr viel Wert auf nachvollziehbare, einfache mechanische Modelle gelegt, mit denen sich alle relevanten Bemessungsschritte durchführen lassen. Ganz bewusst wurde auf eine detaillierte Erläuterung einschlägiger Richtlinien und Zulassungen verzichtet. Eine nachvollziehbare Aufbereitung der entsprechenden Zusammenhänge hätte den Rahmen dieses Kapitels gesprengt.

9.1 Klebetechnologie und Faserverbundwerkstoffe

9.1.1 Klebstoffe

Klebstoffe sind hinsichtlich ihrer chemischen Struktur den organischen Verbindungen zuzuordnen. Im Bauwesen werden Klebstoffe unter anderem als Beschichtungen zur Abdichtung gegen Feuchtebeanspruchung und für Klebebänder zur luftdichten Fügung von Folien eingesetzt.

Tragende geklebte Verbindungen sind die Grundlage der Ende des 19. Jahrhunderts eingeführten Brettschichtholzbauweise sowie der modernen Verankerungstechnik. Bei der industriellen Fertigung von Faserverbundwerkstoffen (siehe Abschn. 9.1.2) werden Klebstoffe als Matrixmaterial verwendet.

Klebstoffe auf natürlicher Basis werden oft als Leime bezeichnet und aus tierischen (Kaseinleim, Knochenleim) oder pflanzlichen (Kautschuk) Grundstoffen hergestellt. Natürliche Klebstoffe sind für das Bauwesen heute von untergeordneter Bedeutung.

Die Klebewirkung industriell hergestellter Klebstoffe beruht auf der Verkettung von organischen Verbindungen, sogenannten Polymeren. Zentrales Element organischer Verbindungen ist der Kohlenstoff (C). Weitere, an der chemischen Struktur von Klebstoffen beteiligte Elemente sind Wasserstoff (H), Sauerstoff (O) und Stickstoff (N).

Industriell, auf künstlicher Basis, hergestellte Klebstoffe lassen sich hinsichtlich der Entstehungsreaktion und der Art der Verkettung unterscheiden (siehe Abb. 9.1).

Bei physikalisch abbindenden Klebstoffen wird die Polymerbildung bereits bei der industriellen Fertigung abgeschlossen. Die Polymere werden dann zum Beispiel durch Zugabe eines Lösungsmittels (Lösungsmittelklebstoffs) oder durch Wasser (Dispersionen) verflüssigt. Nach dem Auftragen des Klebstoffs auf die Fügeteile verdunsten die flüssigen Medien und der Klebstoff „bindet" ab.

Für den konstruktiven Ingenieurbau sind physikalisch abbindende Klebstoffe aufgrund der vergleichsweise geringen Bindekräfte ohne Bedeutung. Hier werden ausschließlich chemisch reagierende Klebstoffe eingesetzt. Bei diesen Reaktionsklebstoffen vernetzen sich beim Kleben reaktionsbereite Monomere. Die Reaktion bei Zwei-Komponenten-Klebstoffen wird durch das Mischen der Reaktionspartner in Gang gesetzt.

Bei Einkomponenten-Klebstoffen kann die Polymerbildung durch Wassermoleküle, die auf der Fügeteiloberfläche oder in der Luft vorhanden sind, bewirkt

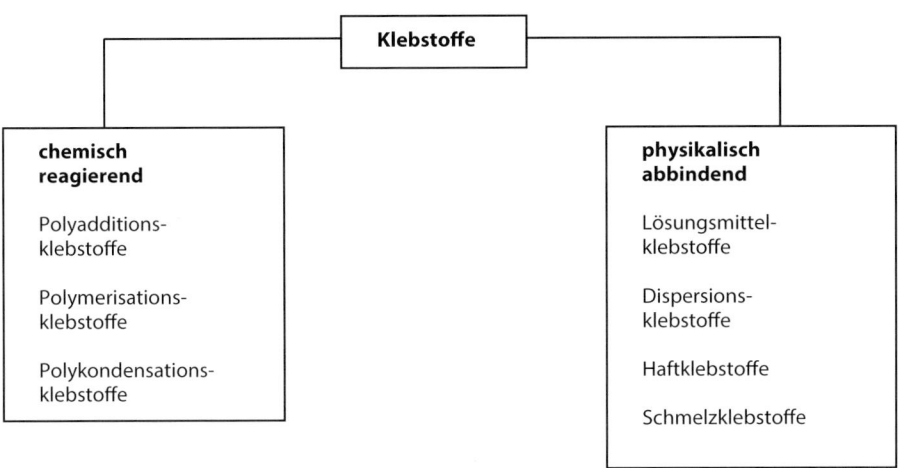

Abb. 9.1 Einteilung der Klebstoffe nach dem Abbindemechanismus.

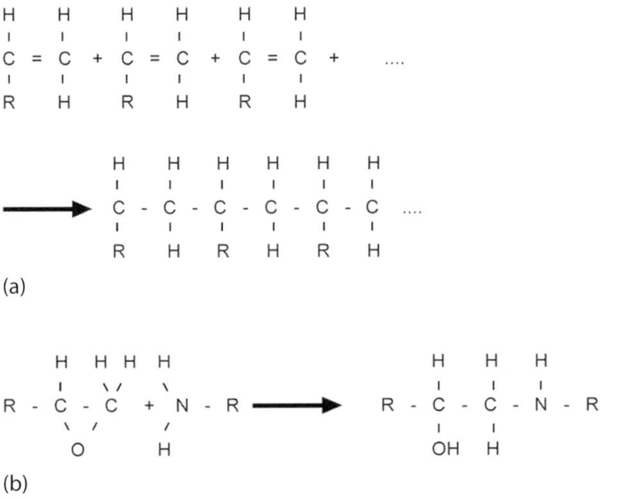

Abb. 9.2 Polymerbildung durch Polymerisation (a) und Polyaddition (b).

werden. Eine weitere Möglichkeit, fertige, einkomponentige Mischungen zu verwenden, ist dann gegeben, wenn die Mischung so „eingestellt" ist, dass zum Erhärten, d. h. zum Einsetzen der Reaktion, Wärme oder Druck benötigt werden. Eine weitere Untergliederung der Reaktionsklebstoffe berücksichtigt die chemische Entstehungsreaktion. Bei der *Polymerisation* (Abb. 9.2a) verbinden sich Reaktionspartner gleicher oder gleichartiger Struktur (Harze), nachdem – z. B. durch Zugabe eines *Katalysators* (Härters) – eine Kohlenstoffdoppelbindung der Monomere aufgespalten wurde. Ein Charakteristikum der Polymerisation ist, dass die Klebefestigkeit gegenüber Veränderungen des Härteranteils relativ unempfindlich ist (siehe Abb. 9.3). Typische Vertreter der Polymere sind Methacrylate, die u. a. als Injektionsmörtel in der Verankerungstechnik eingesetzt werden.

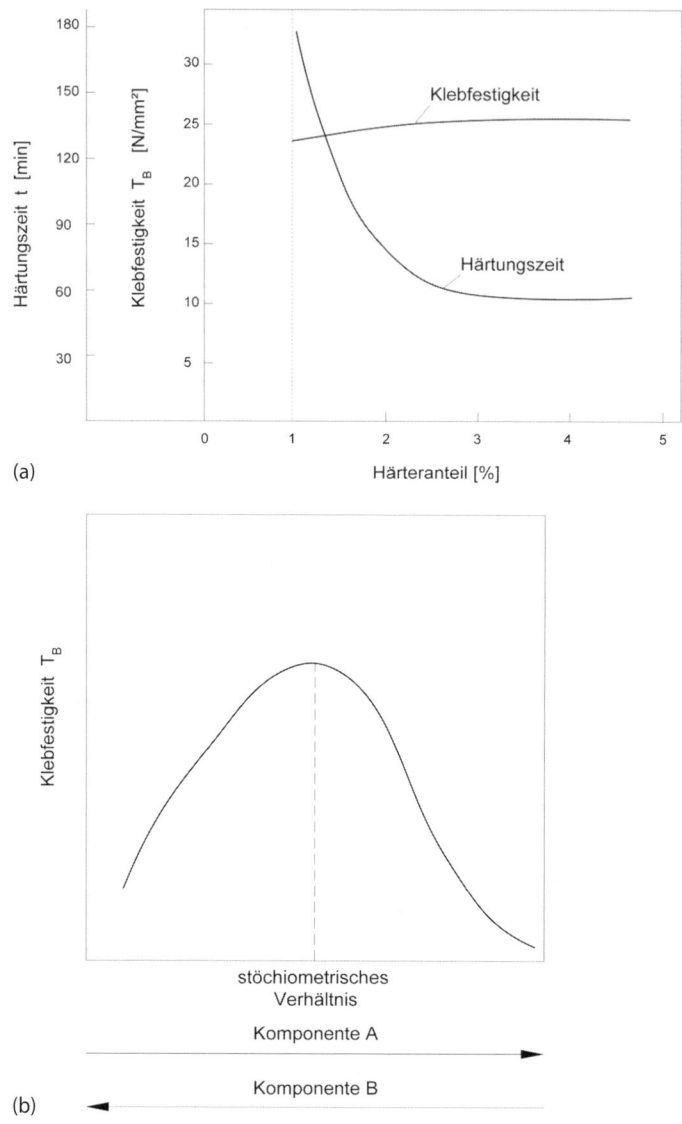

Abb. 9.3 Abhängigkeit der Klebefestigkeit vom Härteanteil bei Methacrylatklebstoffen (a) und vom Mischungsverhältnis bei Epoxidharzklebstoffen (b) nach [154].

Die *Polyaddition* (Abb. 9.2b) ist dadurch gekennzeichnet, dass sich reaktionsfähige Endgruppen von Reaktionspartnern (Monomere) gleicher oder verschiedenartiger Struktur verbinden. Dabei wandert ein Wasserstoffatom zur Endgruppe des Reaktionspartners. Die zwei Klebstoffkomponenten werden auch hier häufig als Harz und Härter bezeichnet. Da sich der Härter bei Polyadditionsklebstoffen vollständig mit dem Harz verbindet und nicht nur – wie z. B. bei den Methacrylaten – die Vernetzung des Harzes in Gang setzt, sind die Reaktionspartner sehr genau in einem Verhältnis, das sich aus dem Molekulargewicht

Tab. 9.1 Einteilung der Klebstoffe nach ihrer Entstehungsreaktion (nach [154]) mit Beispielen aus dem Bauwesen.

	Polymerisationsklebstoffe	Polyadditionsklebstoffe	Polykondensationsklebstoffe
Duromere		EP • strukturelles Kleben • Fugendichtstoff Polyurethan (eng vernetzt) • Fugendichtstoff • Hartschaum	Resorcin-Formaldehydharze Harnstoff-Formaldehydharze Melamin-Formaldehydharze • Brettschichtholz • Holzwerkstoffe
Thermoplaste	Methacrylate • Injektionsmörtel Polyethylen • Folien • Beschichtungen Polyvinylchlorid • Folien Polyacrylat • PCC • Beschichtungen	Polyurethan (linear) • Fugendichtstoff • Weichschaum	Polyamide • Folien • Aramidfasern
Elastomere	Kautschukpolymere	Silicone	Silicone

bestimmen lässt, zu mischen. Abweichungen von diesem Mischungsverhältnis führen zu einer reduzierten Festigkeit des Klebstoffs. Polyadukte werden im Bauwesen in vielfältiger Form verwendet. Typische Beispiele sind Epoxidharze (EP), die für tragende Klebeverbindungen oder für die Verpressung von Rissen eingesetzt werden.

Das typische Merkmal der *Polykondensation* ist die Abspaltung, d. h. die Freisetzung eines Moleküls bei der Reaktion der Monomere. Es muss sichergestellt sein, dass diese Freisetzung von Wasser, Säure oder Alkohol bei der Herstellung zu keiner Gefährdung der Gesundheit oder der Umwelt führt. Das heißt, wenn entsprechende Produkte eingebaut werden, muss entweder die Freisetzung abgeschlossen sein oder die freigesetzten Stoffe sind unbedenklich. Polykondensate, die im Bauwesen zum Einsatz kommen bzw. kamen, sind Melamin- und Resorcinharze bei der Herstellung von Brettschichtholz. Polyester werden als Matrixmaterial bei der Herstellung von Faserverbundwerkstoffen eingesetzt. Beim Kleben im Zusammenhang mit Verstärkungsmaßnahmen an bestehenden Stahlbetontragwerken werden Polykondensate nicht verwendet.

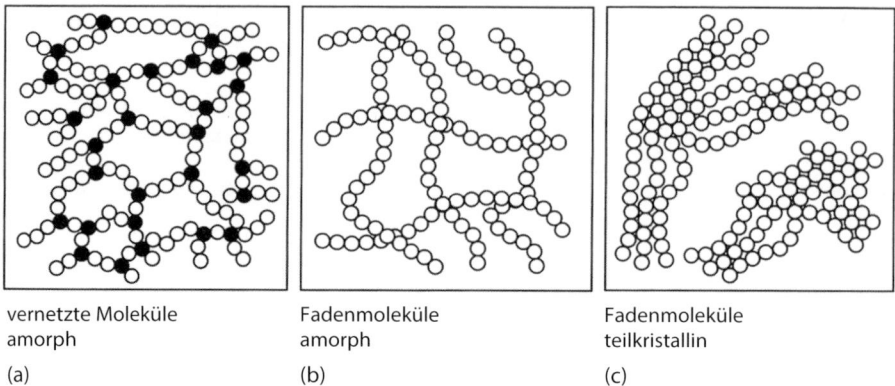

vernetzte Moleküle amorph	Fadenmoleküle amorph	Fadenmoleküle teilkristallin
(a)	(b)	(c)

Abb. 9.4 Polymerstrukturen. (a) Duromer; (b) und (c) Thermoplaste.

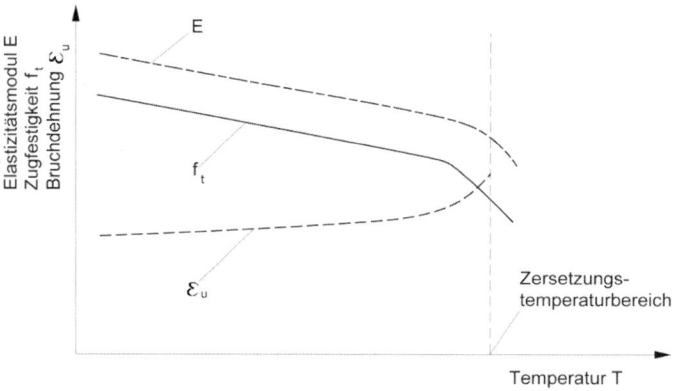

Abb. 9.5 Zugfestigkeit von Polymeren in Abhängigkeit von der Temperatur (schematische Darstellung nach [154]).

Bei allen drei Entstehungsreaktionen – Polymerisation, Polyaddition und Polykondensation – können sich unterschiedliche Polymerstrukturen bilden (vgl. Tab. 9.1). Wie stark sich Monomere verzweigen oder vernetzen, hängt von ihrer Grundstruktur und vom Ablauf der chemischen Reaktion ab. Die unterschiedliche Anordnung der Molekülketten bestimmt das Verhalten der Klebschicht bei Wärmezufuhr.

Duromere (Abb. 9.4a und 9.5) werden von räumlich eng vernetzten Makromolekülen gebildet. Die enge Vernetzung bewirkt einen vergleichsweise hohen Elastizitätsmodul sowie weitestgehende Lösungsmittelbeständigkeit. Die „gute Temperaturbeständigkeit", die den Duromeren in der Fachliteratur zugesprochen wird, ist hinsichtlich der im Bauwesen eingesetzten Klebstoffe allerdings zu relativieren. Die *Glasübergangstemperatur* – d. h. die Temperatur, bei der die Klebschicht vom festen in den plastischen Zustand übergeht – kalthärtender EP liegt im Bereich von 45 bis 80 °C und damit weit unter den Werten, bei denen „konventionelle" Baustoffe ihre Festigkeit verlieren.

Tab. 9.2 Mechanische Eigenschaften von EP und Methacrylaten.

	EP nach [153, 154]	Methacrylate Herstellerangaben (Araldite®, Axson®, Weicon®)
Zug Festigkeit Elastizitätsmodul Bruchdehnung	25 bis 100 N/mm^2 1500 bis 6000 N/mm^2 1 bis 6 %	13 bis 30 N/mm^2 300 bis 1100 N/mm^2 15 bis 110 %
Schubmodul	530 bis 1520 N/mm^2	k. A.
Querdehnzahl	0,38 bis 0,44	k. A.
Dichte	1,1 bis 1,4 g/cm^2	1,0 g/cm^3
Temperaturausdehnungskoeffizient	$6 \cdot 10^{-5}$ 1/K	k. A.
Glasübergangstemperatur	57 bis 130 °C	20 bis 65 °C

Die Bindekräfte zwischen den nicht vernetzten Molekülen von *Thermoplasten* (Abb. 9.4b,c) werden bei Wärmezufuhr ganz oder teilweise aufgehoben; die Klebschicht wird weich, kann sich aber bei einer Abkühlung wieder verfestigen. Die Glasübergangstemperatur von Methacrylaten liegt zwischen 38 und 105 °C. Der Übergang in den plastischen Zustand tritt bei Thermoplasten mehr oder weniger schlagartig ein. Im Gegensatz zu Duromeren, die jenseits der Glasübergangstemperatur ihre Struktur nur nach und nach verändern und damit ihre Festigkeit nicht sofort verlieren.

Tabelle 9.2 zeigt eine Zusammenstellung der mechanischen und physikalischen Eigenschaften von EP (Duromeren) und Methacrylaten (Thermoplaste).

Eine weitere Gruppe bilden die *Elastomere*, die im Bauwesen für Abdichtungsmaßnahmen und für Auflagerkonstruktionen eingesetzt werden. Die Glasübergangstemperatur der weitmaschig vernetzten Elastomere liegt unterhalb der Raumtemperatur. Dadurch können große Dehnungen aufgenommen werden. Wie bei den Duromeren bewirkt eine weitere Erwärmung eine stetige aber nicht schlagartige Abnahme des Elastizitätsmoduls.

9.1.2 Faserverbundwerkstoffe

Moderne Faserverbundwerkstoffe haben ihre Vorbilder in der Natur: Gräser, Bäume und ähnliche Pflanzen entwickeln Zellstrukturen, die zu Fasern verkettet sind und schlanke, form- oder gewichtsoptimierte Tragwerke bilden.

Industriell oder auch handwerklich hergestellte Faserverbundwerkstoffe bestehen aus natürlichen oder künstlichen Fasern und einer Matrix (Abb. 9.6): Als Fasermaterialien können Naturprodukte (Sisal, Zellulose etc.) oder synthetische Materialien (Kohlefasern, Glasfasern, Aramidfasern) eingesetzt werden. Die Fa-

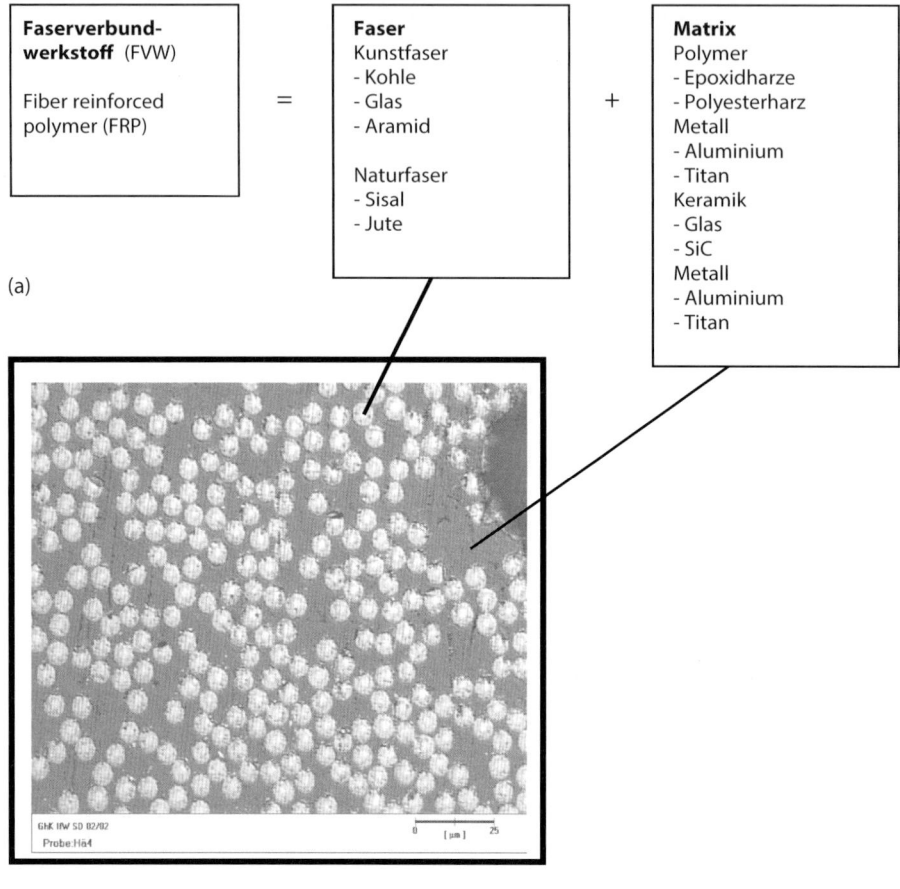

Abb. 9.6 (a) Komponenten von Faserverbundwerkstoffen; (b) mikroskopische Aufnahme eines Faserverbundwerkstoffes.

sern übernehmen – wie in der Natur – die Tragfunktion. Die Matrix dient zum einen dazu, die Fasern zu verbinden und eine Oberfläche zu bilden, sodass in die Fasern Kräfte eingeleitet werden können. Zum anderen schützt die Matrix die Fasern vor chemischen Einwirkungen und vor örtlicher mechanischer Beanspruchung. Für Faserverbundwerkstoffe, die im Bauwesen eingesetzt werden, sind als Matrixmaterial ausschließlich Polymere von Bedeutung. Im Maschinenbau werden auch Metalle und keramische Werkstoffe als Matrixmaterial verwendet.

Das günstige Verhältnis von Festigkeit zu Gewicht (vgl. Tab. 9.3) verschafft den Verbundwerkstoffen vor allem dort Vorteile, wo das Tragwerk auch bewegt werden muss. Das ist in der Luft- und Raumfahrt, in der Militärtechnik sowie im Automobil- und Bootsbau und bei Sportgeräten der Fall. Für diese Anwendungen wurden die Faserverbundwerkstoffe entwickelt.

Für das Bauwesen sind das geringe Gewicht und die damit verbundenen geringen Materialstärken überall dort von Vorteil, wo unter beengten Bedingungen mit eingeschränkter Zugänglichkeit gearbeitet werden muss. Das ist beim Bauen

Tab. 9.3 Spezifische Festigkeit unterschiedlicher Materialien.

	Dichte [kN/m³]	Festigkeit [MPa]	Spezifische Festigkeit [10^3 m]	Elastizitäts- modul [MPa]	Spezifische Steifigkeit [10^6 m]
Graphite Epoxy HS	15,2	2700	178	160 000	10,5
Graphite Epoxy HM	17,1	1300	75,6	300 000	17,5
Glass Epoxy	17,7	1300	73,4	40 000	2,3
Aluminium	27,0	480	17,8	69 000	2,6
Titan	43,5	885	20,3	110 000	2,5
Stahl	78,5	560	7,1	210 000	2,7
Holz	4,6	30	6,5	16 000	3,5
Beton (Druck)	25,0	30	4,2	30 000	1,2

im Bestand in der Regel der Fall. Weitere Vorteile sind die Beständigkeit gegenüber Korrosion und – bei richtiger Auswahl der Komponenten – gegenüber chemischen Einwirkungen, dazu die hohe Ermüdungsfestigkeit und die Möglichkeit, durch mehrlagige Anordnung der Fasern in unterschiedliche Richtungen den Faserverbundwerkstoff der Beanspruchung anzupassen.

Faserverbundwerkstoffe sind gegen Wärmeeinwirkung sowie gegen Blitzschlag und UV-Strahlung zu schützen. Im Verbund mit anderen Materialien sind die Auswirkungen unterschiedlicher Temperaturausdehnungskoeffizienten zu prüfen. Bei der Verwendung von Glasfasern in direktem Kontakt mit Beton ist die Alkaliresistenz der Fasern nachzuweisen.

Kohlenstofffasern bestehen zu 80 bis 95 % aus Kohlenstoff. Sie können hinsichtlich ihrer mechanischen Eigenschaften eingeteilt und bezeichnet werden: Die wichtigsten Bezeichnungen sind HS (high strength) für Fasern mit hoher Zugfestigkeit und HM (high modulus) für Fasern mit hohem Elastizitätsmodul. Kohlefasern sind beständig gegenüber Feuchte sowie gegenüber Basen und schwachen Säuren bei Raumtemperatur.

Glasfasern werden als E-Glas und S-Glas aus unterschiedlichen Silikaten hergestellt. Durch die Beimischung weiterer Komponenten (Zircon) kann alkaliresistentes AR-Glas erzeugt werden.

Aramidfasern sind als aromatische Polyamide der Gruppe der Polykondensate zuzuordnen. Sie zeigen eine außerordentlich hohe Verformbarkeit unter Druckbeanspruchung. Der Einsatz im Bauwesen beschränkt sich vor allem auf Seile und Kabel, die vor Feuchte, Hitze und UV-Strahlung zu schützen sind.

Tabelle 9.4 zeigt eine Zusammenstellung der mechanischen Eigenschaften unterschiedlicher Kunst- und Naturfasern. Zur nachträglichen Verstärkung von Stahlbetontragwerken kommen aufgrund ihres hohen Elastizitätsmoduls vorwiegend Kohlenstofffasern zum Einsatz.

Dabei können drei industrielle Vorfertigungsgrade unterschieden werden: Beim *Pultrusionsverfahren* (Abb. 9.7) wird der Faserverbundwerkstoff industriell hergestellt. Die Kohlefasern werden parallel von Rollen abgespult und im Tränkbad mit dem Harz (Matrix) benetzt. Harz und Fasern werden beim Zie-

Tab. 9.4 Mechanische Eigenschaften von Fasern nach [155, 156].

	Zugfestigkeit [N/mm^2]	Elastizitätsmodul [N/mm^2]	Bruchdehnung [%]
Kohlenstofffasern			
PAN	2500 bis 6000	230 000 bis 600 000	0,9 bis 2,0
Pitch	2100 bis 3100	200 000 bis 800 000	0,2 bis 0,9
Glasfasern			
E	2000 bis 3700	72 000 bis 77 000	3,0 bis 4,5
S	3500 bis 4900	80 000 bis 90 000	4,2 bis 5,4
AR	3000 bis 3300	71 000 bis 74 000	3,0 bis 4,3
Aramid			
LM	3500 bis 4100	70 000 bis 80 000	4,3 bis 5,0
HM	3500 bis 4000	115 000 bis 130 000	2,5 bis 3,5
Naturfasern			
Hanf	600	70 000	1,6
Flachs	750	30 000	2,0
Jute	550	55 000	2,0
Sisal	600	20 000	2,0

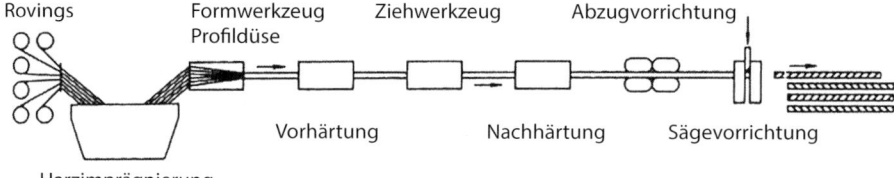

Abb. 9.7 Pultrusionsverfahren (aus [157]).

hen durch ein Formwerkzeug verdichtet, überschüssiges Harz bleibt zurück. Die Aushärtung erfolgt dann unter Wärmezufuhr in meist zwei Stufen. Das fertige Produkt wird typischerweise als Lamelle, auf Rollen gewickelt ausgeliefert.

Bei sogenannten *Pre-preg*-Produkten (pre-impregnated fiber) werden die Fasern im Vakuum-Verfahren (Abb. 9.8a) oder im Autoklaven mit Harz getränkt. Der Fertigungsprozess wird meist so gesteuert, dass das Harz anschließend nur teilweise aushärtet. Dadurch werden dünne und sehr biegsame Bänder hergestellt. Diese Bänder können später um Bauteile gewickelt werden. Die abschließende Aushärtung erfolgt dann durch Wärmezufuhr oder durch Druck.

Das *Handlaminierverfahren* (wet layup) (Abb. 9.8b) ist dann besonders vorteilhaft, wenn sich der Faserverbundwerkstoff einer schwierigen unregelmäßigen Geometrie anpassen muss. Dazu werden Fasergelege (Fasern verlaufen in eine Richtung) oder Fasergewebe (Fasern sind in mehrere Richtungen gewebt) mit Harz getränkt und auf eine Oberfläche aufgebracht, die zuvor mit Harz be-

Abb. 9.8 Vakuumverfahren (a) und Handlaminierverfahren (b).

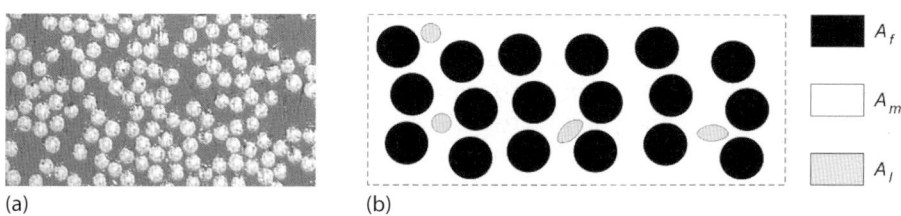

Abb. 9.9 (a) Vergrößerter Schnitt eines im Handlaminierverfahren hergestellten Glasfaserverbundes; (b) Definition der Volumenanteile.

strichen wurde. Das Fasermaterial wird dann mit einem Gummiroller ans Bauteil angedrückt, überschüssiges Harz wird so weit als möglich entfernt.

Mit dem Handlaminierverfahren können Faseranteile von etwa 30 % erreicht werden. Bei industriell gefertigten Strangzieh- oder Pre-preg-Produkten erreicht der Faseranteil bis zu 70 %.

Bei der Ermittlung des *Faservolumenanteiles* eines Faserverbundwerkstoffes wird das Faservolumen in Bezug zum Gesamtvolumen gesetzt (siehe Abb. 9.9):

$$\varphi = \frac{V_f}{V_l + V_m + V_f} \tag{9.1}$$

mit

$V_f = A_f$ Faservolumen bzw. Querschnittsfläche der Fasern
$V_m = A_m$ Matrixvolumen bzw. Querschnittsfläche der Matrix
V_l Volumen der Luftporen

Vernachlässigt man den in der Regel sehr geringen Anteil der Luftporen, dann vereinfacht sich Gl. (9.1) zu:

$$\varphi = \frac{V_f}{V_m + V_f} = \frac{A_f}{A_m + A_f} \tag{9.2}$$

Vernachlässigt man darüber hinaus den Einfluss der unterschiedlichen Querdehnzahlen von Fasern (Glas- und Kohlefasern: $\nu_f \cong 0{,}20$, Kevlar $\nu_f = 0{,}35$) und

Matrix ($\nu_m \cong 0{,}3-0{,}4$), dann lassen sich folgende Beziehungen für den Elastizitätsmodul und die einachsige Zugfestigkeit herleiten:

$$E_{\text{FVW},\|} = \varphi \cdot E_{\text{F},\|} + (1 - \varphi) \cdot E_m \tag{9.3}$$

$$f_{\text{FVW},\|} = f_{\text{F},\|} \cdot \left[\varphi + \frac{E_m}{E_{\text{F},\|}} \cdot (1 - \varphi)\right] \tag{9.4}$$

Für übliche Faser-Matrix-Kombinationen, bei denen sowohl E-Modul als auch Festigkeit der Fasern erheblich über den Werten des Matrixmaterials liegen, vereinfachen sich die Gleichungen mit genügender Genauigkeit zu

$$E_{\text{FVW},\|} \cong \varphi \cdot E_{\text{F},\|} \tag{9.5}$$

$$f_{\text{FVW},\|} \cong \varphi \cdot f_{\text{F},\|} \tag{9.6}$$

Beim Herstellungsprozess lässt es sich nicht vermeiden, dass einzelne Fasern geschädigt werden und reißen. Deshalb liegen die Werte für Festigkeit und E-Modul, die direkt an Materialproben des Faserverbundwerkstoffes ermittelt werden, geringfügig unter den Werten, die sich nach der „Mischungsregel" ergeben.

9.1.3 Kleben im Bauwesen

Damit eine Klebschicht ihre volle Tragfähigkeit erreicht, sind bei der Herstellung der Verklebung neben dem vorgegebenen Mischungsverhältnis der beiden Komponenten auch die zulässigen klimatischen Randbedingungen zu beachten (Tab. 9.5).

Die *Verarbeitungstemperatur* hat einen direkten Einfluss auf die Festigkeitsentwicklung (Abb. 9.10). In diesem Zusammenhang wird die sogenannte Topfzeit – das ist die Zeitspanne, in der eine fertige Mischung verarbeitet werden muss – definiert. Höhere Temperaturen erfordern eine schnellere Verarbeitung; beim Aushärten fördern sie den Vernetzungsprozess und damit die Festigkeitsentwicklung der Klebschicht (vgl. Abb. 9.11). Diese Zusammenhänge können bei einer industriellen Fertigung optimiert und exakt gesteuert werden. Beim Kleben auf der Baustelle ist dies selten möglich und es ist deshalb vorrangig darauf zu achten, dass die Vorgaben des Klebstoffherstellers eingehalten werden.

Tab. 9.5 Typische Verarbeitungsbedingungen beim Kleben mit EP im Bauwesen.

Verarbeitungstemperatur T	$8\,°C < T < 30\,°C$ und $T > \Theta_s + 3\,K$
Relative Luftfeuchtigkeit $\emptyset$	$\emptyset < 75\,\%$
Verarbeitungszeit	$T \geq 8\,°C: \leq 60\,\text{min}$ $T \approx 23\,°C: \leq 30$ bis $50\,\text{min}$ $T \leq 30\,°C: \leq 15$ bis $45\,\text{min}$
Erstbelastung	Bei $T = 20\,°C$ nach 2 Tagen

a) Θ_s: Taupunkttemperatur der Luft

Scherzugfestigkeitsentwicklung

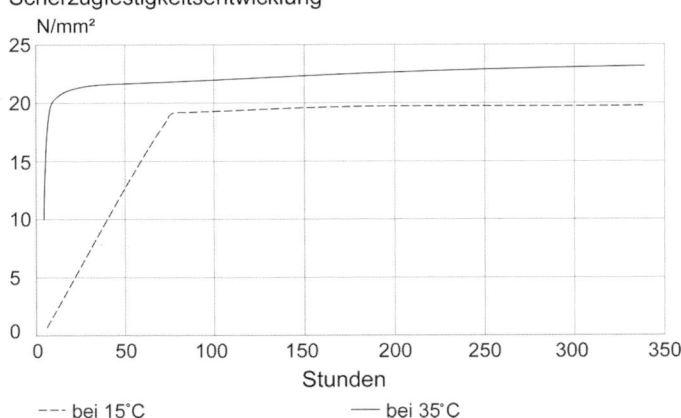

Abb. 9.10 Festigkeitsentwicklung eines Epoxidharzklebstoffs bei unterschiedlichen Temperaturen.

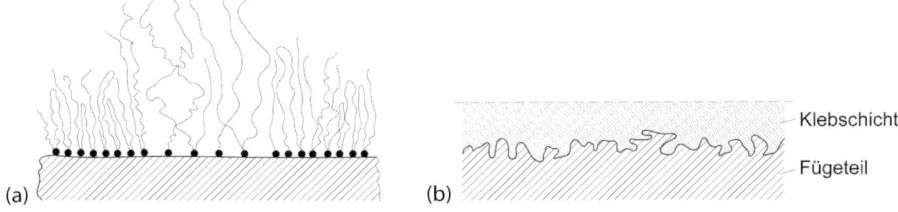

Abb. 9.11 Bindekräfte von Klebeverbindungen. (a) Chemische und physikalische Adsorption; (b) mechanische Adhäsion.

Der *relativen Luftfeuchtigkeit* kommt vor allem im Zusammenhang mit den Bindekräften zwischen Klebschicht und Fügeteil eine wichtige Bedeutung zu. Damit Adhäsions- und Adsorptionskräfte wirken können, muss die *Oberfläche der Bauteile* ausreichend rau, tragfähig, sauber – das heißt frei von Staub- und Schmutzpartikeln – und trocken sein. Rauigkeit und Sauberkeit der Betonoberfläche werden z. B. durch Sandstrahlen und anschließendes Reinigen mit Druckluft und Abbürsten sichergestellt; die ausreichende Tragfähigkeit der Oberfläche wird mit Haftzugversuchen überprüft. Hinsichtlich der Trockenheit der Oberfläche ist ein ausreichender Abstand der Oberflächentemperatur vom Taupunkt einzuhalten.

Temperatur und Feuchtigkeit sind ebenfalls maßgebende Parameter für die *Dauerhaftigkeit* einer ausgehärteten Klebschicht. Dabei sind zwei Phänomene zu unterscheiden, die sich zumindest in gewissen Grenzen ausgleichen: Zum einen ist eindeutig festzustellen, dass eine unter Last stehende Klebschicht einen erheblichen Anteil ihrer Festigkeit einbüßt, wenn die Schicht über längere Zeit erhöhten Temperaturen und bzw. oder einer erhöhten Feuchtigkeit ausgesetzt ist.

Eine nur kurze Zeit einwirkende Temperaturerhöhung bewirkt eine Verminderung des Elastizitätsmoduls der Klebschicht und damit – in Grenzen – einen Abbau von Spannungsspitzen. Im umgekehrten Fall – d. h. bei abnehmenden Temperaturen – wird die Klebschicht steifer, was zu höheren Spannungsspitzen führt.

Damit ergibt sich für die Klebeverbindung eine geringere Tragfähigkeit sowohl bei höheren als auch bei niedrigen Temperaturen (vgl. Abb. 9.12).

Wenn die Temperaturen 45 °C nicht überschreiten, dann beträgt der Festigkeitsabfall auch unter Last maximal 60 %. Damit liegt die Festigkeit der Klebschicht immer noch deutlich über der Haftfestigkeit von Betonen.

Untersuchungen der TU München zeigen, dass eine einmalige höhere Temperatureinwirkung – z. B. beim Auftrag von Gussasphalt – in der Größenordnung von 100 °C keine negativen Auswirkungen auf die Festigkeit einer Klebschicht hat. Im Gegenteil, es wurden – als Folge der Nachhärtung des Polymers – geringfügig höhere Festigkeiten erreicht [158]. Wie sich typische „Bauklebstoffe" unter Last bei Temperaturen über 45 °C und gleichzeitiger Feuchteeinwirkung verhalten, ist noch weitgehend unklar. Es scheint allerdings auch, dass die Möglichkeiten der Bauchemie in diesem Zusammenhang noch keinesfalls „ausgereizt" sind.

Einen Sonderfall stellt die Brandbeanspruchung von Klebeverbindungen dar. Zur Einstufung in eine Feuerwiderstandsklasse – beispielsweise R 30 oder R 90 –

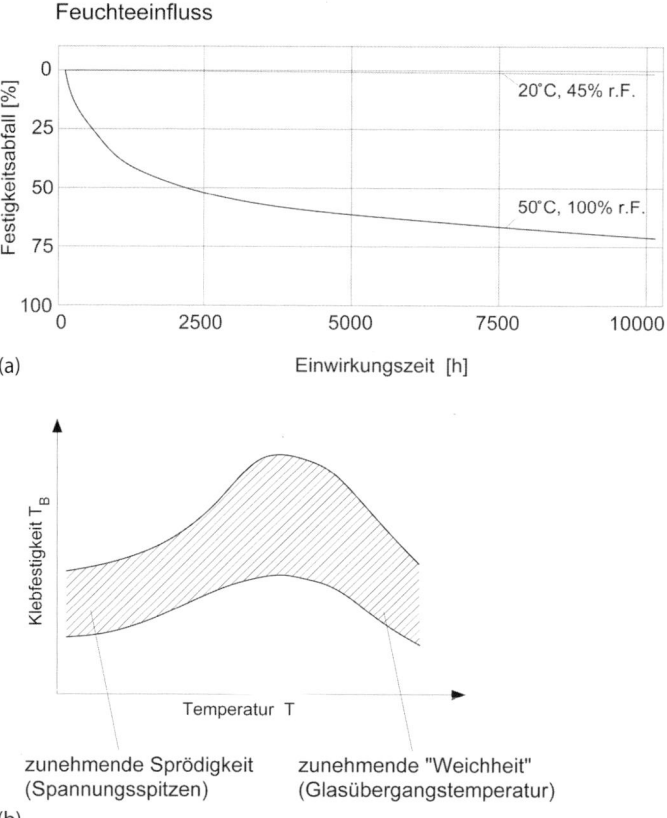

Abb. 9.12 Qualitative Darstellung zum Temperatureinfluss auf Klebeverbindungen nach [154]. (a) Für dauerhaft einwirkende hohe Feuchte; (b) bei kurzzeitiger Temperaturänderung.

ist eine Bekleidung mit Brandschutzplatten (Dicke: 40 bis 60 mm) erforderlich. Die Festlegung der Dicke kann in Anlehnung an die durchgeführten Brandversuche erfolgen.[1]

9.2 Verstärkung von Stahlbetonplatten und -balken

Eine nachträgliche Erhöhung der Biegetragfähigkeit von Stahlbetondecken mit Stahlblechen, die in der Zugzone auf die Betonoberfläche aufgeklebt wurden, wurde erstmals Ende der 1960er-Jahre konzipiert und ausgeführt. Vor allem in der Schweiz und in Belgien, später auch in Deutschland und anderen Ländern, wurde das Verfahren in den darauffolgenden Jahren häufig eingesetzt, wenn eine zusätzliche Bewehrung erforderlich war – aufgrund von Schäden oder höheren Lasten, wegen zusätzlicher Durchbrüche oder weil die Ausführung der ursprünglichen Konstruktion fehlerhaft war.

Ende der 1980er-Jahre begann man an der Eidgenössischen Materialprüfungs- und Forschungsanstalt (EMPA) in Dübendorf (Schweiz) mit systematischen Untersuchungen zur Verwendung von Kohlefaserlamellen als Ersatz für die vergleichsweise schweren und unhandlichen Stahlbleche. Die weltweit erste Anwendung in der Praxis erfolgte 1991 im Rahmen von Instandsetzungsarbeiten an der Ibachbrücke bei Emmenbrücke (Schweiz). Dort waren an mehreren Stellen bei Montagearbeiten für eine Lichtsignalanlage Spannglieder durchtrennt worden. Durch die aufgeklebten Kohlefaserlamellen wurde die ursprüngliche Tragfähigkeit wiederhergestellt. Seit dieser Zeit und innerhalb weniger Jahre wurden für nachträglich geklebte Verstärkungen Stahlbleche von Kohlefaserlamellen nahezu vollständig verdrängt.

Folgende Vorteile sprechen für die Verwendung von Kohlefaserlamellen:

- Kohlefaserverbundwerkstoffe sind *korrosionsbeständig*. Da bei Stahlblechen die zu verklebende Fläche keinen Korrosionsschutz aufweisen darf, kann eine Korrosionsgefährdung bei Feuchtezutritt nicht völlig ausgeschlossen werden.
- Faserverbundwerkstoffe sind dünner als Stahlbleche. Bei gleicher Bruchlast beträgt die Dicke einer Kohlefaserlamelle aufgrund der höheren Festigkeit nur etwa 1/5 der Dicke eines Stahlblechs. Das hat den Vorteil, dass bei zweiachsiger Biegeverstärkung Kreuzungspunkte von Kohlefaserlamellen völlig problemlos herzustellen sind (vgl. Abb. 9.13).
- Kohlefaserlamellen werden auf Rollen geliefert, d. h., es gibt quasi keine Beschränkung der Montagelängen. Stöße werden nicht erforderlich.
- Faserverbundwerkstoffe sind leichter als Stahlbleche. Bei gleicher Bruchlast wiegt eine Kohlefaserlamelle ($1,2 \times 50$ mm^2) etwa 100 g/m, ein Stahlblech (5×50 mm^2) etwa 2 kg/m. Während das Eigengewicht der Kohlefaserlamelle ohne Weiteres von den Adhäsionskräften der noch nicht ausgehärteten Klebstoffmischung aufgenommen werden kann, sind bei Stahlblechen eine Montagehilfe und eine provisorische Unterstützung erforderlich. Das „gutmütigere" duktile Materialverhalten des Stahls fällt in diesem Zusammenhang nicht ins

---

1) Brandschutztechnische Beurteilung der Bekleidung von Klebearmierungen an Stahlbetonbauteilen. IBMB, TU Braunschweig, unveröffentlicht, 1997.

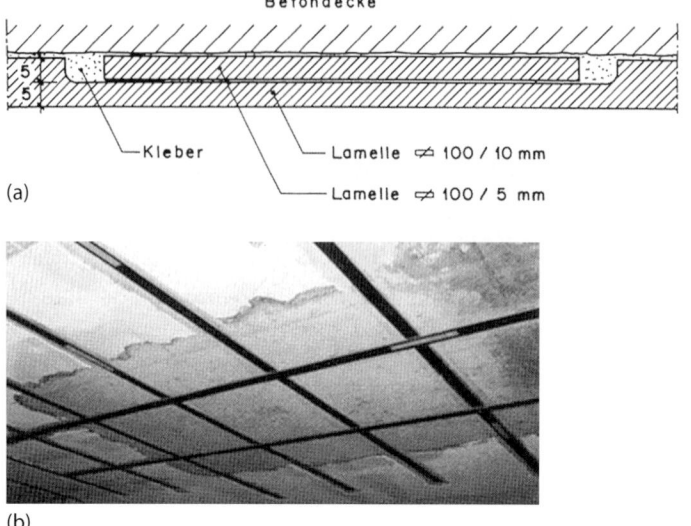

Abb. 9.13 Kreuzungspunkte bei zweiachsiger Verstärkung. (a) Mit Stahlblechen (aus [159]); (b) mit Kohlefaserlamellen.

Gewicht, da das Bauteilversagen auch bei der Verwendung von Stahllamellen als sprödes Verbundversagen im oberflächennahen Beton eintritt. Einzig die höhere Steifigkeit der dickeren Stahllamelle kann bei sehr schlanken Bauteilen von Vorteil sein.

Im Zusammenhang mit der Biegeverstärkung von Stahlbetontragwerken können drei Systeme unterschieden werden:

- Für *oberflächig geklebte* Verstärkungen (Abb. 9.14a) eignen sich vorgefertigte Lamellen, die in Dicken von 1,2 bis 1,4 mm und Breiten von 50 bis 150 mm angeboten werden. Durch eine Vorspannung der Lamelle kann die Effektivität der Verstärkung noch erhöht werden.
- Eine höhere Ausnutzung der Festigkeit der Kohlefaserlamelle ist aufgrund der größeren Verbundfläche auch dann möglich, wenn die Lamelle in eingefräste Schlitze geklebt wird (Abb. 9.14b). Es versteht sich von selbst, dass dieses Verfahren nur dann möglich ist, wenn zuvor für die gesamte Oberfläche eine ausreichend hohe Betondeckung nachgewiesen wurde.
- Bei der Herstellung des Faserverbundwerkstoffs im Handlaminierverfahren auf der Bauteiloberfläche kann ebenfalls eine höhere Verbundfläche zwischen Beton und Faserverbundwerkstoff erreicht werden.

Tabelle 9.6 zeigt eine Zusammenstellung der Produkte, die im deutschen Sprachraum angeboten werden und für die eine allgemeine bauaufsichtliche Zulassung erteilt wurde. In Tab. 9.7 sind die zugehörigen mechanischen Eigenschaften zusammengefasst.

Schon die ersten Versuche mit nachträglich verstärkten biegebeanspruchten Stahlbetonbalken und -platten zeigten, dass sich bei schlaff aufgeklebten Lamellen die hohe Zugfestigkeit des Faserverbundwerkstoffs aufgrund der begrenzten Verbundfestigkeit der oberflächennahen Betonschicht nur zu etwa 50 % ausnut-

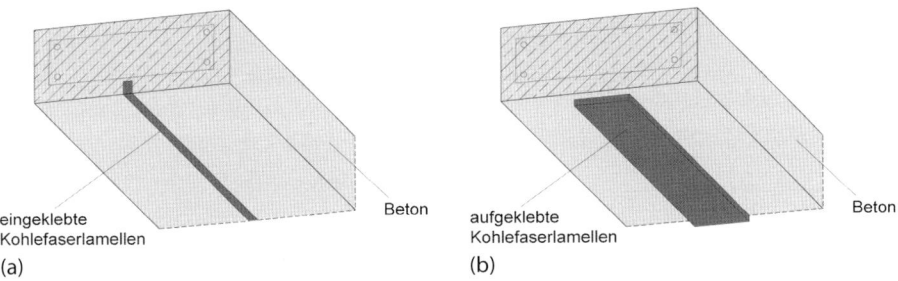

(a) eingeklebte Kohlefaserlamellen — Beton
(b) aufgeklebte Kohlefaserlamellen — Beton

Abb. 9.14 Geklebte Bewehrung zur Erhöhung der Biegetragfähigkeit. (a) Eingeschlitzte Lamellen; (b) oberflächig geklebte Lamellen.

Tab. 9.6 Verstärkungssysteme mit Kohlefasern – Produkte mit allgemeiner bauaufsichtlicher Zulassung

	Abmessungen der Lamellen/Gelege [mm]	Bezeichnung der Lamellen/Gelege	Klebstoff
Carbo Plus (aufgeklebt) Zulassung Z-36.12-84 [160] (gültig bis 01.01.2020)	Dicke t_L: 1,2 bis 3,0 Breite b_L: 50 bis 150	Carboplus 160/2400 Carboplus 160/2800 Carboplus 200/3000	MC-DUR 1280 StoPox SK 41
MC-DUR (aufgeklebt) Zulassung Z-36.12-85 [161] (gültig bis 01.01.2020)	Dicke t_L: 1,2 bis 3,0 Breite b_L: 50 bis 150	MC-DUR 160/2400 MC-DUR 160/2800 MC-DUR 200/3000	MC-DUR 1280
Sto S&P (aufgeklebt) Zulassung Z-36.12-86 [162] (gültig bis 01.01.2020)	Dicke t_L: 1,2/1,4 Breite b_L: 50/60/80/90/100/120/150	Sto S&P 150/2000 Sto S&P 200/2000	StoPox SK 41
Sto S&P (in Schlitze verklebt) Zulassung Z-36.12-88 [163] (gültig bis 30.06.2018)	Dicke t_L: 1,2/1,4/1,7 Breite b_L: 10 bis 30	Sto S&P 150/2000 Sto S&P 200/2000	StoPox SK 41
Fyfe (Gelege) Zulassung Z-36.12-83 [164] (gültig bis 01.01.2020)	Dicke t_L: 1,0, (A_L = 370 mm^2/m) Dicke t_L: 0,51 (A_L = 175 mm^2/m)	Tyfo® SCH-41 Tyfo® SCH-11UP	Tyfo® S Epoxy

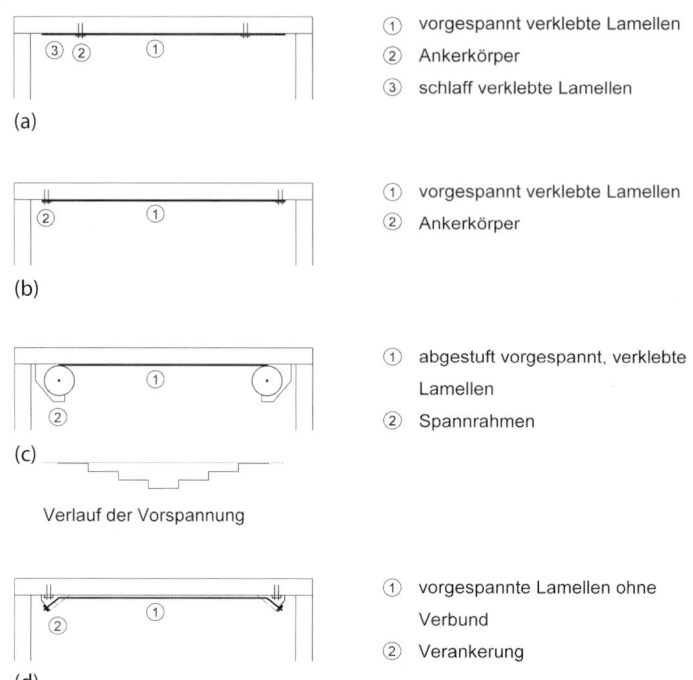

Abb. 9.15 Vorspannung von Kohlefaserlamellen – schematische Darstellung unterschiedlicher Systeme. (a) Sika Leoba CarboDur; (b) S&P; (c) EMPA; (d) Sika Stresshead.

zen lässt. Eine Beanspruchung der Lamelle bis zum Erreichen der Zugfestigkeit ist nur dann möglich, wenn man sie vorspannt. Allerdings lassen sich die Verbundkräfte einer vorgespannten Lamelle nicht mehr über reinen Klebeverbund in die Betonoberfläche einleiten. Die unterschiedlichen Vorspannsysteme, die in den vergangenen Jahren zur Anwendungsreife gebracht wurden, unterscheiden sich dadurch, wie die Vorspannung aufgebracht wird und wie die Kräfte von der Lamelle in den Beton eingeleitet werden.

- Beim System *Sika® Leoba CarboDur®* (Abb. 9.15a) werden Ankerkörper verwendet, die aus einer Grundplatte und einer Klemmplatte bestehen, zwischen die die Lamelle geklebt und mit hochfesten, vorgespannten Schrauben verklemmt wird. Die Lamellen werden an beiden Enden über die Verankerungskörper hinausgeführt und verklebt. Dadurch werden die Schubspannungsspitzen im Bereich der Verankerungskörper „geglättet". Die in den Beton eingelassenen Verankerungskörper leiten ihre Kräfte über eine vollflächige Klebeverbindung und über die im Bereich der Stirnfläche der Stahlplatte kraftschlüssig vergossene Fuge in den Beton ein.
- Das System der Firma S&P (Abb. 9.15b) ist ähnlich konzipiert, allerdings ohne Überstand der Lamelle über den Verankerungskörper hinaus und ohne planmäßige Vorspannung der beiden Platten des Verankerungskörpers gegeneinander.

- Ein sehr innovativer Weg wurde von der EMPA mit dem Verfahren der *Gradientenvorspannung* (Abb. 9.15c) beschritten. Dabei wird die Vorspannkraft über einen Spannrahmen auf die Lamelle aufgebracht. Der Klebeverbund wird dann abschnittsweise – von der Mitte ausgehend – hergestellt. Gleichzeitig wird die Vorspannkraft Schritt für Schritt reduziert. Dadurch ergibt sich eine gestufte Vorspannung, die zum Lamellenende hin abnimmt. Die abschnittsweise Aushärtung des Klebstoffes kann durch ein elektrisches Heizsystem gesteuert werden.
- Das System *Sika StressHead* (Abb. 9.15d) sieht eine Endverankerung aus kohlefaserverstärktem Polymer (carbon-fiber-reinforced polymer – CFRP) vor, die werksseitig hergestellt wird. Das heißt, die Kohlefaserlamellen werden in einer genau vorgegebenen Länge einschließlich der beiden Endverankerungen auf die Baustelle geliefert. Die Kräfte der Endverankerungen werden über entsprechende Befestigungselemente, die mit Dübeln zu verankern sind, in den Beton eingeleitet. Die Befestigungselemente können teilweise in den Beton eingelassen werden.

Im Vergleich zur einfach aufzubringenden Biegezugverstärkung ist eine nachträgliche Schubverstärkung schwieriger. Die Wirksamkeit hängt hier entscheidend davon ab, ob die zusätzliche Bewehrung in der Druckzone des Stahlbetonbalkens verankert wird oder nicht (Abb. 9.16 und 9.17):

- Vorgefertigte L-förmige Schubwinkel können bei Plattenbalken in der Druckzone verankert werden, wenn entsprechende Bohrungen möglich sind, die anschließend verpresst werden.
- Eine eingeschränkte Wirkung ergibt sich, wenn die Verstärkung ausschließlich im Bereich des Unterzuges aufgebracht wird. Hier eignet sich sehr gut das Handlaminierverfahren.

9.2.1 Grundlagen der Bemessung – Biegetragfähigkeit

Die möglichen Versagensarten von Stahlbetonbalken und -platten, die mit Faserverbundwerkstoffen nachträglich verstärkt wurden, lassen sich in zwei Kategorien einordnen. Zur ersten Gruppe zählen Versagensformen, die aus Fehlern bei der Bauausführung oder von unzulänglichen Materialeigenschaften herrühren oder durch unzulässige klimatische Einwirkungen verursacht werden (Abb. 9.18):

a) vorzeitiges Ablösen des Faserverbundwerkstoffs wegen unebener Betonoberfläche
b) interlaminares Versagen des Faserverbundwerkstoffs
c) Versagen der Klebschicht
d) Verbundversagen zwischen Klebstoff und Faserverbundwerkstoff
e) Verbundversagen zwischen Klebstoff und Betonoberfläche

Durch die Verwendung geeigneter Materialkombinationen – Faserverbundwerkstoff und Klebstoff – mit nachgewiesenen Herstellungsqualitäten sowie durch die Verarbeitung der Materialien und durch eine Ausführung der Verstär-

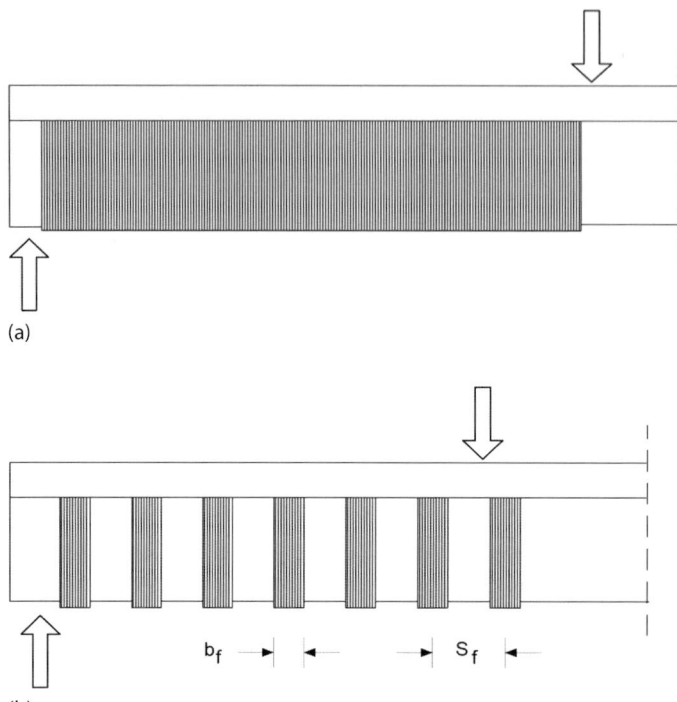

Abb. 9.16 Schubverstärkung von Stahlbetonbalken mit Faserverbundwerkstoffen. (a) Vollflächig; (b) streifenförmig.

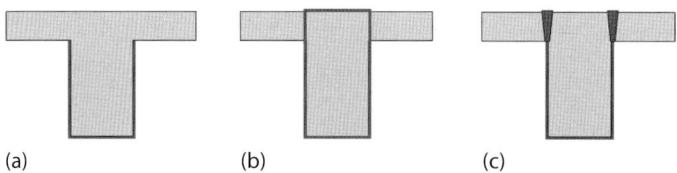

Abb. 9.17 Schubverstärkung von Stahlbetonbalken mit Faserverbundwerkstoffen. (a) Ohne Verankerung in der Druckzone; (b) streifenförmige vollständige Umwicklung; (c) Verankerung in der Druckzone.

kungsmaßnahme nach den entsprechenden technischen Regeln können diese Versagensarten zuverlässig ausgeschossen werden – mehr dazu in Abschn. 9.3.

Eine zweite Gruppe möglicher Versagensarten steht in direktem Zusammenhang mit den rechnerischen Nachweisen der Tragsicherheit:

f) Zugversagen des Faserverbundwerkstoffs
g) Betonversagen in der Druckzone
h) Bruch der Stahl-Bewehrungsstäbe
i) Entkoppeln (Ablösen) des Faserverbundwerkstoffs in der oberflächennahen Randschicht des Betons am Lamellenende
j) Entkoppeln im Bereich von Biegeschubrissen

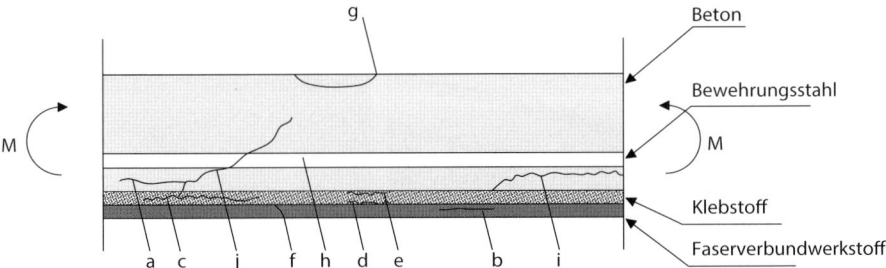

Abb. 9.18 Versagensarten nachträglich verstärkter Stahlbetonbalken.

Abbildung 9.19 zeigt beispielhaft den Versuchsaufbau und eine typische Lastverformungskurve für einen etwa 1 m breiten Streifen einer Stahlbetonplatte, der nachträglich mit zwei Kohlefaserlamellen verstärkt wurde (SF 1), im Vergleich mit der Lastverformungskurve des unverstärkten Bauteils (SF 01). Die Tragfähigkeit konnte mehr als verdoppelt werden. Die Versagensarten f) bis h) waren durch eine ausreichende Dimensionierung ausgeschlossen worden. Ein Entkoppeln am Lamellenende spielt bei Faserverbundwerkstoffen aufgrund ihrer geringen Dicke im Gegensatz zu Stahlblechen eine untergeordnete Rolle. Erwartungsgemäß löste das Entkoppeln des Faserverbundwerkstoffs an einem Biegeschubriss (Versagensart i) bzw. j)) das Bauteilversagen aus. Der Verlauf der Lastverformungskurve zeigt, dass sich kaum plastische Verformungen einstellen und der Bruch mehr oder weniger schlagartig erfolgt.

Im Falle einer Biegebeanspruchung ohne Normalkraft lassen sich die Dehnungen und die Kräfte im Bruchzustand auf der Grundlage der für die Bemessung von Stahlbetonkonstruktionen für Beton und Stahl gebräuchlichen vereinfachten Spannungs-Dehnungsbeziehungen ermitteln. Anders als beim Regelfall der Biegebemessung eines Stahlbetonbauteils kann bei einem nachträglich verstärkten Querschnitt aufgrund des spröden Verhaltens von Faserverbundwerkstoffen nicht davon ausgegangen werden, dass am gedrückten Rand die Betonbruchdehnung erreicht wird (Abb. 9.20). Das heißt, die Rotationsfähigkeit des Querschnitts wird nicht vom Druckversagen des Betons, sondern von der im Bruchzustand ausnutzbaren Dehnung des Faserverbundwerkstoffes bestimmt. Diese „effektive" Grenzdehnung liegt erheblich unterhalb der Bruchdehnung des entsprechenden Faserverbundwerkstoffes. Zahlreiche Bauteilversuche haben gezeigt, dass das Entkoppeln des Faserverbundwerkstoffs in der Regel an Biege- oder Biegeschubrissen einsetzt. In den vergangenen Jahren wurden umfangreiche Forschungsarbeiten zu dieser Thematik durchgeführt (siehe u. a. [166, 167]). Zur Ermittlung der effektiven Grenzdehnungen $\varepsilon_{LRd,max}$ wurden theoretische Ansätze eingeführt und durch Bauteilversuche validiert. Bei Laminaten treten aufgrund der größeren Verbundfläche geringere Schubbeanspruchungen der Klebefuge auf als bei Lamellen. Gleichzeitig ist auch die Zugkraft wegen des dünneren Querschnitts geringer. Aus diesen Gründen ist die Entkoppelungsgefahr bei der Verwendung von Laminaten gering.

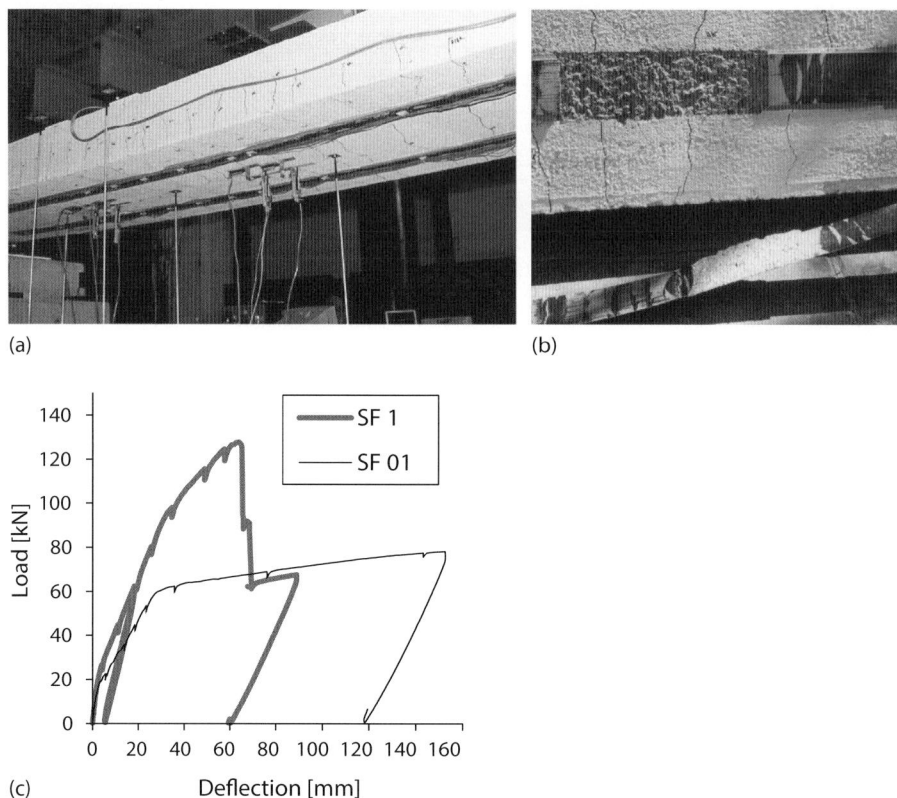

Abb. 9.19 Nachträglich verstärkter Plattenstreifen (aus [165]). (a) Versuchsaufbau; (b) Versagen durch Entkoppeln; (c) Lastverformungskurve.

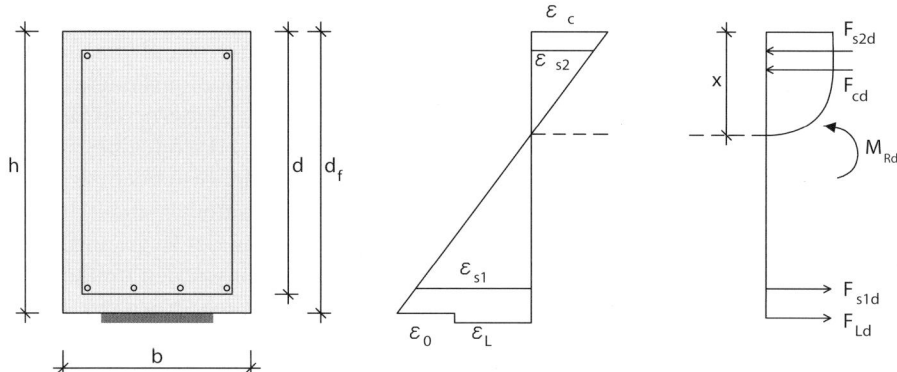

Abb. 9.20 Dehnungen und Kräfte am verstärkten Querschnitt im rechnerischen Bruchzustand.

Die Bemessung von Betonbauteilen mit geklebter Verstärkung erfolgt in Deutschland nach einer Richtlinie des DAfStb [168] in Verbindung mit allgemeinen bauaufsichtlichen Zulassungen (siehe Tab. 9.6 und 9.7).

9.2 Verstärkung von Stahlbetonplatten und -balken

Tab. 9.7 Verstärkungssysteme mit Kohlefasern – mechanische Eigenschaften.

Lamellentyp Gelegetyp	Bruchdehnung ε_{Lk} [%]	Elastizitätsmodul E_{Lk} [N/mm²]	Elastizitätsmodul E_{Lm} [N/mm²]	Zugfestigkeit f_{Luk} [N/mm²]
MC-DUR 160/2400 Carboplus 160/2400	≥ 1,6	≥ 160 000	≥ 162 000	≥ 2800
MC-DUR 160/2800 Carboplus 160/2800	≥ 1,8	≥ 164 000	≥ 168 000	≥ 3200
MC-DUR 200/3000 Carboplus 200/3000	≥ 1,5	≥ 190 000	≥ 200 000	≥ 3200
S&P 150/2000	≥ 1,5	≥ 160 000	≥ 168 000	≥ 2350
S&P 200/2000	≥ 1,3	≥ 200 000	≥ 210 000	≥ 2500
Tyfo SCH-41	0,9	80 500	98 100	890
Tyfo SCH-11 UP	0,9	93 990	107 160	970

Bei Lamellen, die auf die Betonoberfläche aufgeklebt werden, kann der Nachweis der Biegetragfähigkeit vereinfacht durch eine Begrenzung der Lamellendehnung im Grenzzustand der Tragfähigkeit geführt werden:

$$\varepsilon_{Ld,max} \leq \max \begin{cases} 0,5\,\text{mm/m} + 0,1\,\text{mm/m} \cdot \frac{l_0}{h} - 0,04\,\text{mm/m} \cdot \phi_S + 0,06\,\text{mm/m} \cdot f_{cm} \\ \text{für}\quad l_0 \leq 9700\,\text{mm}: \quad 3,0\,\text{mm/m} \cdot \frac{l_0}{9700\,\text{mm}} \cdot \left(2 - \frac{l_0}{9700\,\text{mm}}\right) \\ \text{für}\quad l_0 > 9700\,\text{mm}: \quad 3,0\,\text{mm/m} \end{cases}$$

(9.7)

mit

f_{cm} mittlere Zylinderdruckfestigkeit des Betons in N/mm²
h Gesamthöhe des Bauteils in mm
l_0 Abstand der Momentennullpunkte in mm
ϕ_S größter Betonstahldurchmesser in mm

Der Wert der mittleren Zylinderdruckfestigkeit, der in Gl. (9.7) eingesetzt wird, muss die Bedingung

$$f_{ctm,surf} \geq 0,26 \cdot f_{cm}^{2/3} \tag{9.8}$$

erfüllen.

Wenn beim Nachweis der Biegetragfähigkeit des verstärkten Querschnitts die Grenzdehnung nach Gl. (9.7) eingesetzt wird, dann ist der Nachweis der Verbundkraftübertragung am Zwischenrisselement (vgl. Abschn. 9.2.2) nicht erforderlich.

Wenn zusätzlich folgende Bedingungen erfüllt sind:

- die Lamelle wird bis mindestens 50 mm vor die Auflagervorderkante geführt,
- der einbetonierte Bewehrungsstahl ist gerippt,
- die einbetonierte Bewehrung ist nicht abgestuft,
- die Lamellenstärke überschreitet insgesamt nicht einen Wert von 1,4 mm,

dann darf auch auf den Nachweis der Endverankerung der Lamelle verzichtet werden.

Für Lamellen, die in Schlitze eingeklebt werden, ist gemäß DAfStb-Richtlinie im Bruchzustand die Grenzdehnung

$$\varepsilon_{\text{LRd,max}} \leq 0{,}8 \cdot \varepsilon_{\text{Lud}} \tag{9.9}$$

anzusetzen.

Mit diesen Angaben lässt sich der Bemessungswert des Tragwiderstandes für den nachträglich verstärkten Querschnitt ermitteln. Mit den entsprechenden Grenzdehnungen bzw. Festigkeitswerten werden die Versagensformen f) bis h) – Druckversagen des Betons, Zugversagen des Faserverbundwerkstoffes oder des Stahls – direkt sowie i) – Entkoppeln des Faserverbundwerkstoffs – für den Bereich der maximalen Dehnung der Lamelle indirekt berücksichtigt.

Die Lösung der beiden Bedingungen

$$\sum H = F_{\text{sd1}} + F_{\text{Ld}} - F_{\text{cd}} - F_{\text{sd2}} = 0 \tag{9.10}$$

und

$$M_{\text{Rd}} > M_{\text{Ed}} \tag{9.11}$$

kann iterativ erfolgen. Die Anbieter von Kohlefaserlamellen stellen dazu entsprechende Bemessungsprogramme zur Verfügung. Wenn man den Beitrag einer Bewehrung in der Druckzone vernachlässigt und für den Beton eine idealisierte bilineare Spannungs-Dehnungslinie einführt (Abb. 9.21 und 9.22), dann lässt sich der Bemessungswert des Bauteilwiderstandes auch ohne Weiteres von Hand ermitteln.

Im ersten Schritt ist die *mittlere Dehnung* ε_0 auf der Zugseite des gerissenen Betonquerschnitts vor der Verstärkung zu ermitteln (siehe Abb. 9.23). Aus dem Gleichgewicht der horizontalen Kräfte

$$F_{\text{c0}} = F_{\text{s0}}$$

ergibt sich mit $\alpha_s = E_s/E_c$ die quadratische Gleichung

$$\frac{1}{2} b \cdot x_0^2 + \alpha_s \cdot A_s \cdot x_0 - \alpha_s \cdot d_s \cdot A_s = 0 \tag{9.12}$$

9.2 Verstärkung von Stahlbetonplatten und -balken

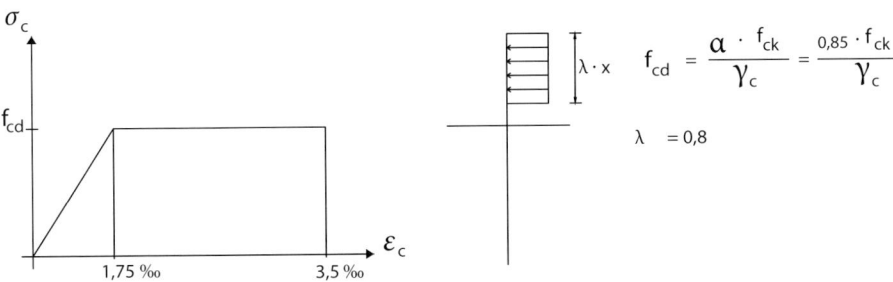

Abb. 9.21 Idealisierte Spannungs-Dehnungslinie für Beton (C12/15 bis C50/60).

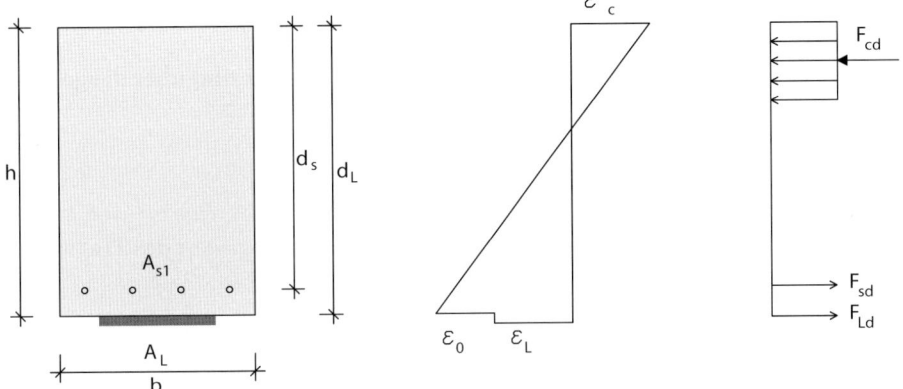

Abb. 9.22 Dehnungen und Kräfte am verstärkten Querschnitt mit vereinfachenden Annahmen.

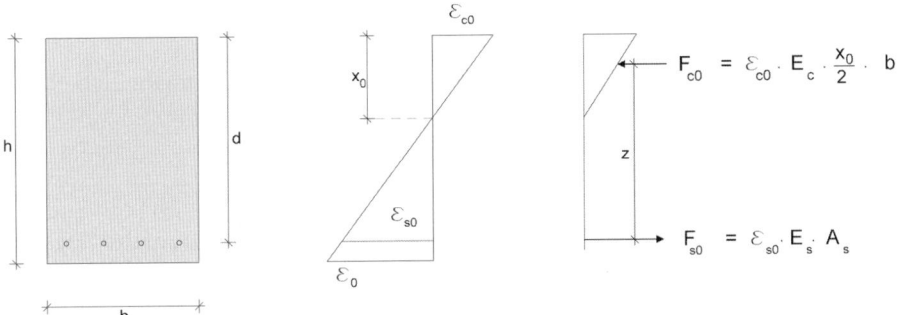

Abb. 9.23 Dehnungen im gerissenen Zustand vor der Verstärkung.

die sich nach x_0 auflösen lässt:

$$x_0 = \frac{\alpha_s \cdot A_s}{b} \cdot \left[-1 + \sqrt{1 + \frac{2 \cdot b \cdot d}{\alpha_s \cdot A_s}} \right] \qquad (9.13)$$

Aus der Bedingung

$$M_0 = F_{c0} \cdot z = F_{s0} \cdot z \tag{9.14}$$

mit

$$z = d - \frac{x_0}{3} \tag{9.15}$$

lassen sich die Spannungen und Dehnungen am gedrückten Rand bestimmen:

$$\sigma_{c0} = \frac{F_{c0} \cdot 2}{x_0 \cdot b} = \frac{M_0 \cdot 2}{z \cdot x_0 \cdot b} \tag{9.16}$$

$$\varepsilon_{c0} = \frac{\sigma_{c0}}{E_c} \tag{9.17}$$

Die Dehnungen auf der Zugseite und auf der Druckseite sind über die geometrischen Verhältnisse miteinander gekoppelt:

$$\varepsilon_0 = \varepsilon_{c0} \cdot \frac{h - x_0}{x_0} \tag{9.18}$$

Die Beiträge des Faserverbundwerkstoffs zum Bemessungswert des Tragwiderstandes lassen sich ermitteln zu

$$F_{Ld} = \min \begin{cases} \frac{\alpha_{Zeit} \cdot f_{Luk}}{\gamma_{LL}} \cdot A_L \\ \varepsilon_{Ld,max} \cdot E_{Lm} \cdot A_L \end{cases} \tag{9.19}$$

mit

α_{Zeit} Dauerstandsminderungsfaktor (Tab. 9.9)
γ_{LL} Teilsicherheitsbeiwert für kohlenstofffaserverstärkte Kunststoff-(CFK)-Lamellen (Tab. 9.8)
f_{Luk} charakteristischer Wert der Zugfestigkeit der CFK-Lamelle (Tab. 9.7)
A_L Querschnittsfläche der CFK-Lamelle
$\varepsilon_{Ld,max}$ Grenzdehnung der Lamelle nach Gl. (9.7)
E_{Lm} Mittelwert des E-Moduls der CFK-Lamelle (Tab. 9.7)

Der Bemessungswert des Widerstandes des Bewehrungsstahls auf der Zugseite ergibt sich zu

$$F_{sd} = f_{sd} \cdot A_s = \frac{f_{yk}}{\gamma_s} \cdot A_s \tag{9.20}$$

mit

$$\gamma_s = 1{,}15$$

Für übliche Querschnittsgeometrien kann davon ausgegangen werden, dass der Bewehrungsstahl im Grenzzustand der Tragfähigkeit die Streckgrenze erreicht. Dies ist allerdings zu überprüfen. Für den Grenzzustand der Gebrauchstauglichkeit ist sicherzustellen, dass der Bewehrungsstahl nicht fließt.

Tab. 9.8 Teilsicherheitsbeiwerte für Verstärkungen mit Kohlefasern nach Richtlinie DAfStb [168].

Bemessungs-situation	CFK-Lamellen γ_{LL}	CFK-Gelege γ_{LG}	Verbund aufgeklebte Bewehrung γ_{BA}	Verbund in Schlitze verklebte Bewehrung γ_{BE}	Verbund Verklebung CFK auf CFK γ_{BG}
Ständig und vorübergehend	1,2	1,35	1,5	1,3	1,3
Außergewöhnlich	1,05	1,1	1,2	1,05	1,05

Tab. 9.9 Dauerstandsminderungsfaktoren für Verstärkungen mit Kohlefasern nach bauaufsichtlichen Zulassungen.

	Dauerstandsminderungsfaktor a_{Zeit}
Carbo Plus (aufgeklebt) Zulassung Z-36.12-84 (gültig bis 01.01.2020)	0,85 für pH 7 bis 11
MC-DUR (aufgeklebt) Zulassung Z-36.12-85 (gültig bis 01.01.2020)	0,85 für pH 7 bis 11
Sto S&P (aufgeklebt) Zulassung Z-36.12-86 (gültig bis 01.01.2020)	0,9 für pH 7 bis 13,7
Sto S&P (in Schlitze verklebt) Zulassung Z-36.12-88 (gültig bis 30.06.2018)	0,9 für pH 7 bis 13,7
Fyfe (Gelege) Zulassung Z-36.12-83 (gültig bis 01.01.2020)	0,75

Aus der Bedingung

$$\sum H = F_{Ld} + F_{sd} - F_{cd} = 0 \tag{9.21}$$

lässt sich die Betondruckkraft F_{cd} bestimmen und daraus – für die vereinfachte Annahme des Spannungsblocks – die Druckzonenhöhe x ableiten. Damit liegt auch die maximale Betondehnung fest und es ist zu überprüfen, ob der ermittelte Wert zwischen den Grenzwerten der bilinearen σ-ε-Linie liegt:

$$0{,}00175 < \varepsilon_c < 0{,}0035 \tag{9.22}$$

Mit der Höhe der Betondruckzone x ist auch der innere Hebelarm definiert und damit lässt sich der Bemessungswert des Tragwiderstandes berechnen:

$$M_{Rd} = F_{Ld} \cdot (d_L - 0{,}4 \cdot x) + F_{sd} \cdot (d - 0{,}4 \cdot x) \tag{9.23}$$

Dieses Vorgehen kann sinngemäß auch bei in Schlitzen verklebten Lamellen und für CFK-Gelege angewandt werden. Bei in Schlitzen verklebten Lamellen ist immer ein Verankerungsnachweis zu führen.

In älteren Regelwerken finden sich zwei zusätzliche Bedingungen, die der Tatsache Rechnung tragen, dass mit der nachträglichen Verstärkung die Verformungsfähigkeit des Bauteils reduziert wird. Es wurde deshalb entweder der Verstärkungsgrad

$$\frac{M_{Rd,v}}{M_{Rd,o}} > 2{,}0 \tag{9.24}$$

begrenzt oder eine „Restsicherheit"

$$\frac{M_{Rk,o}}{M_{Ek,v}} > 1{,}0 \tag{9.25}$$

gefordert.

Für die maximalen Achsabstände der auf der Oberfläche aufgeklebten Kohlefaserlamellen gelten folgende Festlegungen:

$\max a_L \leq 0{,}2 \cdot l$ (l: effektive Stützweite) (9.26)

$\max a_L \leq 0{,}4 \cdot l_k$ (l_k: Kraglänge) (9.27)

$\max a_L \leq 5 \cdot h$ (9.28)

Für eingeschlitzte Lamellen gelten zusätzliche Regeln.

Für eine örtliche Verstärkung, wie sie zum Beispiel bei einer Reparatur im Bereich örtlich korrodierter oder versehentlich durchtrennter Bewehrungsstäbe erforderlich wird, sollten die effektiven, ausnutzbaren Dehnungen des Faserverbundwerkstoffs reduziert werden. Dies ist dadurch zu begründen, dass aufgrund der sprunghaft reduzierten Stahlbewehrung im Bereich der Reparaturstelle kein verteiltes Rissbild, sondern eher ein konzentrierter Riss zu erwarten ist. Seim *et al.* [165] schlagen auf der Grundlage entsprechender Bauteilversuche vor, in diesen Fällen den Wert $\varepsilon_{Ld,max}$ auf 0,4 % zu begrenzen. Die Richtlinie des DAfStb begrenzt die Zugkraft bei örtlichen Verstärkungen auf die maximal am Einzelriss aufnehmbare Verbundbruchkraft (vgl. Abschn. 9.2.2).

Eine höhere Ausnutzung der aufgeklebten Lamellen gegenüber der durch Gl. (9.7) vorgegebenen Begrenzung ist möglich. In diesem Fall ist es erforderlich, den Verbund zwischen Beton und Lamelle über die gesamte Verbundlänge nachzuweisen. Die entsprechenden Zusammenhänge werden im folgenden Abschnitt vorgestellt.

9.2.2 Grundlagen der Bemessung – Zugkraftdeckung, Verankerung

Wie bei konventionellen biegebeanspruchten Stahlbetontragwerken ist auch bei nachträglich verstärkten Platten und Balken nachzuweisen, dass über die gesamte Spannweite genügend Bewehrung vorhanden und ausreichend verankert ist. Wenn ein Teil der Zugbeanspruchung von auf die Betonoberfläche auf- oder in Schlitze eingeklebten Faserverbundwerkstoffen aufgenommen wird, dann

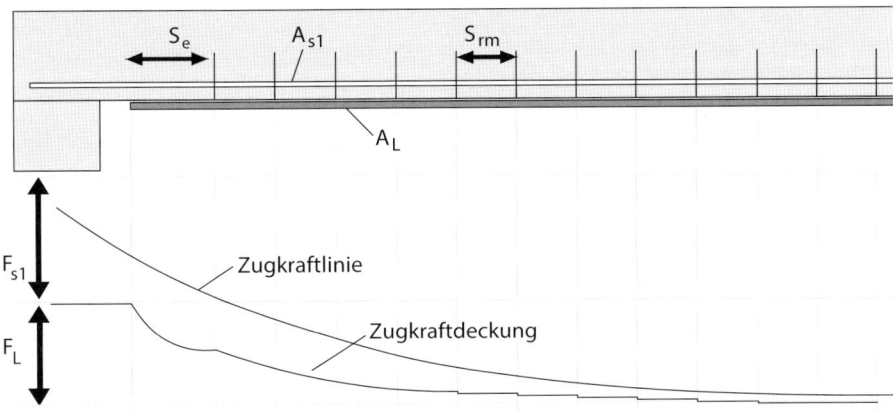

Abb. 9.24 Zugkraftdeckungslinie eines Stahlbetonbalkens mit aufgeklebter Bewehrung.

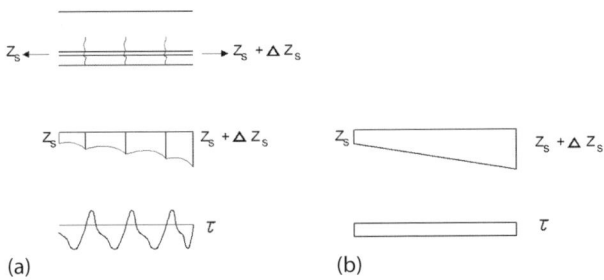

Abb. 9.25 Zugkraftaufbau und Verbundspannungen beim einbetonierten Bewehrungsstab. (a) Mitwirkung des Betons zwischen den Rissen berücksichtigt; (b) vereinfacht.

sind allerdings zwei wesentliche Unterschiede zu ausschließlich stahlbewehrten Tragwerken zu beachten: Zum einen ist es vorteilhaft, anstatt der gewohnten Momentendeckungslinie eine *Zugkraftdeckungslinie* mit einem entsprechenden Versatzmaß einzuführen (siehe Abb. 9.24). Die Aufteilung der Zugkräfte auf Stahlbewehrung und Faserverbundwerkstoff kann dann auf Grundlage der Bernoulli-Hypothese (Ebenbleiben der Querschnitte) mithilfe der Gleichungen des Abschn. 9.2.1 erfolgen. Zum anderen ist der Zugkraftaufbau im Faserverbundwerkstoff unter Beachtung der Besonderheiten des Klebeverbundes zu ermitteln. Im Gegensatz zum einbetonierten Bewehrungsstab, der – bei ausreichender Verankerungslänge – seine volle Traglast unabhängig vom Rissbild in den Beton einleiten kann, hängt der Zugkraftaufbau im aufgeklebten Faserverbundwerkstoff entscheidend vom Rissbild ab. Darüber hinaus können die Verbundspannungen nicht wie beim duktilen Bewehrungsstahl, wo die Mitwirkung des Betons zwischen den Rissen üblicherweise vernachlässigt wird, vereinfachend konstant über die Verankerungslänge verteilt werden (vgl. Abb. 9.25 und 9.26).

Die Ermittlung der rechnerischen Beanspruchbarkeit des Klebeverbunds erfolgt auf der Grundlage der Bruchmechanik. Im vereinfachten Ansatz (siehe Abb. 9.26b) wird zwar die Mitwirkung des Betons zwischen den Rissen vernachlässigt, eine vereinfachte konstante Verteilung der Schubspannungen, wie beim

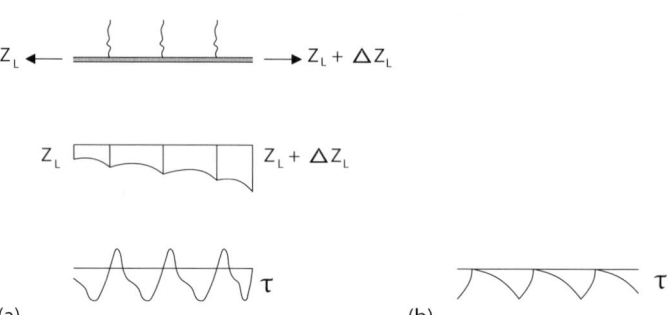

Abb. 9.26 Verbundspannungen beim aufgeklebten Faserverbundwerkstoff. (a) Mitwirkung des Betons zwischen den Rissen berücksichtigt; (b) vereinfacht.

Bewehrungsstahl, ist aufgrund des spröden Versagens eines Kleberbundes nicht möglich. In einem ersten Schritt ist es deshalb erforderlich, das Rissbild rechnerisch zu erfassen. Das betrifft sowohl den Abstand der Risse untereinander als auch den Abstand zwischen dem Auflager und dem ersten auftretenden Riss. Für den *Rissabstand* gilt, dass viele Risse mit kleinen Abständen sehr günstig für die Kraftübertragung im Kleberbund sind. Um eine sichere Bemessung durchzuführen, ist es deshalb erforderlich, den ungünstigen Fall, d. h. die Obergrenze des Rissabstandes, einzugrenzen.

Dazu wird vereinfacht ein gleichmäßig verteilter Rissabstand angenommen. Den mittleren Rissabstand s_r erhält man als 1,5-fachen Wert der Einleitungslänge $l_{e,0}$:

$$s_r = 1{,}5 \cdot l_{e,0} \tag{9.29}$$

Die Einleitungslänge lässt sich aus dem Rissmoment M_{cr} und der längenbezogenen Verbundkraft ohne Berücksichtigung der nachträglichen Bewehrung abschätzen zu

$$l_{e,0} = \frac{M_{cr}}{z_s \cdot F_{bsm}} \tag{9.30}$$

Das Rissmoment darf für Bauteile ohne Vorspannung vereinfacht ermittelt werden zu

$$M_{cr} = \kappa_{fl} \cdot f_{ctm,surf} \cdot W_{c,0} \tag{9.31}$$

mit

$$\kappa_{fl} = 1{,}6 - \frac{h}{1000} \geq 1{,}0 \tag{9.32}$$

$f_{ctm,surf}$ Erwartungswert für den Mittelwert der Oberflächenzugfestigkeit
$W_{c,0}$ Widerstandsmoment des Querschnitts im ungerissenen Zustand
h Gesamthöhe des Querschnitts in mm

Für den inneren Hebelarm gilt vereinfacht

$$z_\mathrm{s} = 0{,}85 \cdot h$$

und die Verbundkraft je Länge darf für mehrere Bewehrungsstäbe mit den Durchmessern ϕ_i berechnet werden zu

$$F_\mathrm{bsm} = \sum_{i=1}^{n} n_{\mathrm{s},i} \cdot \phi_i \cdot \pi \cdot f_\mathrm{bsm} \tag{9.33}$$

Bei Doppelstäben gilt

$$\phi_i = \sqrt{2} \cdot \phi$$

Die mittlere Verbundspannung beträgt für gerippten Betonstahl

$$f_\mathrm{bsm} = \kappa_\mathrm{vb1} \cdot 0{,}43 \cdot f_\mathrm{cm}^{2/3} \tag{9.34}$$

und für glatten Betonstahl

$$f_\mathrm{bsm} = \kappa_\mathrm{vb2} \cdot 0{,}28 \cdot \sqrt{f_\mathrm{cm}} \tag{9.35}$$

mit

$\kappa_\mathrm{vb1} = 1{,}0$, $\kappa_\mathrm{vb2} = 1{,}0$ bei guten Verbundbedingungen
$\kappa_\mathrm{vb1} = 0{,}7$, $\kappa_\mathrm{vb2} = 0{,}5$ bei mäßigen Verbundbedingungen
f_cm mittlere Zylinderdruckfestigkeit

Die Lage des ersten, auflagernahen Biegerisses darf mit Gl. (9.31) ermittelt werden. Der Biegeriss, der dem Momentennullpunkt am nächsten ist, ist unter Bemessungslasten im Grenzzustand der Tragsicherheit und ohne Versatzmaß zu ermitteln.

Für den Entwurf der Verstärkungsmaßnahme können folgende konstruktive Regeln empfohlen werden (siehe Abb. 9.27):

- An der Bauteilunterseite soll der maximale Abstand der Verstärkung vom Auflager 5 cm nicht überschreiten.
- An Innenstützen durchlaufender Platten und Balken soll die Verstärkung mindestens 1,0 m über den versetzten Nulldurchgang der Zugkraftlinie hinausgeführt werden.

Die Nachweise zum Verbund und zur Verankerung von aufgeklebten Lamellen basieren auf mechanischen Grundlagen, die seit den 1950er-Jahren zur Beschreibung des Versagens schubbeanspruchter geklebter Verbindungen angewandt werden.

Bei der rechnerischen Ermittlung der maximalen Verbundkräfte, die zwischen der aufgeklebten Bewehrung und der Betonoberfläche übertragen werden können, ist die spröde Versagenscharakteristik zu berücksichtigen. Dazu wurden seit den 1980er-Jahren umfangreiche Forschungsarbeiten u. a. in Braunschweig, Kassel und München durchgeführt. Dabei wurde übereinstimmend festgestellt, dass

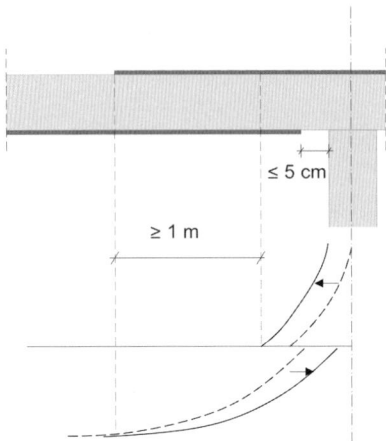

Abb. 9.27 Verankerung im Auflagerbereich.

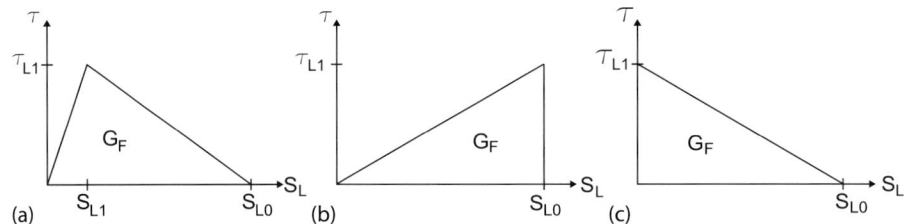

Abb. 9.28 (a) Bilinearer Verbundansatz; (b) und (c) vereinfachte lineare Verbundansätze.

bruchmechanische Ansätze auf der Grundlage der Differentialgleichung des verschieblichen Verbundes gut geeignet sind, die auftretenden Phänomene zu erklären.

Die entscheidende Größe zur Bestimmung der übertragbaren Verbundkräfte ist in diesem Zusammenhang die Bruchenergie in Verbindung mit einem Verbundansatz, der die Charakteristik des Verbundversagens beschreibt. Während hinsichtlich der bilinearen Form des Verbundansatzes in der Literatur weitgehende Übereinstimmung herrscht, weichen die Vorschläge zur Berechnung der Bruchenergie teilweise erheblich voneinander ab. Dies hängt damit zusammen, dass sich die maßgebenden Parameter des Verbundansatzes – maximale Schubspannung τ_{L1}, zugehörige Relativverschiebung s_{L1} und maximale Relativverschiebung s_{L0} – nicht direkt experimentell bestimmen lassen, sodass die Bruchenergie nur durch Rückrechnung aus Verbundversuchen zu ermitteln ist.

Neubauer [169] definiert die Bruchenergie in Abhängigkeit von der Oberflächenzugfestigkeit des Betons f_{cto}, die er allerdings mit der zentrischen Zugfestigkeit f_{ctm} gleichsetzt, und führt neben dem Kalibrierfaktor c_F auch einen Parameter k_b ein, der die Abstände einzelner Lamellen quer zueinander berücksichtigt:

$$G_F = k_b^2 \cdot c_F \cdot f_{ctm} \tag{9.36}$$

mit

$$k_b = \sqrt{\frac{1{,}125 \cdot \left(2 - \frac{b_L}{b_c}\right)}{1 + \frac{b_L}{400}}} \qquad (9.37)$$

b_c Breite des Bauteils bzw. Abstand der Lamellen in mm
b_L Breite der Lamellen in mm
c_F 0,202

Schilde [167] übernimmt die Formulierung von Neubauer, zeigt aber, dass die Oberflächenzugfestigkeit direkt zu bestimmen ist und nicht mit der zentrischen Zugfestigkeit gleichgesetzt werden kann. Darüber hinaus leitet er aus seinen Versuchen am Zwischenrisselement einen erheblich höheren Kalibrierungsfaktor c_F ab:

$$G_F = k_b^2 \cdot c_F \cdot f_{cto} \qquad (9.38)$$

mit

c_F 0,46

Dieser Ansatz findet sich auch in der Schweizer Norm SIA 166 [170], allerdings unabhängig von den geometrischen Randbedingungen und mit einem vergleichsweise konservativen Kalibrierungsfaktor

$$G_{Fd} = c_F \cdot \frac{f_{cto}}{\gamma_c} \qquad (9.39)$$

mit

f_{cto} Mittelwert der Haftzugfestigkeit
c_F 0,125

Niedermeier [166] definiert die Bruchenergie ebenfalls unabhängig von geometrischen Randbedingungen:

$$G_F = c_F \cdot \sqrt{f_{cm,cube} \cdot f_{ctm}} \qquad (9.40)$$

mit

$c_F = 0{,}043$ für CFK-Lamellen

Die maximale Verbundkraft lässt sich mit der Differentialgleichung des verschieblichen Verbunds bestimmen, wenn der Verbundansatz (vgl. Abb. 9.28) und die Bruchenergie vorgegeben sind.

Dabei sind zwei Phänomene entscheidend: Zum einen die Tatsache, dass die Verbundkraft nur bis zu einem Grenzwert der Verankerungslänge $l_{bL,max}$ von dieser Verankerungslänge abhängt; erhöht man die Verankerungslänge über $l_{bL,max}$ hinaus, so bleibt die Verankerungskraft auf einem Maximalwert (siehe Abb. 9.29). Zum anderen hängt die Größe der maximalen Verbundkraft von der

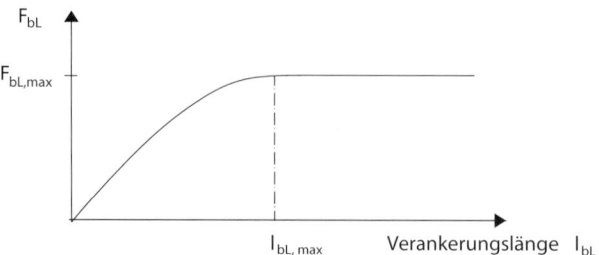

Abb. 9.29 Abhängigkeit der Verbundkräfte von der Verankerungslänge.

Größe der Zugbeanspruchung (Dehnungen aus dem Verträglichkeitsverbund) ab. Also davon, ob sie als Differenzkraft ΔF_{bL} oder als Endverankerungskraft F_{bL} einzuleiten ist.

Dabei können vier Fälle unterschieden werden:

Fall A: Endverankerung, $l_{bL} > l_{bL,max}$ Der Maximalwert der Verankerungs- bzw. Verbundkraft lässt sich für einen vereinfachten linearen Verbundansatz (siehe Abb. 9.28) mit ausreichender Genauigkeit als charakteristischer Wert für eine Endverankerung herleiten zu

$$F_{bLk,max} = b_L \cdot \sqrt{2 \cdot G_{Fk} \cdot E_{Lm} \cdot t_L} \tag{9.41}$$

oder, wenn man einen bilinearen Verbundansatz (Abb. 9.28a) wählt, mit

$$G_{Fk} = \frac{1}{2} \cdot s_{L0k} \cdot \tau_{Lm} \tag{9.42}$$

und das Ganze auf eine durch Verbund am Einzelriss aufnehmbare Lamellenspannung umrechnet, in der Formulierung, wie sie auch in der Verstärkungsrichtlinie verwendet wird:

$$f_{bLk,max} = \sqrt{\frac{E_{Lm} \cdot s_{L0k} \cdot \tau_{L1k}}{t_L}} \tag{9.43}$$

Dieser Maximalwert wird erreicht, wenn die Verankerungslänge den Grenzwert

$$l_{bL,max} = \frac{2}{\kappa_{Lb}} \cdot \sqrt{\frac{E_{Lm} \cdot t_L \cdot s_{L0k}}{\tau_{L1k}}}$$

mit $\kappa_{Lb} = 1{,}128$ für aufgeklebte CFK-Lamellen erreicht. Hergeleitet und kalibriert wurde dieser Ansatz von Niedermeier [166].

Für schubfest aufgeklebte Lamellen werden in der Verstärkungsrichtlinie folgende Werte für die Verbundspannung und die maximale Relativverschiebung empfohlen:

$$\tau_{L1k} = 0{,}366 \cdot \sqrt{\alpha_{cc} \cdot f_{cm} \cdot \alpha_{ct} \cdot f_{ctm,surf}} \tag{9.44}$$

$$s_{L0k} = 0{,}201 \tag{9.45}$$

Fall B: Endverankerung, $l_{bL} < l_{bL,max}$ Unterschreitet aufgrund des prognostizierten Rissbildes die Verankerungslänge l_{bL} den Wert $l_{bL,max}$, dann ergibt sich die zugehörige Verbundkraft in Abhängigkeit von der Verankerungslänge zu

$$F_{bLk} = F_{bLk,max} \cdot \tanh \sqrt{\frac{\tau_{L1}^2 \cdot l_{bL}^2}{2 \cdot G_F \cdot E_L \cdot t_L}} \tag{9.46}$$

Die tanh-Funktion lässt sich näherungsweise durch eine sin-Funktion oder durch eine quadratische Parabel vereinfachen:

$$F_{bL} = F_{bL,max} \cdot \frac{l_{bL}}{l_{bL,max}} \cdot \left(2 - \frac{l_{bL}}{l_{bL,max}}\right) \tag{9.47}$$

bzw. in der Formulierung der Verstärkungsrichtlinie:

$$f_{bL,k} = f_{bLk,max} \cdot \frac{l_{bL}}{l_{bL,max}} \cdot \left(2 - \frac{l_{bL}}{l_{bL,max}}\right) \tag{9.48}$$

Fall C und Fall D: Zwischenverankerung, $s_r > l_{t,max}$ und $s_r < l_{t,max}$

Die aufnehmbaren Verbundspannungen zwischen zwei benachbarten Rissen werden entscheidend von der Dehnung der aufgeklebten Lamelle beeinflusst. Systematische Untersuchungen dazu wurden von Schilde [167] und Niedermeier [166] durchgeführt.

Diese Erkenntnisse haben Eingang in die Verstärkungsrichtlinie [168] gefunden. Damit stehen Berechnungsverfahren zur Verfügung, die mithilfe einfacher EDV-Programme den vollständigen Nachweis der Zugkraftdeckung über die gesamte Verbundlänge an jedem Zwischenrisselement ermöglichen. Der Endverankerungsnachweis ist dann Teil des Verbundnachweises. Bei Stahlbetonbalken ist es möglich, die Endverankerungskraft durch konstruktiv angeordnete bügelartige Verstärkungen zu erhöhen.

9.2.3 Schubtragfähigkeit

Die Schubtragfähigkeit von Stahlbetonplatten und -balken setzt sich aus den Anteilen

a) Schubtragfähigkeit der Betondruckzone,
b) Reibung im Bereich der Rissufer,
c) Dübeltragwirkung der Biegezugbewehrung,
d) Tragfähigkeit der Schubbewehrung

zusammen. Für Bauteile mit Schubbewehrung stellt der EC 2 mit der Möglichkeit, den Neigungswinkel Θ der Druckstrebe zu variieren, einen klaren Bezug zur Fachwerkanalogie her. Die europäische Normung lässt neben dieser Vorgehensweise auch ein „Standardverfahren" zu, bei dem die Mitwirkung des Betons zur Schubtragfähigkeit bügelbewehrter Bauteile mit einer empirisch hergeleiteten Formulierung berücksichtigt wird.

Die ersten drei Anteile – a) bis c) – werden üblicherweise zur „Schubtragfähigkeit" des Betons $V_{\text{Rd,c}}$ zusammengefasst. Klassische und erweiterte Fachwerkanalogien sind geeignet, die Zusammenhänge zu veranschaulichen, und können zur Bestimmung des Beitrags einer Bügelbewehrung $V_{\text{Rd,sy1}}$, aufgebogener Bewehrungsstäbe $V_{\text{Rd,sy2}}$ oder aufgeklebter Faserverbundwerkstoffe $V_{\text{Rd,Lw}}$, die senkrecht oder unter einem bestimmten Winkel zur Stabachse angeordnet sind, herangezogen werden.

Ein oberer Grenzwert der Schubtragfähigkeit von Stab- und Plattentragwerken – auch das lässt sich direkt aus einer Fachwerkanalogie ableiten – ist durch die Tragfähigkeit der Betondruckstrebe $V_{\text{Rd,max}}$ gegeben.

Durch die Begrenzung der Dehnung des Faserverbundwerkstoffes im rechnerischen Bruchzustand wurde bereits bei der Biegebemessung – wenn auch indirekt – der Gefahr des Entkoppelns infolge Rissuferversatz am Biege-/Schubriss Rechnung getragen. Für die darüber hinaus erforderlichen Nachweise der Schubtragfähigkeit ist zwischen nachträglich auf der Zugseite verstärkten Querschnitten mit und ohne zusätzliche Schubbewehrung zu unterscheiden.

Bauteile ohne rechnerisch erforderliche Querkraftbewehrung
Ein unterer Grenzwert für die Schubtragfähigkeit des nachträglich verstärkten Querschnitts ist die Tragfähigkeit des unverstärkten Querschnitts. Ohne Einwirkung einer Normalkraft und für Normalbeton erhält man nach EC 2

$$V_{\text{Rd,c}} = 0{,}1 \cdot k \cdot (100 \cdot \rho_1 \cdot f_{\text{ck}})^{1/3} \cdot b_{\text{w}} \cdot d \tag{9.49}$$

mit

$$k = 1 + \sqrt{200/d} \leq 2$$

$$\rho_1 = \frac{A_{\text{sl}}}{b_{\text{w}} \cdot d} \leq 0{,}02$$

Eine zusätzliche geklebte Biegebewehrung führt in der Regel zu einer besseren Verteilung der Risse, damit zu geringeren Rissweiten und zu einer besseren Verzahnung der Rissufer. Gleichzeitig erhöht sich die Höhe der Druckzone aufgrund der höheren Biegebeanspruchung. Ein direkter Beitrag der geklebten Bewehrung im Sinne einer Verdübelung der Rissufer ist eher unwahrscheinlich.

Da keine eindeutigen Erkenntnisse zum Beitrag der geklebten Biegebewehrung zur Schubtragfähigkeit vorliegen, erscheint es angemessen, bei der Ermittlung des Längsbewehrungsgrades ρ_1 ausschließlich die ursprüngliche, ausreichend verankerte Längsbewehrung zu berücksichtigen.

Verbügelung zur Sicherung des Verbunds der aufgeklebten Lamellen
Bei Bauteilen mit rechnerisch erforderlicher Querkraftbewehrung darf nur dann auf eine zusätzliche Verstärkung mit aufgeklebten geschlossenen Bügeln verzichtet werden, wenn alle drei folgenden Bedingungen erfüllt sind:

- Die Hälfte der erforderlichen Querkraftbewehrung muss durch Bügel abgedeckt sein. Wenn dies nicht der Fall ist, ist die Differenz durch aufgeklebte Bügel aufzunehmen.

- Die Querkraftbeanspruchung ist auf

$$V_{Ed} \leq 0{,}33 \cdot f_{ck}^{2/3} \cdot b_w \cdot d \tag{9.50}$$

begrenzt. Diese Regelung entspricht der Einschränkung auf den Schubbereich 2 nach DIN 1045-1 (1972) [58].
- Die Spannungen in den Bügelquerschnitten sind begrenzt auf

$$\sigma_{sw} \cdot \frac{V_{Ed}}{V_{Rd,max}} \leq \begin{cases} 75\,\text{N/mm}^2 & \text{für gerippte Bügel} \\ 25\,\text{N/mm}^2 & \text{für glatte Bügel} \end{cases} \tag{9.51}$$

mit
σ_{sw} nach EC 2, Abschn. 6.2.3
$V_{Rd,max}$ nach EC 2, Abschn. 6.2.3

Diese Einschränkungen sind dadurch begründet, dass eine Aktivierung der Bügelbewehrung nur bei entsprechenden Schubverformungen möglich ist. Diese Schubverformungen treten konzentriert im Bereich von Schubrissen als – schwer quantifizierbarer – Versatz der Rissufer auf und würden ein Entkoppeln der zusätzlichen Biegebewehrung begünstigen. Eine vollständige Aktivierung der vorhandenen Stahl-Schubbewehrung ist deshalb nur möglich, wenn die Biegeverstärkung von einer Verbügelung umfasst wird, die das Entkoppeln an Schubrissen verhindert.

Bei einem ausreichend geringen Abstand dieser nicht in der Druckzone verankerten Verstärkungsbügel wird insbesondere im Bereich von Biegeschubrissen die Gefahr des Entkoppelns der Biegezugbewehrung verringert. Damit wird die Verformungsfähigkeit des Trägers erhöht und die vorhandenen Stahlbügel können zumindest teilweise aktiviert werden.

Die Bemessung und Ausführung der nachträglichen Verbügelung wird in der Verstärkungsrichtlinie [168] umfassend und detailliert geregelt. Dort wird auch ein zusätzlicher Nachweis am Endauflager zur Vermeidung eines Versatzbruches gefordert.

Eine Erhöhung der Querkrafttragfähigkeit durch nachträglich aufgeklebte Bügel wird nur dann zuverlässig erreicht, wenn diese Bügel in der Druckzone verankert sind. Bei Balken ist dies als U-förmige nicht geschlossene Umfassung möglich, bei Plattenbalken ist eine nachträgliche Querkraftverstärkung immer mit mechanischen Verankerungen zu kombinieren.

Für aufgeklebte Laschen zur Querkraftverstärkung ist in der Verstärkungsrichtlinie die Stahlgüte S235 vorgegeben. L-förmige Laschen aus Faserverbundwerkstoffen, die von einigen Herstellern angeboten werden, sind bisher von allgemeinen bauaufsichtlichen Zulassungen nicht erfasst. Damit die Bügelform an die Situation im Bestand gut angepasst werden kann, werden die Bügel oft aus L-förmigen Teilen zusammengesetzt. Die Verstärkungsrichtlinie enthält alle erforderlichen Regelungen zur Bemessung und Ausführung der Stöße.

9.3 Umschnürung von Druckgliedern und Rahmenecken

Eine Umschnürung mit Faserverbundwerkstoffen kann eine *Erhöhung der Tragfähigkeit druckbeanspruchter Stahlbetonbauteile* bewirken. Die entsprechenden Grundlagen wurden bereits im Abschn. 8.3.1 im Zusammenhang mit der Umschnürung durch eine bewehrte Spritzbetonschale vorgestellt und erläutert. Die entsprechenden Formulierungen sind direkt übertragbar, wenn man anstelle des charakteristischen Wertes der Zugfestigkeit der Bügelbewehrung die Materialkennwerte des Faserverbundwerkstoffs einsetzt. Bei der Festlegung eines Bemessungswertes der Zugfestigkeit f_{fd} bzw. der entsprechenden Dehnung ε_{fd} sind neben der zu erwartenden Ausführungsqualität – bei quadratischen und rechteckigen Stützen – auch die Spannungsspitzen im Bereich ausgerundeter Ecken zu berücksichtigen.

Der Vorteil von Faserverbundwerkstoffen, gegenüber einer Umschnürung mit Stahlbügeln, liegt neben der geringen Konstruktionsdicke vor allem darin, dass in hoch beanspruchten Bereichen eine kontinuierliche Umwicklung möglich ist (Abb. 9.30). Eine Abminderung der effektiv umschnürten Fläche aufgrund der Gewölbewirkung zwischen einzelnen Bügeln ist in diesem Fall nicht erforderlich. Die Effektivität einer Umschnürung kann bei rechteckigen Stützen erheblich erhöht werden, indem diese mit Kreissegmenten zu einem ovalen Querschnitt ergänzt werden (Abb. 9.31).

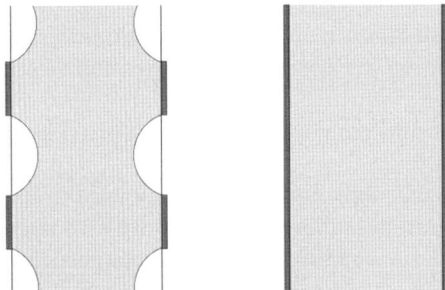

Abb. 9.30 Effektiv umschnürte Flächen bei abschnittsweiser und kontinuierlicher Umwicklung.

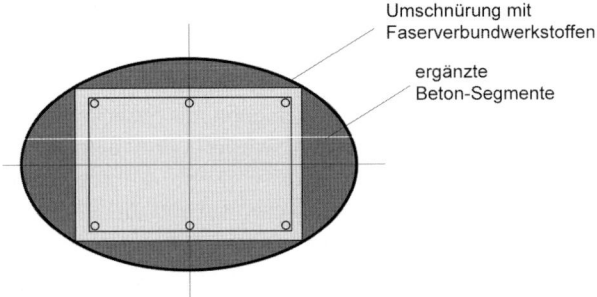

Abb. 9.31 Ergänzter Rechteckquerschnitt.

In erdbebengefährdeten Gebieten werden seit Mitte der 1990er-Jahre in großem Umfang Rahmenecken und Fußpunkte eingespannter Stützen durch die Umwicklung mit Faserverbundwerkstoffen nachträglich verstärkt. Mit dieser Maßnahme wird eine *Erhöhung der Duktilität und der Querkrafttragfähigkeit* erreicht. Die Erhöhung der Systemduktilität – das heißt der Verformungsfähigkeit ohne Verlust der Tragfähigkeit – wird vor allem durch die erhöhte Rotationsfähigkeit plastischer Gelenke bewirkt. Konkret verhindert eine Umschnürung im Bereich höherer Momenten-Normalkraftbeanspruchung vor allem das Ausknicken der Bewehrungsstäbe auf der Druckseite. Gleichzeitig wird mit der Umschnürung die Querkrafttragfähigkeit erhöht.

Zwei typische Fälle, bei denen *konstruktive Mängel des ursprünglichen Tragwerks* durch eine Umschnürung mit Faserverbundwerkstoffen beseitigt werden können, sind zu große Bügelabstände und zu kurze Übergreifungsstöße der Längsbewehrung.

Im ersten Fall verhindert eine zusätzliche Umschnürung anstelle der Bügel das Ausknicken der Längsbewehrung. Im zweiten Fall können die erhöhten Querzugspannungen im Bereich eines zu kurzen Überlappungsstoßes von einer Umschnürung aufgenommen werden.

9.4 Ausführung und Qualitätssicherung von Klebearbeiten

Faserverbundwerkstoffe und Klebstoffe können für tragende Bauteile und für die nachträgliche Verstärkung von Tragwerken nur dann eingesetzt werden, wenn ihre Zuverlässigkeit für den vorgegebenen Nutzungszeitraum unter den zu erwartenden mechanischen und klimatischen Beanspruchungen zweifelsfrei nachgewiesen wurde. In Deutschland wird dieser Nachweis in der Regel im Rahmen eines Zulassungsverfahrens beim Deutschen Institut für Bautechnik geführt. In anderen Ländern werden die Verantwortlichkeiten stärker im privatrechtlichen Bereich der Produkthaftung angesiedelt. In beiden Fällen ist die sichere und dauerhafte Ausführung einer Klebeverstärkung davon abhängig, dass Materialien (Faserverbundwerkstoffe und Kunstharze) in der geprüften Materialkombination unter den Randbedingungen eingesetzt und verarbeitet werden, die den Zulassungsversuchen oder vergleichbaren Untersuchungen zugrunde lagen.

Darüber hinaus muss sichergestellt sein, dass die zu erwartenden klimatischen Bedingungen (Temperatur, Feuchte, UV-Strahlung) während der gesamten Nutzungsdauer innerhalb der vorgegebenen Grenzen bleiben.

In Teil 3 der Verstärkungsrichtlinie sind Ausführung und Qualitätssicherung der Klebearbeiten umfassend geregelt. Bauaufsichtliche Zulassungen und die Vorgaben der Hersteller können weitere Angaben enthalten.

9.4.1 Vorbereitung

Einer Verstärkungsmaßnahme geht grundsätzlich eine umfassende Zustandserfassung des Tragwerks voraus. Es ist eine Selbstverständlichkeit, dass für das zu verstärkende Bauteil geklärt sein muss, welche Lasten auftreten, wie sie abgetragen und weitergeleitet werden. Das gilt für den Istzustand vor der Verstärkung und für die zu erwartende Situation nach der Verstärkung gleichermaßen. Insbesondere ist die Betondruckfestigkeit am Bauwerk zu überprüfen; Stahlart, Lage und Zustand der Bewehrung sind festzustellen. Gegebenenfalls sind Lage, Verlauf und Breite von Rissen zu dokumentieren.

Danach sind eine detaillierte Voruntersuchung und eine sorgfältige Vorbereitung des Betonuntergrundes erforderlich, damit sichergestellt ist, dass die Verbundkräfte aus der Verklebung zuverlässig in den Beton eingeleitet werden können. Durch geeignete Maßnahmen – meist Sandstrahlen – ist der Grobzuschlag ($D > 8$ mm) des Betons freizulegen, Staub, Schmutz und lose Teile sind zu entfernen. Wenn die Lamellen in Schlitze eingeklebt werden, so sind diese ebenso sorgfältig zu reinigen. Beim Herstellen der Schlitze muss ein Mindestabstand zur vorhandenen Bewehrung eingehalten werden. Dieser beträgt 3 mm bei Platten und 5 mm bei Balken. Die Schlitze sollen 1 bis 3 mm breiter als die Lamellen hergestellt werden.

Die Quantifizierung der *Verbundfestigkeit* der Betonoberfläche erfolgt durch Haftzugprüfungen (DIN EN 1542). Dabei ist ein Mindestwert von $1{,}0\,\text{N/mm}^2$ nachzuweisen. In den Richtlinien des Deutschen Instituts für Bautechnik (DIBt) wird gefordert, den Nachweis auf den Erwartungswert für den Mittelwert der Grundgesamtheit der Oberflächenzugfestigkeit (Rechenwert $f_{\text{ctm,surf}}$) zu beziehen. Andere Regelwerke (z. B. SIA 166) fordern, dass ein vorgegebener Mindestwert von jedem Einzelwert der Haftzugprüfung erreicht wird.

Als Richtwerte für die Mindestanzahl der Haftzugprüfungen gilt eine Prüfung pro 20 m Lamellenlänge, mindestens aber fünf Prüfungen. Bei der Festlegung von Ort und Anzahl sind der zeitliche Ablauf der Arbeiten sowie unterschiedliche Bauteile zu berücksichtigen. Mit der Oberflächenzugfestigkeit ist der maßgebende Materialparameter des Betons bestimmt.

Unbedingt zu vermeiden sind negative *Krümmungen auf der Bauteiloberfläche*, da sie zu einer vorzeitigen Ablösung des Faserverbundwerkstoffs von der Bauteiloberfläche führen würden (Abb. 9.32). Vorgefertigte Lamellen sind hier etwas weniger empfindlich als Gelege, da erstere sich durch ihre Eigensteifigkeit innerhalb gewisser Grenzen beim Kleben selbst ausrichten. Wenn es erforderlich ist, Unebenheiten der Bauteiloberflächen mit Reparaturmörtel auszugleichen, dann ist nach der Reparatur die Prüfung der Haftzugfestigkeit an mindestens drei Stellen zu wiederholen.

Bei Kohlefaserlamellen dürfen Unebenheiten des Untergrunds bis 4 mm durch den Klebstoff ausgeglichen werden. Unebenheiten zwischen 4 und 30 mm müs-

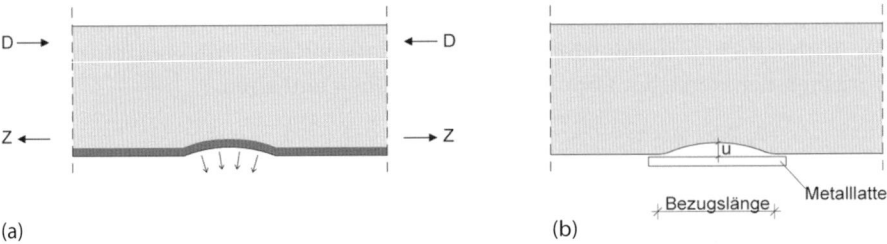

Abb. 9.32 (a) Ablösen durch Unebenheiten; (b) Definition von Unebenheiten.

sen durch Schleifen abgetragen oder mit einer Ausgleichsschicht reprofiliert werden. Bei Gelegen dürfen Unebenheiten bis 3 mm mit Klebstoff ausgeglichen werden. Die Abweichung von der Soll-Lage darf nach dem Verkleben bei Gelegen und Lamellen 1 mm nicht überschreiten, bei einer Bezugslänge von 30 cm (siehe Abb. 9.32b).

Für die Reprofilierung dürfen Betone und Mörtel der Beanspruchungsklasse M3 verwendet werden (siehe Abschn. 7.4). Zur Reprofilierung kleinflächiger Unebenheiten darf auch der in den bauaufsichtlichen Zulassungen festgelegte Reparaturmörtel verwendet werden. Die Verbundfestigkeit zwischen Reprofilierungsschicht und Untergrund wird durch Haftzugversuche überprüft. Es sind mindestens fünf Einzelwerte bzw. mindestens ein Wert je 50 m verklebter Lamelle zu bestimmen. Bei der Prüfung wird die Ringnut bis in den Altbeton geführt, dort muss auch das Versagen eintreten. Weitere Regeln zur Überprüfung der Druckfestigkeit und der Konformität des Reprofilierungsmaterials enthält die Verstärkungsrichtlinie.

Faserverbundwerkstoffe dürfen nicht direkt auf den Bewehrungsstahl geklebt werden. Eine Mindestüberdeckung von 10 mm wird empfohlen. Bei Schubverstärkungen von Balken und bei Stützenverstärkungen sind die Kanten mit dem vom Hersteller der Produkte oder dem in den Zulassungen vorgegebenen produktabhängigen Mindestradius (bei Stützen 25 mm) auszurunden. Wenn Stahlteile – z. B. Schublaschen – verklebt werden, so sind die zu verklebenden Stahlflächen sofort nach dem Reinigen (Sa 3) mit einem für den Klebstoff zugelassenen Primer zu beschichten.

Vor Beginn der Arbeiten sind die Komponenten des Klebstoffs in einer ausreichenden Zahl von Einzelgebinden bereitzustellen. Es muss sichergestellt sein, dass die maximale Lagerungszeit der Chemikalien beim Abschluss der Arbeiten noch nicht überschritten ist.

Bei Transport und Lagerung sind die vorgegebenen Temperaturgrenzen einzuhalten. Faserverbundwerkstoffe und Gelege sind bis zum Einbau staubfrei zu lagern. Die Lamellen sollen direkt vor dem Verkleben mit einem zugelassenen Reiniger auf der zu verklebenden Seite gereinigt werden. Die zu verklebende Seite ist meist vom Hersteller leicht angeschliffen und lässt sich – z. B. aufgrund des fehlenden Aufdrucks – eindeutig identifizieren. Lamellen, die in Schlitze eingeklebt werden, müssen beidseitig angeschliffen sein. Ausführung und Überwachung von Klebearbeiten erfordert *geschultes und erfahrenes Personal*. In Deutschland ist ein spezieller Eignungsnachweis erforderlich.

Neben den Besonderheiten der Klebetechnik sind die einschlägigen Vorschriften des Arbeitsschutzes zu beachten. Das betrifft insbesondere Absturzsicherungen und den Umgang mit Chemikalien.

9.4.2 Durchführung von Klebearbeiten

Unmittelbar vor Beginn der Klebearbeiten wird der Klebstoff gemischt. Dabei wird das richtige Mischungsverhältnis der beiden Komponenten dadurch sichergestellt, dass ausschließlich ganze Gebinde verarbeitet werden. Beim Mischen mit dem Rührmischer (300–400 U/min) dürfen keine Luftblasen entstehen. Eine gute Mischung hat einen gleichmäßigen Farbton, ohne Schlieren und Knollen.

Tab. 9.10 Typische Klimabedingungen und Verarbeitungszeiten für Klebearbeiten.

	MC-DUR 1280	StoPox SK 41
Maximale Oberflächentemperatur	3 K über der Taupunkttemperatur der Luft	
Zulässige Verarbeitungstemperatur	10 bis 30 °C	
Ausnutzbare Verarbeitungszeit	$\geq 10\,°C / \leq 60\,min$ $\leq 20\,°C / \leq 45\,min$ $\leq 30\,°C / \leq 20\,min$	$\geq 10\,°C / \leq 60\,min$ $\sim 23\,°C / \leq 30\,min$ $\leq 30\,°C / \leq 15\,min$
Maximale Dauertemperatur nach der Aushärtung	40 °C	40 °C (ohne Anwendung des Betonersatzsystems) 34 °C (mit Anwendung des Betonersatzsystems)

Die Klebearbeiten dürfen nur durchgeführt werden, wenn die klimatischen Bedingungen (Lufttemperatur, Luftfeuchte, Oberflächentemperatur) innerhalb der vorgegebenen Grenzwerte bleiben. Tabelle 9.10 enthält die Grenzwerte einiger häufig verwendeter Klebstoffe. Die Angaben des Herstellers sind maßgebend. Die ausnutzbare Verarbeitungszeit hängt von der Lufttemperatur ab.

Der Feuchtegehalt des Betons darf 4 % – bezogen auf Masseprozent – nicht überschreiten.

Der Klebstoff wird mit einer Kratzspachtelung auf der vorbereiteten Bauteiloberfläche verteilt. Mithilfe einer Schablone wird der Klebstoff dachförmig, im Mittel etwa 2 mm dick, auf die Lamelle aufgebracht (Abb. 9.33a). Die Lamelle wird dann auf das Bauteil zuerst leicht angedrückt und fixiert, anschließend mit einer Gummirolle kräftig angerollt, sodass eine Mindestklebstoffdicke von 1 mm verbleibt (Abb. 9.33b). Die Dicke der Klebschicht soll 5 mm nicht überschreiten. Der überschüssige Klebstoff, der beim Anrollen seitlich herausquillt, wird sofort entfernt.

Werden anstelle von Kohlefaserlamellen Stahlbleche verklebt, so ist eine zusätzliche Unterstützung erforderlich. Die Unterstützungsdauer hängt von der Temperatur ab und kann bis zu 30 h betragen.

Wenn die Lamellen im Schlitz eingeklebt werden, so entfällt der Klebstoffauftrag auf die Lamellen, da die Schlitze vollständig mit Klebstoff gefüllt werden, bevor die Lamelle eingedrückt wird.

Wenn der Faserverbundwerkstoff durch Laminieren auf dem Bauteil hergestellt wird, so ist in einem ersten Arbeitsgang ein Primer aufzubringen. Wenn diese erste Schicht oberflächlich ausgehärtet ist (tack-free time), wird eine erste Schicht Kleber aufgebracht, in die das Gelege gestreckt und ohne Falten eingebracht wird. Das Gelege wird mit weichen Gummirollen ausgerollt, sodass es vollständig in den Kleber eingebettet ist.

Gegebenenfalls werden weitere Klebstoff- und Gelegeschichten „nass-in-nass" aufgebracht.

(a) (b)

Abb. 9.33 Verkleben vorgefertigter Lamellen. (a) Aufbringen des Klebstoffs auf die Lamelle; (b) Anrollen der Lamelle auf der Betonoberfläche.

Die Qualität des Laminats kann verbessert werden, wenn das Gelege über eine Wanne mit Rollmechanismus (Saturationsgerät) mit Harz getränkt wird.

Bei oberflächlich aufgeklebten Faserverbundwerkstoffen sind mindestens fünf Probstücke auf Beton gleichzeitig mit den übrigen Klebearbeiten herzustellen. Vor der Bauteilbelastung wird an diesen Probstücken die Erhärtungsprüfung als Haftzugprüfung mit Ringnut durchgeführt. Die Versagensart Betonbruch bestätigt die ausreichende Aushärtung.

Die mechanischen Eigenschaften des Klebstoffs sind an Proben zu bestimmen, die gleichzeitig mit der Ausführung der Klebearbeiten hergestellt werden. Die Ermittlung des charakteristischen Wertes der Zugfestigkeit erfolgt nach 7 Tagen Aushärtezeit durch Haftzugversuche mit Prüfstempeln ($\varphi = 20$ mm), die auf eine Stahlplatte ($t \geq 15$ mm, Sa3) aufgeklebt wurden. Je Klebstoffcharge bzw. je 6 Klebetage sind sechs Stempel aufzukleben und zu prüfen. Bei eingeschlitzt verklebten Lamellen ist zusätzlich der charakteristische Wert der Druckfestigkeit des Klebstoffs zu bestimmen. Dazu werden mindestens drei Prismen je Klebstoffcharge bzw. je 3 Klebetage benötigt. Die Abmessungen der Prismen sind in DIN EN 196-1 [171] festgelegt.

9.4.3 Abschluss und Dokumentation

Frühestens nach 2 Tagen kann eine nachträglich verstärkte Konstruktion belastet werden. Voraussetzung ist, dass die Haftzugprüfung der Probstücke den Erfolg der Klebung bestätigt. Bei Temperaturen unterhalb von 20 °C kann sich die Aushärtedauer verlängern.

Nach dem Aushärten des Klebstoffs ist die Ebenheit des Verstärkungsmaterials nochmals zu überprüfen. In den Zulassungen des DIBt ist für diese zweite Prüfung der Ebenheit als Grenzwert für die Abweichungen 1 mm bei einer Prüfstrecke von 30 cm angegeben.

Eine einfache Prüfung der Vollflächigkeit einer Klebefuge kann durch Abklopfen der Oberfläche erfolgen. Im Zweifelsfall oder bei besonders sicherheitsrelevanten Bauwerken können Kontrollmessungen mithilfe der Impulsthermografie durchgeführt werden.

Von der zu erwartenden Beanspruchung hängt es ab, ob Anstriche, z. B. als Schutz gegen UV-Strahlen, oder Bekleidungen gegen mechanische oder Brandbeanspruchung anzubringen sind.

In einem abschließenden Bericht sind alle Messungen (Temperatur, Feuchte, Ebenheit) sowie alle Ergebnisse von Materialprüfungen vollständig und nachvollziehbar zu dokumentieren. Dieser Bericht ergänzt die vorhandenen statisch-konstruktiven Unterlagen und die Dokumentation der Zustandserfassung.

9.5 Rechenbeispiele

9.5.1 Zugfestigkeit und Elastizitätsmodul von Faserverbundwerkstoffen

Aus den mechanischen Kennwerten der Fasern und des Matrixwerkstoffes sollen der Elastizitätsmodul und die Zugfestigkeit einer Kohlefaserlamelle ermittelt werden.

- *Elastizitätsmodul des Fasermaterials:* $E_{F,\|} = 255\,000\ \frac{N}{mm^2}$
- *Elastizitätsmodul des Matrixmaterials:* $E_m = 3800\ \frac{N}{mm^2}$
- *Zugfestigkeit des Fasermaterials:* $f_{FVW,\|} = 4800\ \frac{N}{mm^2}$
- *Fasergehalt:* $\phi = 0{,}70$

mit Gln. (9.3) und (9.4):

$$E_{FVW,\|} = 0{,}70 \cdot 255\,000 + (1 - 0{,}70) \cdot 3800 = 179\,640\ \frac{N}{mm^2}$$

$$f_{FVW,\|} = 4800 \cdot \left[0{,}70 + \frac{255\,000}{3800} \cdot (1 - 0{,}70)\right] = 3381\ \frac{N}{mm^2}$$

mit Gln. (9.5) und (9.6):

$$E_{FVW,\|} = 0{,}70 \cdot 255\,000 = 178\,500\ \frac{N}{mm^2}$$

$$f_{FVW,\|} = 0{,}70 \cdot 4800 = 3360\ \frac{N}{mm^2}$$

9.5.2 Nachträgliche Verstärkung einer Stahlbetonplatte – Bemessung mit Teilsicherheitsbeiwerten

Eine einachsig gespannte, als Zweifeldträger ausgeführte Stahlbetonplatte soll für eine höhere Verkehrslast nachträglich verstärkt werden. Die Konstruktion ist nur von unten zugänglich. Die maximal zusätzlich aufnehmbare Verkehrslast und die erforderliche nachträgliche Verstärkung sollen ermittelt werden.

Angaben zum Bestand:

- *Spannweite:* $l_1 = l_2 = 5{,}40\ m$
- *Dicke der Platte:* $h = 18\ cm$, Betondeckung: $c = 2{,}5\ cm$
- *Betongüte:* B25 (wird als C20/25 eingeordnet)
- *vorhandene Bewehrung im Feld:* R 513, BSt III
- *vorhandene Bewehrung über der Stütze:* R 513 + R 443, BSt III

- *Eigengewicht:* $g = 6{,}0\,\text{kN/m}^2$
- *Verkehrslast vor der Verstärkung:* $p = 3{,}5\,\text{kN/m}^2$

Angaben zu den eingesetzten Kohlefaserlamellen:

- *Querschnitt:* $b/t = 50\,\text{mm}/1{,}2\,\text{mm}$
- *Zugfestigkeit in Faserrichtung:* $f_{lk} = 2500\,\text{N/mm}^2$
- *Bruchdehnung:* $\varepsilon_{Lk} = 0{,}013$
- *Elastizitätsmodul in Faserrichtung:* $E_{lk} = 200\,000\,\text{N/mm}^2$

Die einzelnen Berechnungsschritte beziehen sich auf einen Plattenstreifen mit 1,00 m Breite.

Schritt 1: Ermittlung der maximal aufnehmbaren Verkehrslast mit umgelagertem Stützmoment

$$f_{cd} = 0{,}85 \cdot \frac{20{,}0}{1{,}5} = 11{,}3\,\frac{\text{N}}{\text{mm}^2}$$

$$f_{yd} = \frac{420}{1{,}15} = 365\,\frac{\text{N}}{\text{mm}^2}$$

$$\omega = \frac{9{,}56}{100 \cdot 15} \cdot \frac{365}{11{,}3} = 0{,}206 \Rightarrow \mu_{Eds} = 0{,}187\,,\quad \frac{x}{d} = 0{,}258$$

$$M_{Eds} = 0{,}187 \cdot 1{,}00 \cdot 0{,}15^2 \cdot 11{,}3 \cdot [1000] = 47{,}5\,\text{kNm}$$

Auflagerkraft für eine – vorerst – geschätzte zusätzliche Verkehrslast von $2{,}0\,\text{kN/m}^2$.

$$F_{Ed,sup} \geq (1{,}35 \cdot 6{,}0 + 1{,}5 \cdot (3{,}5 + 2{,}0)) \cdot 5{,}40 = 88{,}3\,\text{kN}$$

Anmerkung: Die Annahme einer frei drehbaren Lagerung über der ersten Innenstütze führt an dieser Stelle zu einem auf der sicheren Seite liegenden Ergebnis.

Mit

$$M_{Ed,red} = M_{Eds} = 47{,}5\,\text{kNm}$$

erhält man das umgelagerte Stützmoment

$$M_{Ed} = 47{,}5 + 88{,}3 \cdot \frac{0{,}24}{8} = 50{,}1\,\text{kNm}$$

und mit dem maximalen Umlagerungsfaktor

$$\delta = 0{,}64 + 0{,}8 \cdot 0{,}258 = 0{,}846$$

das Stützmoment vor der Umlagerung

$$M_{Ed,el} = \frac{50{,}1}{0{,}846} = 59{,}2\,\text{kNm}$$

Die maximal zulässige zusätzliche Verkehrslast lässt sich nun ermitteln:

$$M_{Ed,el} = (1{,}35 \cdot 6{,}0 + 1{,}5 \cdot 3{,}5(3{,}5 + \Delta p)) \cdot \frac{5{,}40^2}{8} = 59{,}2\,\text{kNm}$$

9 Nachträgliche Verstärkung mit geklebten Faserverbundwerkstoffen

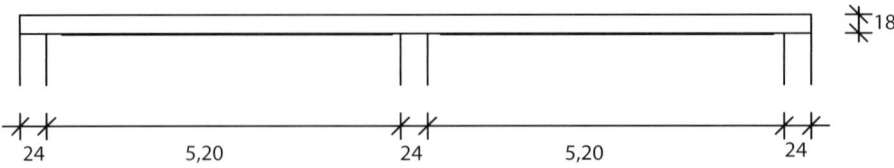

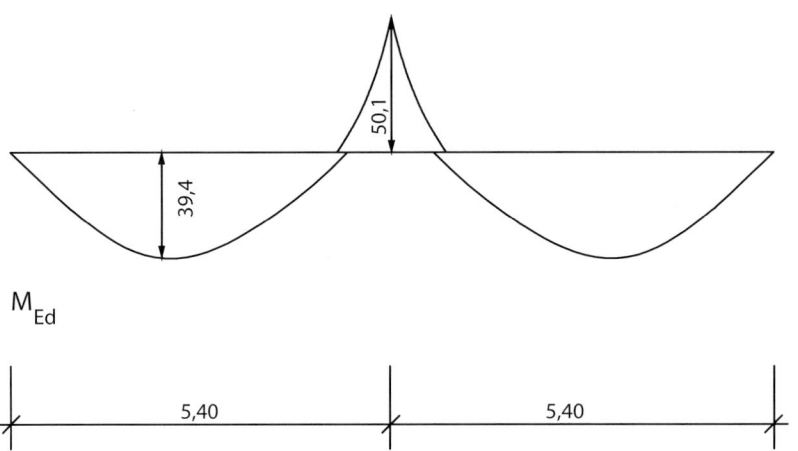

Abb. 9.34 Statisches System und Momentenverlauf.

zu

$$\Delta p = 1{,}92\,\text{kN/m}^2$$

Hinweis: Mit abgeminderten Teilsicherheitsbeiwerten (vgl. Kapitel 2) lassen sich höhere Tragreserven ermitteln.

Schritt 2: Ermittlung der Stahldehnung zum Zeitpunkt der Verstärkung unter dem Eigengewicht $g = 6{,}0\,\text{kN/m}^2$ für das maximale Biegemoment im Feld $M_0 = 12{,}3\,\text{kNm/m}$

Mit

$$\alpha_s = \frac{E_s}{E_c} = \frac{200\,000}{24\,900} = 8{,}03$$

ergibt sich die Höhe der Druckzone mit Gl. (9.13)

$$x_0 = \frac{8{,}03 \cdot 5{,}13}{100} \cdot \left[-1 + \sqrt{1 + \frac{2 \cdot 100 \cdot 15}{8{,}03 \cdot 5{,}13}}\right] = 3{,}13\,\text{cm}$$

Damit ergibt sich der innere Hebelarm

$$z = 15{,}0 - \frac{3{,}13}{3} = 14{,}0\,\text{cm}$$

und die Spannungen und Dehnungen lassen sich für das vorgegebene M_0 mit Gln. (9.16)–(9.18) bestimmen:

$$\sigma_{co} = \frac{0{,}0123 \cdot 2}{0{,}140 \cdot 0{,}0313 \cdot 1{,}0} = 5{,}61 \, \frac{MN}{m^2}$$

$$\varepsilon_{co} = \frac{5{,}61}{24\,900} = 0{,}000\,225$$

$$\varepsilon_o = \varepsilon_{co} \cdot \frac{18{,}0 - 3{,}13}{3{,}13} = 0{,}001\,07$$

Schritt 3: Ermittlung der erforderlichen Verstärkung im Feld für eine zusätzliche Verkehrslast von $2{,}0\,kN/m^2$ mit dem zugehörigen maximalen Biegemoment $M_{Ed} = 39{,}4\,kNm$.

Es wird für die Lamellen ein Achsabstand von 50 cm gewählt. Damit sind die Bedingungen nach Gln. (9.26) und (9.28) eingehalten.

Im rechnerischen Bruchzustand erhält man die Zugkraft im Stahl mit Gl. (9.20):

$$F_{sd} = \frac{420}{1{,}15} \cdot 5{,}13 \cdot \left[\frac{1000}{100^2}\right] = 187\,kN$$

Im Rahmen des vereinfachten Nachweises nach der Verstärkungsrichtlinie wird mit Gl. (9.7) die Dehnung der Lamellen begrenzt:

$$\varepsilon_{Ld,max} \leq \max \begin{cases} 0{,}5\,mm/m + 0{,}1\,mm/m \cdot \frac{4600}{180} - 0{,}04\,mm/m \cdot \sqrt{2} \cdot 7 \\ +0{,}06\,mm/m \cdot 28 = 4{,}3\,mm/m \\ 3{,}0\,mm/m \cdot \frac{4600\,mm}{9700\,mm} \cdot \left(2 - \frac{4600\,mm}{9700\,mm}\right) = 2{,}1\,mm/m \end{cases}$$

Die Zugkraft in den Kohlefaserlamellen lässt sich mit Gl. (9.19) bestimmen:

$$F_{Ld} = \min \begin{cases} \frac{0{,}9 \cdot 2.500}{1{,}2} \cdot \frac{1{,}2 \cdot 50}{0{,}5} \left[\frac{1}{1000}\right] = 225\,kN \\ 0{,}0043 \cdot 200\,000 \cdot \frac{1{,}2 \cdot 50}{0{,}5} \left[\frac{1}{1000}\right] = 103\,kN \end{cases}$$

Die Betondruckkraft und das aufnehmbare Biegemoment lassen sich aus dem Gleichgewicht der Kräfte und für die vereinfachende Annahme eines Spannungsblocks ermitteln:

$$F_{cd} = 187 + 103 = 290\,kN$$

$$x = \frac{0{,}290}{0{,}95 \cdot 11{,}3} = 0{,}027\,m$$

$$M_{Rd} = 103 \cdot (0{,}18 - 0{,}4 \cdot 0{,}027) + 187 \cdot (0{,}15 - 0{,}4 \cdot 0{,}027)$$
$$= 43{,}1\,kNm > 39{,}4\,kNm$$

Schritt 4: Kontrolle der Dehnungen

$$\varepsilon_c = (\varepsilon_L + \varepsilon_0) \cdot \frac{x}{d_L - x} = (0{,}0042 + 0{,}001\,07) \cdot \frac{2{,}7}{18 - 2{,}7}$$
$$= 0{,}000\,93 \leq 0{,}0035$$

$$\varepsilon_s = (\varepsilon_L + \varepsilon_0) \cdot \frac{d - x}{d_L - x} = (0{,}0042 + 0{,}001\,07) \cdot \frac{15 - 2{,}7}{18 - 2{,}7}$$
$$= 0{,}0042 > 0{,}0018$$

Schritt 5: Nachweis der Zugkraftdeckung und der Endverankerung

Die Zugkraft in der Lamelle wurde über die maximale Dehnung nach Gl. (9.7) begrenzt. Darüber hinaus werden folgende Bedingungen eingehalten (vgl. Abschn. 9.2):

- Die Lamelle wird bis mindestens 50 mm vor die Auflagervorderkante geführt.
- Der einbetonierte Bewehrungsstahl ist gerippt.
- Die einbetonierte Bewehrung ist nicht abgestuft.
- Die Lamellenstärke überschreitet insgesamt nicht einen Wert von 1,4 mm.

Ein Nachweis der Zugkraftdeckung und der Endverankerung ist somit nicht erforderlich. Allerdings kann die Verstärkungsmaßnahme wirtschaftlicher bemessen werden, wenn diese Nachweise geführt werden. Ausführliche Rechenbeispiele dazu finden sich bei Zilch *et al.* [172].

Schritt 6: Querkraftnachweis für die maximale Querkraft $V_{Ed} = 49{,}0$ kN mit Gl. (9.49)

$$\kappa = 1 + \sqrt{200/150} = 2{,}15 \Rightarrow \kappa = 2$$

$$\rho_1 = \frac{5{,}13}{100 \cdot 15} = 0{,}003\,42$$

$$V_{Rd,c} = 0{,}1 \cdot 2 \cdot (100 \cdot 0{,}003\,42 \cdot 20)^{1/3} \cdot 1{,}00 \cdot 0{,}15 \cdot [1000]$$
$$= 56{,}9\,\text{kN} > 49{,}0\,\text{kN}$$

Literatur

1. Stark, J. und Wicht, B. (1998) *Geschichte der Baustoffe*, Bauverlag, Wiesbaden.
2. Lamprecht, H.-O. (1996) *Opus Caementitium – Bautechnik der Römer*, Beton-Verlag, Düsseldorf.
3. Taylor, R. (2003) *Roman Builders*, Cambridge University Press, Cambridge.
4. Kind-Barkauskas, F. et al. (2002) *Beton-Atlas*, 2. Aufl., Birkhäuser, Basel.
5. Haegermann, G., Huberti, G. und Moll, H. (1964) *Vom Caementum zum Spannbeton*, Bauverlag, Wiesbaden.
6. Stiglat, K. (1996) *Brücken am Weg*, Ernst & Sohn, Berlin.
7. Saliger, R. (1906) *Der Eisenbeton in Theorie und Konstruktion*, Kröner, Stuttgart.
8. Pauser, A. (1994) *Eisenbeton 1850–1950*, Manz, Wien.
9. Billington, D.P. (1990) *Robert Maillart und die Kunst des Stahlbetonbaus*, Artemis, Zürich.
10. Giedeon, S. (1992) *Raum, Zeit, Architektur*, Artemis, Zürich.
11. Dechau, W. (2000) *Kühne Solitäre*, DVA, Stuttgart.
12. Peters, T.F. (1996) *Building the Nineteenth Century*, MIT Press, Cambridge.
13. Straub, H. (1992) *Die Geschichte der Bauingenieurkunst*, 4. Aufl., Birkhäuser, Basel.
14. Ahnert, R. und Krause, K.H. (2009) *Typische Baukonstruktionen von 1860 bis 1960*, Bd. II, 7. Aufl., Verlag für Bauwesen, Berlin.
15. Franz, G. (1983) *Konstruktionslehre des Stahlbetons – Band 1: Grundlagen und Bauelemente, Teil B: Die Bauelemente und ihre Bemessung*, Springer, Berlin.
16. Blais, P.Y. und Couture, M. (1999) Precast, prestressed pedestrian bridge-world's first reactive powder concrete structure. *PCI Journal*, **44**, 60–71.
17. Schmidt, M. et al. (2006) Brückenfamilie aus Ultra-Hochfestem Beton in Niestetal und Kassel. *Beton- und Stahlbetonbau* **101** (3), 198–204.
18. Mazzacane, P., Ricciotti, R. und Teply, F. (2011) The Passerelle des Anges Footbridge, in *Designing and Building with UHPFRC*, (Hrsg. F. Toutlemonde und J. Resplendino), John Wiley & Sons, Inc., Hoboken, S. 111–124.
19. Mühlberg, H., Cuennet, S., Brühwiler, E., Houriet, B., Boudry, F. und Fleury, B. (2014) 2400 m^3 de BFUP sur un pont autoroutier. *Tracés*, **19** (10), 12–19.
20. Helbig, T., Rempel, S., Unterer, K., Kulas, C. und Hegger, J. (2016) Fuß- und Radwegbrücke aus Carbonbeton in Albstadt-Ebingen. *Beton- und Stahlbetonbau*, **111** (10), 676–685.
21. Quast, U. (2002) Ist das Konzept mit Teilsicherheitsbeiwerten überflüssig? *Frilo-Magazin*, **2**, 11–21.

22 Krickhahn, T. und Poß, D. (2016) *Statistik kompakt für Dummies*, Wiley-VCH, Weinheim.
23 Lehn J. und Wegmann H. (2012) *Einführung in die Statistik*, 5. Aufl., Vieweg+Teubner, Wiesbaden.
24 Zilch, K. und Zehetmaier, G. (2010) Bemessung im konstruktiven Betonbau. Nach DIN 1045-1 (Fassung 2008) und EN 1992-1-1 (Eurocode 2), 2. Aufl., Springer.
25 Rackwitz, R. und Zilch, K. (2012) Zuverlässigkeit von Tragwerken, in *Handbuch für Bauingenieure*, (Hrsg. K. Zilch, C.J. Diederichs, R. Katzenbach und K.J. Beckmann), 2. Aufl., Springer, Berlin, Heidelberg.
26 Plate, E.J. (1993) *Statistik und angewandte Wahrscheinlichkeitslehre für Bauingenieure*, Ernst & Sohn, Berlin.
27 Schneider, J. (1996) *Sicherheit und Zuverlässigkeit im Bauwesen: Grundwissen für Ingenieure*, vdf Hochschulverlag AG, Zürich.
28 Joint Committee on Structural Safety (JCSS) (2006) Probabilistic Model Code.
29 DIN EN 1990 (2010) *Eurocode: Grundlagen der Tragwerksplanung*, Beuth, Berlin.
30 ISO 16269-6 (2014) *Statistical interpretation of data – Part 6: Determination of statistical tolerance intervals*, ISO, Schweiz.
31 Bundesanstalt für Straßenwesen (2012) Nachrechnung von Betonbrücken zur Bewertung der Tragfähigkeit bestehender Bauwerke, Bericht.
32 Stauder, F. (2015) Zuverlässigkeitskonzept für bestehende Tragwerke im Wasserbau, Dissertation, TU Kaiserslautern.
33 Kunz, C. (2015) Ein Konzept für Teilsicherheitsbeiwerte für bestehende Wasserbauwerke. *Bautechnik* **92** (8), 549–556.
34 Müller, H.S. und Vogel, M. (2011) Lebensdauerbemessung im Betonbau. *Beton- und Stahlbetonbau* **106** (6), 394–402.
35 Fischer, A. und Schnell, J. (2010) Modifizierte Teilsicherheitsbeiwerte zum Nachweis von Stahlbetonbauteilen im Bestand. *Bauingenieur*, **85** (7/8), 315–323.
36 Deutscher Beton- und Bautechnik-Verein e. V. (2013) Merkblatt Modifizierte Teilsicherheitsbeiwerte für Stahlbetonbauteile.
37 Fischer, A. (2010) Bestimmung modifizierter Teilsicherheitsbeiwerte zur semiprobabilistischen Bemessung von Stahlbetonkonstruktionen im Bestand, Dissertation, TU Kaiserslautern.
38 Bundesministerium für Verkehr, Bau und Stadtentwicklung (2011) Richtlinie zur Nachrechnung von Straßenbrücken im Bestand (Nachrechnungsrichtlinie).
39 DIN EN 13791 (2008) Bewertung der Druckfestigkeit von Beton in Bauwerken oder in Bauwerksteilen, Beuth, Berlin.
40 DIN EN 13791/A20:2017-02 (2017) Bewertung der Druckfestigkeit von Beton in Bauwerken oder in Bauwerksteilen, Beuth, Berlin.
41 DIN 1045-1 (2001) *Tragwerke aus Beton, Stahlbeton und Spannbeton – Teil 1: Bemessung und Konstruktion*, Beuth, Berlin.
42 Rüsch, H., Sell, R. und Rackwitz, R. (1969) *Statistische Analyse der Betonfestigkeit*, Heft 206 des Deutschen Ausschusses für Stahlbeton, Ernst & Sohn, Berlin.

43 Bach, C. (1914) Die Ergebnisse von Versuchen zur Ermittelung der Druckfestigkeit von unbewehrten Betonsäulen bei verschiedener Höhe derselben. *Deutsche Bauzeitung, Mitteilungen über Zement, Beton- und Eisenbetonbau*, **11** (5), 33–36.
44 Bonzel, J. (1959) *Zur Gestaltsabhängigkeit der Betondruckfestigkeit. Beton- und Stahlbetonbau*, **54** (9), 223–228.
45 Leonhardt, F. (1984) *Vorlesungen über Massivbau, Teil 1*, Springer, Berlin.
46 Rüsch, H. (1972) *Stahlbeton – Spannbeton*, Bd. 1, Werner-Verlag, Düsseldorf.
47 Brameshuber, W. (2003) Überprüfung der Druckfestigkeit des Betons am Bauwerk nach neuer DIN 1045-1. *Beton- und Stahlbetonbau*, **98** (5), 293–296.
48 DIN 1045 (1943) *Bestimmungen für die Ausführung von Tragwerken aus Stahlbeton*, Beuth, Berlin.
49 Deutscher Beton- und Bautechnik-Verein e. V. (2016) Beton und Betonstahl, Merkblatt.
50 DIN EN 12504-1 (2000) *Prüfung von Beton in Bauwerken – Teil 1: Bohrkernproben, Herstellung, Untersuchung und Prüfung unter Druck*, Beuth, Berlin.
51 Reinhardt, H.-W. (1996) Werkstoffe des Bauwesens, in *Der Ingenieurbau*, Ernst & Sohn, Berlin.
52 Pucher, A. (1949) *Lehrbuch des Stahlbetonbaus*, Springer, Wien.
53 Mörsch, E. (1923) Der *Eisenbetonbau – Seine Theorie und Anwendung*, 6. Aufl., Wittwer, Stuttgart.
54 Leonhardt, F. (1955) *Spannbeton für die Praxis*, Verlag Ernst & Sohn, Berlin.
55 DIN EN 1542 (1999) *Prüfverfahren – Messung der Haftfestigkeit im Abreißversuch*, Beuth, Berlin.
56 Kupfer, H., Hilsdorf, H. und Rüsch, H. (1969) Behavior of Concrete Under Biaxial Stresses. *Journal Proceedings*, **66** (8), 656–666, https://doi.org/10.14359/7388.
57 Mander, J.P., Priestley, M.J.N. und Park, R. (1988) Observed stress-strain behaviour confined concrete. *Journal of Structural Engineering*, **114** (8), 1827–1849, https://doi.org/10.1061/(ASCE)0733-9445(1988)114:8(1804).
58 DIN 1045 (1972) *Beton- und Stahlbetonbau – Bemessung und Ausführung*, Beuth, Berlin.
59 Fingerloos F., Marx S. und Schnell J. (2014) Tragwerksplanung im Bestand – Bewertung bestehender Tragwerke, in *Beton-Kalender 2015*, (Hrsg. K. Bergmeister, F. Fingerloos und J.-D. Wörner). Ernst & Sohn, Berlin, S. 25–113.
60 DIN 488 (1972) *Betonstahl*, Beuth, Berlin.
61 DIN 488 (1984) *Betonstahl*, Beuth, Berlin.
62 Deutscher Beton- und Bautechnik-Verein e. V. (1984) Merkblatt Rückbiegen von Betonstahl.
63 Bundesministerium für Verkehr, Bau und Stadtentwicklung (2011) *Richtlinie zur Nachrechnung von Straßenbrücken im Bestand*.
64 Bindseil, P. und Schmitt, M. (2002) *Betonstähle vom Beginn des Stahlbetonbaus bis zur Gegenwart*, Verlag für Bauwesen, Berlin.
65 Rußwurm, D. (2000) *Entwicklung der Betonstähle*, Institut für Stahlbetonbewehrung e. V., München.
66 Bundesanstalt für Straßenwesen (2012) *Nachrechnung von Betonbrücken zur Bewertung der Tragfähigkeit bestehender Tragwerke*, Bericht. Heft B89.

67 Franz, G. (1970) *Konstruktionslehre des Stahlbetons, Erster Band: Grundlagen und Bauelemente*, 3. Aufl., Springer, Berlin.
68 Bauer, R. (1949) Der Haken im Stahlbetonbau, in *Bautechnik 26*, erweiterter Sonderdruck, Verlag Ernst & Sohn, Berlin.
69 Bach, C. und Graf, O. (1911) Versuche mit Eisenbetonbalken zur Bestimmung des Einflusses der Hakenform der Eiseneinlagen. Deutscher Ausschuss für Eisenbeton, Heft 9, Verlag Ernst & Sohn, Berlin.
70 Rehm, G. (1961) Über die Grundlagen des Verbundes zwischen Stahl und Beton. Deutscher Ausschuss für Stahlbeton, Heft 138. Verlag Ernst & Sohn, Berlin.
71 SIA 269/2 (2011) *Erhaltung von Tragwerken – Betonbau*, Schweizerischer Ingenieur- und Architektenverein, Zürich.
72 Stauder, F., Wolbring, M. und Schnell J. (2012) Bewehrungs- und Konstruktionsregeln des Stahlbetonbaus im Wandel der Zeit. *Bautechnik*, **89** (1), 3–14.
73 DIN EN ISO 17660-1 (2006) *Schweißen – Schweißen von Betonstahl – Teil 1: Tragende Schweißverbindungen*, Beuth, Berlin.
74 Klopfer, H. (1978) Die Carbonatisierung von Sichtbeton und ihre Bekämpfung. *Bautenschutz und Bausanierung*, **1** (3), 86–97.
75 Knöfel, D. (1992) *Stichwort Baustoffkorrosion*, Wiesbaden, Bauverlag.
76 Muttoni, A., Schwartz, J. und Thürlimann, B. (1997) *Bemessung von Betontragwerken mit Spannungsfeldern*, Birkhäuser, Basel.
77 Wayss, G.A. (1887) *Das System Monier*, Verlag Seydel, Berlin.
78 Müller-Breslau, H.F.B. (1886) *Die neueren Methoden der Festigkeitslehre und der Statik der Baukonstruktionen*, Baumgärtner's Buchhandlung, Leipzig.
79 Bachmann, H. (1990) 30 Jahre plastische Berechnungsmethoden in der Schweiz. *Schweizer Ingenieur und Architekt*, **108** (23), 666–669.
80 Kurrer, K.-E. (2002) *Geschichte der Baustatik*, Ernst & Sohn, Berlin.
81 Hirschfeld, K. (1969) *Baustatik – Theorie und Beispiele*, Springer, Berlin.
82 Zellerer, E. (1967) *Durchlaufträger – Einflusslinien und Momentenlinien*, Ernst & Sohn, Berlin.
83 Kleinlogel, A. (1914) *Rahmenformeln*, Ernst & Sohn, Berlin.
84 Czerny, F. (1958) Tafeln für vierseitig und dreiseitig gelagerte Rechteckplatten, in *Beton-Balender*, Verlag Ernst & Sohn, Berlin.
85 Stiglat, K. und Wippel, H. (1966) *Platten*, Ernst & Sohn, Berlin.
86 Pieper, K. und Martens, P. (1966) Durchlaufende vierseitig gestützte Platten im Hochbau. *Beton- und Stahlbetonbau*, **61** (6), 158–162.
87 Duddeck, H. (1963) Praktische Berechnung der Pilzdecke ohne Stützenkopfverstärkung. *Beton- und Stahlbetonbau*, **58** (3), 56–63.
88 Deutscher Ausschuss für Stahlbeton (1976) *Hilfsmittel zur Berechnung der Schnittgrößen und Formänderungen von Stahlbetontragwerken*, Heft 240, Verlag Ernst & Sohn, Berlin.
89 Minister der öffentlichen Arbeiten, Preußen; Bestimmungen für die Ausführung von Konstruktionen aus Eisenbeton bei Hochbauten. Zentralblatt der Bauverwaltung (1907).
90 Minister der öffentlichen Arbeiten, Preußen; Bestimmungen für die Ausführung von Konstruktionen aus Eisenbeton bei Hochbauten. Zentralblatt der Bauverwaltung (1904).

91 Minister der öffentlichen Arbeiten, Preußen; Bestimmungen für die Ausführung von Konstruktionen aus Eisenbeton bei Hochbauten. Zentralblatt der Bauverwaltung (1916).

92 Deutscher Ausschuss für Eisenbeton; Bestimmungen für Ausführung von Bauwerken aus Eisenbeton, 1925.

93 Deutscher Ausschuss für Eisenbeton; Bestimmungen für Ausführung von Bauwerken aus Eisenbeton, 1932.

94 DIN EN 1992-1-1 (2011) *Eurocode 2: Bemessung und Konstruktion von Stahlbeton- und Spannbetontragwerken – Teil 1-1: Allgemeine Bemessungsregeln und Regeln für den Hochbau*, Beuth, Berlin.

95 DIN EN 1992-1-1/NA (2011) *Nationaler Anhang – National festgelegte Parameter – Eurocode 2: Bemessung und Konstruktion von Stahlbeton- und Spannbetontragwerken – Teil 1-1: Allgemeine Bemessungsregeln und Regeln für den Hochbau*, Beuth, Berlin.

96 Deutscher Ausschuss für Stahlbeton (1979) *Bemessung von Beton- und Stahlbetonbauteilen nach DIN 1045*, 2 Aufl., Heft 220, Verlag Ernst & Sohn, Berlin.

97 Pieper, K. (1983) *Sicherung historischer Bauten*, Ernst & Sohn, Berlin.

98 DIN EN 12504-2 (2001) *Prüfung von Beton in Bauwerken – Teil 2: Zerstörungsfreie Prüfung; Bestimmung der Rückprallzahl*, Beuth, Berlin.

99 DIN 1048-2 (1991) *Prüfverfahren für Beton; Festbeton in Bauwerken und Bauteilen*, Beuth, Berlin.

100 Sodeikat, C. und Meyer, T.F. (2014) Instandsetzung von Tiefgaragen und Parkhäusern, in *Beton-Kalender 2015*, (Hrsg. K. Bergmeister, F. Fingerloos und J.-D. Wörner), Ernst & Sohn, Berlin.

101 Fingerloos, F. (Hrsg.) (2009) *Historische technische Regelwerke für den Beton-, Stahlbeton und Spannbetonbau*, Ernst & Sohn, Berlin.

102 Fachkommission Bautechnik der Bauministerkonferenz (ARGEBAU) (2008) *Hinweise und Beispiele zum Vorgehen beim Nachweis der Standsicherheit beim Bauen im Bestand*.

103 Deutscher Ausschuss für Stahlbeton (1992) *Bemessungshilfsmittel zu Eurocode 2 Teil 1*, Heft 425, Beuth, Berlin.

104 Deutscher Ausschuss für Stahlbeton (2012) *Erläuterungen zu DIN EN 1992-1-1 und DIN EN 1992-1-1/NA (Eurocode 2)*, Heft 600, Beuth, Berlin.

105 Litzner, H.-U. (2002) Grundlagen der Bemessung nach DIN 1045-1 in Beispielen, in *Beton-Kalender 2002*, (Hrsg. J. Eibl), Verlag Ernst & Sohn, Berlin, S. 435–580.

106 Schlaich, J. (1963) Die Gewölbewirkung in durchlaufenden Stahlbetonplatten, Dissertation, Technische Hochschule Stuttgart, Stuttgart.

107 Bolle, G., Schacht, G. und Marx, S. (2010) Geschichtliche Entwicklung und aktuelle Praxis der Probebelastung – Teil 1: Geschichtliche Entwicklung im 19. und Anfang des 20. Jahrhunderts. *Bautechnik*, **87** (11), 700–707.

108 Bolle, G., Schacht, G. und Marx, S. (2010) Geschichtliche Entwicklung und aktuelle Praxis der Probebelastung – Teil 2: Entwicklung von Normen und heutige Anwendung. *Bautechnik*, **87** (12), S. 784–789.

109 Maillart, R. (1926) Zur Entwicklung der unterzugslosen Decke in der Schweiz und in Amerika. *Schweizerische Bauzeitung*, **87** (21), 263–265.

110 Deutscher Ausschuss für Stahlbeton (2000) *Richtlinie für Belastungsversuche an Betonbauwerken*, Beuth, Berlin.

111 VDI 6200 (2010) *Standsicherheit von Bauwerken – Regelmäßige Überprüfung*, VDI Verein Deutscher Ingenieure e. V., Düsseldorf.

112 DIN 1076 (1999) *Ingenieurbauwerke im Zuge von Straßen und Wegen – Überwachung und Prüfung*, Beuth, Berlin.

113 Bergmeister, K. und Santa, U. (2003) Brückeninspektion und -überwachung, in *Beton-Kalender 2004*, (Hrsg. K. Bergmeister und J.-D. Wörner), Verlag Ernst & Sohn, Berlin, S. 407–481.

114 Bundesministerium für Verkehr, Bau und Stadtentwicklung (2006) Richtlinie für die Überwachung der Verkehrssicherheit von baulichen Anlagen des Bundes (RÜV).

115 Konferenz der für Städtebau, Bau- und Wohnungswesen zuständigen Minister und Senatoren der Länder (ARGEBAU) (2006) Hinweise für die Überprüfung der Standsicherheit von baulichen Anlagen durch den Eigentümer/Verfügungsberechtigten.

116 Deutscher Beton- und Bautechnikverein (2010) Merkblatt: Parkhäuser und Tiefgaragen.

117 Holst, A., Budelmann, H., Hariri, K. und Wichmann, H.-J. (2007) Korrosionsmonitoring und Bruchortung in Spannbetonbauwerken – Möglichkeiten und Grenzen. *Beton- und Stahlbetonbau*, **102** (12), 835–847.

118 Dreßler, I., Wichmann, H.-J. und Budelmann, H. (2015) Korrosionsmonitoring von Stahlbetonbauwerken mit einem funkbasierten Drahtsensor. *Bautechnik*, **92** (10), 683–687.

119 Hosser, D., Richter, E. und Kampmeier, B. (2012) Konstruktiver Brandschutz nach den Eurocodes, in *Beton-Kalender 2013*, (Hrsg. K. Bergmeister, F. Fingerloos und J.-D. Wörner), Ernst & Sohn, Berlin.

120 DIN EN 1996-1-2 und DIN EN 1996-1-2/NA (2010) *Eurocode 2: Bemessung und Konstruktion von Stahlbeton- und Spannbetontragwerken – Teil 1-2: Allgemeine Regeln – Tragwerksbemessung für den Brandfall*, Beuth, Berlin.

121 Deutscher Beton- und Bautechnik-Verein (2008) Merkblatt Brandschutz.

122 Billington, D.P. (1983) *The Tower and the Bridge*, Princeton University Press, Princeton.

123 Deutscher Ausschuss für Stahlbeton (2001) Richtlinie, Schutz und Instandsetzung von Betonbauwerken – Teile 1 bis 4. Beuth, Berlin.

124 DIN EN 1504-1 (2005) *Produkte und Systeme für den Schutz und die Instandsetzung von Betontragwerken – Definitionen, Anforderungen, Güteüberwachung und Beurteilung der Konformität – Teil 1: Definitionen*, Beuth, Berlin.

125 DIN EN 1504-2 (2005) *Produkte und Systeme für den Schutz und die Instandsetzung von Betontragwerken – Definitionen, Anforderungen, Güteüberwachung und Beurteilung der Konformität – Teil 2: Oberflächenschutzsysteme für Beton*, Beuth, Berlin.

126 DIN EN 1504-3 (2006) *Produkte und Systeme für den Schutz und die Instandsetzung von Betontragwerken – Definitionen, Anforderungen, Güteüberwachung und Beurteilung der Konformität – Teil 1: Statisch und nicht statisch relevante Instandsetzung*, Beuth, Berlin.

127 DIN EN 1504-4 (2005) *Produkte und Systeme für den Schutz und die Instandsetzung von Betontragwerken – Definitionen, Anforderungen, Güteüberwachung und Beurteilung der Konformität – Teil 4: Kleber für Bauzwecke*, Beuth, Berlin.

128 DIN EN 1504-5 (2013) *Produkte und Systeme für den Schutz und die Instandsetzung von Betontragwerken – Definitionen, Anforderungen, Güteüberwachung und Beurteilung der Konformität – Teil 5: Injektion von Betonbauteilen*, Beuth, Berlin.

129 DIN EN 1504-6 (2006) *Produkte und Systeme für den Schutz und die Instandsetzung von Betontragwerken – Definitionen, Anforderungen, Güteüberwachung und Beurteilung der Konformität – Teil 6: Verankerung von Bewehrungsstäben*, Beuth, Berlin.

130 DIN EN 1504-7 (2006) *Produkte und Systeme für den Schutz und die Instandsetzung von Betontragwerken – Definitionen, Anforderungen, Güteüberwachung und Beurteilung der Konformität – Teil 7: Korrosionsschutz der Bewehrung*, Beuth, Berlin.

131 DIN EN 1504-8 (2016) *Produkte und Systeme für den Schutz und die Instandsetzung von Betontragwerken – Definitionen, Anforderungen, Güteüberwachung und Beurteilung der Konformität – Teil 8: Qualitätskontrolle und Bewertung und Überprüfung der Leistungsbeständigkeit (AVCP)*, Beuth, Berlin.

132 DIN EN 1504-9 (2008) *Produkte und Systeme für den Schutz und die Instandsetzung von Betontragwerken – Definitionen, Anforderungen, Güteüberwachung und Beurteilung der Konformität – Teil 9: Allgemeine Grundsätze für die Anwendung von Produkten und Systemen*, Beuth, Berlin.

133 DIN EN 1504-10 (2004) *Produkte und Systeme für den Schutz und die Instandsetzung von Betontragwerken – Definitionen, Anforderungen, Güteüberwachung und Beurteilung der Konformität – Teil 10: Anwendung von Stoffen und Systemen auf der Baustelle, Qualitätsüberwachung der Ausführung*, Beuth, Berlin.

134 Grube, H., Kern, E. und Quitmann, H.-D. (1990) Instandhaltung von Betonbauwerken, in *Beton-Kalender 1990*, Ernst & Sohn, Berlin.

135 Engelfried, R., (1988) Schadendiagnose und Berechnungen als Entscheidungshilfen für Betonsanierungsmaßnahmen. *Zeitschrift für das gesamte Sachverständigenwesen*, **9** (2), 34–40.

136 DIN EN 1062:2004 (2004) *Beschichtungsstoffe und Beschichtungssysteme für mineralische Substrate und Beton im Außenbereich*, Beuth, Berlin.

137 Eichler, K., Flohrer, C. und Pichler, W. (2003) *Spritzbeton-Technologie*, Expert-Verlag, Renningen.

138 Schorn, H., Sonnenberg, R. und Maurer, P. (2005) *Spritzbeton*, Verlag Bau+Technik, Düsseldorf.

139 DIN 1045-2 (2008) *Tragwerke aus Beton, Stahlbeton und Spannbeton – Teil 2: Beton – Festlegung, Eigenschaften, Herstellung und Konformität – Anwendungsregeln zu DIN EN 206-1*, Beuth, Berlin.

140 DIN EN 206-1 (2000) *Beton – Teil 1: Festlegung, Eigenschaften, Herstellung und Konformität*, Beuth, Berlin.

141 DIN 18551 (2014) *Spritzbeton – Anforderungen, Herstellung, Bemessung und Konformität*, Beuth, Berlin.

142 Wörner, R. (1994) Verstärkung von Stahlbetonbauteilen mit Spritzbeton, Dissertation, Universität Karlsruhe, Karlsruhe.

143 DAStB (2003) *Heft 525: Erläuterungen zu DIN 1045-1*, Beuth, Berlin.
144 ZTV-SIB 90 (1990) *Zusätzliche technische Vertragsbedingungen und Richtlinien für Schutz und Instandsetzung von Betonbauteilen*, Bundesminister für Verkehr.
145 Iványi, G. und Buschmeyer, W. (1990) Schubversuche an Platten und (Platten-)Balken mit nachträglich ergänzter Druckzone ohne Verbundbewehrung. *Beton- und Stahlbetonbau*, **85** (1), 15–17.
146 Iványi, G., Schautes, H. und Buschmeyer, W. (1996) Verstärken älterer Betonbrücken durch zusätzliche Betonstahlbewehrung. *Beton- und Stahlbetonbau*, **91** (6), 132–137.
147 DIN EN 1992 (2011) Eurocode 2: Bemessung und Konstruktion von Stahlbeton- und Spannbetontragwerken – Teil 1-1: Allgemeine Bemessungsregeln und Regeln für den Hochbau, mit Nationalem Anhang (NA), Beuth, Berlin.
148 Curbach, M., Schladitz, F., Lorenz, E. und Jesse, F. (2009) Verstärkung einer denkmalgeschützten Tonnenschale mit Textilbeton. *Beton- und Stahlbetonbau*, **104** (7), 432–437.
149 DAStB (1996) *Verstärken von Betonbauteilen – Sachstandsbericht*, Heft 467, Beuth, Berlin.
150 Krause, H.-J. (1993) Zum Tragverhalten und zur Bemessung nachträglich verstärkter Stahlbetonstützen unter zentrischer Belastung, Dissertation, RWTH Aachen, Aachen.
151 Mander, J.B., Priestley, M.J.N. und Park, R. (1970) Observed stress-strain behavior of confined concrete. *Journal of the Structural Division ASCE*, **103** (10), 1827–1849.
152 Leonhard, F. und Mönnig, E. (1975) *Vorlesungen über Massivbau, Zweiter Teil*, Springer, Berlin.
153 Hull, D. und Clyne, T.W. (1996) *An Introduction to Composite Materials*, Cambridge University Press, Cambridge.
154 Habenicht, G. (2002) *Kleben – Grundlagen, Technologien, Anwendungen*, Springer, Berlin.
155 Taljisten, B. (2002) *FRP Strengthening of Existing Concrete Structures*, Lulea University of Technology, Lulea.
156 Dehn, F., Holschemacher, K. und Tue, N.V. (2005) *Faserverbundwerkstoffe*, Bauwerk Verlag, Berlin.
157 Bergmeister, K. (2003) *Kohlenstofffasern im Konstruktiven Ingenieurbau*, Ernst & Sohn, Berlin.
158 Zilch, K., Zehetmaier, G., Borchert, K., Endress, B. und Fischer, O. (2004) Die Röslautalbrücke bei Schirnding – Innovative Verfahren zur Verstärkung einer Spannbetonbrücke. *Bauingenieur*, **79** (12), 589–595.
159 Tausky, R. (1993) *Betontragwerke mit Außenbewehrung*, Birkhäuser Verlag, Basel.
160 Allgemeine bauaufsichtliche Zulassung Z-36.12-84 (2015) *Schubfest aufgeklebte Kohlefaserlamellen „Carboplus® Lamellen" nach der DAfStb-Verstärkungs-Richtlinie*. Deutsches Institut für Bautechnik, Berlin.
161 Allgemeine bauaufsichtliche Zulassung Z-36.12-85 (2016) *Verstärken von Stahlbetonbauteilen durch schubfest aufgeklebte Kohlefaserlamellen „MC-DUR" nach der DAfStb-Verstärkungs-Richtlinie*. Deutsches Institut für Bautechnik, Berlin.

162 Allgemeine bauaufsichtliche Zulassung Z-36.12-86 (2015) *Bausatz StoCretec zum Verstärken von Stahl- und Spannbetonbauteilen durch schubfest aufgeklebte CFK-Lamellen nach der DAfStb-Verstärkungs-Richtlinie*, Deutsches Institut für Bautechnik, Berlin.

163 Allgemeine bauaufsichtliche Zulassung Z-36.12-88 (2017) *Bausatz StoCretec zum Verstärken von Stahl- und Spannbetonbauteilen durch in Schlitze verklebte CFK-Lamellen nach der DAfStb-Verstärkungs-Richtlinie*, Deutsches Institut für Bautechnik, Berlin.

164 Allgemeine bauaufsichtliche Zulassung Z-36.12-83 (2016) *Verstärken von Betonbauteilen mit schubfest aufgeklebten CFK-Gelegen*, Deutsches Institut für Bautechnik, Berlin.

165 Seim, W., Karbhari, V. und Seible, F. (2003) Post-strengthening of concrete slabs: Full scale testing and design recommendations. *ASCE Journal of Structural Engineering*, **129** (6), 743–752.

166 Niedermeier, R. (2001) Zugkraftdeckung bei klebearmierten Bauteilen, Dissertation, TU München, München.

167 Schilde, K. (2005) Untersuchungen zum Verbund zwischen Beton und nachträglich aufgeklebten Kohlefaserlamellen am Zwischenrisselement, Dissertation, Universität Kassel, Kassel.

168 DAfStb (2012) *Richtlinie: Verstärken von Betonbauteilen mit geklebter Bewehrung*, Beuth, Berlin.

169 Neubauer, U. (2000) Verbundtragverhalten geklebter Lamellen aus Kohlenstoffaser-Verbundwerkstoff zur Verstärkung von Betonbauteilen, Dissertation, TU Braunschweig, Braunschweig.

170 SIA 166 (2004) *Klebebewehrungen, Vornorm 505 166*, Schweizerischer Ingenieur- und Architektenverein, Zürich.

171 DIN EN 196 (2016) *Prüfverfahren für Zement – Teil 1: Bestimmung der Festigkeit*, Beuth, Berlin.

172 Zilch, K., Niedermeier, R. und Finckh, W. (2012) Geklebte Bewehrung mit CFK-Lamellen und Stahllaschen, in *Beton-Kalender 2013*, Ernst & Sohn, Berlin.

Weiterführende Literatur

Bayer, E. (Hrsg.) (2006) *Parkhäuser – aber richtig*, Verlag Bau+Technik, Düsseldorf.

Bosc J.-L. et al. (2001) *Joseph Monier et la naissance du ciment armé*, Éditions du Linteau, Paris.

DIN EN 206-1/A1 (2004) *Beton – Teil 1: Festlegung, Eigenschaften, Herstellung und Konformität*, Beuth, Berlin.

DIN EN 206-1/A2 (2005) *Beton – Teil 1: Festlegung, Eigenschaften, Herstellung und Konformität*, Beuth, Berlin.

DIN EN 1996-1-1/NA (2012) *Bemessung und Konstruktion von Mauerwerksbauten – Teil 1-1: Allgemeine Regeln für bewehrtes und unbewehrtes Mauerwerk*, Beuth, Berlin.

DIN 4102-4 (2004) *Brandverhalten von Baustoffen und Bauteilen – Teil 4: Zusammenstellung und Anwendung klassifizierter Baustoffe, Bauteile und Sonderbauteile, mit Änderung A1*, Beuth, Berlin.

Hillemeier, B., Stenner, R., Flohrer, C., Polster, H. und Buchenau, G. (1999) Instandsetzung und Erhaltung von Betonbauwerken, in *Beton-Kalender 1999*, Ernst & Sohn, Berlin.

Kahle, M. (1994) Verfahren zur Erkundung des Gefügezustandes von Mauerwerk, Dissertation, Universität Karlsruhe, Karlsruhe.

Mark, R. (1995) *Vom Fundament zum Deckengewölbe*, Birkhäuser, Basel.

Patitz, G. (1998) Erkundung mehrschaligen Mauerwerks mit mechanischen Wellen, Dissertation, Universität Karlsruhe, Karlsruhe.

Stichwortverzeichnis

A

Abrostungsrate von Beton   68
Alkalität von Beton   119
Anamnese, Definition   105
Ankerkraftmessdose   152
Aquädukt   7, *siehe auch* Wasserleitung, römische
Aramidfasern   208
   mechanische Eigenschaften   210
Aspdin, Joseph   6
Aufbetonschicht   187
Aufmaßgenauigkeit   108

B

Balken-Decke   21
Baustatik   71
Bauwerksbuch   150
Bauwerksüberwachung   145
   (zu) Verformungen   150
   (zum) Gefährdungspotenzial   149
   (zur) Dauerhaftigkeit   153
   (zur) Verkehrssicherheit   149
   Inspektion   148
   Kenngrößen   147
   Prüfung   148
      Begehung   149
      Sichtkontrolle   149
      Zeitintervalle   149
   Verfahren   147
Belastungsgeschwindigkeit von Beton   45
Bestandsschutz   125
Beton
   (im antiken) Rom   1

Abrostungsrate   68
Abtrag, flächiger   165
Alkalität   119
Ausbesserung   165
Belastungsgeschwindigkeit   45
Biegebemessung   82
Chloridgehalt   119
Dauerstandsfestigkeit   45
Diffusionswiderstand   120
Druckbeanspruchung   89
Druckfestigkeit   39, 42, 115, 129
   Bewertungskriterien   115
   charakteristische   115, 116
   mindeste   116
   Rückprallhammer   117
   Schlagprüfung   117
   umschnürter Beton   70
Druckspannung, zulässige   80, 89
Ermüdungsverhalten   45
Festigkeitsklassen   42, 43
Feuchteeinwirkung   65
Frosteinwirkung   66
inneres Gefüge   111
Instandsetzung   248
Karbonatisierung   66
   Prognose   70
   Widerstand   69
Knicken   89
Knickzahlen   89
Korrosion   66
Kriechen   50
   mehrachsige Beanspruchung   48
Nennfestigkeit   81
pH-Wert   67

Bewertung und Verstärkung von Stahlbetontragwerken, 2. Auflage. Werner Seim.
© 2018 Ernst & Sohn GmbH & Co. KG. Published 2018 by Ernst & Sohn GmbH & Co. KG.

Porenvolumen 69
Porosität 120
Prismenfestigkeit 42, 90
Rauigkeitsbeiwert 184
Rechenfestigkeit, reduzierte 80
Reibungsbeiwert 184
Schubbereich 87
Schubspannung 85
Schubtragfähigkeit 84
Schwinden 50
Serienfestigkeit 81
Spannung, zulässige 81
Spannungs-Dehnungs-Linie 82, 225
   Parabel-Rechteck-Diagramm 46
spezifisches Gewicht 41
Stampfbeton 7
umschnürter, Druckfestigkeit 70
Verbund 183
Verdichten 14
Wärmedehnzahl 50
Wasseraufnahmekoeffizient 120
Wassergehaltbegrenzung 165
Würfeldruckfestigkeit 42, 80
Zugfestigkeit 46
Betondecken, Bewehrung 9
Beton-Rahmentragwerk, monolithisches 12
Betonrippenstahl 58
Betonstahl 52
   Biegerollendurchmesser 56
   Bruchdehnung 55
   Dauerschwingfestigkeit 56
   Kennbuchstaben 55
   Kohlenstoffgehalt 54
   Oberflächenformen 57
   Quetschgrenze 90
   Schweißeignung 120
   Schweißen 64
   Spannung, zulässige 79
   Spannungs-Dehnungs-Linie 53
   Streckgrenze 54
   Zugfestigkeit 55, 120
Bewehrung
   Beschichtung 165, 168
   Betondecken 9
   Hennebique'sche Decke 12
   Verbundbewehrung 183, 184

Bewehrungsstahl *siehe* Betonstahl
Bewehrungssuchgerät 111
Biegebemessung
   Beton 82
      Stahlbetonplatten 99
Biegerollendurchmesser von Betonstahl 56
Biegeträgerverstärkung 196
Biegetragfähigkeit
   Unterzug 159
Bindemittel
   hydraulische 1
   Puzzolane 1, 5
   Trass 2, 5
Bohrkern 111, 115
   Kalibrierung 118
Bohrlocherkundung 111
   Endoskop 111
   Kamerabefahrung 111
   Wasserabpressversuch 111
Bruchdehnung von Betonstahl 55
Bruchenergieberechnung 232
Bruchlinientheorie zur Plattentragwerksberechnung 132

C

Chloride 69
Chloridgehalt von Beton 119
Coignet, François 7, 9, 13

D

Dauerschwingfestigkeit von Betonstahl 56
Dauerstandsfestigkeit von Beton 45
Deckensysteme 21
Deckentragwerk 14
Dehnmessstreifen 152
Diffusionswiderstand von Beton 120
DIN 1045 14, 79
Drillwulststahl 59
Druckbeanspruchung von Beton 89
Druckglieder, Umschnürung 238
Druckspannung von Beton 80, 89

Durchlaufträger,
  Schnittgrößenermittlung
  (mit) Tabellenwerten 94
  iterative 92
Duromere 205, 206
Dyckerhoff & Widmann (Fa.) 11

E
Edystone-Leuchtturm 5
Eisenbetonbrücke 8
Eisenportlandzement 7
Elastizitätsmodul 248
  Beton 46
    Sekantenmodul 46
    Tangentenmodul 46
  Faserverbundwerkstoffe 244
Elastizitätstheorie 73
Elastomere 205, 207
Endverankerung 234, 235
Epoxidharze 205
  Festigkeitsentwicklung 213
  mechanische Eigenschaften 207
  Verarbeitungsbedingungen 212
Ermüdungsverhalten von Beton 45
Ersatzstabverfahren 89

F
Fachwerkanalogie 84
faseroptischer Sensor 153
Faserverbundwerkstoffe VIII, 207
  Elastizitätsmodul 244
  Entkoppeln 220
  Faservolumenanteilermittlung 211
  Komponenten 208
  Verbundversagen 219
  Zugfestigkeit 244
Ferciment 9
Fertigteilbauweise 19
Festigkeitsklassen von Beton 42, 43
Fotogrammetrie 108
Fraktilwert 27
Freyssinet, Eugène 18

G
Gebrauchstauglichkeit von Tragwerken 129
Gipsmarke 150

Glasfasern 208
  Glasübergangstemperatur 206
  mechanische Eigenschaften 210
Großtafelbauweise 20

H
Häufigkeitsverteilung 26
Haftzugprüfung 48
Handlaminierverfahren 210
Hennebique, François 10, 13
Hennebique'sche Decke, Bewehrung 12
Histogramm 26
Hochofenschlacke 7
Hochofenzement 7
Höhenmessung 107
Hohlräume
  Abdichten 171
  Füllen 170
Hüttensand 7
Hyatt, Thaddeus 9

I
Injektion zur Rissschließung 171
Instandsetzung 163
  Bedarfsermittlung 146
  Rili-SIB 163
  Strategie 164
  Vorbereitung 164
Instandsetzungsmörtel 168
  Beanspruchbarkeitsklassen 170
  Schichtdicken 171
Isler, Heinz 16, 17
Isteg-Stahl 59

J
Jahrhunderthalle, Breslau 15, 16
Johnson, Isaak Charles 6

K
Kaiser-Decke 21
Kani-Verfahren 92
Karbonatisierung von Beton 66, 70
k_h-Verfahren 100
Klebearbeiten
  Ausführung 239
  Erhärtungsprüfung 243

Haftzugsprüfung 243
Klimabedingungen 242
Verarbeitungszeiten 242
Klebeverbindungen, Temperatureinfluss 214
Klebschicht, Tragfähigkeit 212
Klebstoffe 202
　Adhäsionskräfte 213
　Adsorptionskräfte 213
　Topfzeit 212
Kleinlogel, Adolf 76, 97
Knicken von Stützen 89
Knickzahlen von Beton 89
Koenen, Mathias 11, 18
Kohlefaserlamellen 215, 217
　Vorspannung 218
Kohlenstofffasern 208
　mechanische Eigenschaften 210
Kohlenstoffgehalt von Betonstahl 54
Konfidenzzahlen 29
Korrosion von Beton 66
Kraftmesslager 152
Kriechen von Beton 50
Kunstfasern 208

L

Lambot, Joseph Louis 9
Lotmessung 151

M

Maillart, Robert 14
Matrix 208
Methacrylate 205
　mechanische Eigenschaften 207
Mittelwert, statistischer 26
Modellstützenverfahren 91
Mörsch, Emil 13
Momenten-Krümmungs-Diagramm von biegebeanspruchtem Stahlbeton 74
Momentenlinien nach Zellerer 95
Momentenumlagerung 130
Monier, Joseph 8, 13
Moniergewölbe 11
Monierplatte 11
Müller-Breslau, Heinrich F.B. 73
Müther, Ulrich 16, 17

N

Nassspritzverfahren 180
Naturfasern 208
　mechanische Eigenschaften 210
Navier, Claude-Louis M.H. 71
Nennfestigkeit von Beton 81
Nervi, Pier Luigi 20
Normalverteilung 27
n-Verfahren 82, 100

O

Oberflächen von Beton 109
　Beschaffenheit 184, 185
　Gefüge 110
　Inaugenscheinnahme 109
　Reinigungsverfahren 167
　Schutzsysteme 175
　　Diffusionsdichtigkeit 175
　　Temperaturwechselbeständigkeit 176
　　Verschleißfestigkeit 176
　Strahlverfahren 167
　Verbundfestigkeit 240
　Zugfestigkeit 39, 47, 118
Objektbuch 150
ω-Verfahren 89
opus caementitium 3
opus incertum 3
opus reticulatum 3
Orthogonalverfahren 106

P

Palazzetto dello Sport, Rom 20
Pantheon, Rom 4
pH-Wert von Beton 67
Pilzkopfstützen 14
Pisétechnik 6, 7
Plastizitätstheorie 74
　Grenzwertsätze 74
Plattenbauweise 20
Plattentragwerk, Berechnung
　Bruchlinientheorie 132
　Streifenmethode 132
Polarverfahren 106
Polyaddition 204
Polykondensation 205

Polymere 202
   Zugfestigkeit 206
Polymerisation 203
Porenvolumen von Beton 69
Porosität von Beton 120
Portlandzement 5
   Eisenportlandzement 7
Potentiometer 152
Preußische Bestimmungen 79
Prismenfestigkeit von Beton 42, 90
Pultrusionsverfahren 209, 210
Puzzolane 1, 5

Q
Quantilwert 27
Quecksilberdruckporosimetrie 69
Querkraftverstärkung 188
Quetschgrenze von Betonstahl 90

R
Radarverfahren zur Gefügeerkundung 111
Rahmenecken, Umschnürung 238
Rahmen-Schnittgrößen nach Kleinlogel 97
Rauigkeitsbeiwert von Beton 184
Realkalisierung 165
Rechenfestigkeit von Beton 80
Reduktionsverfahren 53
Regeln der Bautechnik 126
Reibungsbeiwert von Beton 184
Reinigungsverfahren für Betonoberflächen 167
Reparaturmörtel 168
Richtlinie für Schutz und Instandsetzung von Betonbauteilen (Rili-SIB) 163
Rili-SIB *siehe* Richtlinie für Schutz und Instandsetzung von Betonbauteilen (Rili-SIB)
Risse
   Abdichten 171
   Abstand 230
   Füllen 170
   Füllstoffe 172, 174
Rissmoment 230
Rissmonitor 150

römische Wandkonstruktion 3
römische Wasserleitung 2
römischer Beton 1
Romancement 6
Rotationsfähigkeit von Tragwerken 131
Rückprallhammer 117

S
Scanverfahren 108
Schalentragwerk, frei geformtes 16
Scheibentragwerk, Berechnung Spannungsfeldmethode 134
Schlagprüfung 117
Schubbemessung
   Stahlbetonbalken 84
   Stahlbetonunterzug 100
Schubspannung von Beton 85
Schubtragfähigkeit
   Beton 84
   Stahlbetonplatten 235
   Unterzug 159
Schubverstärkung 219, 220, 231
Schweißeignung von Betonstahl 120
Schweißen von Betonstahl 64
Schwinden von Beton 50
seismisches Verfahren zur Gefügeerkundung 111
Sekantenmodul 46
Serienfestigkeit von Beton 81
Sicherheitsbeiwert für Tragwerke 31, 35
Sicherheitsindex für Tragwerke 32
Sicherheitskonzepte für Tragwerke 30
Smeaton, John 5
Spannbetonbauweise 17
Spannungs-Dehnungs-Linie
   Beton 46, 82, 225
   Betonstahl 53
Spannungsfeldmethode zur Scheibentragwerksberechnung 134
spezifisches Gewicht von Beton 41
Spritzbeton
   (zur) Stützenverstärkung 195, 198
   Auftragsflächenvorbehandlung 182
   Bügelverstärkung 188

Rückprall 182
Verfahren 179
Stahlbeton
　Dauerhaftigkeit 21
Stahlbeton, biegebeanspruchter
　Momenten-Krümmungs-Diagramm 74
Stahlbetonbalken
　Bogentragwirkung 84
　Schubbemessung 84
Stahlbetonbauteile, Dauerhaftigkeit 65
Stahlbetonplatte
　Berechnung 133
　Biegebemessung 99
　Bogentragwirkung 139
　Schubtragfähigkeit 235
　Verstärkung 244
Stahlbetontragwerk, statisch unbestimmtes
　Schnittgrößenermittlung 76
Stahlbetonunterzug, Schubbemessung 100
Stahllamellen 216
Stahlsteindecke 21
Stampfbeton 7
Standardabweichung 27
Statistik 26
　Fraktilwert 27
　Häufigkeitsverteilung 26
　Histogramm 26
　Konfidenzzahlen 29
　Mittelwert 26
　Normalverteilung 27
　Quantilwert 27
　Standardabweichung 27
　Stichprobe 26
　Zuverlässigkeit 27
Strahlverfahren für Betonoberflächen 167
Streckgrenze von Betonstahl 54
Streifenmethode zur Plattentragwerksberechnung 132
Stützen
　Bemessung 103
　Pilzkopfstützen 14
　Tragfähigkeit 157

umschnürte Fläche 193
Verstärkung 191
　(mit) Spritzbeton 195, 198
Stützmauerverformung 109
Stumpfstoß 65
Sulfate 68

T

Tangentenmodul 46
Teilsicherheitsbeiwert für Tragwerke 32, 36
Thermoplaste 205, 207
Torstahl 59
Tränkung zur Rissschließung 171
Tragfähigkeit
　Klebschicht 212
　Stützen 157
Tragreserven 126
Tragsicherheitsnachweis 125
Tragwerk
　Belastungsdauer 130
　Beton-Rahmentragwerk, monolithisches 12
　Deckentragwerk 14
　Erstbelastungszeitpunkt 130
　Gebrauchstauglichkeit 129
　Rotationsfähigkeit 131
　Schalentragwerk, frei geformtes 16
　Sicherheitsbeiwert 32, 35
　Sicherheitsindex 32
　Sicherheitskonzepte 30, 31
　Teilsicherheitsbeiwert 32, 36
　Tragfähigkeitsberechnung
　　experimentelle Verfahren 138, 139, 141, 143
　　plastische 130, 132, 134
　Tragwirkung
　　Bogentragwirkung 137
　　Gewölbetragwirkung 137, 139
　　räumliche 135, 136
　Verformungskriterien 142
　Versagenswahrscheinlichkeit 32, 34
　Zuverlässigkeit 25
　Zuverlässigkeitsindex 34
Trass 2, 5
Treibreaktionen 68
Trockenspritzverfahren 180

U

Überlappungsstoß 65
Ultraschallverfahren zur Gefügeerkundung 111
Umschnürung
   Druckglieder 238
   Rahmenecken 238
Umschnürungsdruck 50
Unterzug
   Biegetragfähigkeit 159
   Schubtragfähigkeit 159

V

Vakuumverfahren 211
Verankerung VIII, 228
   Endverankerung 234, 235
   Zwischenverankerung 235
Verbund (alter/neuer Beton) 183
Verbundbewehrung 183, 184
Verbundfestigkeit von Betonoberflächen 240
Verdichten von Beton 14
Verformungskriterien von Tragwerken 142
Versagenswahrscheinlichkeit von Tragwerken 32, 34
verschieblicher Verbund 232
Vorspannsysteme 218
Voutendecke 11

W

Wärmedehnzahl von Beton 50
Wasseraufnahmekoeffizient von Beton 120
Wasserbehälter 8
Wassergehaltbegrenzung von Beton 165
Wasserleitung, römische 2
Wayss & Freitag (Fa.) 11, 19
Wayss, Gustav 10
Wegaufnehmer, induktiver 152
Werkstoffe
   neue 21
Wilkinson, William Boutland 9
Würfeldruckfestigkeit von Beton 42, 80

Z

Zellerer, Ernst 95
Zement
   Eisenportlandzement 7
   Erstentwicklung 7
   Hochofenzement 7
   Portlandzement 5
Zugfestigkeit
   Beton 46
      Oberflächenzugfestigkeit 39, 47, 118
   Betonstahl 55, 120
   Faserverbundwerkstoffe 244
   Polymere 206
Zugkraftdeckungslinie 229
Zulagebügel 190
Zustandserfassung 105
Zuverlässigkeitsindex für Tragwerke 34
Zwischenverankerung 235